IBAES **Vol. 24**

Internet-Beiträge zur Ägyptologie und S

Studies from the Internet on Egyptology and Sudanarchaeology

Gunnar Sperveslage

Die frühen Inschriften Ägyptens

Eine Konkordanz der Nummerierungssysteme

www.ibaes.de

Berlin / London **2021**

Internet-Beiträge zur Ägyptologie und Sudanarchäologie

Printed in the United Kingdom
London 2021

ISBN 978-1-906137-75-5

Published by Golden House Publications, London
www.goldenhp.co.uk
GoldenHouse100@aol.com

Online publication https://www.ibaes.de/ibaes24

Layout Gunnar Sperveslage, Köln

Titelbild Horusname des Narmer auf dem Nekropolensiegel aus Abydos (ID 1553); nach: Dreyer, MDAIK 43 (1987), Abb. 3

Der vorliegende Band enthält die Textfassung des im Internet veröffentlichten Werkes. Die aus dem Format PDF gedruckte Textfassung entspricht der im Internet unter oben angegebener der Adresse abrufbaren Originalfassung.
Bei Zitierung der Arbeit ist bitte immer die URL der Originalfassung anzugeben (zum Zitieren von Internetpublikationen allgemein siehe das Vorwort von IBAES I). Empfohlene Zitierweise:

> Sperveslage, Gunnar: Die frühen Inschriften Ägyptens. Eine Konkordanz der Nummerierungssysteme, IBAES 24, Internetfassung: URL: https://www.ibaes.de/ibaes24, Berlin, 2021, Printfassung: GHP, London, 2021

IBAES Vol. 24

Internet-Beiträge zur Ägyptologie und Sudanarchäologie

Studies from the Internet on Egyptology and Sudanarchaeology

Herausgegeben von Steffen Kirchner und Gunnar Sperveslage

Gunnar Sperveslage

Die frühen Inschriften Ägyptens

Eine Konkordanz der Nummerierungssysteme

Berlin / London 2021

Inhaltsverzeichnis

Einleitung

Die vorliegende Konkordanz ist im Rahmen des an der Universität zu Köln angebundenen und von der DFG geförderten Projekts *Digitale Erschließung der frühen Inschriften Ägyptens* entstanden. Das Projekt verfolgt das Ziel, das Inschriftenmaterial der ägyptischen Vor- und Frühzeit für den *Thesaurus Linguae Aegyptiae* (TLA)[1] in einer elektronisch auswertbaren Form aufzunehmen.[2] Dafür ist u.a. eine eindeutige Identifizierung und Referenzierbarkeit der einzelnen Inschriften erforderlich, weshalb es ratsam erschien, sich einem bereits bestehenden System anzuschließen und mit der vorliegenden Konkordanz ein Werkzeug zu erstellen, das die verschiedenen Nummerierungssysteme aufeinander abbildet. Dem Nutzer soll so die Möglichkeit gegeben werden, Inschriften schneller finden und identifizieren zu können.

Die Grundlage dieser Konkordanz bildet die Quellensammlung von J. Kahl, die I. Regulski in ihrer Datenbank fortgeführt hat und die auch im Projekt *Digitale Erschließung der frühen Inschriften Ägyptens* eine Fortführung findet. Diese Nummerierung besteht aus einem vierstelligen Zahlencode und wird hier als „Frühzeit-ID" bezeichnet, die auch für die Aufnahme der Inschriften in den *Thesaurus Linguae Aegyptiae* verwendet wird.

1. Hintergründe und Entwicklung der Frühzeit-ID

Im Rahmen seiner Untersuchung zum „System der ägyptischen Hieroglyphenschrift in der 0.–3. Dynastie" hat J. Kahl alle ihm verfügbaren Inschriften zusammengetragen, chronologisch sortiert und von „Qu. 1" bis „Qu. 3859" durchnummeriert.[3] Das Kürzel „Qu." steht dabei für „Quelle". Nicht vergeben sind die Nummern 304, 533, 850, 1224–1228 und 1743. Berücksichtigt wurden alle als Inschriften identifizierbaren Belege. Mehrfach bezeugte Siegelabrollungen wurden nur einmal aufgenommen. Topfmarken und andere Markierungen sowie Inschriften, deren Datierung in die 0.–3. Dynastie fraglich ist, wurden dagegen nicht berücksichtigt, ebenso wie Inschriften, deren Authentizität ungewiss ist.[4]

Diese Quellensammlung nutzte I. Regulski bei der Erstellung ihrer Paläographie der Frühzeitinschriften als Grundlage und fügte weitere Inschriften hinzu.[5] Sie übernahm als „Source no." die Quellennummern von Kahl ohne das vorgestellte Kürzel „Qu." und füllte zur besseren elektronischen Sortier- und Suchbarkeit jede Nummer durch führende Nullen zu einem vierstelligen Code auf, der ggf. durch die von Kahl übernommene Subnummerierung mit Kleinbuchstaben bzw. „bis", „ter" etc. erweitert ist. Eine Ausnahme bildet Kahls Eintrag Qu. 606, der bei Regulski die Nummer 0967a erhalten hat, wodurch Qu. 0967 im neuen System zu 0967b wurde. Von Regulski neu hinzugefügte Belege beginnen zur deutlichen Abgrenzung zu den von Kahl vergebenen Nummern mit der Nummer 4000. Veröffentlicht wurde die Quellensammlung in Form der Open-Access-Datenbank *Database of Early Dynastic Inscriptions*,[6] die alle Inschriften mit Metadaten enthält, wobei allerdings Inschriften, die in die Zeit nach Djoser Netjerichet datieren, nicht mehr mit aufgenommen wurden. Die Datenbank wurde auch noch nach der Veröffentlichung der Paläographie erweitert und läuft in der Nummerierung zum Zeitpunkt der Erstellung dieser Konkordanz bis Nummer 4833. Anders als Kahls Quellensammlung sind die von Regulski hinzugefügten Nummern nicht mehr chronologisch geordnet. Stattdessen erfolgt die Nummerierung nach der Reihenfolge der Aufnahme in die Datenbank.

Eine weitere Fortführung erfuhr die von Kahl begründete Quellennummerierung im *Narmer Catalog* von T. C. Heagy, der alle inschriftlichen Belege für Narmer und seine Vorgänger umfasst.[7] Darin nutzt er als Katalog-Nummer die „Source no." aus der Datenbank von Regulski. Zusätzliche, bei Regulski nicht erfasste Inschriften sind als Nummern 5001 bis 5043 für Narmers Vorgänger sowie ab Nummer 6001 für Narmer aufgenommen. Der Nummernblock von 5101 bis 6000 ist für die Aufnahme weiterer Inschriften im Projekt *Digitale Erschließung der frühen Inschriften Ägyptens* reserviert. Insgesamt wurden in diesem Projekt mehr als 660 zusätzliche Inschriften erfasst. Neu berücksichtigt wurden insbesondere die von J.-P. Pätznick und E.-M. Engel publizierten Siegel und

1 <http://aaew.bbaw.de/tla>.
2 Zum Projekt siehe Bußmann/Sperveslage 2021.
3 Kahl 1994. Die vollständige Quellenliste befindet sich dort in Anhang 1 (Kahl 1994: 171–417).
4 Kahl 1994: 12–13.
5 Regulski 2010: 8.
6 <https://www1.ivv1.uni-muenster.de/litw3/Aegyptologie/index06.htm>; siehe dazu auch Regulski 2008.
7 <https://www.narmer.org>.

Siegelabrollungen aus Elephantine sowie die von P. Tallet publizierten neuen Inschriftenfunde aus dem Wadi Ameyra auf dem Sinai.[8] Auch die von Regulski nicht aufgenommenen Inschriften der 3. Dynastie, die bei Kahl eine Qu.-Nummer haben, wurden in das System integriert und haben nun eine vierstellige ID, die der jeweiligen Qu.-Nummer entspricht.

Die aus den genannten vier Projekten sukzessive erweiterte Nummerierung wird mit der vorliegenden Konkordanz als Frühzeit-ID etabliert. Sie soll neben der eindeutigen Identifizierung dazu dienen, die Inschriften in Publikationen und Datenbanken zu referenzieren. Zudem ist das System anschlussfähig, neue Inschriftenfunde aus anderen Projekten aufzunehmen. Auch Ritzmarken, deren phonetischer Gehalt dank rezenter Forschungen immer deutlicher wird,[9] und „multimodale Kompositionen"[10] können hinzugefügt werden. Die vorliegende Konkordanz selbst wird laufend aktualisiert; neue Versionen sollen in regelmäßigen Abständen in digitaler Form auf der Webseite www.ibaes.de zur Verfügung gestellt werden.

Die Entscheidung, dieses Nummerierungssystem im Projekt *Digitale Erschließung der frühen Inschriften Ägyptens* fortzuführen beruht zum einen darauf, dass die in Regulskis *Database of Early Dynastic Inscriptions* verwendete Zählung inzwischen sowohl in Printpublikationen[11] als auch in anderen Datenbanksystemen Verwendung gefunden hat.[12] Zum anderen sind die übrigen bestehenden Systeme weniger praktikabel: Sowohl die Nummerierungen von P. Kaplony als auch das neu eingeführte System von J. Kahl, N. Kloth und U. Zimmermann umfassen jeweils nur einen geringen Teil der bisher publizierten Inschriften, so dass der Aufwand zur Vergabe neuer Codes ungleich höher gewesen wäre.

2. Überblick über die weiteren Nummerierungssysteme

Die Frühzeit-ID wird in der vorliegenden Konkordanz auf zwei andere Nummerierungssysteme frühzeitlicher Inschriften abgebildet: zum einen auf die Nummerierung von P. Kaplony und zum anderen auf das von J. Kahl, N. Kloth und U. Zimmermann ursprünglich für die Inschriften der 3. Dynastie eingeführte und später auf die 2. Dynastie erweiterte System.

2.1 Die „Inschriften der ägyptischen Frühzeit" von Kaplony

1963 publizierte P. Kaplony in drei Bänden die „Inschriften der ägyptischen Frühzeit", deren dritter Band (IÄF III) den Abbildungsteil umfasst. Dieser enthält die Abbildungsnummern 1–883. Der 1964 erschienene Supplementband (IÄFS) und die 1966 gedruckten „Kleinen Beiträge zu den Inschriften der ägyptischen Frühzeit" (KBIÄF) schließen an die Nummerierung an.[13] IÄFS enthält die Nummern 884–1090, KBIÄF die Nummern 1091–1142. Zum Teil weisen die Abbildungsnummern in den drei Publikationen Subnummerierungen mit Großbuchstaben sowie mit „bis", „ter" etc. auf. Zwischen den drei Publikationen gibt es zudem einige Überschneidungen, wenn Inschriften in einem späteren Band nochmals mit besserem Abbildungsmaterial veröffentlicht sind. So sind z.B. IÄF III, 852, IÄFS 1056 und IÄFS 1073 ebenfalls in KBIÄF abgebildet.

Über die von Kahl erfassten Inschriften hinaus sind hier einige Einträge aus Kaplonys Publikationen aufgenommen worden, sofern neuere Untersuchungen eine Datierung in die Frühzeit wahrscheinlich machen.[14] Inschriften, die in die späte 3. Dynastie oder vermutlich eher in das Alte Reich zu datieren sind, wurden dagegen nicht berücksichtigt.[15] Objekte, deren Authentizität fraglich ist, wurden ebenfalls nicht aufgenommen.[16] Auch wenn keine als Inschriften identifizierbaren Elemente enthalten sind, erfolgte vorerst keine Aufnahme.

---

8 Pätznick 2005; Tallet 2015; Engel 2018.

9 Siehe z.B. Engel 2015.

10 Vgl. Kammerzell 2021.

11 Siehe z.B. Piquette 2018; Kammerzell 2021; Engel 2021.

12 So die Datenbank *Early Egyptian Inscribed Labels* von K. E. Piquette <http://www.ub.uni-koeln.de/cdm/landingpage/collection/egyptlabels/> und der bereits genannte *Narmer Catalog* von T. C. Heagy <https://www.narmer.org>.

13 Kaplony 1963; Kaplony 1964; Kaplony 1966.

14 Siehe insbesondere Engel 2021.

15 So gehören die Siegel mit Nennung der Göttin Hathor sehr wahrscheinlich ins Alte Reich, vgl. Engel 2021: 39–41.

16 Dies betrifft die bereits von Kahl ausgeschlossenen Siegel IÄF III, 542 und IÄF III, 715 sowie das Relief IÄFS 1067; vgl. Kahl 1994: 12.

2.2 Das System Kahl, Kloth & Zimmermann (1995)

In ihrer Publikation der Inschriften der 3. Dynastie haben J. Kahl, N. Kloth und U. Zimmermann eine Codierung eingeführt, die sich aus drei Elementen zusammensetzt: Der Datierung der Inschrift, ihres Fundortes sowie einer für jeden Fundort fortlaufenden Nummer. Die Datierung wird durch ein Kürzel für den jeweiligen König, z.B. „Ne" für Netjerichet (Djoser) angegeben; „D3" steht allgemein für 3. Dynastie, wenn keine genauere Eingrenzung möglich ist. Der Fundort wird ebenfalls durch Buchstaben abgekürzt, beispielsweise steht „Ab" für Abydos und „Sa" für Sakkara. Ist der Fundort unbekannt, steht ein Fragezeichen.[17] Der Code „Ne/Ab/4" bezeichnet demnach in der fortlaufenden Nummerierung die vierte Inschrift des Netjerichet (Djoser) aus Abydos, „D3/?/2" die zweite erfasste Inschrift unbekannter Herkunft, die zwar in die dritte Dynastie datiert, aber nicht der Regierungszeit eines konkreten Königs zugewiesen werden kann. Dieses System hat bereits Anwendung auf Inschriften der 2. Dynastie gefunden: zum einen in J. Kahls Katalog der Inschriften des Raneb (Weneg),[18] zum anderen in der Publikation einiger Inschriften aus dem Grab des Ninetjer durch I. Regulski und J. Kahl.[19]

Der Vorteil dieser Codierung besteht fraglos darin, dass aus dem Code die Datierung und der Fundort direkt ablesbar sind. Wenn aber neue Forschungserkenntnisse eine Änderung der Datierung erfordern oder für ein bisher provenienzloses Stück eine Herkunft wahrscheinlich gemacht werden kann, kann der Code nicht aktualisiert werden, da er als Mittel zur eindeutigen Identifizierung unverändert bleiben muss. Veraltete Daten würden so über den Code weiter tradiert.

3. Hinweise zur Benutzung

Die Konkordanz ist dreiteilig aufgebaut. Der erste Teil ist nach der Frühzeit-ID sortiert und stellt eine vollständige Liste der bisher erfassten frühen Inschriften Ägyptens dar. Den zweiten Teil bildet die Konkordanz nach dem System von Kahl, Kloth und Zimmermann (1995). Die Einträge sind dabei nicht alphabetisch nach dem Siglum, sondern chronologisch sortiert. Im dritten Teil folgt schließlich eine Konkordanz nach der Inschriftenzählung von Kaplony.

Der Vollständigkeit wegen wurde die Nummerierung nach der Quellensammlung von Kahl (1994) in allen drei Konkordanzen in der zweiten Spalte angegeben. Auf eine eigene Konkordanz nach diesem System wurde jedoch verzichtet, da die Nummern, abgesehen von den führenden Nullen, mit der Frühzeit-ID übereinstimmen. Einzige Ausnahmen sind die Einträge Qu. 606 und Qu. 967, welche die IDs 0967a bzw. 0967b tragen.

Die bibliographischen Angaben in der letzten Spalte stellen keine ausführliche Bibliographie zu der jeweiligen Inschrift dar, sondern nennen, soweit möglich, eine maßgebliche Primärpublikation sowie gegebenenfalls eine aus Platzgründen sehr beschränkte Auswahl an jüngeren Bearbeitungen oder Neupublikationen. Als Referenzen wurden nach Möglichkeit aussagekräftige Kurztitel gewählt, die in der Bibliographie am Ende des Bandes aufgelöst sind.

Über die Frühzeit-ID ist eine Suche nach den Inschriften in verschiedenen Datenbanksystemen möglich. So können in der *Database of Early Dynastic Inscriptions* von I. Regulski,[20] dem *Narmer Catalog* von T. C. Heagy[21] und der Datenbank *Early Egyptian Inscribed Labels* von K. E. Piquette[22] weitere Angaben zu einzelnen Inschriften und Textträgern aufgerufen werden, u.a. bibliographische Hinweise oder Abbildungen. Auch im *Thesaurus Linguae Aegyptiae*[23] werden die Inschriften nach erfolgter Freischaltung über die Frühzeit-ID auffindbar sein.

4. Aufruf zur Mitarbeit

Wie bereits angesprochen, soll diese Konkordanz erweitert und aktualisiert werden. Forscherinnen und Forscher sowie Projekte, die sich mit den Inschriften der ägyptischen Frühzeit beschäftigen, sind eingeladen, sich am Ausbau der Konkordanz als Referenzliste zu beteiligen. Bisher nicht aufgenommene Inschriften können jederzeit

---

17 Kahl/Kloth/Zimmermann 1995: 2. Dort finden sich auch die Auflösungen der verwendeten Abkürzungen für Könige und Fundorte.

18 Kahl 2007: 18 mit Auflösung der dort verwendeten zusätzlichen Abkürzungen.

19 Regulski/Kahl 2010.

20 <https://www1.ivv1.uni-muenster.de/litw3/Aegyptologie/index06.htm>.

21 <https://www.narmer.org>.

22 <http://www.ub.uni-koeln.de/cdm/landingpage/collection/egyptlabels/>.

23 <http://aaew.bbaw.de/tla>.

eine Frühzeit-ID erhalten und in diese Liste eingepflegt werden. Eine Kontaktaufnahme zur Koordination ist unter den E-Mail-Adressen *gunnar.sperveslage@uni-koeln.de* oder *kontakt@ibaes.de* möglich. Auch Korrekturen und andere Hinweise sind willkommen.

Danksagung

Ein großer Dank geht an Ilona Regulski, die mir Auszüge aus ihrer Datenbank zur Verfügung gestellt und dadurch die Erstellung der Konkordanz wesentlich vereinfacht hat. Zudem danke ich Thomas C. Heagy sehr herzlich für die großartige Kooperation bei der Koordinierung der Nummerierung, was für ihn zur Vermeidung von doppelten Nummern eine Neu-Nummerierung eines Teils seiner eigenen Einträge im *Narmer Catalog* bedeutet hat. Dank gebührt ferner allen Beteiligten am DFG-geförderten Projekt *Digitale Erschließung der frühen Inschriften Ägyptens*: Richard Bußmann und Jakob Schneider sowie insbesondere unserer Hilfskraft Miriam Rathenow, die durch Literaturrecherchen sowie umsichtige Korrekturen und Vereinheitlichungen wertvolle Zuarbeit geleistet hat.

Mein größter Dank gilt meiner Familie, die mir während der Corona-Pandemie und bei der Kinderbetreuung im Homeoffice stets den Rücken freigehalten hat.

Bibliographie zur Einleitung

Bußmann, R./Sperveslage, G. (2021): Sprache – Schrift – Objekt: Herausforderungen für die Erfassung der frühdynastischen Siegelinschriften im Thesaurus Linguae Aegyptiae, in: Engel, E.-M./Blöbaum, A. I./Kammerzell, F. (Hrsg.): *Keep out! Early Dynastic and Old Kingdom Cylinder Seals and Sealings in Context*, MENES 7, Wiesbaden, 289–310

Engel, E.-M. (2015): Schrift oder Marke? Ein neuer Ansatz zur Lesung der Ritzmarken der Frühzeit, in: Amstutz, H./Dorn, A./Müller, M./Ronsdorf, M./Uljas, S. (Hrsg.): *Fuzzy Boundaries. Festschrift für Antonio Loprieno*, Bd. 2, Hamburg, 55–70

Engel, E.-M. (2018): Die Rollsiegel und Siegelabrollungen, in: Kopp, P.: *Elephantine XXIV. Funde und Befunde aus der Umgebung des Satettempels. Grabungen 2006–2009*, AV 104, Wiesbaden, 127–144

Engel, E.-M. (2021): *Private Rollsiegel der Frühzeit und des frühen Alten Reiches. Versuch einer Einordnung*, MENES 8, Wiesbaden

Kahl, J. (1994): *Das System der ägyptischen Hieroglyphenschrift in der 0.–3. Dynastie*, GOF 4/29, Wiesbaden

Kahl, J. (2007): *„Ra is my Lord". Searching for the Rise of the Sun God at the Dawn of Egyptian History*, MENES 1, Wiesbaden

Kahl, J./Kloth, N./Zimmermann, U. (1995): *Die Inschriften der 3. Dynastie. Eine Bestandsaufnahme*, ÄA 56, Wiesbaden

Kammerzell, F. (2021): Reading Multimodal Compositions from Early Dynastic Egypt, in: Engel, E.-M./Blöbaum, A. I./Kammerzell, F. (Hrsg.): *Keep out! Early Dynastic and Old Kingdom Cylinder Seals and Sealings in Context*, MENES 7, Wiesbaden, 1–98

Kaplony, P. (1963): *Die Inschriften der ägyptischen Frühzeit*, 3 Bde., ÄA 8, Wiesbaden

Kaplony, P. (1964): *Die Inschriften der ägyptischen Frühzeit. Supplement*, ÄA 9, Wiesbaden

Kaplony, P. (1966): *Kleine Beiträge zu den Inschriften der ägyptischen Frühzeit*, ÄA 15, Wiesbaden

Pätznick, J.-P. (2005): *Die Siegelabrollungen und Rollsiegel der Stadt Elephantine im 3. Jahrtausend v. Chr. Spurensicherung eines archäologischen Artefaktes*, BAR Int. Ser. 1339, Oxford

Piquette, K. E. (2018): *An Archaeology of Art and Writing. Early Egyptian Labels in Context*, Köln

Regulski I./Kahl, J. (2010): Gesiegelte Objektverschlüsse aus dem Grab des Ninetjer in Saqqara, *MDAIK* 66, 225–233

Regulski, I. (2008): Online Database of Early Dynastic Inscriptions, *GM* 219, 79–85

Regulski, I. (2010): *A Palaeographic Study of Early Writing in Egypt*, OLA 195, Leuven

Tallet, P. (2015): *La zone minière pharaonique du Sud-Sinaï II. Les inscriptions pré- et protodynastiques du Ouadi ʻAmeyra (CCIS n*[os] *273–335)*, MIFAO 132, Kairo

Konkordanzen

1. Konkordanz nach der Frühzeit-ID

Frühzeit-ID	Kahl 1994	Kahl et al.	Kaplony	Bibliographie
0001	Qu. 1			Dreyer et al., MDAIK 46 (1990), 59, Abb. 3a
0002	Qu. 2			Dreyer et al., MDAIK 46 (1990), 59, Abb. 3b
0003	Qu. 3			Dreyer et al., MDAIK 46 (1990), 59, Abb. 3c; Umm el-Qaab I, 81, Abb. 59b
0004	Qu. 4			Dreyer et al., MDAIK 46 (1990), 59, Abb. 3d; Umm el-Qaab I, 81, Abb. 59c
0005	Qu. 5			Hierakonpolis II, Taf. 63.1; IÄF I, 467
0006	Qu. 6			RT I, Taf. 44.2; van den Brink, Fs Dreyer, 658, Abb. 3
0007	Qu. 7			RT I, Taf. 44.3
0008	Qu. 8			RT I, Taf. 44.4
0009	Qu. 9			RT I, Taf. 44.5; van den Brink, Fs Dreyer, 658, Abb. 4
0010	Qu. 10			RT I, Taf. 44.6
0011	Qu. 11			RT I, Taf. 44.7
0012	Qu. 12			RT I, Taf. 44.8
0013	Qu. 13			RT I, Taf. 44.9
0014	Qu. 14			RT I, Taf. 52.731
0015	Qu. 15		IÄF III, 13	IÄF III, Abb. 13; RT II, Taf. 13.96
0016	Qu. 16			Kaiser & Dreyer, MDAIK 38 (1982), 231, Abb. 8
0017	Qu. 17			Kaiser & Dreyer, MDAIK 38 (1982), 231, Abb. 9
0018	Qu. 18			Kaiser & Dreyer, MDAIK 38 (1982), 234, Abb. 10a
0019	Qu. 19			Kaiser & Dreyer, MDAIK 38 (1982), 234, Abb. 10b
0020	Qu. 20			Kaiser & Dreyer, MDAIK 38 (1982), 233
0021	Qu. 21			Kaiser & Dreyer, MDAIK 38 (1982), 233
0022	Qu. 22			Kaiser & Dreyer, MDAIK 38 (1982), 234, Abb. 10c
0023	Qu. 23			Kaiser & Dreyer, MDAIK 38 (1982), 234, Abb. 10d
0024	Qu. 24			RT II, Taf. 55.5
0025	Qu. 25			Abydos I, Taf. 1.1
0026	Qu. 26			Abydos I, Taf. 1.2; Grimm & Schoske, Am Beginn der Zeit, 70 (Nr. 148)
0027	Qu. 27			Abydos I, Taf. 1.3
0028	Qu. 28			Abydos I, Taf. 1.4
0029	Qu. 29			Abydos I, Taf. 1.5

Frühzeit-ID	Kahl 1994	Kahl et al.	Kaplony	Bibliographie
0030	Qu. 30			Abydos I, Taf. 1.6
0031	Qu. 31			Abydos I, Taf. 1.7
0032	Qu. 32			Abydos I, Taf. 1.8
0033	Qu. 33			Abydos I, Taf. 1.9
0034	Qu. 34			Abydos I, Taf. 1.10
0035	Qu. 35			Abydos I, Taf. 1.11
0036	Qu. 36			Abydos I, Taf. 1.12
0037	Qu. 37			Abydos I, Taf. 1.13
0038	Qu. 38			Abydos I, Taf. 2.14
0039	Qu. 39			Abydos I, Taf. 2.15
0040	Qu. 40			Abydos I, Taf. 2.16
0041	Qu. 41			Abydos I, Taf. 2.17
0042	Qu. 42			Abydos I, Taf. 2.18
0043	Qu. 43			Abydos I, Taf. 2.19
0044	Qu. 44			Abydos I, Taf. 2.20
0045	Qu. 45			Abydos I, Taf. 2.21
0046	Qu. 46			Abydos I, Taf. 2.22
0047	Qu. 47			Abydos I, Taf. 2.23
0048	Qu. 48			Abydos I, Taf. 2.24
0049	Qu. 49			Abydos I, Taf. 2.25
0050	Qu. 50			Abydos I, Taf. 2.26
0051	Qu. 51			Abydos I, Taf. 3.27
0052	Qu. 52			Abydos I, Taf. 3.28
0053	Qu. 53			Abydos I, Taf. 3.29
0054	Qu. 54			Abydos I, Taf. 3.30
0055	Qu. 55			Abydos I, Taf. 3.31
0056	Qu. 56			Abydos I, Taf. 3.32
0057	Qu. 57			Abydos I, Taf. 3.33
0058	Qu. 58			Abydos I, Taf. 3.34
0059	Qu. 59			Abydos I, Taf. 3.35
0060	Qu. 60			Abydos I, Taf. 3.36
0061	Qu. 61			Abydos I, Taf. 3.37; Woods, Visible Language, 123
0062	Qu. 62			Abydos I, Taf. 3.38
0063	Qu. 63			RT II, Taf. 13 (B 7)
0064	Qu. 64			RT II, Taf. 13.89; IÄF I, 62; II, 720 Anm. 210; EDO, Taf. 26 (357)
0065	Qu. 65			RT II, Taf. 13.90
0066	Qu. 66			Kaiser & Dreyer, MDAIK 38 (1982), 229, Abb. 7
0067	Qu. 67			Kaiser & Dreyer, MDAIK 38 (1982), 263, Abb. 14.30, Taf. 58d
0068	Qu. 68			RT II, Taf. 13 (B 11)
0069	Qu. 69			RT II, Taf. 13 (B 15)
0070	Qu. 70			Kaiser & Dreyer, MDAIK 38 (1982), Taf. 58a
0071	Qu. 71			RT II, Taf. 13 (o. li., ohne Nummer)

Frühzeit-ID	Kahl 1994	Kahl et al.	Kaplony	Bibliographie
0072	Qu. 72			Tarkhan I and Memphis V, Taf. 31.67
0073	Qu. 73			Saad, Helwan (1941–1945), 112, Abb. 11, Taf. 60
0074	Qu. 74			Saad, Helwan (1941–1945), 112, Abb. 12, Taf. 60
0075	Qu. 75		IÄF III, 848	IÄF III, Abb. 848
0076	Qu. 76			Hierakonpolis I, Taf. 25 (u.), 26c; Ciałowicz, Les têtes des massues, 32, Abb. 3, Taf. 7
0077	Qu. 77			Wildung, Ägypten vor den Pyramiden, 37, Abb. 33 (re.)
0078	Qu. 78			Kroeper, Minshat Abu Omar, 26, Abb. 94
0079	Qu. 79		IÄF III, 5	Hierakonpolis I, Taf. 15.7; IÄF III, Abb. 5; Whitehouse, MDAIK 58 (2002), 425–446
0080	Qu. 80			Hierakonpolis I, Taf. 26b
0081	Qu. 81			Hierakonpolis I, Taf. 29
0082	Qu. 82			Garstang, ASAE 8 (1907), Taf. 3.1
0083	Qu. 83			Winkler, Rock-drawings, Taf. 11.1
0084	Qu. 84			EDO, Taf. 47, 52 (454)
0085a	Qu. 85a			Petrie, Koptos, Taf. III; Williams, JARCE 25 (1988), 38, Taf. 2d, 39, Taf. 3a; Dreyer, Kunst des Alten Reiches, Abb. 1; Kemp, CAJ 10 (2000), 215, Abb. 7; Umm el-Qaab I, 175–177
0085b	Qu. 85b			Petrie, Koptos, Taf. III; Williams, JARCE 25 (1988), 36, Abb. 1a; Dreyer, Kunst des Alten Reiches, Abb. 1; Kemp, CAJ 10 (2000), 215, Abb. 7; Umm el-Qaab I, 175–177
0085c	Qu. 85c			Petrie, Koptos, Taf. III; Williams, JARCE 25 (1988), 36, Abb. 1b; Dreyer, Kunst des Alten Reiches, Abb. 1; Kemp, CAJ 10 (2000), 215, Abb. 7; Umm el-Qaab I, 175–177
0085d	Qu. 85d			Petrie, Koptos, Taf. III; Williams, JARCE 25 (1988), 36, Abb. 1c; Dreyer, Kunst des Alten Reiches, Abb. 1; Kemp, CAJ 10 (2000), 215, Abb. 7; Umm el-Qaab I, 175–177
0086	Qu. 86			Kaiser & Dreyer, MDAIK 38 (1982), 263, Abb. 14.40
0087	Qu. 87			RT II, Taf. 52.359
0088	Qu. 88		IÄF III, 24	IÄF III, Abb. 24; RT II, Taf. 13.94
0089	Qu. 89		IÄF III, 26B	IÄF III, Abb. 26B; RT II, Taf. 13.92
0090	Qu. 90		IÄF III, 26A	IÄF III, Abb. 26A; RT II, Taf. 13.91; EDO, Taf. 27(360); Bourriau, JEA 77 (1991), 157–158; Woods, Visible Language, 131

Frühzeit-ID	Kahl 1994	Kahl et al.	Kaplony	Bibliographie
0091	Qu. 91			RT II, Taf. 2.3
0092	Qu. 92			RT II, Taf. 2.6
0093	Qu. 93			RT II, Taf. 55.2
0094	Qu. 94			RT II, Taf. 4.17
0095	Qu. 95			RT II, Taf. 10.1
0096	Qu. 96			RT II, Taf. 12.4
0097	Qu. 97		IÄF III, 77	IÄF III, Abb. 77; RT II, Taf. 13.93
0098	Qu. 98		IÄF III, 137	IÄF III, Abb. 137; Bourriau, JEA 77 (1991), 157–158
0099	Qu. 99			RT I, Taf. 4.2
0100	Qu. 100			de Morgan, Recherches, 241, Abb. 811
0101	Qu. 101			RT II, Taf. 2.5
0102	Qu. 102			Kaplony, Steingefässe 18.5; Kaplony, MDAIK 20 (1965), Abb. 1
0103	Qu. 103			Tarkhan I and Memphis V, Taf. 31.68
0104	Qu. 104		IÄF III, 25	IÄF III, Abb. 25; Tarkhan I and Memphis V, Taf. II, 2
0105	Qu. 105		IÄF III, 34	IÄF III, Abb. 34; Tarkhan I and Memphis V, Taf. II, 3
0106	Qu. 106		IÄF III, 35A	IÄF III, Abb. 35A
0107	Qu. 107		IÄF III, 35B	IÄF III, Abb. 35B; Tarkhan I and Memphis V, Taf. II, 1
0108	Qu. 108			Tarkhan I and Memphis V, Taf. 31.69
0109	Qu. 109			Tarkhan II, Taf. 20.2; Gilroy, GM 108 (2001), 67
0110	Qu. 110			Tarkhan II, Taf. 20.1
0111	Qu. 111			Tarkhan II, Taf. 9.2
0112	Qu. 112		IÄFS 1061	IÄFS, Abb. 1061
0113	Qu. 113		IÄFS 1062	IÄFS, Abb. 1062
0114	Qu. 114			Saad, Helwan (1941–1945), 165, Abb. 13a; Helwan I, Taf. 48.1, 69.1
0115	Qu. 115			PD IV 1, Taf. 1.1
0116	Qu. 116			Junker, Turah, 47, Abb. 57.4
0117	Qu. 117			Junker, Turah, 47, Abb. 57.3
0118	Qu. 118		IÄF III, 721	IÄF III, Abb. 721; Dunham, Zawiyet el-Aryan, 26, Taf. 16A
0119 = 4008	Qu. 119			Bakr, Ezbet el-Tell, 55, Taf. 1a; Leclant & Clerc, Or 55 (1986), Taf. 11.7; van den Brink, Complete Vessels, 146, Abb. 3.21
0120	Qu. 120			Bakr, Ezbet el-Tell, 55, Taf. 1b (o. mi.)
0121	Qu. 121			Wildung, Ägypten vor den Pyramiden, 37, Abb. 33 (li.)
0122	Qu. 122			Kroeper, Minshat Abu Omar, 29, Abb. 140

Frühzeit-ID	Kahl 1994	Kahl et al.	Kaplony	Bibliographie
0123	Qu. 123			Kaiser & Dreyer, MDAIK 38 (1982), 263, Abb. 14.36; Amiran, IEJ 24 (1974), 4ff.
0124	Qu. 124			Yelvin, IEJ 10 (1960), 195, Abb. 2
0125	Qu. 125			Schott, RdE 21 (1969), 81, Abb. 5; Krauss, MDAIK 50 (1994), 223–230
0126	Qu. 126			Kaplony, Or 34 (1965), Taf. 20.3
0127	Qu. 127		IÄFS 1053	IÄFS, Abb. 1053; Grimm & Schoske, Am Beginn der Zeit, 73, (Nr. 156)
0128	Qu. 128		KBIÄF 1138	KBIÄF, Abb. 1138
0129	Qu. 129			Kaplony, Beschriftete Kleinfunde, Taf. 6.5
0130	Qu. 130			Kaplony, Beschriftete Kleinfunde, Taf. 6.6
0131	Qu. 131			Kaplony, Beschriftete Kleinfunde, Taf. 7.24
0132	Qu. 132			Williams, Cemetery L, Taf. 76
0133	Qu. 133			Hierakonpolis II, Taf. 30.7
0134	Qu. 134			Kaplony, Steingefässe, 15 (3, Qu.3); Hierakonpolis I, Taf. 34 (u. re.)
0135	Qu. 135			Kaplony, Steingefässe, 14 (3, Qu.4); Hierakonpolis II, Taf. 48a (mi.)
0136	Qu. 136			Kaplony, Steingefässe, 14 (3, Qu.5); Petrie, Funeral Furniture, Taf. 16.196
0137	Qu. 137			Kaplony, Steingefässe, 15 (3, Qu.6); Hierakonpolis I, Taf. 34.2c
0138	Qu. 138			Kaplony, Steingefässe, 14 (3, Qu.7); Hierakonpolis I, Taf. 34.1
0139	Qu. 139			Kaplony, Steingefässe, 15 (3, Qu.9); Hierakonpolis I, Taf. 34.2b
0140	Qu. 140			Kaplony, Steingefässe, 14 (3, Qu.10); Hierakonpolis II, Taf. 48a (mi.)
0141	Qu. 141			Kaplony, Steingefässe, 14 (3, Qu.12); Hierakonpolis II, Taf. 48a (mi.)
0142	Qu. 142			Kaplony, Steingefässe, 14 (3, Qu.13); Petrie, Prehistoric Egypt, Taf. 41.146
0143	Qu. 143			Kaplony, Steingefässe, 15 (3, Qu.14); Hierakonpolis I, Taf. 34.2a
0144	Qu. 144			Kaplony, Steingefässe, 16 (3 B); Hierakonpolis II, Taf. 48a (mi.)
0145	Qu. 145			Kaplony, Steingefässe, 16 (3 A); Hierakonpolis II, Taf. 48a (mi.)
0146	Qu. 146			Kaplony, Steingefässe, 17 (4 A); Hierakonpolis II, Taf. 48a (mi.)
0147	Qu. 147			Kaplony, Steingefässe, 17 (4 B); Hierakonpolis I, Taf. 34.3
0148	Qu. 148		IÄF III, 687	IÄF III, Abb. 687; Engel, Rollsiegel, 66
0149	Qu. 149			RT II, Taf. 55D.383
0150	Qu. 150			RT II, Taf. 55D.385
0151	Qu. 151		IÄF III, 826	IÄF III, Abb. 826

Frühzeit-ID	Kahl 1994	Kahl et al.	Kaplony	Bibliographie
0152	Qu. 152			Capart, Primitive Art, Abb. 175–176
0153	Qu. 153			Capart, Primitive Art, Abb. 181–182
0154	Qu. 154			Tarkhan I and Memphis V, Taf. 31.66; Dreyer, Studies Hoffman, 259–263
0155	Qu. 155			Tarkhan I and Memphis V, Taf. 31.71
0156	Qu. 156		IÄF III, 18	IÄF III, Abb. 18; Tarkhan I and Memphis V, Taf. II, 4
0157	Qu. 157			Tarkhan II, Taf. 9.3; Dreyer, Studies Hoffman, 259–263
0158	Qu. 158			Scharff, Abusir el-Meleq, 35, Abb. 15o
0159	Qu. 159			Scharff, Abusir el-Meleq, 35, Abb. 15n
0160	Qu. 160			Junker, Turah, 47, Abb. 57.1; van den Brink, Complete Vessels, 145, Abb. 2.18
0161	Qu. 161			Junker, Turah, 47, Abb. 57.2
0162	Qu. 162			Junker, Turah, 47, Abb. 57.5
0163	Qu. 163			Dunham, Zawiyet el-Aryan, Taf. 16b
0164	Qu. 164			Bakr, Ezbet el-Tell, 55, Taf. 1b (o. li.)
0165	Qu. 165			Bakr, Ezbet el-Tell, 55, Taf. 1b (u. li.)
0166	Qu. 166			Bakr, Ezbet el-Tell, 55, Taf. 1b (u. mi.)
0167	Qu. 167			Bakr, Ezbet el-Tell, 55, Taf. 1b (u. re.)
0168	Qu. 168			Fischer, JARCE 2 (1963), 44, Abb. 1
0169	Qu. 169			Kaiser & Dreyer, MDAIK 38 (1982), 263, Abb. 14.5
0170	Qu. 170			Clédat, ASAE 13 (1914), 119, Abb. 3, Taf. XIII
0171	Qu. 171			Clédat, ASAE 13 (1914), 119, Abb. 4
0172	Qu. 172			Clédat, ASAE 13 (1914), 120, Abb. 5
0173	Qu. 173			Clédat, ASAE 13 (1914), 120, Abb. 6
0174	Qu. 174			Kaiser & Dreyer, MDAIK 38 (1982), 269, Abb. 16.1; Gophna, BHM 12 (1970), 53
0175	Qu. 175			Kaiser & Dreyer, MDAIK 38 (1982), 269, Abb. 16.2; Amiran, IMN 8 (1970), 89
0176	Qu. 176			Schulman & Gophna, IEJ 31 (1981), 166, Abb. 1
0177	Qu. 177			Fischer, Artibus Asiae 21 (1958), 73, Abb. 20
0178	Qu. 178			Müller, Kleinfunde und Glas, A 3
0179	Qu. 179			EDO, Taf. 64 (576)
0180	Qu. 180			Petrie, Funeral Furniture, Taf. 16.201
0181	Qu. 181		KBIÄF 1132	KBIÄF, Abb. 1132
0182	Qu. 182			Kaplony, Steingefässe, 16 (3 C)

Frühzeit-ID	Kahl 1994	Kahl et al.	Kaplony	Bibliographie
0183	Qu. 183			Kaplony, Steingefässe, 17 (4), Taf. 14.4; Kaplony, Or 34 (1965), Taf. 22.5
0184	Qu. 184			Kaplony, Steingefässe, 17 (4 C)
0185	Qu. 185			Kaplony, Steingefässe, 18 (4 F)
0186	Qu. 186			Amélineau, Abydos (1895–1896), Taf. 33 (u. li.)
0187	Qu. 187			Abydos I, Taf. 12.1
0188	Qu. 188			RT II, Taf. 3.8
0189	Qu. 189			RT II, Taf. 3.9; EDO, Taf. 51 (447); Umm el-Qaab I, 135, Abb. 82.X182
0190	Qu. 190			RT II, Taf. 3.10; EDO, Taf. 51 (448); Umm el-Qaab I, 135, Abb. 82.X186
0191	Qu. 191			RT II, Taf. 3.11; Umm el-Qaab I, 135, Abb. 82.X185
0192	Qu. 192			RT II, Taf. 3.12; Umm el-Qaab I, 135, Abb. 82.X188
0193	Qu. 193			RT II, Taf. 3.13; Umm el-Qaab I, 135, Abb. 82.X189
0194	Qu. 194			RT II, Taf. 3.14; Umm el-Qaab I, 135, Abb. 82; Woods, Visible Language, 125.X180
0195	Qu. 195			RT II, Taf. 3.15; Umm el-Qaab I, 135, Abb. 82.X187; Grimm & Schoske, Am Beginn der Zeit, 74, (Nr. 159)
0196	Qu. 196			RT II, Taf. 3.16; Umm el-Qaab I, 135, Abb. 82.X181
0197	Qu. 197			RT II, Taf. 3.18; Umm el-Qaab I, 135, Abb. 82.X184
0198	Qu. 198			RT II, Taf. 3.19
0199	Qu. 199		IÄF III, 168	IÄF III, Abb. 168
0200	Qu. 200		IÄF III, 169	IÄF III, Abb. 169
0201	Qu. 201		IÄF III, 170	IÄF III, Abb. 170
0202	Qu. 202		IÄF III, 171	IÄF III, Abb. 171
0203	Qu. 203		IÄF III, 172	IÄF III, Abb. 172
0204	Qu. 204		IÄF III, 173	IÄF III, Abb. 173
0205	Qu. 205		IÄF III, 852	IÄF III, Abb. 852; KBIÄF, Abb. 852; Umm el-Qaab I, 135, Abb. 82.X190
0206	Qu. 206		IÄFS 891	IÄFS, Abb. 891
0207	Qu. 207		IÄF III, 23	IÄF III, Abb. 23
0208	Qu. 208		IÄF III, 135	IÄF III, Abb. 135; RT II, Taf. 14.100; Dreyer et al., MDAIK 56 (2000), 91, Nr. 114; Engel, Rollsiegel, 59
0209 + 0282	Qu. 209		IÄF III, 844	IÄF III, Abb. 844, RT II, Taf. 11.1
0210	Qu. 210		IÄF III, 10	IÄF III, Abb. 10; Petrie, Scarabs, Taf. 3.76; Engel, Rollsiegel, 160
0211	Qu. 211		IÄF III, 11	IÄF III, Abb. 11; Engel, Rollsiegel, 152
0212	Qu. 212		IÄF III, 152	IÄF III, Abb. 152
0213	Qu. 213		IÄF III, 153	IÄF III, Abb. 153

Frühzeit-ID	Kahl 1994	Kahl et al.	Kaplony	Bibliographie
0214	Qu. 214			Williams, Cemetery L, Taf. 32a
0215	Qu. 215			Williams, Cemetery L, Taf. 33
0216	Qu. 216			Williams, Cemetery L, Taf. 34
0217	Qu. 217		IÄFS 885	IÄFS, Abb. 885; Williams, Cemetery L, 169–171, Taf. 34
0218	Qu. 218		IÄF III, 8	IÄF III, Abb. 8; el-Mahasna, Taf. 27,1; Umm el-Qaab I, 111
0219	Qu. 219			Saad, Helwan (1941–1945), 165, Abb. 13b; Helwan I, Taf. 48.1, 69.1
0220	Qu. 220			van den Brink, Archaeology of the Nile Delta, 105, Taf. 3b
0221	Qu. 221			Müller, Kleinfunde und Glas, A 31
0222	Qu. 222			de Morgan, Recherches, 153, Abb. 517
0223a	Qu. 223a			de Morgan, Recherches, 167, Abb. 550
0223b	Qu. 223b			de Morgan, Recherches, 167, Abb. 550a
0224a	Qu. 224a			de Morgan, Recherches, 167, Abb. 551
0224b	Qu. 224b			de Morgan, Recherches, 167, Abb. 551a
0225a	Qu. 225a			de Morgan, Recherches, 167, Abb. 552
0225b	Qu. 225b			de Morgan, Recherches, 167, Abb. 552a
0226a	Qu. 226a			de Morgan, Recherches, 167, Abb. 553
0226b	Qu. 226b			de Morgan, Recherches, 167, Abb. 553a
0227a	Qu. 227a			de Morgan, Recherches, 167, Abb. 554; Newberry, PSBA 34 (1912), Taf. 31.1; EDO, Taf. 51 (450); Garstang, ZÄS 42 (1905), 63
0227b	Qu. 227b			de Morgan, Recherches, 167, Abb. 554a; Newberry, PSBA 34 (1912), Taf. 31.1; EDO, Taf. 51 (450); Garstang, ZÄS 42 (1905), 63
0228a	Qu. 228a			de Morgan, Recherches, 167, Abb. 555
0228b	Qu. 228b			de Morgan, Recherches, 167, Abb. 555a
0229	Qu. 229			de Morgan, Recherches, 176, Abb. 584
0230	Qu. 230			de Morgan, Recherches, 177, Abb. 598
0231	Qu. 231			de Morgan, Recherches, 177, Abb. 599
0232	Qu. 232			de Morgan, Recherches, 177, Abb. 600

Frühzeit-ID	Kahl 1994	Kahl et al.	Kaplony	Bibliographie
0233	Qu. 233			de Morgan, Recherches, 177, Abb. 601
0234	Qu. 234			de Morgan, Recherches, 179, Abb. 618
0235	Qu. 235			de Morgan, Recherches, 184, Abb. 661
0236	Qu. 236			de Morgan, Recherches, 184, Abb. 662
0237	Qu. 237			de Morgan, Recherches, 185, Abb. 667
0238	Qu. 238			de Morgan, Recherches, 186, Abb. 673a
0239	Qu. 239			de Morgan, Recherches, 186, Abb. 677
0240	Qu. 240			Garstang, ZÄS 42 (1905), 61, Abb. 1; Kahl, Menesgrab, 12, Abb. 10
0241	Qu. 241			Garstang, ZÄS 42 (1905), 61, Abb. 2; Kahl, Menesgrab, 12
0242a–b	Qu. 242a–b			EDO, Taf. 51 (449)
0243a–b	Qu. 243a–b			Newberry, PSBA 34 (1912), Taf. 31.2; EDO, Taf. 51 (449)
0244	Qu. 244		IÄF III, 14	IÄF III, Abb. 14; Engel, Rollsiegel, 62
0245	Qu. 245		IÄF III, 15	IÄF III, Abb. 15; Engel, Rollsiegel, 62
0246	Qu. 246		IÄF III, 27E	IÄF III, Abb. 27E; de Morgan, Recherches, 168, Abb. 557
0247	Qu. 247		IÄF III, 75	IÄF III, Abb. 75; Engel, Rollsiegel, 144
0248	Qu. 248		IÄF III, 78C	IÄF III, Abb. 78C; RT II, Taf. 14.99; Bourriau, JEA 77 (1991), 157; Dreyer et al., MDAIK 56 (2000), 94 Anm. 122
0249	Qu. 249		IÄF III, 79	IÄF III, Abb. 79; de Morgan, Recherches, 168, Abb. 558
0250	Qu. 250		IÄF III, 138	IÄF III, Abb. 138; Emery, Hor-Aha, Abb. 28; Bourriau, JEA 77 (1991), 157
0251	Qu. 251		IÄF III, 174	IÄF III, Abb. 174
0252	Qu. 252		IÄF III, 201	IÄF III, Abb. 201; Newberry, Menes, 43, Abb. 2
0253	Qu. 253		IÄF III, 869	IÄF III, Abb. 869
0254	Qu. 254		IÄF III, 870	IÄF III, Abb. 870
0255	Qu. 255			Abydos I, Taf. 4.3
0256	Qu. 256			RT II, Taf. 2.14
0257	Qu. 257			RT II, Taf. 2.15
0258	Qu. 258			RT II, Taf. 3.3
0259	Qu. 259			RT II, Taf. 27.113; Umm el-Qaab VII, 92–93 (Nr. 113)
0260	Qu. 260			Abydos I, Taf. 13.168; Fischer, Artibus Asiae 21 (1958), 85, Abb. 24; Umm el-Qaab VII, 124–125 (Nr. 168)
0261	Qu. 261			RT II, Taf. 3A.9

Frühzeit-ID	Kahl 1994	Kahl et al.	Kaplony	Bibliographie
0262	Qu. 262			RT II, Taf. 3A.11
0263	Qu. 263		IÄF III, 855	RT II, Taf. 3A.12; IÄF III, Abb. 855
0264	Qu. 264			RT II, Taf. 3A.13
0265	Qu. 265			RT II, Taf. 2.8
0266	Qu. 266			RT II, Taf. 2.9
0267	Qu. 267		IÄF III, 874	RT II, Taf. 2.10; IÄF III, Abb. 874 (li.)
0268	Qu. 268			RT II, Taf. 27.119; Umm el-Qaab VII, 96–97 (Nr. 119)
0269	Qu. 269			RT II, Taf. 55D.384
0270	Qu. 270			RT II, Taf. 55D.386
0271	Qu. 271			Abydos I, Taf. 4.1
0272	Qu. 272			Abydos I, Taf. 4.2; AVF I, 223 (644), Taf. 23
0273	Qu. 273			Kaiser & Dreyer, MDAIK 38 (1982), Taf. 57c
0274	Qu. 274			Amélineau, Abydos (1895–1896), 88, 219, Taf. 31 (u. re.); EDO, Taf. 47, 51 (453); Umm el-Qaab I, 134, Abb. 82, X183
0275	Qu. 275			RT II, Taf. 32.67
0276	Qu. 276			Dreyer et al., MDAIK 46 (1990), 66, Abb. 4b
0277	Qu. 277			Dreyer et al., MDAIK 46 (1990), Taf. 24d
0278	Qu. 278			Dreyer et al., MDAIK 46 (1990), Taf. 24e
0279	Qu. 279		IÄF III, 39	IÄF III, Abb. 39; RT II, Taf. 13.95; Engel, Rollsiegel, 57
0280	Qu. 280			RT II, Taf. 2.2
0281	Qu. 281			RT II, Taf. 3A.7
0282 + 0209	Qu. 282		IÄF III, 844	RT II, Taf. 11.1; IÄF III, Abb. 844
0283a	Qu. 283a			RT II, Taf. 11.2
0283b	Qu. 283b			RT II, Taf. 11.3
0284a	Qu. 284a			RT II, Taf. 10.2
0284b	Qu. 284b			RT II, Taf. 10.3
0285	Qu. 285			Kaiser & Dreyer, MDAIK 38 (1982), 228, Abb. 5
0286	Qu. 286			RT II, Taf. 3.1
0287	Qu. 287			RT II, Taf. 3.4
0288	Qu. 288			RT II, Taf. 3.5
0289	Qu. 289			RT II, Taf. 3.6
0290	Qu. 290			RT II, Taf. 3.7
0291	Qu. 291			RT II, Taf. 3.17
0292	Qu. 292			RT II, Taf. 3.20
0293	Qu. 293		IÄF III, 27B	IÄF III, Abb. 27B; RT II, Taf. 14.98
0294	Qu. 294		IÄF III, 27F	IÄF III, Abb. 27F; RT II, Taf. 14.97
0295	Qu. 295		IÄF III, 27G	IÄF III, Abb. 27G

Frühzeit-ID	Kahl 1994	Kahl et al.	Kaplony	Bibliographie
0296	Qu. 296		IÄF III, 28	IÄF III, Abb. 28; Quibell, Archaic Objects, Taf. 15
0297	Qu. 297		IÄF III, 78A	IÄF III, Abb. 78A
0298	Qu. 298		IÄF III, 78D	IÄF III, Abb. 78D
0299	Qu. 299		IÄF III, 722	IÄF III, Abb. 722
0300	Qu. 300			Amélineau, Abydos (1895–1896), Taf. 33 (u. li.)
0301	Qu. 301			RT II, Taf. 2.13
0302	Qu. 302			RT II, Taf. 4.10
0303	Qu. 303			Abydos I, Taf. 4.6
0305	Qu. 305			Abydos II, Taf. 5.32
0306	Qu. 306			RT I, Taf. 4.1
0307	Qu. 307			Tarkhan I and Memphis V, Taf. 31.70; Mawdsley, Aha, 115–124
0308	Qu. 308			Saad, Helwan (1945–1947), 43, Abb. 14, Taf. 54b
0309	Qu. 309			Saad, Helwan, Taf. 91
0310	Qu. 310			Emery, Tombs of the First Dynasty I, 76, Abb. 38
0311	Qu. 311			Emery, Tombs of the First Dynasty I, 78, Abb. 39
0312	Qu. 312			Emery, Hor-Aha, Abb. 36
0313	Qu. 313			Emery, Hor-Aha, Taf. 14.1
0314	Qu. 314			Emery, Hor-Aha, Taf. 14.2
0315	Qu. 315			Emery, Hor-Aha, Taf. 14.3
0316	Qu. 316			Emery, Hor-Aha, Taf. 14.4
0317	Qu. 317			Emery, Hor-Aha, Taf. 14.5
0318	Qu. 318			Emery, Hor-Aha, Taf. 14.6
0319	Qu. 319			Emery, Hor-Aha, Taf. 14.7
0320	Qu. 320			Emery, Hor-Aha, Taf. 14.8
0321	Qu. 321			Emery, Hor-Aha, Taf. 14.9
0322	Qu. 322			Emery, Hor-Aha, Taf. 14.10
0323	Qu. 323			Emery, Hor-Aha, Taf. 14.11
0324	Qu. 324			Emery, Hor-Aha, Taf. 14.12
0325	Qu. 325			Emery, Hor-Aha, Taf. 14.13
0326	Qu. 326			Emery, Hor-Aha, Taf. 14.14
0327	Qu. 327			Emery, Hor-Aha, Taf. 14.15
0328	Qu. 328			Emery, Hor-Aha, Taf. 14.16
0329	Qu. 329			Emery, Hor-Aha, Taf. 14.17
0330	Qu. 330			Emery, Hor-Aha, Taf. 14.18
0331	Qu. 331			Emery, Hor-Aha, Taf. 14.19
0332	Qu. 332			Emery, Hor-Aha, Taf. 14.20
0333	Qu. 333			Emery, Hor-Aha, Taf. 14.21
0334	Qu. 334			Emery, Hor-Aha, Taf. 14.22
0335	Qu. 335			Emery, Hor-Aha, Taf. 14.23
0336	Qu. 336			Emery, Hor-Aha, Taf. 14.24
0337	Qu. 337			Emery, Hor-Aha, Taf. 14.25

Frühzeit-ID	Kahl 1994	Kahl et al.	Kaplony	Bibliographie
0338	Qu. 338			Emery, Hor-Aha, Taf. 14.26
0339	Qu. 339			Emery, Hor-Aha, Taf. 14.27
0340	Qu. 340			Emery, Hor-Aha, Taf. 14.28
0341	Qu. 341			Emery, Hor-Aha, Taf. 14.29
0342	Qu. 342			Emery, Hor-Aha, Taf. 14.30
0343	Qu. 343			Emery, Hor-Aha, Taf. 14.31
0344	Qu. 344			Emery, Hor-Aha, Taf. 14.32
0345	Qu. 345			Emery, Hor-Aha, Taf. 14.33
0346	Qu. 346			Emery, Hor-Aha, Taf. 14.34
0347	Qu. 347			Emery, Hor-Aha, Taf. 14.35
0348	Qu. 348			Emery, Hor-Aha, Taf. 14.36
0349	Qu. 349			Emery, Hor-Aha, Taf. 20.163
0350	Qu. 350			Emery, Hor-Aha, Taf. 20.164
0351	Qu. 351			Emery, Hor-Aha, Taf. 20.165
0352	Qu. 352			Emery, Hor-Aha, Taf. 20.166
0353	Qu. 353			Emery, Hor-Aha, Taf. 20.167
0354	Qu. 354			Emery, Hor-Aha, Taf. 20.168
0355	Qu. 355			Emery, Hor-Aha, Taf. 20.169
0356	Qu. 356			Emery, Hor-Aha, Taf. 20.170
0357	Qu. 357			Emery, Hor-Aha, Taf. 20.171
0358	Qu. 358			Emery, Hor-Aha, Taf. 20.172
0359	Qu. 359			Emery, Hor-Aha, Taf. 20.173
0360	Qu. 360			Emery, Hor-Aha, Taf. 20.174
0361	Qu. 361			Emery, Hor-Aha, Taf. 20.175
0362	Qu. 362			Emery, Hor-Aha, Taf. 20.176
0363	Qu. 363			Emery, Hor-Aha, Taf. 20.177
0364	Qu. 364			Emery, Hor-Aha, Taf. 20.178
0365	Qu. 365			Emery, Hor-Aha, Taf. 20.179
0366	Qu. 366			Emery, Hor-Aha, Taf. 20.180
0367	Qu. 367			Emery, Hor-Aha, Taf. 20.181
0368	Qu. 368			Emery, Hor-Aha, Taf. 20.182
0369	Qu. 369			Emery, Hor-Aha, Taf. 20.183
0370	Qu. 370			Emery, Hor-Aha, Taf. 20.184
0371	Qu. 371			Emery, Hor-Aha, Taf. 20.185
0372	Qu. 372			Emery, Hor-Aha, Taf. 20.186
0373	Qu. 373			Emery, Hor-Aha, Taf. 20.187
0374	Qu. 374			Emery, Hor-Aha, Taf. 20.188
0375	Qu. 375			Emery, Hor-Aha, Taf. 20.189
0376	Qu. 376			Emery, Hor-Aha, Taf. 20.190
0377	Qu. 377			Emery, Hor-Aha, Taf. 20.191
0378	Qu. 378			Emery, Hor-Aha, Taf. 20.192
0379	Qu. 379			Emery, Hor-Aha, Taf. 20.193
0380	Qu. 380			Emery, Hor-Aha, Taf. 20.194
0381	Qu. 381			Emery, Hor-Aha, Taf. 20.195
0382	Qu. 382			Emery, Hor-Aha, Taf. 20.196

Frühzeit-ID	Kahl 1994	Kahl et al.	Kaplony	Bibliographie
0383	Qu. 383			Emery, Hor-Aha, Taf. 20.197
0384	Qu. 384			Emery, Hor-Aha, Taf. 20.198
0385	Qu. 385			Emery, Hor-Aha, Taf. 20.199
0386	Qu. 386			Emery, Hor-Aha, Taf. 20.200
0387	Qu. 387			Emery, Hor-Aha, Taf. 20.201
0388	Qu. 388			Emery, Hor-Aha, Taf. 20.202
0389	Qu. 389			Emery, Hor-Aha, Taf. 20.203
0390	Qu. 390			Emery, Hor-Aha, Taf. 20.204
0391	Qu. 391			Emery, Hor-Aha, Taf. 20.205
0392	Qu. 392			Emery, Hor-Aha, Taf. 20.206
0393	Qu. 393			Emery, Hor-Aha, Taf. 20.207
0394	Qu. 394			Emery, Hor-Aha, Taf. 20.208
0395	Qu. 395			Emery, Hor-Aha, Taf. 21.126
0396	Qu. 396			Emery, Hor-Aha, Taf. 21.127
0397	Qu. 397			Emery, Hor-Aha, Taf. 21.128
0398	Qu. 398			Emery, Hor-Aha, Taf. 21.129
0399	Qu. 399			Emery, Hor-Aha, Taf. 21.130
0400	Qu. 400			Emery, Hor-Aha, Taf. 21.131
0401	Qu. 401			Emery, Hor-Aha, Taf. 21.132
0402	Qu. 402			Emery, Hor-Aha, Taf. 21.133
0403	Qu. 403			Emery, Hor-Aha, Taf. 21.134
0404	Qu. 404			Emery, Hor-Aha, Taf. 21.135
0405	Qu. 405			Emery, Hor-Aha, Taf. 21.136
0406	Qu. 406			Emery, Hor-Aha, Taf. 21.137
0407	Qu. 407			Emery, Hor-Aha, Taf. 21.138
0408	Qu. 408			Emery, Hor-Aha, Taf. 21.139
0409	Qu. 409			Emery, Hor-Aha, Taf. 21.140
0410	Qu. 410			Emery, Hor-Aha, Taf. 21.141
0411	Qu. 411			Emery, Hor-Aha, Taf. 21.142
0412	Qu. 412			Emery, Hor-Aha, Taf. 21.143
0413	Qu. 413			Emery, Hor-Aha, Taf. 21.144
0414	Qu. 414			Emery, Hor-Aha, Taf. 21.145
0415	Qu. 415			Emery, Hor-Aha, Taf. 21.146
0416	Qu. 416			Emery, Hor-Aha, Taf. 21.147
0417	Qu. 417			Emery, Hor-Aha, Taf. 21.148
0418	Qu. 418			Emery, Hor-Aha, Taf. 21.149
0419	Qu. 419			Emery, Hor-Aha, Taf. 21.150
0420	Qu. 420			Emery, Hor-Aha, Taf. 21.151
0421	Qu. 421			Emery, Hor-Aha, Taf. 21.152
0422	Qu. 422			Emery, Hor-Aha, Taf. 21.153
0423	Qu. 423			Emery, Hor-Aha, Taf. 21.154
0424	Qu. 424			Emery, Hor-Aha, Taf. 21.155
0425	Qu. 425			Emery, Hor-Aha, Taf. 21.156
0426	Qu. 426			Emery, Hor-Aha, Taf. 21.157
0427	Qu. 427			Emery, Hor-Aha, Taf. 21.158

Frühzeit-ID	Kahl 1994	Kahl et al.	Kaplony	Bibliographie
0428	Qu. 428			Emery, Hor-Aha, Taf. 21.159
0429	Qu. 429			Emery, Hor-Aha, Taf. 21.160
0430	Qu. 430			Emery, Hor-Aha, Taf. 21.161
0431	Qu. 431			Emery, Hor-Aha, Taf. 21.162
0432	Qu. 432			Emery, Hor-Aha, Taf. 22.86
0433	Qu. 433			Emery, Hor-Aha, Taf. 22.87
0434	Qu. 434			Emery, Hor-Aha, Taf. 22.88
0435	Qu. 435			Emery, Hor-Aha, Taf. 22.89
0436	Qu. 436			Emery, Hor-Aha, Taf. 22.90
0437	Qu. 437			Emery, Hor-Aha, Taf. 22.91
0438	Qu. 438			Emery, Hor-Aha, Taf. 22.92
0439	Qu. 439			Emery, Hor-Aha, Taf. 22.93
0440	Qu. 440			Emery, Hor-Aha, Taf. 22.94
0441	Qu. 441			Emery, Hor-Aha, Taf. 22.95
0442	Qu. 442			Emery, Hor-Aha, Taf. 22.96
0443	Qu. 443			Emery, Hor-Aha, Taf. 22.97
0444	Qu. 444			Emery, Hor-Aha, Taf. 22.98
0445	Qu. 445			Emery, Hor-Aha, Taf. 22.99
0446	Qu. 446			Emery, Hor-Aha, Taf. 22.100
0447	Qu. 447			Emery, Hor-Aha, Taf. 22.101
0448	Qu. 448			Emery, Hor-Aha, Taf. 22.102
0449	Qu. 449			Emery, Hor-Aha, Taf. 22.103
0450	Qu. 450			Emery, Hor-Aha, Taf. 22.104
0451	Qu. 451			Emery, Hor-Aha, Taf. 22.105
0452	Qu. 452			Emery, Hor-Aha, Taf. 22.106
0453	Qu. 453			Emery, Hor-Aha, Taf. 22.107
0454	Qu. 454			Emery, Hor-Aha, Taf. 22.108
0455	Qu. 455			Emery, Hor-Aha, Taf. 22.109
0456	Qu. 456			Emery, Hor-Aha, Taf. 22.110
0457	Qu. 457			Emery, Hor-Aha, Taf. 22.111
0458	Qu. 458			Emery, Hor-Aha, Taf. 22.112
0459	Qu. 459			Emery, Hor-Aha, Taf. 22.113
0460	Qu. 460			Emery, Hor-Aha, Taf. 22.114
0461	Qu. 461			Emery, Hor-Aha, Taf. 22.115
0462	Qu. 462			Emery, Hor-Aha, Taf. 22.116
0463	Qu. 463			Emery, Hor-Aha, Taf. 22.117
0464	Qu. 464			Emery, Hor-Aha, Taf. 22.118
0465	Qu. 465			Emery, Hor-Aha, Taf. 22.119
0466	Qu. 466			Emery, Hor-Aha, Taf. 22.120
0467	Qu. 467			Emery, Hor-Aha, Taf. 22.121
0468	Qu. 468			Emery, Hor-Aha, Taf. 22.122
0469	Qu. 469			Emery, Hor-Aha, Taf. 22.123
0470	Qu. 470			Emery, Hor-Aha, Taf. 22.124
0471	Qu. 471			Emery, Hor-Aha, Taf. 22.125
0472	Qu. 472			Emery, Hor-Aha, Taf. 23.37

Frühzeit-ID	Kahl 1994	Kahl et al.	Kaplony	Bibliographie
0473	Qu. 473			Emery, Hor-Aha, Taf. 23.38
0474	Qu. 474			Emery, Hor-Aha, Taf. 23.39
0475	Qu. 475			Emery, Hor-Aha, Taf. 23.40
0476	Qu. 476			Emery, Hor-Aha, Taf. 23.41
0477	Qu. 477			Emery, Hor-Aha, Taf. 23.42
0478	Qu. 478			Emery, Hor-Aha, Taf. 23.43
0479	Qu. 479			Emery, Hor-Aha, Taf. 23.44
0480	Qu. 480			Emery, Hor-Aha, Taf. 23.45
0481	Qu. 481			Emery, Hor-Aha, Taf. 23.46
0482	Qu. 482			Emery, Hor-Aha, Taf. 23.47
0483	Qu. 483			Emery, Hor-Aha, Taf. 23.48
0484	Qu. 484			Emery, Hor-Aha, Taf. 23.49
0485	Qu. 485			Emery, Hor-Aha, Taf. 23.50
0486	Qu. 486			Emery, Hor-Aha, Taf. 23.51
0487	Qu. 487			Emery, Hor-Aha, Taf. 23.52
0488	Qu. 488			Emery, Hor-Aha, Taf. 23.53
0489	Qu. 489			Emery, Hor-Aha, Taf. 23.54
0490	Qu. 490			Emery, Hor-Aha, Taf. 23.55
0491	Qu. 491			Emery, Hor-Aha, Taf. 23.56
0492	Qu. 492			Emery, Hor-Aha, Taf. 23.57
0493	Qu. 493			Emery, Hor-Aha, Taf. 23.58
0494	Qu. 494			Emery, Hor-Aha, Taf. 23.59
0495	Qu. 495			Emery, Hor-Aha, Taf. 23.60
0496	Qu. 496			Emery, Hor-Aha, Taf. 23.61
0497	Qu. 497			Emery, Hor-Aha, Taf. 23.62
0498	Qu. 498			Emery, Hor-Aha, Taf. 23.63
0499	Qu. 499			Emery, Hor-Aha, Taf. 23.64
0500	Qu. 500			Emery, Hor-Aha, Taf. 23.65
0501	Qu. 501			Emery, Hor-Aha, Taf. 23.66
0502	Qu. 502			Emery, Hor-Aha, Taf. 23.67
0503	Qu. 503			Emery, Hor-Aha, Taf. 23.68
0504	Qu. 504			Emery, Hor-Aha, Taf. 23.69
0505	Qu. 505			Emery, Hor-Aha, Taf. 23.70
0506	Qu. 506			Emery, Hor-Aha, Taf. 23.71
0507	Qu. 507			Emery, Hor-Aha, Taf. 23.72
0508	Qu. 508			Emery, Hor-Aha, Taf. 23.73
0509	Qu. 509			Emery, Hor-Aha, Taf. 23.74
0510	Qu. 510			Emery, Hor-Aha, Taf. 23.75
0511	Qu. 511			Emery, Hor-Aha, Taf. 23.76
0512	Qu. 512			Emery, Hor-Aha, Taf. 23.77
0513	Qu. 513			Emery, Hor-Aha, Taf. 23.78
0514	Qu. 514			Emery, Hor-Aha, Taf. 23.79
0515	Qu. 515			Emery, Hor-Aha, Taf. 23.80
0516	Qu. 516			Emery, Hor-Aha, Taf. 23.81
0517	Qu. 517			Emery, Hor-Aha, Taf. 23.82

Frühzeit-ID	Kahl 1994	Kahl et al.	Kaplony	Bibliographie
0518	Qu. 518			Emery, Hor-Aha, Taf. 23.83
0519	Qu. 519			Emery, Hor-Aha, Taf. 23.84
0520	Qu. 520			Emery, Hor-Aha, Taf. 23.85
0521	Qu. 521			Zaky & Iskander, ASAE 41 (1942), 296, Abb. 52 (li.)
0522	Qu. 522			Zaky & Iskander, ASAE 41 (1942), 296, Abb. 52 (re.)
0523	Qu. 523		IÄF III, 7	IÄF III, Abb. 7; Emery, Hor-Aha, Abb. 29
0524	Qu. 524		IÄF III, 20	IÄF III, Abb. 20; Emery, Hor-Aha, Abb. 20
0525	Qu. 525		IÄF III, 27A	IÄF III, Abb. 27A; Emery, Hor-Aha, Abb. 15
0526	Qu. 526		IÄF III, 27C	IÄF III, Abb. 27C; Emery, Hor-Aha, Abb. 14
0527	Qu. 527		IÄF III, 27D	IÄF III, Abb. 27D; Emery, Hor-Aha, Abb. 16
0528	Qu. 528		IÄF III, 27H	IÄF III, Abb. 27H; Emery, Hor-Aha, Abb. 17
0529	Qu. 529		IÄF III, 36	IÄF III, Abb. 36; Emery, Hor-Aha, Abb. 13
0530	Qu. 530		IÄF III, 72	IÄF III, Abb. 72; Emery, Hor-Aha, Abb. 35
0531	Qu. 531		IÄF III, 78B	IÄF III, Abb. 78B; Hor-Aha, Abb. 19
0532	Qu. 532		IÄF III, 80	IÄF III, Abb. 80; Emery, Hor-Aha, Abb. 18
0534	Qu. 534		IÄF III, 139	IÄF III, Abb. 139; Emery, Hor-Aha, Abb. 22
0535	Qu. 535		IÄF III, 140	IÄF III, Abb. 140; Emery, Hor-Aha, Abb. 27
0536	Qu. 536		IÄF III, 144	IÄF III, Abb. 144; Emery, Hor-Aha, Abb. 26
0537	Qu. 537		IÄF III, 145	IÄF III, Abb. 145; Emery, Hor-Aha, Abb. 21
0538	Qu. 538		IÄF III, 146	IÄF III, Abb. 146; Emery, Hor-Aha, Abb. 23
0539	Qu. 539		IÄF III, 160	IÄF III, Abb. 160; Emery, Hor-Aha, Abb. 24
0540	Qu. 540		IÄF III, 161	IÄF III, Abb. 161; Emery, Hor-Aha, Abb. 25
0541	Qu. 541		IÄF III, 187	IÄF III, Abb. 187; Emery, Hor-Aha, Abb. 31
0542	Qu. 542		IÄF III, 226	IÄF III, Abb. 226; Hor-Aha, Abb. 20
0543	Qu. 543		IÄFS 1063	IÄFS, Abb. 1063
0544	Qu. 544			Dunham, Zawiyet el-Aryan 1, Abb. 2
0545	Qu. 545			Klasens, OMRO 40 (1959), 49, Abb. 5.41
0546	Qu. 546			Klasens, OMRO 40 (1959), 57, Abb. 8.1
0547	Qu. 547			Mittmann, EI 15 (1981), 6, Abb. 3a

Frühzeit-ID	Kahl 1994	Kahl et al.	Kaplony	Bibliographie
0548	Qu. 548			Simpson, Or 26 (1957), 140, Abb. 2
0549	Qu. 549			Fischer, CdE 36 (1961), 19
0550	Qu. 550		IÄF III, 849	IÄF III, Abb. 849
0551	Qu. 551		IÄF III, 856	IÄF III, Abb. 856
0552	Qu. 552		IÄF III, 882	IÄF III, Abb. 882
0553	Qu. 553		IÄF III, 883	IÄF III, Abb. 883
0554	Qu. 554		IÄFS 1068	IÄFS, Abb. 1068
0555	Qu. 555			Kaplony, Beschriftete Kleinfunde, Taf. 6.7
0556	Qu. 556			Kaplony, Beschriftete Kleinfunde, Taf. 6.8
0557	Qu. 557		IÄFS 1050A	IÄFS, Abb. 1050A
0558	Qu. 558		IÄFS 1050B	IÄFS, Abb. 1050B
0559	Qu. 559		IÄFS 1050C	IÄFS, Abb. 1050C
0560	Qu. 560			Kaplony, MDAIK 20 (1965), Taf. 1.10
0561	Qu. 561			Kaplony, MDAIK 20 (1965), Abb. 12
0562	Qu. 562			Kaplony, MDAIK 20 (1965), Abb. 14
0563	Qu. 563			Kaplony, MDAIK 20 (1965), Taf. 2.15
0564	Qu. 564			Kaplony, Steingefässe, 19 (6)
0565	Qu. 565			Kaplony, Steingefässe, 55 (27)
0566	Qu. 566			Kaplony, Steingefässe, 55 (28)
0567	Qu. 567		IÄF III, 827	IÄF III, Abb. 827; Amélineau, Abydos (1895–1896), Taf. 31
0568	Qu. 568			Petrie, Funeral Furniture, Taf. 25.449
0569	Qu. 569			Petrie, Funeral Furniture, Taf. 6.12
0570	Qu. 570			Petrie, Funeral Furniture, Taf. 16.211
0571	Qu. 571			Petrie, Funeral Furniture, Taf. 16.212
0572	Qu. 572			Petrie, Funeral Furniture, Taf. 16.213
0573	Qu. 573			Petrie, Funeral Furniture, Taf. 16.214
0574	Qu. 574			Petrie, Funeral Furniture, Taf. 16.215
0575	Qu. 575			Petrie, Funeral Furniture, Taf. 16.216
0576	Qu. 576			Petrie, Funeral Furniture, Taf. 16.217
0577	Qu. 577			Petrie, Funeral Furniture, Taf. 16.218
0578	Qu. 578			Petrie, Funeral Furniture, Taf. 16.219
0579	Qu. 579			Petrie, Funeral Furniture, 4
0580	Qu. 580			EDO, 24 (28)
0581	Qu. 581		IÄF III, 875	IÄF III, Abb. 875
0582	Qu. 582		IÄFS 1082	IÄFS, Abb. 1082
0583	Qu. 583		IÄF III, 880	IÄF III, Abb. 880
0584	Qu. 584			RT I, Taf. 7.1
0585	Qu. 585			Kaplony, Beschriftete Kleinfunde, Taf. 8.30
0586	Qu. 586			Kaplony, Steingefässe, 54 (25)
0587	Qu. 587			Mittmann, EI 15 (1981), 2, Abb. 1.1; 1.5; Schulman, 'Atiqot ES 11 (1976), 17, Abb. 1.10

Frühzeit-ID	Kahl 1994	Kahl et al.	Kaplony	Bibliographie
0588	Qu. 588			Schulman, ʻAtiqot ES 14 (1980), 19, Abb. 1.26
0589	Qu. 589			Schulman, ʻAtiqot ES 14 (1980), 27, Abb. 2.41
0590	Qu. 590			Quack, ZDPV 105 (1989), 23, Abb. 3.42
0591	Qu. 591			Quack, ZDPV 105 (1989), 23, Abb. 3.36
0592	Qu. 592			Quack, ZDPV 105 (1989), 23, Abb. 3.35
0593	Qu. 593			Schulman, ʻAtiqot ES 14 (1980), 27, Abb. 2.34
0594	Qu. 594			Schulman, ʻAtiqot ES 14 (1980), 19, Abb. 1.24
0595	Qu. 595			Schulman, ʻAtiqot ES 14 (1980), 27, Abb. 2.40
0596	Qu. 596			Schulman, ʻAtiqot ES 11 (1976), 17, Abb. 1.11
0597	Qu. 597			Mittmann, EI 15 (1981), 2, Abb. 1.9
0598	Qu. 598			Quack, ZDPV 105 (1989), 22, Abb. 2.4
0599	Qu. 599			Schulman, ʻAtiqot ES 11 (1976), 17, Abb. 1.15; Mittmann, EI 15 (1981), 2, Abb. 1.14
0600	Qu. 600			Schulman, ʻAtiqot ES 11 (1976), 17, Abb. 1.6; Mittmann, EI 14 (1980), 19, Abb. 1.16
0601	Qu. 601			Mittmann, EI 15 (1981), 2, Abb. 1.12; Quack, ZDPV 105 (1989), 23, Abb. 3.32
0602	Qu. 602			Schulman, ʻAtiqot ES 14 (1980), 27, Abb. 2.33
0603	Qu. 603			Schulman, ʻAtiqot ES 11 (1976), 17, Abb. 1.7; ES 14 (1980), 19, Abb. 1.20–23, 25; 27, Abb. 2.38; Quack, ZDPV 105 (1989), 23, Abb. 2.19, 27, 39
0604	Qu. 604			Quack, ZDPV 105 (1989), 22, Abb. 2.8, 13; 23, Abb. 3.17
0605	Qu. 605			Schulman, ʻAtiqot ES 11 (1976), 17, Abb. 1.3; ES 14 (1980), 19, Abb. 1.18, 28–30; 27, Abb. 2.31, 37; Quack, ZDPV 105 (1989), 22, Abb. 2.2
0607	Qu. 607			RT II, Taf. 5.1; Godron, BIFAO 57 (1958), 143–149
0608a–b	Qu. 608a–b			RT II, Taf. 5.2; EDO, Taf. 47, 53 (458)
0609	Qu. 609			RT II, Taf. 5.3
0610	Qu. 610			RT II, Taf. 5.4
0611	Qu. 611			RT II, Taf. 5.5
0612	Qu. 612			RT II, Taf. 5.7
0613	Qu. 613			RT II, Taf. 5.8

Frühzeit-ID	Kahl 1994	Kahl et al.	Kaplony	Bibliographie
0614	Qu. 614			RT II, Taf. 5.9
0615	Qu. 615			RT II, Taf. 5.10
0616	Qu. 616			RT II, Taf. 5A.1
0617	Qu. 617			RT II, Taf. 5A.2
0618	Qu. 618			RT II, Taf. 5A.3
0619	Qu. 619			RT II, Taf. 5A.4
0620	Qu. 620			RT II, Taf. 5A.5
0621	Qu. 621			RT II, Taf. 5A.6
0622	Qu. 622			RT II, Taf. 5A.9
0623	Qu. 623			RT II, Taf. 5A.10
0624	Qu. 624			RT II, Taf. 5.13
0625	Qu. 625			RT II, Taf. 5.14
0626	Qu. 626			RT II, Taf. 5A.11; Dreyer et al., MDAIK 73 (2017), 100, Abb. 114
0627	Qu. 627			RT II, Taf. 5A.13
0628	Qu. 628			RT II, Taf. 5A.14
0629	Qu. 629			RT II, Taf. 5A.15
0630	Qu. 630			RT II, Taf. 5A.16
0631	Qu. 631			RT II, Taf. 5A.17
0632	Qu. 632			RT II, Taf. 5A.18
0633	Qu. 633			RT II, Taf. 5A.19
0634	Qu. 634			RT II, Taf. 5A.20
0635	Qu. 635			RT II, Taf. 5A.22
0636	Qu. 636			RT II, Taf. 5A.23
0637	Qu. 637			RT II, Taf. 6.1
0638	Qu. 638			RT II, Taf. 6.19
0639	Qu. 639			RT II, Taf. 6A.1
0640	Qu. 640			RT II, Taf. 6A.2
0641	Qu. 641			RT II, Taf. 6A.3
0642	Qu. 642			RT II, Taf. 6A.4
0643	Qu. 643			RT II, Taf. 6A.5
0644	Qu. 644			RT II, Taf. 6A.24
0645	Qu. 645			RT II, Taf. 12.1
0646	Qu. 646			RT II, Taf. 12.3; Woods, Visible Language, 126
0647	Qu. 647			RT II, Taf. 15.110
0648	Qu. 648			RT II, Taf. 16.118
0649	Qu. 649			RT II, Taf. 25.1
0650	Qu. 650			RT II, Taf. 25.2
0651	Qu. 651			RT II, Taf. 25.13
0652	Qu. 652			RT II, Taf. 25.14
0653	Qu. 653			Abydos I, Taf. 4.5
0654	Qu. 654			Abydos I, Taf. 4.8
0655	Qu. 655			Abydos I, Taf. 11.1
0656	Qu. 656			Abydos I, Taf. 12.2
0657	Qu. 657			Abydos I, Taf. 12.3

Frühzeit-ID	Kahl 1994	Kahl et al.	Kaplony	Bibliographie
0658	Qu. 658			Abydos I, Taf. 12.4
0659	Qu. 659			Abydos I, Taf. 12.5
0660	Qu. 660		IÄF III, 17	IÄF III, Abb. 17; RT II, Taf. 15.113; Engel, Rollsiegel, 136
0661	Qu. 661		IÄF III, 21	IÄF III, Abb. 21; RT II, Taf. 16.121
0662	Qu. 662		IÄF III, 22	IÄF III, Abb. 22; RT II, Taf. 16.124
0663	Qu. 663		IÄF III, 29A	IÄF III, Abb. 29A; RT II, Taf. 15.106
0664	Qu. 664		IÄF III, 29D	IÄF III, Abb. 29D; RT II, Taf. 15.105
0665	Qu. 665		IÄF III, 29E	IÄF III, Abb. 29E; RT II, Taf. 15.107(?)
0666	Qu. 666		IÄF III, 40	IÄF III, Abb. 40; Engel, Rollsiegel, 142
0667	Qu. 667		IÄF III, 43	IÄF III, Abb. 43; RT II, Taf. 16.123
0668	Qu. 668		IÄF III, 47	IÄF III, Abb. 47; RT II, Taf. 15.112
0669	Qu. 669		IÄF III, 74	IÄF III, Abb. 74; RT II, Taf. 16.120; Engel, Rollsiegel, 56
0670	Qu. 670		IÄF III, 96	IÄF III, Abb. 96; RT II, Taf.16.122
0671	Qu. 671		IÄF III, 148	IÄF III, Abb. 148; RT II, Taf. 16.116
0672	Qu. 672		IÄF III, 155	IÄF III, Abb. 155; RT II, Taf. 16.114
0673	Qu. 673		IÄF III, 156	IÄF III, Abb. 156; RT II, Taf. 16.115
0674	Qu. 674		IÄF III, 157	IÄF III, Abb. 157; RT II, Taf. 16.117
0675	Qu. 675		IÄF III, 175A	IÄF III, Abb. 175A; RT II, Taf. 15.109
0676	Qu. 676		IÄF III, 181	IÄF III, Abb. 181; RT II, Taf. 15.111
0677	Qu. 677		IÄF III, 237	IÄF III, Abb. 237; RT II, Taf. 15.108; Hall, Catalogue, 287
0678	Qu. 678		IÄF III, 723	IÄF III, Abb. 723
0679	Qu. 679			RT II, Taf. 2.11
0680	Qu. 680			RT II, Taf. 2.12; Woods, Visible Language, 128
0681a–b	Qu. 681a–b			Amélineau, Abydos (1897–1898), Taf. 15.4; AVF, 173, Abb. 94 (345.1–2)
0682	Qu. 682			Amélineau, Abydos (1897–1898), Taf. 15.19; AVF, 171, Abb. 92; Grimm & Schoske, Am Beginn der Zeit, 74, (Nr. 157)
0683	Qu. 683			Amélineau, Abydos (1897–1898), Taf. 15.22
0684	Qu. 684			Amélineau, Abydos (1897–1898), Taf. 15.23
0685	Qu. 685			Amélineau, Abydos (1897–1898), Taf. 15.28; Grimm & Schoske, Am Beginn der Zeit, 74, (Nr. 160)
0686	Qu. 686			Kaplony, MDAIK 20 (1965), Abb. 60
0687	Qu. 687			RT II, Taf. 26.52; Umm el-Qaab VII, 48–49 (Nr. 52)
0688	Qu. 688			RT II, Taf. 6.18
0689	Qu. 689			RT II, Taf. 26.56; Umm el-Qaab VII, 50–51 (Nr. 56)
0690	Qu. 690			Amélineau, Abydos (1897–1898), Taf. 15.9

Frühzeit-ID	Kahl 1994	Kahl et al.	Kaplony	Bibliographie
0691	Qu. 691			Amélineau, Abydos (1897–1898), Taf. 15.10; AVF, 173, Abb. 94 (347)
0692a	Qu. 692a			Amélineau, Abydos (1897–1898), Taf. 15.26; AVF, 173, Abb. 94 (344.1)
0692b	Qu. 692b			AVF, 173, Abb. 94 (344.2)
0693	Qu. 693			Amélineau, Abydos (1897–1898), Taf. 15.27; Grimm & Schoske, Am Beginn der Zeit, 74, (Nr. 161)
0694	Qu. 694			Amélineau, Abydos (1897–1898), Taf. 18.5; Umm el-Qaab VII, 154–155 (Nr. 216)
0695	Qu. 695			Amélineau, Abydos (1897–1898), Taf. 18.7; Quibell, Archaic Objects, Taf. 61 (14623); Umm el-Qaab VII, 154–155 (Nr. 218)
0696	Qu. 696			Amélineau, Abydos (1897–1898), Taf. 18.8; Quibell, Archaic Objects, Taf. 61 (14621); Umm el-Qaab VII, 156–157 (Nr. 219)
0697	Qu. 697			Amélineau, Abydos (1897–1898), Taf. 18.9; AVF, Abb. 9.43; Umm el-Qaab VII, 156–157 (Nr. 220)
0697b				Dreyer et al., MDAIK 46 (1990), 59, Abb. 3a
0698	Qu. 698			Amélineau, Abydos (1897–1898), Taf. 18.10; AVF, Abb. 9.32; Umm el-Qaab VII, 158–159 (Nr. 221)
0699	Qu. 699			Amélineau, Abydos (1897–1898), Taf. 18.11; AVF, Abb. 9.31; Umm el-Qaab VII, 158–159 (Nr. 222)
0700	Qu. 700			Amélineau, Abydos (1897–1898), Taf. 18.13; Umm el-Qaab VII, 160–161 (Nr. 224)
0701	Qu. 701			Amélineau, Abydos (1897–1898), Taf. 18.16; Umm el-Qaab VII, 160–161 (Nr. 227)
0702	Qu. 702			Amélineau, Abydos (1897–1898), Taf. 18.17; Quibell, Archaic Objects, Taf. 61 (14630); Umm el-Qaab VII, 162–163 (Nr. 228)
0703	Qu. 703			Amélineau, Abydos (1897–1898), Taf. 18.18; Quibell, Archaic Objects, Taf. 61 (14625); Umm el-Qaab VII, 162–163 (Nr. 229)
0704	Qu. 704			Amélineau, Abydos (1897–1898), Taf. 18.19; Quibell, Archaic Objects, Taf. 61 (14622); Umm el-Qaab VII, 162–163 (Nr. 230)
0705	Qu. 705			Amélineau, Abydos (1897–1898), Taf. 18.21; Quibell, Archaic Objects, Taf. 61 (14619); Umm el-Qaab VII, 164–165 (Nr. 232)

Frühzeit-ID	Kahl 1994	Kahl et al.	Kaplony	Bibliographie
0706	Qu. 706			Amélineau, Abydos (1897–1898), Taf. 18.22; Quibell, Archaic Objects, Taf. 61 (14618); Umm el-Qaab VII, 164–165 (Nr. 233)
0707	Qu. 707			Amélineau, Abydos (1897–1898), Taf. 18.23; AVF, Abb. 9.30; Umm el-Qaab VII, 166– (Nr. 234)
0708	Qu. 708			Amélineau, Abydos (1897–1898), Taf. 18.24; Quibell, Archaic Objects, Taf. 61 (14627); Umm el-Qaab VII, 166–167 (Nr. 235)
0709	Qu. 709			Amélineau, Abydos (1897–1898), Taf. 18.25; Quibell, Archaic Objects, Taf. 61 (14620); Umm el-Qaab VII, 168–169 (Nr. 236)
0710	Qu. 710			Amélineau, Abydos (1897–1898), Taf. 18.26; Quibell, Archaic Objects, Taf. 61 (14628); Umm el-Qaab VII, 168–169 (Nr. 237)
0711	Qu. 711			Amélineau, Abydos (1897–1898), Taf. 18.27; Quibell, Archaic Objects, Taf. 61 (14626); Umm el-Qaab VII, 170–171 (Nr. 238)
0712	Qu. 712			Amélineau, Abydos (1897–1898), Taf. 18.28; Quibell, Archaic Objects, Taf. 61 (14624); Umm el-Qaab VII, 170–171 (Nr. 239)
0713	Qu. 713			RT II, Taf. 25.27
0714	Qu. 714			RT II, Taf. 26.49; Umm el-Qaab VII, 46–47 (Nr. 49)
0715	Qu. 715			RT II, Taf. 26.51; Umm el-Qaab VII, 46–47 (Nr. 51)
0716	Qu. 716			RT II, Taf. 26.53; Umm el-Qaab VII, 48–49 (Nr. 53)
0717	Qu. 717			RT II, Taf. 26.54; Umm el-Qaab VII, 48–49 (Nr. 54)
0718	Qu. 718			RT II, Taf. 26.55; Umm el-Qaab VII, 50–51 (Nr. 55)
0719	Qu. 719			RT II, Taf. 26.57; Umm el-Qaab VII, 52–53 (Nr. 57)
0720	Qu. 720			RT II, Taf. 26.58; Umm el-Qaab VII, 52–53 (Nr. 58)
0721	Qu. 721			RT II, Taf. 26.59; Umm el-Qaab VII, 52–53 (Nr. 59)
0722	Qu. 722			RT II, Taf. 26.60; Umm el-Qaab VII, 54–55 (Nr. 60)
0723	Qu. 723			RT II, Taf. 26.61; Umm el-Qaab VII, 54–55 (Nr. 61)
0724	Qu. 724			RT II, Taf. 26.62; Umm el-Qaab VII, 56–57 (Nr. 62)
0725	Qu. 725			RT II, Taf. 26.63; Umm el-Qaab VII, 56–57 (Nr. 63)

Frühzeit-ID	Kahl 1994	Kahl et al.	Kaplony	Bibliographie
0726	Qu. 726			RT II, Taf. 26.64; Umm el-Qaab VII, 58–59 (Nr. 64)
0727	Qu. 727			RT II, Taf. 26.65; Umm el-Qaab VII, 58–59 (Nr. 65)
0728	Qu. 728			RT II, Taf. 26.66; Umm el-Qaab VII, 60–61 (Nr. 66)
0729	Qu. 729			RT II, Taf. 26.67; Umm el-Qaab VII, 60–61 (Nr. 67)
0730	Qu. 730			RT II, Taf. 26.68; Umm el-Qaab VII, 62–63 (Nr. 68)
0731	Qu. 731			RT II, Taf. 26.69; Umm el-Qaab VII, 62–63 (Nr. 69)
0732	Qu. 732			RT II, Taf. 26.70; Umm el-Qaab VII, 62–63 (Nr. 70)
0733	Qu. 733			RT II, Taf. 26.71; Umm el-Qaab VII, 62–63 (Nr. 71)
0734	Qu. 734			RT II, Taf. 26.72; Umm el-Qaab VII, 64–65 (Nr. 72)
0735	Qu. 735			RT II, Taf. 26.73; Umm el-Qaab VII, 64–65 (Nr. 73)
0736	Qu. 736			RT II, Taf. 26.74; Umm el-Qaab VII, 64–65 (Nr. 74)
0737	Qu. 737			RT II, Taf. 26.75; Umm el-Qaab VII, 64–65 (Nr. 75)
0738	Qu. 738			RT II, Taf. 26.76; Umm el-Qaab VII, 66–67 (Nr. 76)
0739	Qu. 739			RT II, Taf. 26.77; Umm el-Qaab VII, 66–67 (Nr. 77)
0740	Qu. 740			RT II, Taf. 26.78; Umm el-Qaab VII, 68–69 (Nr. 78)
0741	Qu. 741			RT II, Taf. 26.79; Umm el-Qaab VII, 68–69 (Nr. 79)
0742	Qu. 742			RT II, Taf. 26.80; Umm el-Qaab VII, 70–71 (Nr. 80)
0743	Qu. 743			RT II, Taf. 26.81; Umm el-Qaab VII, 70–71 (Nr. 81)
0744	Qu. 744			RT II, Taf. 26.82; Umm el-Qaab VII, 70–71 (Nr. 82)
0745	Qu. 745			RT II, Taf. 26.83; Umm el-Qaab VII, 72–73 (Nr. 83)
0746	Qu. 746			RT II, Taf. 26.84; Umm el-Qaab VII, 72–73 (Nr. 84)
0747	Qu. 747			RT II, Taf. 26.85; Umm el-Qaab VII, 74–75 (Nr. 85)
0748	Qu. 748			RT II, Taf. 26.86; Woods, Visible Language, 135; Umm el-Qaab VII, 74–75 (Nr. 86)
0749	Qu. 749			RT II, Taf. 26.87; Umm el-Qaab VII, 74–75 (Nr. 87)
0750	Qu. 750			RT II, Taf. 26.88; Umm el-Qaab VII, 76–77 (Nr. 88)

Frühzeit-ID	Kahl 1994	Kahl et al.	Kaplony	Bibliographie
0751	Qu. 751			RT II, Taf. 26.89; Umm el-Qaab VII, 76–77 (Nr. 89)
0752	Qu. 752			RT II, Taf. 26.90; Umm el-Qaab VII, 78–79 (Nr. 90)
0753	Qu. 753			RT II, Taf. 26.91; Umm el-Qaab VII, 78–79 (Nr. 91)
0754	Qu. 754			RT II, Taf. 26.92; Umm el-Qaab VII, 80–81 (Nr. 92)
0755	Qu. 755			RT II, Taf. 26.93; Umm el-Qaab VII, 80–81 (Nr. 93)
0756	Qu. 756			RT II, Taf. 26.94; Umm el-Qaab VII, 80–81 (Nr. 94)
0757	Qu. 757			RT II, Taf. 27.95; Sabbahy, GM 135 (1993), 81–87; Umm el-Qaab VII, 82–83 (Nr. 95)
0758	Qu. 758			RT II, Taf. 27.96; Sabbahy, GM 135 (1993), 81–87; Umm el-Qaab VII, 82–83 (Nr. 96)
0759	Qu. 759			RT II, Taf. 27.97; Umm el-Qaab VII, 82–83 (Nr. 97)
0760	Qu. 760			RT II, Taf. 27.98; Umm el-Qaab VII, 82–83 (Nr. 98)
0761	Qu. 761			RT II, Taf. 27.99; Umm el-Qaab VII, 84–85 (Nr. 99)
0762	Qu. 762			RT II, Taf. 27.100; Umm el-Qaab VII, 84–85 (Nr. 100)
0763	Qu. 763			RT II, Taf. 27.101; Umm el-Qaab VII, 86–87 (Nr. 101)
0764	Qu. 764			RT II, Taf. 27.102; Umm el-Qaab VII, 86–87 (Nr. 102)
0765	Qu. 765			RT II, Taf. 27.103; Umm el-Qaab VII, 86–87 (Nr. 103)
0766	Qu. 766			RT II, Taf. 27.104; Umm el-Qaab VII, 88–89 (Nr. 104)
0767	Qu. 767			RT II, Taf. 27.105; Umm el-Qaab VII, 88–89 (Nr. 105)
0768	Qu. 768			RT II, Taf. 27.106; Umm el-Qaab VII, 88–89 (Nr. 106)
0769	Qu. 769			RT II, Taf. 27.107; Umm el-Qaab VII, 88–89 (Nr. 107)
0770	Qu. 770			RT II, Taf. 27.108; Umm el-Qaab VII, 90–91 (Nr. 108)
0771	Qu. 771			RT II, Taf. 27.109; Umm el-Qaab VII, 90–91 (Nr. 109)
0772	Qu. 772			RT II, Taf. 27.110; Umm el-Qaab VII, 90–91 (Nr. 110)
0773	Qu. 773			RT II, Taf. 27.111; Umm el-Qaab VII, 90–91 (Nr. 111)
0774	Qu. 774			RT II, Taf. 27.112; Umm el-Qaab VII, 92–93 (Nr. 112)
0775	Qu. 775			RT II, Taf. 27.114; Umm el-Qaab VII, 92–93 (Nr. 114)

Frühzeit-ID	Kahl 1994	Kahl et al.	Kaplony	Bibliographie
0776	Qu. 776			RT II, Taf. 27.115; Umm el-Qaab VII, 92–93 (Nr. 115)
0777	Qu. 777			RT II, Taf. 27.116; Umm el-Qaab VII, 94–95 (Nr. 116)
0778	Qu. 778			RT II, Taf. 27.117; Umm el-Qaab VII, 94–95 (Nr. 117)
0779	Qu. 779			RT II, Taf. 27.118; Umm el-Qaab VII, 94–95 (Nr. 118)
0780	Qu. 780			Abydos I, Taf. 13.147; Umm el-Qaab VII, 112–113 (Nr. 147)
0781	Qu. 781			Abydos I, Taf. 13.148; Umm el-Qaab VII, 114–115 (Nr. 148)
0782	Qu. 782			IÄF I, 551
0783	Qu. 783		IÄF III, 12	IÄF III, Abb. 12; Amélineau, Abydos (1897–1898), Taf. 25,3; Engel, Roll-siegel, 145
0784	Qu. 784		IÄF III, 30A	IÄF III, Abb. 30A; RT II, Taf. 15.107
0785	Qu. 785		IÄF III, 30B	IÄF III, Abb. 30B
0786	Qu. 786		IÄF III, 31	IÄF III, Abb. 31
0787	Qu. 787		IÄF III, 107	IÄF III, Abb. 107; Amélineau, Abydos (1897–1898), Taf. 25.2
0788	Qu. 788		IÄF III, 125	IÄF III, Abb. 125
0789	Qu. 789		IÄF III, 126	IÄF III, Abb. 126
0790	Qu. 790		IÄF III, 128	IÄF III, Abb. 128
0791	Qu. 791		IÄF III, 208	IÄF III, Abb. 208
0792	Qu. 792		IÄF III, 724	IÄF III, Abb. 724
0793	Qu. 793		IÄF III, 725	IÄF III, Abb. 725
0794	Qu. 794		IÄF III, 729	IÄF III, Abb. 729
0795	Qu. 795		IÄF III, 822	IÄF III, Abb. 822
0796	Qu. 796		IÄF III, 829	IÄF III, Abb. 829; Amélineau, Abydos (1895–1896), Taf. 22
0797	Qu. 797		IÄF III, 874	IÄF III, Abb. 874 (re.)
0798	Qu. 798		IÄFS 1032	IÄFS, Abb. 1032
0799	Qu. 799			Amélineau, Abydos (1897–1898), Taf. 15.8; AVF, 173, Abb. 94 (348)
0800	Qu. 800			Amélineau, Abydos (1897–1898), Taf. 15.19; AVF, 173, Abb. 94 (346)
0801	Qu. 801			RT II, Taf. 8A.9
0802	Qu. 802		IÄF III, 876	IÄF III, Abb. 876; Speleers, Rec. des Inscriptions, 3.26
0803	Qu. 803		IÄFS 1070	IÄFS, Abb. 1070; RT I, Taf. 32.32
0804	Qu. 804			Petrie, Tombs of the Courtiers, Taf. 2.10
0805	Qu. 805			Petrie, Tombs of the Courtiers, Taf. 3.1
0806	Qu. 806			Petrie, Tombs of the Courtiers, Taf. 3.2
0807	Qu. 807			Petrie, Tombs of the Courtiers, Taf. 3.3

Frühzeit-ID	Kahl 1994	Kahl et al.	Kaplony	Bibliographie
0808	Qu. 808			Petrie, Tombs of the Courtiers, Taf. 3.4
0809	Qu. 809			Petrie, Tombs of the Courtiers, Taf. 3.5
0810	Qu. 810			Petrie, Tombs of the Courtiers, Taf. 3.8
0811	Qu. 811			Petrie, Tombs of the Courtiers, Taf. 12.1
0812	Qu. 812			Petrie, Tombs of the Courtiers, Taf. 12.2
0813	Qu. 813			Petrie, Tombs of the Courtiers, Taf. 12.3
0814	Qu. 814			Petrie, Tombs of the Courtiers, Taf. 12.4
0815	Qu. 815		IÄF III, 111	IÄF III, Abb. 111; Petrie, Tombs of the Courtiers, Taf. 2.3, 3.14
0816	Qu. 816		IÄF III, 133	IÄF III, Abb. 133; Petrie, Tombs of the Courtiers, Taf. 2.4, 3.11
0817	Qu. 817		IÄF III, 142	IÄF III, Abb. 142; Petrie, Tombs of the Courtiers, Taf. 2.2, 3.13
0818	Qu. 818		IÄF III, 149	IÄF III, Abb. 149; Petrie, Tombs of the Courtiers, Taf. 2.1, 3.10
0819	Qu. 819			Petrie, Tombs of the Courtiers, Taf. 2.14
0820	Qu. 820			Petrie, Tombs of the Courtiers, Taf. 2.15
0821	Qu. 821		IÄF III, 29I	IÄF III, Abb. 029I; Leclant, Or 21 (1952), 243, Taf. 14,19
0822	Qu. 822			PD IV.1, Taf. 1.2
0823	Qu. 823			PD IV.1, Taf. 1.3
0824	Qu. 824			PD IV.1, Taf. 2.4
0825	Qu. 825			PD IV.2, 5 (5)
0826	Qu. 826			PD IV.2, 5 (6)
0827	Qu. 827			PD IV.2, 5 (7)
0828	Qu. 828			PD IV.2, 5 (8)
0829	Qu. 829			PD IV.2, 5 (9)
0830	Qu. 830			PD IV.2, 5 (10)
0831	Qu. 831			PD IV.1, Taf. 2.14
0832	Qu. 832			PD IV.2, 6 (15)
0833	Qu. 833			Quibell, Archaic Mastabas, Taf. 11.2
0834	Qu. 834		IÄFS 1064	Quibell, Archaic Mastabas, Taf. 11.5; IÄFS, Abb. 1064
0835	Qu. 835			Quibell, Archaic Mastabas, Taf. 9 (o. li.)
0836	Qu. 836			Quibell, Archaic Mastabas, Taf. 9 (o. mi.)
0837	Qu. 837			Quibell, Archaic Mastabas, Taf. 9 (2. Reihe li.)
0838	Qu. 838			Quibell, Archaic Mastabas, Taf. 9 (2. Reihe mi.)

Frühzeit-ID	Kahl 1994	Kahl et al.	Kaplony	Bibliographie
0839	Qu. 839			Quibell, Archaic Mastabas, Taf. 9 (2. Reihe re.)
0840	Qu. 840			Quibell, Archaic Mastabas, Taf. 9 (3. Reihe li.)
0841	Qu. 841			Quibell, Archaic Mastabas, Taf. 9 (3. Reihe mi.)
0842	Qu. 842			Quibell, Archaic Mastabas, Taf. 9 (u. li.)
0843	Qu. 843			Quibell, Archaic Mastabas, Taf. 9 (u. re.)
0844	Qu. 844		IÄF III, 29G	IÄF III, Abb. 29G; Quibell, Archaic Mastabas, Taf. 9 (o. re.)
0845	Qu. 845		IÄF III, 29H	IÄF III, Abb. 29H; Quibell, Archaic Mastabas, Taf. 9 (o. mi.)
0846	Qu. 846		IÄFS 1033	IÄFS, Abb. 1033
0847	Qu. 847			Emery, Hemaka, Taf. 17A
0848	Qu. 848		IÄF III, 29B	IÄF III, Abb. 29B
0849	Qu. 849		IÄF III, 29F	IÄF III, Abb. 29F
0851	Qu. 851		IÄF III, 730	IÄF III, Abb. 730; Emery, Tombs of the First Dynasty II
0852	Qu. 852		IÄF III, 29C	IÄF III, Abb. 29C
0853	Qu. 853			Emery, Tombs of the First Dynasty III, Taf. 107.6
0854	Qu. 854		KBIÄF 1112	Kaiser, ZÄS 91 (1964), 102–103, Abb. 3; Junker, Turah, 5, Abb. 4; KBIÄF, Abb. 1112
0855	Qu. 855			el-Sadeek & Murphy, MDAIK 39 (1983), 166, Abb. 13
0856	Qu. 856			el-Sadeek & Murphy, MDAIK 39 (1983), 166, Abb. 14
0857	Qu. 857			Borchardt, Annalen, 31, Abb. 4
0858	Qu. 858			Needler, JEA 42 (1956), 42, Abb. 1
0859	Qu. 859			Newberry, PSBA 36 (1914), Taf. 3.1; Fischer, Artibus Asiae 24 (1961), 52, Abb. 6
0860	Qu. 860		IÄF III, 175B	IÄF III, Abb. 175B
0861	Qu. 861		IÄF III, 726	IÄF III, Abb. 726
0862	Qu. 862		IÄF III, 727	IÄF III, Abb. 727
0863	Qu. 863		IÄF III, 728	IÄF III, Abb. 728
0864	Qu. 864		IÄF III, 859	IÄF III, Abb. 859
0865	Qu. 865		IÄF III, 873	IÄF III, Abb. 873
0866	Qu. 866		IÄFS 1051A	IÄFS, Abb. 1051A
0867	Qu. 867		IÄFS 1051B	IÄFS, Abb. 1051B
0868	Qu. 868			Kaplony, MDAIK 20 (1965), Abb. 16
0869	Qu. 869			Kaplony, Beschriftete Kleinfunde, Taf. 6.9
0870	Qu. 870			Kaplony, Beschriftete Kleinfunde, Taf. 6.10
0871	Qu. 871			Kaplony, Beschriftete Kleinfunde, Taf. 6.11

Frühzeit-ID	Kahl 1994	Kahl et al.	Kaplony	Bibliographie
0872	Qu. 872			Kaplony, Beschriftete Kleinfunde, Taf. 6.12
0873	Qu. 873			Kaplony, Beschriftete Kleinfunde, Taf. 6.13
0874	Qu. 874			Kaplony, Beschriftete Kleinfunde, Taf. 6.14
0875	Qu. 875			Kaplony, Steingefässe, 19 (7)
0876	Qu. 876			Abydos I, Taf. 12.18
0877	Qu. 877		IÄF III, 124	IÄF III, Abb. 124; RT II, Taf. 16.119; Engel, Rollsiegel, 85
0878	Qu. 878		IÄF III, 101	IÄF III, Abb. 101
0878bis	Qu. 878bis			Emery, Tombs of the First Dynasty II, 156, Abb. 220
0878ter	Qu. 878ter		IÄF III, 19	IÄF III, Abb. 19
0878quater	Qu. 878quater		IÄF III, 76	IÄF III, Abb. 76
0878quinquies	Qu. 878quin-quies		IÄF III, 141	IÄF III, Abb. 141
0878sexies	Qu. 878sexies		IÄF III, 162	IÄF III, Abb. 162
0879	Qu. 879		IÄFS 1034	IÄFS, Abb. 1034
0880	Qu. 880		KBIÄF 1131	KBIÄF, Abb. 1131
0881	Qu. 881			Žába, Rock Inscriptions, Abb. 415
0882	Qu. 882			Hierakonpolis II, Taf. 59.1
0883	Qu. 883			RT I, Taf. 63
0884	Qu. 884			RT II, Taf. 38.35
0885	Qu. 885			RT I, Taf. 31.16; Umm el-Qaab VII, 26–27 (Nr. 16)
0886	Qu. 886		IÄF III, 81	IÄF III, Abb. 81; RT I, Taf. 18.2, 18.3
0887	Qu. 887		IÄF III, 48	IÄF III, Abb. 48; RT I, Taf. 32.40; Engel, Rollsiegel, 64
0888	Qu. 888			RT I, Taf. 4.6
0889	Qu. 889			RT I, Taf. 31.12; Martin, Stelae, 2; Umm el-Qaab VII, 22–23 (Nr. 12)
0890	Qu. 890			RT I, Taf. 63
0891	Qu. 891			RT I, Taf. 63
0892	Qu. 892			RT I, Taf. 63
0893	Qu. 893			RT I, Taf. 63
0894	Qu. 894			RT I, Taf. 63
0895	Qu. 895			RT I, Taf. 63
0896	Qu. 896			RT I, Taf. 63
0897	Qu. 897			RT I, Taf. 63
0898	Qu. 898			RT I, Taf. 31.14; Umm el-Qaab VII, 24–25 (Nr. 14)
0899	Qu. 899			RT I, Taf. 31.10; Umm el-Qaab VII, 22–23 (Nr. 10)
0900	Qu. 900			RT I, Taf. 31.15; Umm el-Qaab VII, 26–27 (Nr. 15)
0901	Qu. 901			RT I, Taf. 31.11; Umm el-Qaab VII, 22–23 (Nr. 11)
0902	Qu. 902			RT I, Taf. 63

Frühzeit-ID	Kahl 1994	Kahl et al.	Kaplony	Bibliographie
0903	Qu. 903			RT I, Taf. 63
0904	Qu. 904			RT I, Taf. 63
0905	Qu. 905			RT I, Taf. 32.34
0906	Qu. 906			RT I, Taf. 31.13; Umm el-Qaab VII, 24–25 (Nr. 13)
0907	Qu. 907			RT II, Taf. 38.88
0908	Qu. 908			Abydos I, Taf. 4.14
0909	Qu. 909			Abydos I, Taf. 13.157; AVF II, 36; Umm el-Qaab VII, 118–119 (Nr. 157)
0910	Qu. 910		IÄF III, 176	IÄF III, Abb. 176; RT I, Taf. 18.4
0911	Qu. 911			Amélineau, Abydos (1895–1896), 244, Abb. 63, Taf. 42 (u. li.); Eaton-Krauss, Fs Graefe, 119–131, Abb. 1–3, 5
0912	Qu. 912			RT I, Taf. 4.3 (o.)
0913	Qu. 913			RT I, Taf. 4.5
0914	Qu. 914			RT I, Taf. 10.8
0915	Qu. 915			RT I, Taf. 13.1
0916	Qu. 916			RT I, Taf. 10.9; 13.2; Woods, Visible Language, 129
0917a–b	Qu. 917a–b			RT I, Taf. 13.3–3A
0918	Qu. 918			RT I, Taf. 13.4
0919	Qu. 919			RT I, Taf. 13.6
0920	Qu. 920			RT I, Taf. 19.11
0921	Qu. 921			RT I, Taf. 32.37
0922	Qu. 922			RT II, Taf. 7.1
0923	Qu. 923			RT II, Taf. 7.2
0924	Qu. 924			RT II, Taf. 7.3
0925	Qu. 925			RT II, Taf. 7.4
0926	Qu. 926			RT II, Taf. 25.15
0927	Qu. 927			Abydos I, Taf. 11.2
0928a–b	Qu. 928a–b			Abydos I, Taf. 11.3
0929	Qu. 929		IÄF III, 32B	IÄF III, Abb. 32B; RT I, Taf. 18.1; Vassilika, JEA 78 (1992), 267
0930	Qu. 930		IÄF III, 32G	IÄF III, Abb. 32G; RT II, Taf. 17.125
0931	Qu. 931		IÄF III, 44	IÄF III, Abb. 44; RT I, Taf. 19.10
0932	Qu. 932		IÄF III, 45A	IÄF III, Abb. 45A; RT I, Taf. 19.8
0933	Qu. 933		IÄF III, 46B	IÄF III, Abb. 46B; RT II, Taf. 17.128
0934	Qu. 934		IÄF III, 84	IÄF III, Abb. 84; RT II, Taf. 17.127
0935	Qu. 935		IÄF III, 85	IÄF III, Abb. 85; RT II, Taf. 17.126
0936	Qu. 936		IÄF III, 98	IÄF III, Abb. 98; RT II, Taf. 17.129
0937	Qu. 937		IÄF III, 99B	IÄF III, Abb. 99B; RT I, Taf. 18.5
0938	Qu. 938		IÄF III, 189	IÄF III, Abb. 189; RT I, Taf. 18.6
0939	Qu. 939		IÄF III, 193	IÄF III, Abb. 193; RT I, Taf. 12.7
0940	Qu. 940			RT I, Taf. 63
0941	Qu. 941			RT I, Taf. 31.1; Umm el-Qaab VII, 18–19 (Nr. 1)
0942	Qu. 942			RT I, Taf. 4.4

Frühzeit-ID	Kahl 1994	Kahl et al.	Kaplony	Bibliographie
0943	Qu. 943			RT I, Taf. 10.10; Dreyer et al., MDAIK 73 (2017), 100, Abb. 117
0944	Qu. 944			RT I, Taf. 31.8, 33.8; Umm el-Qaab VII, 22–23 (Nr. 8)
0945	Qu. 945			RT I, Taf. 63
0946	Qu. 946			RT I, Taf. 63
0947	Qu. 947			RT I, Taf. 63
0948	Qu. 948		IÄF III, 823	IÄF III, Abb. 823; Umm el-Qaab VII, 172–173 (Nr. 248)
0949	Qu. 949			RT I, Taf. 31.2; Umm el-Qaab VII, 18–19 (Nr. 2)
0950	Qu. 950			RT I, Taf. 31.3; Umm el-Qaab VII, 18–19 (Nr. 3)
0951	Qu. 951			RT I, Taf. 31.4; Umm el-Qaab VII, 20–21 (Nr. 4)
0952	Qu. 952			RT I, Taf. 31.5; Umm el-Qaab VII, 20–21 (Nr. 5)
0953	Qu. 953			RT I, Taf. 31.6; Martin, Stelae, 3; Umm el-Qaab VII, 20–21 (Nr. 6)
0954	Qu. 954			RT I, Taf. 31.7; Martin, Stelae, 4; Umm el-Qaab VII, 20–21 (Nr. 7)
0955	Qu. 955			RT I, Taf. 31.9; Umm el-Qaab VII, 22–23 (Nr. 9)
0956	Qu. 956			Abydos I, Taf. 13.149; Umm el-Qaab VII, 114–115 (Nr. 149)
0957	Qu. 957			Abydos I, Taf. 13.150; Umm el-Qaab VII, 114–115 (Nr. 150)
0958	Qu. 958			Abydos I, Taf. 13.151; Umm el-Qaab VII, 116–117 (Nr. 151)
0959	Qu. 959			Abydos I, Taf. 13.152; Umm el-Qaab VII, 116–117 (Nr. 152)
0960	Qu. 960			Abydos I, Taf. 13.153; Umm el-Qaab VII, 116–117 (Nr. 153)
0961	Qu. 961			Abydos I, Taf. 13.154; Umm el-Qaab VII, 116–117 (Nr. 154)
0962	Qu. 962			Abydos I, Taf. 13.155; Umm el-Qaab VII, 116–117 (Nr. 155)
0963	Qu. 963			Abydos I, Taf. 13.156; Umm el-Qaab VII, 118–119 (Nr. 156)
0964	Qu. 964		IÄF III, 32H	IÄF III, Abb. 32H
0965	Qu. 965			RT I, Taf. 32.13; Umm el-Qaab VII, 130–132 (Nr. 181)
0966	Qu. 966			RT I, Taf. 32.21; Grimm & Schoske, Am Beginn der Zeit, 76, (Nr. 163); Umm el-Qaab VII, 134–135 (Nr. 189)
0967a	Qu. 606			Dreyer, MDAIK 37 (1981), 123, Abb. 1
0967b	Qu. 967			Petrie, Tombs of the Courtiers, Taf. 1 (117); Umm el-Qaab VII, 176–177 (Nr. 260)

Frühzeit-ID	Kahl 1994	Kahl et al.	Kaplony	Bibliographie
0968	Qu. 968			Petrie, Tombs of the Courtiers, Taf. 1 (159); Umm el-Qaab VII, 176–177 (Nr. 261)
0969	Qu. 969			Petrie, Tombs of the Courtiers, Taf. 1 (442); Umm el-Qaab VII, 178–179 (Nr. 262)
0970	Qu. 970			Petrie, Tombs of the Courtiers, Taf. 1 (442); Martin, Stelae, 10; Umm el-Qaab VII, 178–179 (Nr. 263)
0971	Qu. 971			Petrie, Tombs of the Courtiers, Taf. 1 (446); Umm el-Qaab VII, 178–179 (Nr. 264)
0972	Qu. 972			Petrie, Tombs of the Courtiers, Taf. 1 (453); Martin, Stelae, 11; Umm el-Qaab VII, 178–179 (Nr. 265)
0973	Qu. 973			Petrie, Tombs of the Courtiers, Taf. 2.5
0974	Qu. 974			Petrie, Tombs of the Courtiers, Taf. 2.16
0975	Qu. 975			Petrie, Tombs of the Courtiers, Taf. 3.6
0976	Qu. 976			Petrie, Tombs of the Courtiers, Taf. 3.7
0977	Qu. 977			Petrie, Tombs of the Courtiers, Taf. 12.5; Engelbach, ZÄS 65 (1930), 115–116
0978	Qu. 978			Abydos II, Taf. 14.280
0979	Qu. 979		IÄF III, 108B	IÄF III, Abb. 108B; Tarkhan I and Memphis V, Taf. 30.1
0980	Qu. 980			Tarkhan I and Memphis V, Taf. 30.2
0981	Qu. 981			Tarkhan I and Memphis V, Taf. 30.3
0982	Qu. 982			Tarkhan I and Memphis V, Taf. 30.4
0983	Qu. 983			Tarkhan I and Memphis V, Taf. 30.5
0984	Qu. 984			PD IV.1, Taf. 3.16
0985	Qu. 985			PD IV.1, Taf. 3.17
0986	Qu. 986			Emery, Tombs of the First Dynasty II, 102, Abb. 105; Gardiner, JEA 44 (1958), 38–39
0987	Qu. 987			Emery, Tombs of the First Dynasty II, 104, Abb. 106
0988	Qu. 988			Emery, Tombs of the First Dynasty II, 104, Abb. 107
0989a–b	Qu. 989a–b			Emery, Tombs of the First Dynasty II, 104, Abb. 108
0990	Qu. 990			Emery, Tombs of the First Dynasty II, 105, Abb. 109
0991	Qu. 991			Emery, Tombs of the First Dynasty II, 105, Abb. 110
0992	Qu. 992			Emery, Tombs of the First Dynasty II, 105, Abb. 111

Frühzeit-ID	Kahl 1994	Kahl et al.	Kaplony	Bibliographie
0993	Qu. 993			Emery, Tombs of the First Dynasty II, 105, Abb. 112
0994	Qu. 994			Emery, Tombs of the First Dynasty II, 106, Abb. 113
0995	Qu. 995			Emery, Tombs of the First Dynasty II, 106, Abb. 114
0996	Qu. 996			Emery, Tombs of the First Dynasty II, 108, Abb. 128
0997	Qu. 997			Emery, Tombs of the First Dynasty II, 111, Abb. 139.1
0998	Qu. 998			Emery, Tombs of the First Dynasty II, 111, Abb. 139.2
0999	Qu. 999			Emery, Tombs of the First Dynasty II, 111, Abb. 139.3
1000	Qu. 1000			Emery, Tombs of the First Dynasty II, 111, Abb. 139.4
1001	Qu. 1001			Emery, Tombs of the First Dynasty II, 111, Abb. 139.5
1002	Qu. 1002			Emery, Tombs of the First Dynasty II, 111, Abb. 139.6
1003	Qu. 1003			Emery, Tombs of the First Dynasty II, 111, Abb. 139.7
1004	Qu. 1004			Emery, Tombs of the First Dynasty II, 111, Abb. 139.8
1005	Qu. 1005			Emery, Tombs of the First Dynasty II, 111, Abb. 139.9
1006	Qu. 1006			Emery, Tombs of the First Dynasty II, 111, Abb. 139.10
1007	Qu. 1007			Emery, Tombs of the First Dynasty II, 111, Abb. 139.11
1008	Qu. 1008			Emery, Tombs of the First Dynasty II, 111, Abb. 139.12
1009	Qu. 1009			Emery, Tombs of the First Dynasty II, 111, Abb. 139.13
1010	Qu. 1010			Emery, Tombs of the First Dynasty II, 111, Abb. 139.14
1011	Qu. 1011			Emery, Tombs of the First Dynasty II, 111, Abb. 139.15
1012	Qu. 1012			Emery, Tombs of the First Dynasty II, 111, Abb. 139.16
1013	Qu. 1013			Emery, Tombs of the First Dynasty II, 111, Abb. 139.17
1014	Qu. 1014			Emery, Tombs of the First Dynasty II, 111, Abb. 139.18
1015	Qu. 1015			Emery, Tombs of the First Dynasty II, 111, Abb. 139.19
1016	Qu. 1016			Emery, Tombs of the First Dynasty II, 112, Abb. 140.20
1017	Qu. 1017			Emery, Tombs of the First Dynasty II, 112, Abb. 140.21
1018	Qu. 1018			Emery, Tombs of the First Dynasty II, 112, Abb. 140.22

Frühzeit-ID	Kahl 1994	Kahl et al.	Kaplony	Bibliographie
1019	Qu. 1019			Emery, Tombs of the First Dynasty II, 112, Abb. 140.23
1020	Qu. 1020			Emery, Tombs of the First Dynasty II, 112, Abb. 140.24
1021	Qu. 1021			Emery, Tombs of the First Dynasty II, 112, Abb. 140.25
1022	Qu. 1022			Emery, Tombs of the First Dynasty II, 112, Abb. 140.26
1023	Qu. 1023			Emery, Tombs of the First Dynasty II, 112, Abb. 140.27
1024	Qu. 1024			Emery, Tombs of the First Dynasty II, 112, Abb. 140.28
1025	Qu. 1025			Emery, Tombs of the First Dynasty II, 112, Abb. 140.29
1026	Qu. 1026			Emery, Tombs of the First Dynasty II, 112, Abb. 140.30
1027	Qu. 1027			Emery, Tombs of the First Dynasty II, 112, Abb. 140.31
1028	Qu. 1028			Emery, Tombs of the First Dynasty II, 112, Abb. 140.32
1029	Qu. 1029			Emery, Tombs of the First Dynasty II, 112, Abb. 140.33
1030	Qu. 1030			Emery, Tombs of the First Dynasty II, 112, Abb. 140.34
1031	Qu. 1031			Emery, Tombs of the First Dynasty II, 112, Abb. 140.35
1032	Qu. 1032			Emery, Tombs of the First Dynasty II, 112, Abb. 140.36
1033	Qu. 1033			Emery, Tombs of the First Dynasty II, 112, Abb. 140.37
1034	Qu. 1034			Emery, Tombs of the First Dynasty II, 113, Abb. 141.38
1035	Qu. 1035			Emery, Tombs of the First Dynasty II, 113, Abb. 141.39
1036	Qu. 1036			Emery, Tombs of the First Dynasty II, 113, Abb. 141.40
1037	Qu. 1037			Emery, Tombs of the First Dynasty II, 113, Abb. 141.41
1038	Qu. 1038			Emery, Tombs of the First Dynasty II, 113, Abb. 141.42
1039	Qu. 1039			Emery, Tombs of the First Dynasty II, 113, Abb. 141.43
1040	Qu. 1040			Emery, Tombs of the First Dynasty II, 113, Abb. 141.44
1041	Qu. 1041			Emery, Tombs of the First Dynasty II, 113, Abb. 141.45
1042	Qu. 1042			Emery, Tombs of the First Dynasty II, 113, Abb. 141.46
1043	Qu. 1043			Emery, Tombs of the First Dynasty II, 113, Abb. 141.47
1044	Qu. 1044			Emery, Tombs of the First Dynasty II, 113, Abb. 141.48

Frühzeit-ID	Kahl 1994	Kahl et al.	Kaplony	Bibliographie
1045	Qu. 1045			Emery, Tombs of the First Dynasty II, 113, Abb. 141.49
1046	Qu. 1046			Emery, Tombs of the First Dynasty II, 113, Abb. 141.50
1047	Qu. 1047			Emery, Tombs of the First Dynasty II, 113, Abb. 141.51
1048	Qu. 1048			Emery, Tombs of the First Dynasty II, 113, Abb. 141.52
1049	Qu. 1049			Emery, Tombs of the First Dynasty II, 113, Abb. 141.53
1050	Qu. 1050			Emery, Tombs of the First Dynasty II, 113, Abb. 141.54
1051	Qu. 1051			Emery, Tombs of the First Dynasty II, 113, Abb. 141.55
1052	Qu. 1052			Emery, Tombs of the First Dynasty II, 113, Abb. 141.56
1053	Qu. 1053			Emery, Tombs of the First Dynasty II, 113, Abb. 141.57
1054	Qu. 1054			Emery, Tombs of the First Dynasty II, 113, Abb. 141.58
1055	Qu. 1055			Emery, Tombs of the First Dynasty II, 113, Abb. 141.59
1056	Qu. 1056			Emery, Tombs of the First Dynasty II, 114, Abb. 142.60
1057	Qu. 1057			Emery, Tombs of the First Dynasty II, 114, Abb. 142.61
1058	Qu. 1058			Emery, Tombs of the First Dynasty II, 114, Abb. 142.62
1059	Qu. 1059			Emery, Tombs of the First Dynasty II, 114, Abb. 142.63
1060	Qu. 1060			Emery, Tombs of the First Dynasty II, 114, Abb. 142.64
1061	Qu. 1061			Emery, Tombs of the First Dynasty II, 114, Abb. 142.65
1062	Qu. 1062			Emery, Tombs of the First Dynasty II, 114, Abb. 142.66
1063	Qu. 1063			Emery, Tombs of the First Dynasty II, 114, Abb. 142.67
1064	Qu. 1064			Emery, Tombs of the First Dynasty II, 114, Abb. 142.68
1065	Qu. 1065			Emery, Tombs of the First Dynasty II, 114, Abb. 142.69
1066	Qu. 1066			Emery, Tombs of the First Dynasty II, 114, Abb. 142.70
1067	Qu. 1067			Emery, Tombs of the First Dynasty II, 114, Abb. 142.71
1068	Qu. 1068			Emery, Tombs of the First Dynasty II, 114, Abb. 142.72
1069	Qu. 1069			Emery, Tombs of the First Dynasty II, 114, Abb. 142.73
1070	Qu. 1070		IÄF III, 16	IÄF III, Abb. 16

Frühzeit-ID	Kahl 1994	Kahl et al.	Kaplony	Bibliographie
1071	Qu. 1071		IÄF III, 32A	IÄF III, Abb. 32A
1072	Qu. 1072		IÄF III, 32C	IÄF III, Abb. 32C
1073	Qu. 1073		IÄF III, 32D	IÄF III, Abb. 32D
1074	Qu. 1074		IÄF III, 32E	IÄF III, Abb. 32E
1075	Qu. 1075		IÄF III, 32F	IÄF III, Abb. 32F
1076	Qu. 1076		IÄF III, 45B	IÄF III, Abb. 45B; RT I, Taf. 19.9; RT II, Taf. 17.128
1077	Qu. 1077		IÄF III, 46A	IÄF III, Abb. 46A
1078	Qu. 1078		IÄF III, 99A	IÄF III, Abb. 99A
1079	Qu. 1079		IÄF III, 192	IÄF III, Abb. 192
1080	Qu. 1080		IÄF III, 197	IÄF III, Abb. 197
1081	Qu. 1081			Müller, Kleinfunde und Glas, A 79
1082	Qu. 1082			Gizeh and Rifeh, Taf. 3A
1083	Qu. 1083			Gizeh and Rifeh, Taf. 3A
1084	Qu. 1084		IÄF III, 108A	IÄF III, Abb. 108A
1085	Qu. 1085			Kaplony, Steingefässe, 20 (8)
1086	Qu. 1086		IÄFS 1052	IÄFS, Abb. 1052
1087	Qu. 1087		IÄFS 1050	IÄFS, Abb. 1050
1088	Qu. 1088			Kaplony, MDAIK 20 (1965), Taf. 2.17
1089	Qu. 1089			Kaplony, MDAIK 20 (1965), Abb. 18
1090	Qu. 1090			Kaplony, MDAIK 20 (1965), Taf. 2.19; Kikugawa & Bianchi, KMT 20.2, 63
1091	Qu. 1091			Kaplony, Beschriftete Kleinfunde, Taf. 6.15; Kaplony, MDAIK 20 (1965), 6–7; EDO, 69, Abb. 8 (494)
1092	Qu. 1092			Kaplony, Beschriftete Kleinfunde, Taf. 6.16
1093	Qu. 1093		IÄF III, 241	IÄF III, Abb. 241; RT I, Taf. 22.34; RT II, Taf. 17.130
1094	Qu. 1094			RT I, Taf. 32.1; Umm el-Qaab VII, 134–135 (Nr. 187)
1095	Qu. 1095			RT I, Taf. 32.2; Umm el-Qaab VII, 144–145 (Nr. 203)
1096	Qu. 1096			RT I, Taf. 32.3; Umm el-Qaab VII, 124–125 (Nr. 170)
1097	Qu. 1097			RT I, Taf. 32.4; Umm el-Qaab VII, 124–125 (Nr. 169)
1098	Qu. 1098			RT I, Taf. 32.5; Umm el-Qaab VII, 126–127 (Nr. 172)
1099	Qu. 1099			RT I, Taf. 32.6; Umm el-Qaab VII, 140–141 (Nr. 197)
1100	Qu. 1100			RT I, Taf. 32.14; Umm el-Qaab VII, 142–143 (Nr. 202)
1101	Qu. 1101			RT I, Taf. 32.16; Umm el-Qaab VII, 138–139 (Nr. 196)
1102	Qu. 1102			RT I, Taf. 32.17; Grimm & Schoske, Am Beginn der Zeit, 77, (Nr. 164); Umm el-Qaab VII, 142–143 (Nr. 201)

Frühzeit-ID	Kahl 1994	Kahl et al.	Kaplony	Bibliographie
1103	Qu. 1103			RT I, Taf. 32.18; Umm el-Qaab VII, 130–131 (Nr. 180)
1104	Qu. 1104			RT I, Taf. 32.19; Umm el-Qaab VII, 142–143 (Nr. 200)
1105	Qu. 1105			RT I, Taf. 32.20; Umm el-Qaab VII, 140–141 (Nr. 199)
1106	Qu. 1106			RT I, Taf. 32.22; Umm el-Qaab VII, 146–147 (Nr. 207)
1107	Qu. 1107			RT I, Taf. 32.23; Umm el-Qaab VII, 130–131 (Nr. 179)
1108	Qu. 1108			RT I, Taf. 32.24; Umm el-Qaab VII, 148–149 (Nr. 208)
1109	Qu. 1109			RT I, Taf. 32.25; Umm el-Qaab VII, 148–149 (Nr. 209)
1110	Qu. 1110			RT I, Taf. 32.26; Grimm & Schoske, Am Beginn der Zeit, 75–76, (Nr. 162); Umm el-Qaab VII, 144–145 (Nr. 204)
1111	Qu. 1111			RT I, Taf. 32.27; Umm el-Qaab VII, 132–133 (Nr. 183)
1112	Qu. 1112			RT I, Taf. 32.28; Umm el-Qaab VII, 136–137 (Nr. 191)
1113	Qu. 1113			RT I, Taf. 32.29; Umm el-Qaab VII, 128–129 (Nr. 176)
1114	Qu. 1114			RT I, Taf. 32.30; Umm el-Qaab VII, 128–129 (Nr. 175)
1115	Qu. 1115			RT I, Taf. 32.31; Umm el-Qaab VII, 138–139 (Nr. 194)
1116	Qu. 1116			Emery, Tombs of the First Dynasty II, 31, Abb. 11
1117	Qu. 1117			Emery, Tombs of the First Dynasty II, 106, Abb. 115
1118	Qu. 1118			Emery, Tombs of the First Dynasty II, 106, Abb. 116
1119	Qu. 1119			Emery, Tombs of the First Dynasty II, 106, Abb. 117
1120	Qu. 1120			Emery, Tombs of the First Dynasty II, 106, Abb. 118
1121	Qu. 1121			Emery, Tombs of the First Dynasty II, 106, Abb. 119
1122	Qu. 1122			Emery, Tombs of the First Dynasty II, 106, Abb. 120
1123	Qu. 1123			Emery, Tombs of the First Dynasty II, 106, Abb. 121
1124	Qu. 1124			Emery, Tombs of the First Dynasty II, 107, Abb. 122
1125	Qu. 1125			Emery, Tombs of the First Dynasty II, 107, Abb. 124
1126	Qu. 1126			Emery, Tombs of the First Dynasty II, 107, Abb. 125
1127	Qu. 1127			Emery, Tombs of the First Dynasty II, 108, Abb. 126

Frühzeit-ID	Kahl 1994	Kahl et al.	Kaplony	Bibliographie
1128	Qu. 1128			Emery, Tombs of the First Dynasty II, 108, Abb. 127
1129	Qu. 1129			Emery, Tombs of the First Dynasty II, 108, Abb. 129
1130	Qu. 1130			Emery, Tombs of the First Dynasty II, 108, Abb. 130
1131	Qu. 1131			Emery, Tombs of the First Dynasty II, 108, Abb. 131
1132	Qu. 1132			Emery, Tombs of the First Dynasty II, 109, Abb. 132
1133	Qu. 1133			Emery, Tombs of the First Dynasty II, 109, Abb. 133
1134	Qu. 1134			Emery, Tombs of the First Dynasty II, 109, Abb. 134
1135	Qu. 1135			Emery, Tombs of the First Dynasty II, 109, Abb. 135
1136	Qu. 1136			Emery, Tombs of the First Dynasty II, 109, Abb. 136
1137	Qu. 1137			Emery, Tombs of the First Dynasty II, 109, Abb. 137
1138	Qu. 1138			Emery, Tombs of the First Dynasty II, 114, Abb. 142.74
1139	Qu. 1139			Emery, Tombs of the First Dynasty II, 114, Abb. 142.75
1140	Qu. 1140			Emery, Tombs of the First Dynasty II, 114, Abb. 142.76
1141	Qu. 1141			Emery, Tombs of the First Dynasty II, 114, Abb. 142.77
1142	Qu. 1142			Emery, Tombs of the First Dynasty II, 114, Abb. 142.78
1143	Qu. 1143			Emery, Tombs of the First Dynasty II, 118, Abb. 160
1144	Qu. 1144			Emery, Tombs of the First Dynasty II, 121, Abb. 172
1145	Qu. 1145			Emery, Tombs of the First Dynasty II, 122, Abb. 175
1146	Qu. 1146			Emery, Tombs of the First Dynasty II, 123, Abb. 177
1147	Qu. 1147			Emery, Tombs of the First Dynasty II, 123, Abb. 178
1148	Qu. 1148			Emery, Tombs of the First Dynasty II, 124, Abb. 181
1149	Qu. 1149			Emery, Tombs of the First Dynasty II, 124, Abb. 182
1150	Qu. 1150			Emery, Tombs of the First Dynasty II, 124, Abb. 184
1151	Qu. 1151			Emery, Tombs of the First Dynasty II, 124, Abb. 185
1152	Qu. 1152			Emery, Tombs of the First Dynasty II, 126, Abb. 195
1153	Qu. 1153			Emery, Tombs of the First Dynasty II, 127, Abb. 196

Frühzeit-ID	Kahl 1994	Kahl et al.	Kaplony	Bibliographie
1154	Qu. 1154			Emery, Tombs of the First Dynasty II, 127, Abb. 197
1155	Qu. 1155			Emery, Tombs of the First Dynasty II, 127, Abb. 199
1156	Qu. 1156		IÄF III, 42	IÄF III, Abb. 42
1157	Qu. 1157		IÄF III, 50A	IÄF III, Abb. 50A
1158	Qu. 1158		IÄF III, 50B	IÄF III, Abb. 50B
1159	Qu. 1159		IÄF III, 113	IÄF III, Abb. 113
1160	Qu. 1160		IÄF III, 114	IÄF III, Abb. 114
1161	Qu. 1161		IÄF III, 134	IÄF III, Abb. 134; Engel, Rollsiegel, 138
1162	Qu. 1162		IÄF III, 136	IÄF III, Abb. 136; Engel, Rollsiegel, 61
1163	Qu. 1163		IÄF III, 143	IÄF III, Abb. 143
1164	Qu. 1164		IÄF III, 147	IÄF III, Abb. 147
1165	Qu. 1165		IÄF III, 154	IÄF III, Abb. 154
1166	Qu. 1166		IÄF III, 163	IÄF III, Abb. 163
1167	Qu. 1167		IÄF III, 164	IÄF III, Abb. 164
1168	Qu. 1168		IÄF III, 165	IÄF III, Abb. 165
1169	Qu. 1169		IÄF III, 166	IÄF III, Abb. 166
1170	Qu. 1170		IÄF III, 337	IÄF III, Abb. 337; Engel, Rollsiegel, 80
1171	Qu. 1171		IÄF III, 363	IÄF III, Abb. 363; Engel, Rollsiegel, 121
1172	Qu. 1172		IÄF III, 423	IÄF III, Abb. 423; Engel, Rollsiegel, 141
1173	Qu. 1173		IÄF III, 459	IÄF III, Abb. 459; Engel, Rollsiegel, 103
1174	Qu. 1174			Junker, Turah, 50, Abb. 63
1175	Qu. 1175			Junker, Turah, 50, Abb. 64
1176	Qu. 1176			RT II, Taf. 5.6
1177	Qu. 1177			RT II, Taf. 5A.21
1178	Qu. 1178			RT I, Taf. 5.5
1179	Qu. 1179			RT I, Taf. 5.1
1180	Qu. 1180			RT I, Taf. 5.2
1181	Qu. 1181			RT I, Taf. 5.3
1182	Qu. 1182			RT I, Taf. 5.4
1183	Qu. 1183			RT I, Taf. 5.6
1184	Qu. 1184			RT I, Taf. 5.7
1185	Qu. 1185		IÄF III, 179	IÄF III, Abb. 179; RT I, Taf. 21.29
1186	Qu. 1186			RT I, Frontispiz
1187	Qu. 1187			RT I, Taf. 4.8
1188	Qu. 1188			RT I, Taf. 4.9
1189	Qu. 1189			RT I, Taf. 4.10
1190	Qu. 1190			RT I, Taf. 20.20
1191	Qu. 1191			RT I, Taf. 31.18; Umm el-Qaab VII, 28–29 (Nr. 18)
1192	Qu. 1192			RT I, Taf. 64.6
1193	Qu. 1193			RT II, Taf. 39.34
1194	Qu. 1194			RT II, Taf. 39.54
1195	Qu. 1195			Abydos I, Taf. 12.8
1196	Qu. 1196			Abydos I, Taf. 12.9

Frühzeit-ID	Kahl 1994	Kahl et al.	Kaplony	Bibliographie
1197	Qu. 1197		IÄF III, 73	IÄF III, Abb. 73; RT I, Taf. 23.41
1198	Qu. 1198		IÄF III, 102	IÄF III, Abb. 102; RT I, Taf. 20.16
1199	Qu. 1199		IÄF III, 103	IÄF III, Abb. 103; RT I, Taf. 20.17
1200	Qu. 1200		IÄF III, 105	IÄF III, Abb. 105; RT I, Taf. 22.32
1201	Qu. 1201		IÄF III, 106	IÄF III, Abb. 106; RT I, Taf. 23.40
1202	Qu. 1202		IÄF III, 109	IÄF III, Abb. 109; RT II, Taf. 17.133
1203	Qu. 1203		IÄF III, 110	IÄF III, Abb. 110; RT I, Taf. 22.33
1204	Qu. 1204		IÄF III, 115	IÄF III, Abb. 115; RT I, Taf. 22.31
1205	Qu. 1205		IÄF III, 116	IÄF III, Abb. 116; RT I, Taf. 20.18–19; RT II, Taf. 17.132
1206	Qu. 1206		IÄF III, 119	IÄF III, Abb. 119; RT II, Taf. 17.134
1207	Qu. 1207		IÄF III, 123	IÄF III, Abb. 123; RT I, Taf. 20.12
1208	Qu. 1208		IÄF III, 127	IÄF III, Abb. 127; RT I, Taf. 20.14
1209	Qu. 1209		IÄF III, 129	IÄF III, Abb. 129
1210	Qu. 1210		IÄF III, 320	IÄF III, Abb. 320; RT I, Taf. 21.24
1211	Qu. 1211			Kaplony, MDAIK 20 (1965), Abb. 67
1212	Qu. 1212		IÄF III, 824	IÄF III, Abb. 824; Umm el-Qaab VII, 172–173 (Nr. 249)
1213	Qu. 1213			RT I, Taf. 23.43
1214	Qu. 1214		IÄF III, 130	IÄF III, Abb. 130; RT I, Taf. 23.42; Engel, Rollsiegel, 103
1215	Qu. 1215		IÄF III, 104	IÄF III, Abb. 104; RT I, Taf. 21.28
1216	Qu. 1216		IÄF III, 194	IÄF III, Abb. 194; RT I, Taf. 22.35
1217	Qu. 1217			RT I, Taf. 31.17; Umm el-Qaab VII, 26–27 (Nr. 17)
1218	Qu. 1218		IÄF III, 321	IÄF III, Abb. 321; RT I, Taf. 21.25
1219	Qu. 1219			RT I, Taf. 31.19; Umm el-Qaab VII, 28–29 (Nr. 19)
1220	Qu. 1220		IÄF III, 863	IÄF III, Abb. 863
1221	Qu. 1221			Tarkhan II, Taf. 9.1
1222	Qu. 1222			Emery, Tombs of the First Dynasty II, 142, Abb. 205
1223	Qu. 1223			Emery, Tombs of the First Dynasty II, 142, Abb. 206
1229	Qu. 1229		IÄF III, 864	IÄF III, Abb. 864
1230	Qu. 1230		IÄFS 1075	IÄFS, Abb. 1075; Roth, Fs Gundlach, 253–257
1231	Qu. 1231		KBIÄF 1133	KBIÄF, Abb. 1133
1232	Qu. 1232		KBIÄF 1134	KBIÄF, Abb. 1134
1233	Qu. 1233			Kaplony, Steingefässe, 54 (24)
1234	Qu. 1234		IÄF III, 49	IÄF III, Abb. 49; RT I, Taf. 32.41; Engel, Rollsiegel, 81
1235	Qu. 1235		IÄF III, 118	IÄF III, Abb. 118; RT I, Taf. 20.15
1236	Qu. 1236		IÄF III, 190	IÄF III, Abb. 190; RT I, Taf. 22.30
1237	Qu. 1237			Whitehouse, OJA 6 (2) (1987), 260, Abb. 1–4
1238	Qu. 1238			Amélineau, Abydos (1895–1896), Taf. 41 (u. li.); Martin, Fs Berlev, 79

Frühzeit-ID	Kahl 1994	Kahl et al.	Kaplony	Bibliographie
1239	Qu. 1239			RT I, Taf. 5.8
1240	Qu. 1240			RT I, Taf. 5.9
1241	Qu. 1241			RT I, Taf. 5.10
1242	Qu. 1242			RT I, Taf. 5.12
1243	Qu. 1243			RT I, Taf. 10.11; 16.20
1244	Qu. 1244			RT I, Taf. 10.12
1245a–b	Qu. 1245a–b			RT I, Taf. 10.13; 14.7–7A
1246	Qu. 1246			RT I, Taf. 10.14; 14.9
1247	Qu. 1247			RT I, Taf. 14.10
1248	Qu. 1248			RT I, Taf. 14.11
1249a–b	Qu. 1249a–b			RT I, Taf. 14.12–12 A
1250	Qu. 1250			RT I, Taf. 14.13
1251	Qu. 1251			RT I, Taf. 15.14
1252	Qu. 1252			RT I, Taf. 15.15
1253	Qu. 1253			RT I, Taf. 15.16; Godron, Horus Den, Taf. 4.7–5.10
1254	Qu. 1254			RT I, Taf. 15.17
1255	Qu. 1255			RT I, Taf. 15.18
1256	Qu. 1256			RT I, Taf. 16.19
1257	Qu. 1257			RT I, Taf. 16.21
1258	Qu. 1258			RT I, Taf. 16.22
1259	Qu. 1259			RT I, Taf. 16.23
1260	Qu. 1260			RT I, Taf. 16.24
1261	Qu. 1261			RT I, Taf. 16.25
1262	Qu. 1262			RT I, Taf. 31.20; Umm el-Qaab VII, 28–29 (Nr. 20)
1263	Qu. 1263			RT I, Taf. 31.21; 34.21; Umm el-Qaab VII, 28–29 (Nr. 21)
1264	Qu. 1264			RT I, Taf. 31.22; Umm el-Qaab VII, 30–31, 180–181 (Nr. 22)
1265	Qu. 1265			RT I, Taf. 31.23; Umm el-Qaab VII, 30–31 (Nr. 23)
1266	Qu. 1266			RT I, Taf. 31.24; Umm el-Qaab VII, 30–31 (Nr. 24)
1267	Qu. 1267			RT I, Taf. 32.38
1268	Qu. 1268			RT II, Taf. 7.7
1269	Qu. 1269			RT II, Taf. 7.8; Dreyer et al., MDAIK 73 (2017), 100, Abb. 115
1270	Qu. 1270			RT II, Taf. 7.9; Dreyer et al., MDAIK 73 (2017), 100, Abb. 116
1271	Qu. 1271			RT II, Taf. 7.12
1272	Qu. 1272			RT II, Taf. 7.13
1273	Qu. 1273			RT II, Taf. 7A.1
1274	Qu. 1274			RT II, Taf. 7A.2
1275a–e	Qu. 1275a–e			RT II, Taf. 7A.8–12
1276	Qu. 1276			RT II, Taf. 7A.14
1277	Qu. 1277			RT II, Taf. 19.150

Frühzeit-ID	Kahl 1994	Kahl et al.	Kaplony	Bibliographie
1278	Qu. 1278			RT II, Taf. 19.151; Müller, Origins 5, 801, Abb. 8a–b
1279	Qu. 1279			RT II, Taf. 19.152
1280	Qu. 1280			RT II, Taf. 25.16
1281	Qu. 1281			RT II, Taf. 27.120; Umm el-Qaab VII, 96–97 (Nr. 120)
1282	Qu. 1282			RT II, Taf. 27.121; Umm el-Qaab VII, 96–97 (Nr. 121)
1283	Qu. 1283			RT II, Taf. 27.122; Umm el-Qaab VII, 98–99 (Nr. 122)
1284	Qu. 1284			RT II, Taf. 27.123; Umm el-Qaab VII, 98–99 (Nr. 123)
1285	Qu. 1285			RT II, Taf. 27.124; Umm el-Qaab VII, 98–99 (Nr. 124)
1286	Qu. 1286			RT II, Taf. 27.125; Umm el-Qaab VII, 98–99 (Nr. 125)
1287	Qu. 1287			RT II, Taf. 27.126; Sabbahy, GM 135 (1993), 81–87; Umm el-Qaab VII, 100–101 (Nr. 126)
1288	Qu. 1288			RT II, Taf. 27.127; Umm el-Qaab VII, 100–101 (Nr. 127)
1289	Qu. 1289			RT II, Taf. 27.128; Sabbahy, GM 135 (1993), 81–87; Umm el-Qaab VII, 100–101 (Nr. 128)
1290	Qu. 1290			AVF, Abb. 10 (37); RT II, Taf. 27.129; Umm el-Qaab VII, 100–101 (Nr. 129)
1291	Qu. 1291			RT II, Taf. 27.130; Umm el-Qaab VII, 102–103 (Nr. 130)
1292	Qu. 1292			RT II, Taf. 27.131; Umm el-Qaab VII, 102–103 (Nr. 131)
1293	Qu. 1293			RT II, Taf. 27.132; Umm el-Qaab VII, 104–105 (Nr. 132)
1294	Qu. 1294			RT II, Taf. 27.133; Umm el-Qaab VII, 104–105 (Nr. 133)
1295	Qu. 1295			RT II, Taf. 27.134; Umm el-Qaab VII, 104–105 (Nr. 134)
1296	Qu. 1296			RT II, Taf. 27.135; Umm el-Qaab VII, 104–105 (Nr. 135)
1297	Qu. 1297			RT II, Taf. 27.136; Umm el-Qaab VII, 106–107 (Nr. 136)
1298	Qu. 1298			RT II, Taf. 27.137; Umm el-Qaab VII, 106–107 (Nr. 137)
1299	Qu. 1299			RT II, Taf. 27.138; Umm el-Qaab VII, 106–107 (Nr. 138)
1300	Qu. 1300			RT II, Taf. 27.139; Umm el-Qaab VII, 106–107 (Nr. 139)
1301	Qu. 1301			RT II, Taf. 27.140; Umm el-Qaab VII, 108–109 (Nr. 140)
1302	Qu. 1302			RT II, Taf. 27.141; Umm el-Qaab VII, 108–109 (Nr. 141)

Frühzeit-ID	Kahl 1994	Kahl et al.	Kaplony	Bibliographie
1303	Qu. 1303			RT II, Taf. 27.142; Umm el-Qaab VII, 108–109 (Nr. 142)
1304	Qu. 1304			RT II, Taf. 27.143; Umm el-Qaab VII, 110–111 (Nr. 143)
1305	Qu. 1305			RT II, Taf. 27.144; Umm el-Qaab VII, 110–111 (Nr. 144)
1306	Qu. 1306			RT II, Taf. 27.145; Umm el-Qaab VII, 112–113 (Nr. 145)
1307	Qu. 1307			RT II, Taf. 27.146; Umm el-Qaab VII, 112–113 (Nr. 146)
1308	Qu. 1308			Abydos I, Taf. 3.45
1309	Qu. 1309			Abydos I, Taf. 11.4
1310	Qu. 1310			Abydos I, Taf. 11.5; RT II, Taf. 7A.6
1311	Qu. 1311			Abydos I, Taf. 11.6; RT II, Taf. 7A.5
1312	Qu. 1312			Abydos I, Taf. 11.7; RT II, Taf. 7A.4
1313	Qu. 1313			Abydos I, Taf. 11.8; RT II, Taf. 7.11; Grimm & Schoske, Am Beginn der Zeit, 74 (Nr. 158)
1314	Qu. 1314			Abydos I, Taf. 13.158; Umm el-Qaab VII, 118–119 (Nr. 158)
1315	Qu. 1315			Abydos I, Taf. 13.159; Umm el-Qaab VII, 118–119 (Nr. 159)
1316	Qu. 1316			Abydos I, Taf. 13.160; Umm el-Qaab VII, 118–119 (Nr. 160)
1317	Qu. 1317			Abydos I, Taf. 13.161; Umm el-Qaab VII, 120–121 (Nr. 161)
1318	Qu. 1318			Abydos I, Taf. 13.162; Umm el-Qaab VII, 120–121 (Nr. 162)
1319	Qu. 1319			Abydos I, Taf. 13.163; Umm el-Qaab VII, 120–121 (Nr. 163)
1320	Qu. 1320			Abydos I, Taf. 13.164; Umm el-Qaab VII, 122–123 (Nr. 164)
1321	Qu. 1321			Abydos I, Taf. 13.165; Umm el-Qaab VII, 122–123 (Nr. 165)
1322	Qu. 1322			Abydos I, Taf. 13.166; Umm el-Qaab VII, 122–123 (Nr. 166)
1323	Qu. 1323			Abydos I, Taf. 13.167; Umm el-Qaab VII, 122–123 (Nr. 167)
1324	Qu. 1324		IÄF III, 83	IÄF III, Abb. 83
1325	Qu. 1325		IÄF III, 89A	IÄF III, Abb. 89A; RT II, Taf. 19.155
1326	Qu. 1326		IÄF III, 89B	IÄF III, Abb. 89B; RT II, Taf. 18.143
1327	Qu. 1327		IÄF III, 90A	IÄF III, Abb. 90A; RT II, Taf. 18.142
1328	Qu. 1328		IÄF III, 90B	IÄF III, Abb. 90B; RT II, Taf. 18.143
1329	Qu. 1329		IÄF III, 91B	IÄF III, Abb. 91B; RT II, Taf. 20.156
1330	Qu. 1330		IÄF III, 92	IÄF III, Abb. 92; RT II, Taf. 19.148
1331	Qu. 1331		IÄF III, 177	IÄF III, Abb. 177; RT II, Taf. 18.145
1332	Qu. 1332		IÄF III, 200	IÄF III, Abb. 200; RT I, Taf. 21.21; RT II, Taf. 17.131, Taf. 19.146
1333	Qu. 1333		IÄF III, 202D	IÄF III, Abb. 202D; RT I, Taf. 24.44
1334	Qu. 1334		IÄF III, 203B	IÄF III, Abb. 203B; RT II, Taf. 18.136

Frühzeit-ID	Kahl 1994	Kahl et al.	Kaplony	Bibliographie
1335	Qu. 1335		IÄF III, 204	IÄF III, Abb. 204; RT II, Taf. 18.137
1336	Qu. 1336		IÄF III, 215	IÄF III, Abb. 215; RT II, Taf. 20.161
1337	Qu. 1337		IÄF III, 216	IÄF III, Abb. 216; RT II, Taf. 20.162
1338	Qu. 1338		IÄF III, 218	IÄF III, Abb. 218; RT I, Taf. 25.54; RT II, Taf. 20.163
1339	Qu. 1339		IÄF III, 219	IÄF III, Abb. 219; RT II, Taf. 20.158
1340	Qu. 1340		IÄF III, 220A	IÄF III, Abb. 220A; RT II, Taf. 19.153
1341	Qu. 1341		IÄF III, 222	IÄF III, Abb. 222; RT I, Taf. 25.52
1342	Qu. 1342		IÄF III, 223	IÄF III, Abb. 223; RT II, Taf. 19.147
1343	Qu. 1343		IÄF III, 224	IÄF III, Abb. 224; RT I, Taf. 25.51
1344	Qu. 1344		IÄF III, 225A	IÄF III, Abb. 225A; RT I, Taf. 24.45
1345	Qu. 1345		IÄF III, 227	IÄF III, Abb. 227; RT I, Taf. 24.46
1346	Qu. 1346		IÄF III, 231	IÄF III, Abb. 231; RT II, Taf. 20.159
1347	Qu. 1347		IÄF III, 232	IÄF III, Abb. 232; RT I, Taf. 24.49
1348	Qu. 1348		IÄF III, 233	IÄF III, Abb. 233; RT I, Taf. 25.53
1349	Qu. 1349		IÄF III, 247	IÄF III, Abb. 247; RT II, Taf. 18.140
1350	Qu. 1350		IÄF III, 249	IÄF III, Abb. 249; RT II, Taf. 18.144
1351	Qu. 1351		IÄF III, 273	IÄF III, Abb. 273; RT II, Taf. 19.154
1352	Qu. 1352		IÄF III, 276B	IÄF III, Abb. 276B; RT II, Taf. 18.141
1353	Qu. 1353		IÄF III, 277	IÄF III, Abb. 277; RT I, Taf. 25.50
1354	Qu. 1354		IÄF III, 299	IÄF III, Abb. 299; RT II, Taf. 20.157; Engel, Rollsiegel, 90
1355	Qu. 1355		IÄF III, 305A	IÄF III, Abb. 305A; RT I, Taf. 25.55
1356	Qu. 1356		IÄF III, 305B	IÄF III, Abb. 305B
1357	Qu. 1357		IÄF III, 306B	IÄF III, Abb. 306B
1358	Qu. 1358		IÄF III, 334	IÄF III, Abb. 334; RT II, Taf. 20.160; Engel, Rollsiegel, 136
1359	Qu. 1359		IÄF III, 364	IÄF III, Abb. 364
1360	Qu. 1360		IÄF III, 365	IÄF III, Abb. 365; Müller, Origins 5, 793, Abb. 4
1361	Qu. 1361		IÄF III, 731	IÄF III, Abb. 731; RT II, Taf. 18.142
1362	Qu. 1362		IÄF III, 732	IÄF III, Abb. 732; Amélineau, Abydos (1895–1896), Taf. 21
1363	Qu. 1363		IÄF III, 733	IÄF III, Abb. 733
1364	Qu. 1364		IÄF III, 734	IÄF III, Abb. 734
1365	Qu. 1365		IÄF III, 832	IÄF III, Abb. 832
1366	Qu. 1366			de Morgan, Recherches, 234, Abb. 782
1367	Qu. 1367			de Morgan, Recherches, 235, Abb. 786
1368	Qu. 1368			Sethe, ZÄS 35 (1897), 3
1369	Qu. 1369			Cemeteries of Abydos I, Taf. 8 (u. re.)
1370	Qu. 1370			Speleers, Rec. des Inscriptions, 2.12; Vanhulle, CdE 138 (2013), 203–229
1371	Qu. 1371			Dreyer et al., MDAIK 46 (1990), 80, Abb. 9
1372	Qu. 1372			Dreyer et al., MDAIK 46 (1990), Taf. 26a

Frühzeit-ID	Kahl 1994	Kahl et al.	Kaplony	Bibliographie
1373	Qu. 1373			Dreyer et al., MDAIK 46 (1990), Taf. 26b
1374	Qu. 1374			RT II, Taf. 7A.16
1375	Qu. 1375			RT II, Taf. 25.17
1376	Qu. 1376			RT II, Taf. 25.18
1377	Qu. 1377			RT II, Taf. 47.31
1378	Qu. 1378			Whitehouse, OJA 6 (2) (1987), 262–264, Abb. 5–7
1379	Qu. 1379			RT I, Taf. 5.11
1380	Qu. 1380		IÄF III, 240	IÄF III, Abb. 240; RT I, Taf. 23.39
1381	Qu. 1381		IÄF III, 82	IÄF III, Abb. 82; RT I, Taf. 21.26
1382	Qu. 1382		IÄF III, 93	IÄF III, Abb. 93; RT I, Taf. 21.23
1383	Qu. 1383		IÄF III, 121	IÄF III, Abb. 121; RT I, Taf. 22.36
1384	Qu. 1384		IÄF III, 186	IÄF III, Abb. 186; RT II, Taf. 17.135; Hall, Catalogue, 288
1385	Qu. 1385		IÄF III, 198	IÄF III, Abb. 198; RT I, Taf. 21.27
1386	Qu. 1386		IÄF III, 199	IÄF III, Abb. 199; RT I, Taf. 21.22
1387	Qu. 1387		IÄF III, 238	IÄF III, Abb. 238; RT I, Taf. 23.37
1388	Qu. 1388		IÄF III, 239	IÄF III, Abb. 239; RT I, Taf. 23.38
1389	Qu. 1389			Amélineau, Abydos (1895–1896), Taf. 33 (u. re.); EDO, Taf. 49, 53 (460)
1390	Qu. 1390			Godron, Horus Den, Taf. 3.6
1391	Qu. 1391			RT I, Taf. 32.7; Umm el-Qaab VII, 150–151 (Nr. 210)
1392	Qu. 1392			RT I, Taf. 32.8; Umm el-Qaab VII, 144–145 (Nr. 205)
1393	Qu. 1393			RT I, Taf. 32.9; Klasens, OMRO 37 (1956), 13, Abb. 5; Umm el-Qaab VII, 134–135 (Nr. 186)
1394	Qu. 1394			RT I, Taf. 32.10; Umm el-Qaab VII, 136–137 (Nr. 192)
1395	Qu. 1395			RT I, Taf. 32.11; Umm el-Qaab VII, 126–127 (Nr. 173)
1396	Qu. 1396			RT I, Taf. 32.12; Umm el-Qaab VII, 130–131 (Nr. 178)
1397	Qu. 1397			RT I, Taf. 32.15; Umm el-Qaab VII, 150–151 (Nr. 311)
1398	Qu. 1398			Abydos I, Taf. 12.15
1399	Qu. 1399			IÄF I, 267
1400	Qu. 1400		IÄF III, 854	IÄF III, Abb. 854
1401	Qu. 1401			Tarkhan I and Memphis V, Taf. 40.54 l
1402	Qu. 1402			Tarkhan I and Memphis V, Taf. 40.54 t
1403	Qu. 1403			Tarkhan I and Memphis V, Taf. 37.24 t
1404	Qu. 1404			Saad, Helwan (1941–1945), Taf. 54
1405	Qu. 1405			PD IV.1, Taf. 4.19
1406	Qu. 1406			PD IV.1, Taf. 4.20
1407	Qu. 1407			PD IV.1, Taf. 4.21
1408	Qu. 1408			Emery, Hemaka, 30 (Nr. 321)

Frühzeit-ID	Kahl 1994	Kahl et al.	Kaplony	Bibliographie
1409	Qu. 1409			Emery, Hemaka, 51, Abb. 16 (1246)
1410	Qu. 1410			Emery, Hemaka, 51, Abb. 16 (1247)
1411	Qu. 1411			Emery, Hemaka, 51, Abb. 16 (1248)
1412	Qu. 1412			Emery, Hemaka, 51, Abb. 16 (1249)
1413	Qu. 1413			Emery, Hemaka, 51, Abb. 16 (1250)
1414	Qu. 1414			Emery, Hemaka, 51, Abb. 16 (1251)
1415	Qu. 1415			Emery, Hemaka, 51, Abb. 16 (1252)
1416	Qu. 1416			Emery, Hemaka, 51, Abb. 16 (1253)
1417	Qu. 1417			Emery, Hemaka, 51, Abb. 16 (1254)
1418	Qu. 1418			Emery, Hemaka, 61, Abb. 18 (1719)
1419	Qu. 1419			Emery, Hemaka, 61, Abb. 18 (1720)
1420	Qu. 1420			Emery, Hemaka, 61, Abb. 18 (1721)
1421	Qu. 1421			Emery, Hemaka, Taf. 18 B (412)
1422	Qu. 1422			Emery, Hemaka, Taf. 18 C (413)
1423	Qu. 1423			Emery, Hemaka, Taf. 28 (u.)
1424	Qu. 1424		IÄF III, 211	IÄF III, Abb. 211; Emery, Hemaka, Abb. 26
1425	Qu. 1425		IÄF III, 234	IÄF III, Abb. 234; RT II, Taf. 19.153
1426	Qu. 1426		IÄF III, 248	IÄF III, Abb. 248; Emery, Hemaka, Abb. 22
1427	Qu. 1427		IÄFS 895	IÄFS, Abb. 895
1428	Qu. 1428		IÄFS 1036	IÄFS, Abb. 1036
1429	Qu. 1429		IÄFS 1069	IÄFS, Abb. 1069
1430	Qu. 1430		IÄFS 1079	IÄFS, Abb. 1079
1431	Qu. 1431			Emery, Tombs of the First Dynasty I, 75, Abb. 37
1432	Qu. 1432			Emery, Tombs of the First Dynasty I, 78, Abb. 40
1433	Qu. 1433			IÄF I, 457
1434	Qu. 1434		IÄF III, 202B	IÄF III, Abb. 202B; RT I, Taf. 24.44
1435	Qu. 1435		IÄF III, 33A	IÄF III, Abb. 33A
1436	Qu. 1436		IÄF III, 33B	IÄF III, Abb. 33B
1437	Qu. 1437		IÄF III, 86	IÄF III, Abb. 86
1438	Qu. 1438		IÄF III, 87	IÄF III, Abb. 87
1439	Qu. 1439		IÄF III, 88	IÄF III, Abb. 88
1440	Qu. 1440			Emery, Tombs of the First Dynasty III, Taf. 80.20
1441	Qu. 1441			Emery, Tombs of the First Dynasty III, Taf. 80.25
1442	Qu. 1442			Emery, Tombs of the First Dynasty III, Taf. 82.45
1443	Qu. 1443			Emery, Tombs of the First Dynasty III, Taf. 82.47
1444	Qu. 1444			Emery, Tombs of the First Dynasty III, Taf. 82.49
1445	Qu. 1445			Emery, Tombs of the First Dynasty III, Taf. 82.50

Frühzeit-ID	Kahl 1994	Kahl et al.	Kaplony	Bibliographie
1446	Qu. 1446			Emery, Tombs of the First Dynasty III, Taf. 83.1
1447	Qu. 1447			Emery, Tombs of the First Dynasty III, Taf. 83.2
1448	Qu. 1448			Emery, Tombs of the First Dynasty III, Taf. 83.3
1449	Qu. 1449			Emery, Tombs of the First Dynasty III, Taf. 83.4
1450	Qu. 1450			Emery, Tombs of the First Dynasty III, Taf. 83.5
1451	Qu. 1451			Emery, Tombs of the First Dynasty III, Taf. 83.6
1452	Qu. 1452			Emery, Tombs of the First Dynasty III, Taf. 83.7
1453	Qu. 1453			Emery, Tombs of the First Dynasty III, Taf. 83.8
1454	Qu. 1454			Emery, Tombs of the First Dynasty III, Taf. 83.9
1455	Qu. 1455			Emery, Tombs of the First Dynasty III, Taf. 83.10
1456	Qu. 1456			Emery, Tombs of the First Dynasty III, Taf. 83.12
1457	Qu. 1457			Emery, Tombs of the First Dynasty III, Taf. 83.13
1458	Qu. 1458			Emery, Tombs of the First Dynasty III, Taf. 83.14
1459	Qu. 1459		IÄF III, 33C	IÄF III, Abb. 33C
1460	Qu. 1460		IÄF III, 41	IÄF III, Abb. 41
1461	Qu. 1461		IÄF III, 91A	IÄF III, Abb. 91A
1462	Qu. 1462		IÄF III, 97	IÄF III, Abb. 97
1463	Qu. 1463		IÄF III, 151	IÄF III, Abb. 151
1464	Qu. 1464		IÄF III, 167	IÄF III, Abb. 167
1465	Qu. 1465		IÄF III, 178	IÄF III, Abb. 178
1466	Qu. 1466		IÄF III, 180	IÄF III, Abb. 180
1467	Qu. 1467		IÄF III, 182	IÄF III, Abb. 182
1468	Qu. 1468		IÄF III, 183	IÄF III, Abb. 183
1469	Qu. 1469		IÄF III, 184	IÄF III, Abb. 184
1470	Qu. 1470		IÄF III, 185	IÄF III, Abb. 185
1471	Qu. 1471		IÄF III, 196	IÄF III, Abb. 196
1472	Qu. 1472		IÄF III, 202A	IÄF III, Abb. 202A
1473	Qu. 1473		IÄF III, 202C	IÄF III, Abb. 202C
1474	Qu. 1474		IÄF III, 202E	IÄF III, Abb. 202E
1475	Qu. 1475		IÄF III, 203A	IÄF III, Abb. 203A; RT II, Taf. 18.136
1476	Qu. 1476		IÄF III, 217	IÄF III, Abb. 217
1477	Qu. 1477		IÄF III, 220B	IÄF III, Abb. 220B
1478	Qu. 1478		IÄF III, 221A	IÄF III, Abb. 221A
1479	Qu. 1479		IÄF III, 221B	IÄF III, Abb. 221B
1480	Qu. 1480		IÄF III, 225B	IÄF III, Abb. 225B
1481	Qu. 1481		IÄF III, 230	IÄF III, Abb. 230

Frühzeit-ID	Kahl 1994	Kahl et al.	Kaplony	Bibliographie
1482	Qu. 1482		IÄF III, 235	IÄF III, Abb. 235
1483	Qu. 1483		IÄF III, 276A	IÄF III, Abb. 276A; RT II, Taf. 18.141
1484	Qu. 1484		IÄF III, 298	IÄF III, Abb. 298
1485	Qu. 1485		IÄF III, 362	IÄF III, Abb. 362; Engel, Rollsiegel, 119
1486	Qu. 1486		IÄF III, 424	IÄF III, Abb. 424; Engel, Rollsiegel, 164
1487	Qu. 1487		IÄF III, 435	IÄF III, Abb. 435; Engel, Rollsiegel, 81
1488	Qu. 1488		IÄF III, 457	IÄF III, Abb. 457; Engel, Rollsiegel, 58
1489	Qu. 1489		IÄFS 892	IÄFS, Abb. 892
1490	Qu. 1490		IÄFS 1035A–B	IÄFS, Abb. 1035A–B
1491	Qu. 1491			Emery, Tombs of the First Dynasty III, Taf. 106.3
1492	Qu. 1492			Emery, Tombs of the First Dynasty III, Taf. 106.5
1493	Qu. 1493			Emery, Tombs of the First Dynasty III, Taf. 106.7
1494	Qu. 1494			Emery, Tombs of the First Dynasty III, Taf. 106.8
1495	Qu. 1495			Emery, Tombs of the First Dynasty III, Taf. 106.10
1496	Qu. 1496			Emery, Tombs of the First Dynasty III, Taf. 107.1
1497	Qu. 1497			Emery, Tombs of the First Dynasty III, Taf. 107.2
1498	Qu. 1498			Emery, Tombs of the First Dynasty III, Taf. 107.3
1499	Qu. 1499			Emery, Tombs of the First Dynasty III, Taf. 107.4
1500	Qu. 1500			Emery, Tombs of the First Dynasty III, Taf. 107.5
1501	Qu. 1501			Emery, Tombs of the First Dynasty III, Taf. 107.7
1502	Qu. 1502			Emery, Tombs of the First Dynasty III, Taf. 107.8
1503	Qu. 1503			Emery, Tombs of the First Dynasty III, Taf. 107.9
1504	Qu. 1504			Emery, Tombs of the First Dynasty III, Taf. 107.10
1505	Qu. 1505			Emery, Tombs of the First Dynasty III, Taf. 107.11
1506	Qu. 1506			Emery, Tombs of the First Dynasty III, Taf. 107.14
1507	Qu. 1507			Emery, Tombs of the First Dynasty III, Taf. 107.15
1508	Qu. 1508			Emery, Tombs of the First Dynasty III, Taf. 107.16
1509	Qu. 1509			Emery, Tombs of the First Dynasty III, Taf. 107.17
1510	Qu. 1510			Emery, Tombs of the First Dynasty III, Taf. 107.18

Frühzeit-ID	Kahl 1994	Kahl et al.	Kaplony	Bibliographie
1511	Qu. 1511			Emery, Tombs of the First Dynasty III, Taf. 107.19
1512	Qu. 1512			Emery, Tombs of the First Dynasty III, Taf. 107.20
1513	Qu. 1513			Emery, Tombs of the First Dynasty III, Taf. 107.21
1514	Qu. 1514			Emery, Tombs of the First Dynasty III, Taf. 107.22
1515	Qu. 1515		IÄF III, 100	IÄF III, Abb. 100
1516	Qu. 1516		IÄF III, 191	IÄF III, Abb. 191
1517	Qu. 1517		IÄF III, 206	IÄF III, Abb. 206
1518	Qu. 1518		IÄF III, 120	IÄF III, Abb. 120; Engel, Rollsiegel, 115
1519	Qu. 1519			Macramallah, Cimetière Archaique, 21, Abb. 21
1520	Qu. 1520			Macramallah, Cimetière Archaique, 21, Abb. 22
1521	Qu. 1521			Macramallah, Cimetière Archaique, 22, Abb. 23
1522	Qu. 1522			Macramallah, Cimetière Archaique, 22, Abb. 24
1523	Qu. 1523			Macramallah, Cimetière Archaique, 22, Abb. 25
1524	Qu. 1524			Macramallah, Cimetière Archaique, 22, Abb. 26
1525	Qu. 1525		IÄF III, 242	IÄF III, Abb. 242
1526	Qu. 1526			Montet, Kêmi 7 (1938), 18
1527	Qu. 1527			Montet, Kêmi 8 (1946), 179
1528	Qu. 1528			Montet, Kêmi 8 (1946), 179
1529	Qu. 1529			Montet, Kêmi 8 (1946), 179
1530	Qu. 1530			Montet, Kêmi 8 (1946), 179
1531	Qu. 1531			Montet, Kêmi 8 (1946), 181 (li.)
1532	Qu. 1532			Montet, Kêmi 8 (1946), 181 (re.)
1533	Qu. 1533			Montet, Kêmi 8 (1946), 178
1534	Qu. 1534			Montet, Kêmi 8 (1946), 180
1535	Qu. 1535			Montet, Kêmi 8 (1946), 178
1536	Qu. 1536			Montet, Kêmi 8 (1946), 178
1537	Qu. 1537		IÄF III, 188	IÄF III, Abb. 188; Montet, Kêmi 8 (1946), 203
1538	Qu. 1538		IÄF III, 195	IÄF III, Abb. 195; Montet, Kêmi 8 (1946), 205
1539	Qu. 1539		IÄF III, 202C	IÄF III, Abb. 202C
1540	Qu. 1540			Klasens, OMRO 42 (1961), 122, Abb. 7
1541	Qu. 1541			Klasens, OMRO 42 (1961), 123, Abb. 8.1
1542	Qu. 1542			Klasens, OMRO 42 (1961), 125, Abb. 10.7
1543	Qu. 1543			Klasens, OMRO 42 (1961), 125, Abb. 10.9

Frühzeit-ID	Kahl 1994	Kahl et al.	Kaplony	Bibliographie
1544	Qu. 1544			IÄF I, 203 (IV.6); II, 891; Umm el-Qaab VII, 180 (Nr. 270)
1545	Qu. 1545			Barta, ZÄS 92 (1966), Taf. 1; Umm el-Qaab VII, 182–183.271 (Nr. 271)
1546	Qu. 1546			Kaplony, Steingefässe, 20 (9)
1547	Qu. 1547		IÄFS 1080	Kaplony, Steingefässe, 54 (26); IÄFS, Abb. 1080
1548	Qu. 1548			Kaplony, Beschriftete Kleinfunde, Taf. 6.17
1549	Qu. 1549			Kaplony, Beschriftete Kleinfunde, Taf. 7.25
1550	Qu. 1550			Kaplony, MDAIK 20 (1965), Taf. 3.20
1551	Qu. 1551			Kaplony, MDAIK 20 (1965), Taf. 3.21
1552	Qu. 1552			Kaplony, MDAIK 20 (1965), Taf. 4.22
1553	Qu. 1553		IÄF III, 809	Dreyer, MDAIK 43 (1987), 36, Abb. 3; IÄF III, Abb. 809
1554	Qu. 1554			Emery, Tombs of the First Dynasty I, 112, Abb. 62.1
1555	Qu. 1555			Emery, Tombs of the First Dynasty I, 112, Abb. 62.2
1556	Qu. 1556			Emery, Tombs of the First Dynasty I, 112, Abb. 62.3
1557	Qu. 1557			Emery, Tombs of the First Dynasty I, 112, Abb. 62.4
1558	Qu. 1558			Emery, Tombs of the First Dynasty I, 112, Abb. 62.5
1559	Qu. 1559			Emery, Tombs of the First Dynasty I, 112, Abb. 62.6f
1560	Qu. 1560			Emery, Tombs of the First Dynasty I, 112, Abb. 62.7
1561	Qu. 1561			Emery, Tombs of the First Dynasty I, 112, Abb. 62.8
1562	Qu. 1562			Emery, Tombs of the First Dynasty I, 112, Abb. 62.9
1563	Qu. 1563			Emery, Tombs of the First Dynasty I, 112, Abb. 62.10
1564a–b	Qu. 1564a–b			Emery, Tombs of the First Dynasty I, 115, Abb. 65
1565	Qu. 1565			Emery, Tombs of the First Dynasty I, 115, Abb. 66
1566	Qu. 1566			RT II, Taf. 55.16
1567	Qu. 1567			PD IV.1, Taf. III.6; Abydos I, Taf. V; RT I, Taf. 6.2, 7.5, 7.10, 8.11
1568	Qu. 1568		IÄF III, 245	IÄF III, Abb. 245; RT I, Taf. 26.57; Hall, Catalogue, 288
1569	Qu. 1569			RT I, Taf. 5.9
1570	Qu. 1570			RT I, Taf. 5.12
1571	Qu. 1571			RT II, Taf. 55.18
1572	Qu. 1572			RT II, Taf. 55.19
1573	Qu. 1573			RT II, Taf. 55.20

Frühzeit-ID	Kahl 1994	Kahl et al.	Kaplony	Bibliographie
1574	Qu. 1574			RT II, Taf. 55.21
1575	Qu. 1575			Cemeteries of Abydos I, Taf. 8 (u. re.)
1576	Qu. 1576			RT I, Taf. 6.4
1577	Qu. 1577			RT I, Taf. 6.5
1578	Qu. 1578			RT I, Taf. 6.6
1579	Qu. 1579			RT I, Taf. 6.7
1580	Qu. 1580			RT I, Taf. 6.9; Kaplony, MDAIK 20 (1965), Abb. 23
1581	Qu. 1581			RT I, Taf. 6.10; Kaplony, MDAIK 20 (1965), Abb. 24
1582	Qu. 1582			RT I, Taf. 7.6
1583	Qu. 1583			RT II, Taf. 47.31
1584	Qu. 1584			Kaplony, MDAIK 20 (1965), Abb. 25
1585	Qu. 1585			Kaplony, MDAIK 20 (1965), Abb. 33
1586	Qu. 1586			Kaplony, MDAIK 20 (1965), Abb. 34
1587	Qu. 1587			RT I, Taf. 7.7
1588	Qu. 1588			RT I, Taf. 7.8
1589	Qu. 1589			PD IV.1, Taf. III.2; Kaplony, MDAIK 20 (1965), Abb. 29
1590	Qu. 1590			RT I, Taf. 6.8
1591	Qu. 1591			Amélineau, Abydos (1895–1896), Taf. 28; Kaplony, MDAIK 20 (1965), Abb. 26
1592	Qu. 1592			Amélineau, Abydos (1895–1896), Taf. 33 (mi. li.)
1593	Qu. 1593			RT I, Taf. 5.11
1594	Qu. 1594			RT I, Taf. 6.1
1595	Qu. 1595			RT I, Taf. 6.3
1596	Qu. 1596			RT I, Taf. 6.11
1597	Qu. 1597			RT I, Taf. 31.25; Umm el-Qaab VII, 30–31 (Nr. 25)
1598	Qu. 1598			RT II, Taf. 8A.1
1599	Qu. 1599			RT II, Taf. 8A.2
1600	Qu. 1600			RT II, Taf. 8A.3
1601	Qu. 1601		IÄF III, 845	RT II, Taf. 42.41; IÄF III, Abb. 845
1602	Qu. 1602			RT II, Taf. 42.78
1603	Qu. 1603			Abydos I, Taf. 12.11
1604	Qu. 1604			Newberry, PSBA 27 (1905), 105 (u.)
1605	Qu. 1605		IÄF III, 94	IÄF III, Abb. 94; RT I, Taf. 27.70
1606	Qu. 1606		IÄF III, 95	IÄF III, Abb. 95; RT I, Taf. 27.69
1607	Qu. 1607		IÄF III, 205	IÄF III, Abb. 205; RT I, Taf. 26.61–62
1608	Qu. 1608		IÄF III, 213	IÄF III, Abb. 213; RT I, Taf. 27.68
1609	Qu. 1609		IÄF III, 246	IÄF III, Abb. 246; RT I, Taf. 26.60
1610	Qu. 1610		IÄF III, 250A	IÄF III, Abb. 250A; RT I, Taf. 26.58
1611	Qu. 1611		IÄF III, 250B	IÄF III, Abb. 250B; RT I, Taf. 26.59
1612	Qu. 1612		IÄF III, 274	IÄF III, Abb. 274; RT I, Taf. 27.66
1613	Qu. 1613		IÄF III, 275	IÄF III, Abb. 275; RT I, Taf. 27.67

Frühzeit-ID	Kahl 1994	Kahl et al.	Kaplony	Bibliographie
1614	Qu. 1614		IÄF III, 278	IÄF III, Abb. 278; RT I, Taf. 26.63; Woods, Visible Language, 133
1615	Qu. 1615		IÄF III, 300A	IÄF III, Abb. 300A; RT I, Taf. 27.64; Woods, Visible Language, 133
1616	Qu. 1616		IÄF III, 300B	IÄF III, Abb. 300B; RT I, Taf. 27.65
1617	Qu. 1617		IÄF III, 735	IÄF III, Abb. 735; RT I, Taf. 26.59(?)
1618	Qu. 1618		IÄF III, 736	IÄF III, Abb. 736
1619	Qu. 1619			Kaplony, MDAIK 20 (1965), Abb. 35
1620	Qu. 1620			Kaplony, MDAIK 20 (1965), Abb. 27
1621	Qu. 1621			Saad, Helwan (1941–1945), Taf. 52b; IÄF II, 821 (816)
1622	Qu. 1622			Saad, Helwan (1941–1945), Taf. 52a; IÄF I, 141–142
1623	Qu. 1623			Saad, Helwan (1945–1947), Taf. 71.3
1624	Qu. 1624			Saad, Helwan, Taf. 20
1625	Qu. 1625			PD IV.1, Taf. III.1
1626	Qu. 1626			PD IV.1, Taf. III.3
1627	Qu. 1627			PD IV.1, Taf. III.5
1628	Qu. 1628			PD IV.1, Taf. III.7
1629	Qu. 1629			PD IV.1, Taf. 4.19
1630	Qu. 1630			PD IV.1, Taf. 4.20
1631	Qu. 1631			PD IV.1, Taf. 4.21
1632	Qu. 1632			PD IV.1, Taf. 5.23
1633	Qu. 1633			PD IV.1, Taf. 5.24
1634	Qu. 1634			PD IV.1, Taf. 6.26
1635	Qu. 1635			PD IV.1, Taf. 6.27
1636	Qu. 1636			PD IV.1, Taf. 6.28
1637	Qu. 1637			PD IV.1, Taf. 6.29
1638	Qu. 1638			PD IV.1, Taf. 7.30
1639	Qu. 1639			PD IV.1, Taf. 7.31
1640	Qu. 1640			PD IV.1, Taf. 7.33
1641	Qu. 1641			PD IV.1, Taf. 8.36
1642	Qu. 1642			Gunn, ASAE 28 (1928), Taf. 1.7
1643	Qu. 1643			PD IV.1, Taf. III.4; Quibell, Archaic Mastabas, 13.41, Taf. 33.5
1644	Qu. 1644		IÄF III, 212	IÄF III, Abb. 212; Engel, Rollsiegel, 139
1645	Qu. 1645		IÄF III, 251	IÄF III, Abb. 251
1646	Qu. 1646			Emery, Tombs of the First Dynasty I, 95, Abb. 55
1647	Qu. 1647		IÄFS 1041	IÄFS, Abb. 1041
1648	Qu. 1648			Kaplony, Beschriftete Kleinfunde, Taf. 6.18; Kaplony, MDAIK 20 (1965), 6–7; EDO, 69, Abb. 8 (493)
1649	Qu. 1649			Kaplony, Beschriftete Kleinfunde, Taf. 6.19
1650	Qu. 1650			Kaplony, MDAIK 20 (1965), Taf. 4.22
1651	Qu. 1651			Kaplony, MDAIK 20 (1965), Abb. 28

Frühzeit-ID	Kahl 1994	Kahl et al.	Kaplony	Bibliographie
1652	Qu. 1652			Kaplony, Beschriftete Kleinfunde, Taf. 7.25
1653	Qu. 1653			Kaplony, Steingefässe, 20 (9)
1654	Qu. 1654		IÄF III, 847B	IÄF III, Abb. 847B; RT I, Taf. 17.28; Umm el-Qaab VI, 322, Abb. 212.5
1655	Qu. 1655			RT I, Taf. 39.7
1656	Qu. 1656			RT I, Taf. 45.57
1657	Qu. 1657			RT I, Taf. 45.58
1658	Qu. 1658			RT I, Taf. 45.60
1659	Qu. 1659			RT I, Taf. 45.80
1660	Qu. 1670			RT I, Taf. 46.103; Woods, Visible Language, 124
1661	Qu. 1661			RT II, Taf. 55.8
1662	Qu. 1662			Cemeteries of Abydos I, Taf. 8 (o.)
1663	Qu. 1663			Cemeteries of Abydos I, Taf. 8 (u. re.)
1664	Qu. 1664			de Morgan, Recherches, 236, Abb. 788
1665	Qu. 1665			de Morgan, Recherches, 236, Abb. 789
1666	Qu. 1666			de Morgan, Recherches, 236, Abb. 790
1667	Qu. 1667			RT I, Taf. 45.83
1668	Qu. 1668			RT II, Taf. 55.10
1669	Qu. 1669			Sethe, ZÄS 35 (1897), 2
1670	Qu. 1670			Amélineau, Abydos (1895–1896), 245, Abb. 65
1671	Qu. 1671			RT I, Taf. 7.2
1672	Qu. 1672			RT I, Taf. 7.3
1673	Qu. 1673			RT I, Taf. 7.4; RT II, Taf. 7.10
1674	Qu. 1674			RT I, Taf. 7.11
1675	Qu. 1675			RT I, Taf. 7.12
1676	Qu. 1676			RT I, Taf. 10.3
1677	Qu. 1677		IÄF III, 847B	IÄF III, Abb. 847B; RT I, Taf. 17.26
1678	Qu. 1678			RT I, Taf. 17.27; Dreyer et al., MDAIK 73 (2017), 100, Abb. 118
1679	Qu. 1679			RT I, Taf. 31.26; Umm el-Qaab VII, 32–33 (Nr. 26)
1680	Qu. 1680			RT I, Taf. 31.27; Martin, Stelae, 5; Umm el-Qaab VII, 32–33 (Nr. 27)
1681	Qu. 1681			RT I, Taf. 31.28; Umm el-Qaab VII, 32–33 (Nr. 28)
1682	Qu. 1682			RT I, Taf. 31.29; Umm el-Qaab VII, 32–33 (Nr. 29)
1683	Qu. 1683			RT I, Taf. 31.30; Martin, Stelae, 7; Umm el-Qaab VII, 34–35 (Nr. 30)
1684	Qu. 1684			RT I, Taf. 31.31; Martin, Stelae, 8; Umm el-Qaab VII, 34–35 (Nr. 31)
1685	Qu. 1685			RT I, Taf. 31.32; Umm el-Qaab VII, 34–35 (Nr. 32)

Frühzeit-ID	Kahl 1994	Kahl et al.	Kaplony	Bibliographie
1686	Qu. 1686			RT I, Taf. 31.33; Umm el-Qaab VII, 34–35 (Nr. 33)
1687	Qu. 1687			RT I, Taf. 31.34; Martin, Stelae, 7; Umm el-Qaab VII, 36–37 (Nr. 34)
1688	Qu. 1688			RT I, Taf. 31.35; Umm el-Qaab VII, 36–37 (Nr. 35)
1689	Qu. 1689			RT I, Taf. 31.36; Umm el-Qaab VII, 36–37 (Nr. 36)
1690	Qu. 1690			RT I, Taf. 31.37; Umm el-Qaab VII, 36–37 (Nr. 37)
1691	Qu. 1691			RT I, Taf. 32.36
1692	Qu. 1692			RT I, Taf. 42.57
1693	Qu. 1693			RT I, Taf. 44.13
1694	Qu. 1694			RT I, Taf. 44.14
1695	Qu. 1695			RT I, Taf. 44.16
1696	Qu. 1696			RT I, Taf. 44.18
1697	Qu. 1697			RT I, Taf. 44.20
1698	Qu. 1698			RT I, Taf. 44.21
1699	Qu. 1699			RT I, Taf. 44.22
1700	Qu. 1700			RT I, Taf. 44.23
1701	Qu. 1701			RT I, Taf. 44.24
1702	Qu. 1702			RT I, Taf. 44.27
1703	Qu. 1703			RT I, Taf. 44.32
1704	Qu. 1704			RT I, Taf. 44.34
1705	Qu. 1705			RT I, Taf. 44.35
1706	Qu. 1706			RT I, Taf. 44.37
1707	Qu. 1707			RT I, Taf. 44.38
1708	Qu. 1708			RT I, Taf. 44.41
1709	Qu. 1709			RT I, Taf. 45.43
1710	Qu. 1710			RT I, Taf. 45.44
1711	Qu. 1711			RT I, Taf. 45.45
1712	Qu. 1712			RT I, Taf. 45.47
1713	Qu. 1713			RT I, Taf. 45.48
1714	Qu. 1714			RT I, Taf. 45.49
1715	Qu. 1715			RT I, Taf. 45.51
1716	Qu. 1716			RT I, Taf. 45.53
1717	Qu. 1717			RT I, Taf. 45.56
1718	Qu. 1718			RT I, Taf. 45.59
1719	Qu. 1719			RT I, Taf. 45.61
1720	Qu. 1720			RT I, Taf. 45.62
1721	Qu. 1721			RT I, Taf. 45.63
1722	Qu. 1722			RT I, Taf. 45.65
1723	Qu. 1723			RT I, Taf. 45.67
1724	Qu. 1724			RT I, Taf. 45.68
1725	Qu. 1725			RT I, Taf. 45.69
1726	Qu. 1726			RT I, Taf. 45.70
1727	Qu. 1727			RT I, Taf. 45.73

Frühzeit-ID	Kahl 1994	Kahl et al.	Kaplony	Bibliographie
1728	Qu. 1728			RT I, Taf. 45.74
1729	Qu. 1729			RT I, Taf. 45.75
1730	Qu. 1730			RT I, Taf. 45.77
1731	Qu. 1731			RT I, Taf. 45.78
1732	Qu. 1732			RT I, Taf. 45.81
1733	Qu. 1733			RT I, Taf. 45.82
1734	Qu. 1734			RT I, Taf. 45.84
1735	Qu. 1735			RT I, Taf. 46.90
1736	Qu. 1736			RT I, Taf. 46.92
1737	Qu. 1737			RT I, Taf. 46.95
1738	Qu. 1738			RT I, Taf. 46.96
1739	Qu. 1739			RT I, Taf. 46.97
1740	Qu. 1740			RT I, Taf. 46.98
1741	Qu. 1741			RT I, Taf. 46.101
1742	Qu. 1742			RT I, Taf. 46.102
1744	Qu. 1744			RT I, Taf. 46.88
1745	Qu. 1745			RT I, Taf. 46.105
1746	Qu. 1746			RT I, Taf. 46.107
1747	Qu. 1747			RT I, Taf. 46.110
1748	Qu. 1748			RT I, Taf. 60
1749	Qu. 1749			RT II, Taf. 25.20
1750	Qu. 1750			RT II, Taf. 25.21
1751	Qu. 1751			RT II, Taf. 55.9
1752	Qu. 1752		IÄF III, 847B	IÄF III, Abb. 847B; Abydos I, Taf. 11.9; RT II, Taf. 8.5; Umm el-Qaab VI, 317, Abb. 210.2
1753	Qu. 1753		IÄF III, 210	IÄF III, Abb. 210; RT I, Taf. 28.73
1754	Qu. 1754		IÄF III, 229	IÄF III, Abb. 229; RT I, Taf. 28.72; Hall, Catalogue, 288
1755	Qu. 1755		IÄF III, 236	IÄF III, Abb. 236; RT I, Taf. 28.74
1756	Qu. 1756		IÄF III, 243	IÄF III, Abb. 243; RT I, Taf. 28.77
1757	Qu. 1757		IÄF III, 252	IÄF III, Abb. 252; RT I, Taf. 28.75
1758	Qu. 1758		IÄF III, 253	IÄF III, Abb. 253; RT I, Taf. 28.76
1759	Qu. 1759			RT I, Taf. 31.38; Umm el-Qaab VII, 38–39 (Nr. 38)
1760	Qu. 1760			RT I, Taf. 31.39; Umm el-Qaab VII, 38–39 (Nr. 39)
1761	Qu. 1761			RT I, Taf. 31.40; Umm el-Qaab VII, 38–39 (Nr. 40)
1762	Qu. 1762			RT I, Taf. 31.41; Umm el-Qaab VII, 38–39 (Nr. 41)
1763	Qu. 1763			RT I, Taf. 31.42; Umm el-Qaab VII, 40–41 (Nr. 42)
1764	Qu. 1764			RT I, Taf. 31.43; Umm el-Qaab VII, 40–41 (Nr. 43)
1765	Qu. 1765			RT I, Taf. 31.44; Umm el-Qaab VII, 40–41 (Nr. 44)

Frühzeit-ID	Kahl 1994	Kahl et al.	Kaplony	Bibliographie
1766	Qu. 1766			RT I, Taf. 31.45; Martin, Stelae, 9; Umm el-Qaab VII, 40–41 (Nr. 45)
1767	Qu. 1767			RT I, Taf. 31.46; Umm el-Qaab VII, 42–43 (Nr. 46)
1768	Qu. 1768			RT I, Taf. 44.10
1769	Qu. 1769			RT I, Taf. 44.11
1770	Qu. 1770			RT I, Taf. 44.12
1771	Qu. 1771			RT I, Taf. 44.15
1772	Qu. 1772			RT I, Taf. 44.17
1773	Qu. 1773			RT I, Taf. 44.19
1774	Qu. 1774			RT I, Taf. 44.25
1775	Qu. 1775			RT I, Taf. 44.29
1776	Qu. 1776			RT I, Taf. 44.30
1777	Qu. 1777			RT I, Taf. 44.31
1778	Qu. 1778			RT I, Taf. 44.33
1779	Qu. 1779			RT I, Taf. 44.39
1780	Qu. 1780			RT I, Taf. 44.40
1781	Qu. 1781			RT I, Taf. 45.42
1782	Qu. 1782			RT I, Taf. 45.46
1783	Qu. 1783			RT I, Taf. 45.50
1784	Qu. 1784			RT I, Taf. 45.52
1785	Qu. 1785			RT I, Taf. 45.54
1786	Qu. 1786			RT I, Taf. 45.64
1787	Qu. 1787			RT I, Taf. 45.66
1788	Qu. 1788			RT I, Taf. 45.71
1789	Qu. 1789			RT I, Taf. 45.72
1790	Qu. 1790			RT I, Taf. 45.76
1791	Qu. 1791			RT I, Taf. 45.79
1792	Qu. 1792			RT I, Taf. 45.85
1793	Qu. 1793			RT I, Taf. 45.86
1794	Qu. 1794			RT I, Taf. 46.89
1795	Qu. 1795			RT I, Taf. 46.93
1796	Qu. 1796			RT I, Taf. 46.94
1797	Qu. 1797			RT I, Taf. 46.99
1798	Qu. 1798			RT I, Taf. 46.100
1799	Qu. 1799			RT I, Taf. 46.109
1800	Qu. 1800			RT I, Taf. 45.87
1801	Qu. 1801			RT I, Taf. 46.104
1802	Qu. 1802			RT I, Taf. 46.106
1803	Qu. 1803			RT I, Taf. 46.108
1804	Qu. 1804			RT I, Taf. 45.91
1805	Qu. 1805			RT I, Taf. 44.26
1806	Qu. 1806			RT I, Taf. 44.36
1807	Qu. 1807			RT I, Taf. 45.55
1808	Qu. 1808			RT II, Taf. 55.6
1809	Qu. 1809			RT II, Taf. 55.7

Frühzeit-ID	Kahl 1994	Kahl et al.	Kaplony	Bibliographie
1810	Qu. 1810			RT I, Taf. 44.28
1811	Qu. 1811			RT II, Taf. 55.15
1812	Qu. 1812			Tarkhan II, Taf. 21.54
1813	Qu. 1813			Saad, Helwan, Taf. 21 (li.)
1814	Qu. 1814			Saad, Helwan (1941–1945), Taf. 8b
1815	Qu. 1815			Saad, Helwan, Taf. 32
1816	Qu. 1816			PD IV.1, Taf. IV.3
1817	Qu. 1817			PD IV.1, Taf. 4.19
1818	Qu. 1818			PD IV.1, Taf. 4.20
1819	Qu. 1819			PD IV.1, Taf. 4.21
1820	Qu. 1820			PD IV.1, Taf. 8.37
1821	Qu. 1821			PD IV.1, Taf. 8.38
1822	Qu. 1822			Emery, Hemaka, 54, Abb. 17
1823	Qu. 1823			Kaplony, BiOr 28 (1971), 44
1824	Qu. 1824			Kaplony, MDAIK 20 (1965), Taf. 4.22
1825	Qu. 1825			Kaplony, MDAIK 20 (1965), Abb. 36
1826	Qu. 1826			Kaplony, Steingefässe, 20 (9)
1827	Qu. 1827			Kaplony, Steingefässe, 25 (10)
1828	Qu. 1828			Kaplony, Steingefässe, 25 (11)
1829	Qu. 1829			Kaplony, Beschriftete Kleinfunde, Taf. 7.25
1830	Qu. 1830			RT II, Taf. 25.10
1831	Qu. 1831		IÄF III, 741	IÄF III, Abb. 741
1832	Qu. 1832			Huyge, OLP 15 (1984), Taf. 3, Abb. 4
1833	Qu. 1833			Huyge, OLP 15 (1984), Taf. 2, Abb. 3
1834	Qu. 1834			Amélineau, Abydos (1897–1898), 259 (3)
1835	Qu. 1835			RT I, Taf. 8.1
1836	Qu. 1836			RT I, Taf. 8.2
1837	Qu. 1837			RT I, Taf. 8.3; RT II, Taf. 8 A.4
1838	Qu. 1838			RT I, Taf. 8.4
1839	Qu. 1839			RT I, Taf. 8.5
1840	Qu. 1840			RT I, Taf. 8.6
1841	Qu. 1841			RT I, Taf. 8.7–7a
1842 = 2028	Qu. 1842			RT I, Taf. 8.8; Speleers, Rec. des Inscriptions, 3.21
1843	Qu. 1843			RT I, Taf. 8.9
1844	Qu. 1844			RT I, Taf. 8.10
1845	Qu. 1845		IÄF III, 877	IÄF III, Abb. 877; Speleers, Rec. des Inscriptions, 3.18
1846	Qu. 1846			RT I, Taf. 8.13
1847	Qu. 1847			RT I, Taf. 8.14
1848	Qu. 1848			RT I, Taf. 9.1
1849	Qu. 1849			RT I, Taf. 9.2
1850	Qu. 1850			RT I, Taf. 9.3
1851	Qu. 1851			RT I, Taf. 9.4

Frühzeit-ID	Kahl 1994	Kahl et al.	Kaplony	Bibliographie
1852	Qu. 1852			RT I, Taf. 9.5
1853	Qu. 1853			RT I, Taf. 9.6
1854	Qu. 1854			RT I, Taf. 9.7
1855	Qu. 1855			RT I, Taf. 9.8
1856	Qu. 1856			RT I, Taf. 9.9
1857	Qu. 1857			RT I, Taf. 9.10; RT II, Taf. 8.7
1858	Qu. 1858			RT I, Taf. 9.11
1859	Qu. 1859			RT I, Taf. 9.12
1860	Qu. 1860			RT I, Taf. 10.4
1861	Qu. 1861			RT I, Taf. 10.5
1862	Qu. 1862			RT I, Taf. 10.6–7
1863	Qu. 1863		IÄF III, 874B	IÄF III, Abb. 874B; RT I, Taf. 17.29; Umm el-Qaab VI, 324, Abb. 213.3
1864	Qu. 1864			RT I, Taf. 17.30
1865	Qu. 1865			RT I, Taf. 30; 31.48; Umm el-Qaab VII, 44–45 (Nr. 48)
1866	Qu. 1866			RT I, Taf. 31.47; Umm el-Qaab VII, 42–43 (Nr. 47)
1867	Qu. 1867			RT I, Taf. 32.35
1868	Qu. 1868		IÄF III, 847B	IÄF III, Abb. 847B; RT II, Taf. 8.1; Abydos I, Taf. 11.10; Umm el-Qaab VI, 335, Abb. 219.2
1869a–b	Qu. 1869a–b		IÄF III, 847B	IÄF III, Abb. 847B; RT II, Taf. 8.2; Abydos I, Taf. 11.11; Woods, Visible Language, 127
1870a–b	Qu. 1870a–b		IÄF III, 847B	IÄF III, Abb. 847B; RT II, Taf. 8.3; 12.6
1871a–b	Qu. 1871		IÄF III, 847B	IÄF III, Abb. 847B; RT II, Taf. 8.4
1872	Qu. 1872			RT II, Taf. 8.6
1873	Qu. 1873			RT II, Taf. 8A.5; Patch, Reflections of Greatness, 14 (8)
1874	Qu. 1874			RT II, Taf. 25.23; Umm el-Qaab VI, 418, Abb. 263.1, 263.5
1875	Qu. 1875			RT II, Taf. 25.25
1876	Qu. 1876			Abydos I, Taf. 5 (o. re.)
1877	Qu. 1877			Abydos I, Taf. 5 (u.)
1878	Qu. 1878		IÄF III, 209	IÄF III, Abb. 209; Umm el-Qaab VI, 260–261, Abb. 186.3
1879	Qu. 1879		IÄF III, 228	IÄF III, Abb. 228; RT I, Taf. 29.84; Umm el-Qaab VI, 244, Abb. 163.1
1880	Qu. 1880		IÄF III, 254A	IÄF III, Abb. 254A; RT I, Taf. 29.78
1881	Qu. 1881		IÄF III, 256	IÄF III, Abb. 256; Umm el-Qaab VI, 250–254, Abb. 173.1
1882	Qu. 1882		IÄF III, 257A	IÄF III, Abb. 257A; RT I, Taf. 29.81; Umm el-Qaab VI, 254–258, Abb. 168.2
1883	Qu. 1883		IÄF III, 258	IÄF III, Abb. 258; RT II, Taf. 12.5
1884	Qu. 1884		IÄF III, 259A	IÄF III, Abb. 259A; RT I, Taf. 29.79

Frühzeit-ID	Kahl 1994	Kahl et al.	Kaplony	Bibliographie
1885	Qu. 1885		IÄF III, 259B	IÄF III, Abb. 259B; RT I, Taf. 29.80; Umm el-Qaab VI, 273–275, Abb. 182.2
1886	Qu. 1886		IÄF III, 279	IÄF III, Abb. 279; RT I, Taf. 29.83; Umm el-Qaab VI, 244–250, Abb. 164.1
1887	Qu. 1887		IÄF III, 335	IÄF III, Abb. 335; RT I, Taf. 29.86; Umm el-Qaab VI, 295, Abb. 197; Engel, Rollsiegel, 120
1888	Qu. 1888		IÄF III, 737	IÄF III, Abb. 737; Umm el-Qaab VI, 261, Abb. 171.2
1889	Qu. 1889		IÄF III, 738	IÄF III, Abb. 738; RT I, Taf. 29.85; Umm el-Qaab VI, 254, Abb. 165.3
1890	Qu. 1900		IÄF III, 739	IÄF III, Abb. 739; RT I, Taf. 29.82
1891	Qu. 1891		IÄF III, 740	IÄF III, Abb. 740
1892	Qu. 1892			Kaplony, MDAIK 20 (1965), Abb. 38
1893	Qu. 1893			Kaplony, MDAIK 20 (1965), Abb. 41
1894	Qu. 1894			Kaplony, MDAIK 20 (1965), Abb. 42
1895	Qu. 1895			Kaplony, MDAIK 20 (1965), Abb. 43
1896	Qu. 1896			Speleers, Rec. des Inscriptions, 3.23; Kaplony, MDAIK 20 (1965), Abb. 66
1897	Qu. 1897			Speleers, Rec. des Inscriptions, 4.29.3; Kaplony, MDAIK 20 (1965), Abb. 65
1898	Qu. 1898			Kaplony, MDAIK 20 (1965), Abb. 68
1899	Qu. 1899			RT I, Taf. 42.64
1900	Qu. 1900			RT I, Taf. 42.63
1901	Qu. 1901			RT I, Taf. 41.31
1902	Qu. 1902			RT I, Taf. 42.61
1903	Qu. 1903			RT I, Taf. 42.62
1904	Qu. 1904			Kaplony, MDAIK 20 (1965), Abb. 40
1905	Qu. 1905			Amélineau, Abydos (1895–1896), 245, Abb. 64
1906	Qu. 1906			Speleers, Rec. des Inscriptions, 3.20
1907	Qu. 1907			Speleers, Rec. des Inscriptions, 3.22
1908	Qu. 1908			Amélineau, Abydos (1895–1896), Taf. 8 (u. li.)
1909	Qu. 1909			Speleers, Rec. des Inscriptions, 3.19; Kaplony, MDAIK 20 (1965), Abb. 45
1910	Qu. 1910			Kaplony, MDAIK 20 (1965), Abb. 61
1911	Qu. 1911			Saad, Helwan (1945–1947), 30, Abb. 11, Taf. 29
1912	Qu. 1912			PD IV.1, Taf. IV.3
1913	Qu. 1913			PD IV.1, Taf. 4.19
1914	Qu. 1914			PD IV.1, Taf. 4.20
1915	Qu. 1915			PD IV.1, Taf. 4.21
1916	Qu. 1916			PD IV.1, Taf. 8.36
1917	Qu. 1917			PD IV.1, Taf. 8.39
1918	Qu. 1918			PD IV.1, Taf. IV.4

Frühzeit-ID	Kahl 1994	Kahl et al.	Kaplony	Bibliographie
1919	Qu. 1919			PD IV.1, Taf. IV.5
1920	Qu. 1920			PD IV.1, Taf. 8.40
1921	Qu. 1921			PD IV.1, Taf. 8.41
1922	Qu. 1922			PD IV.1, Taf. 9.44
1923	Qu. 1923			PD IV.1, Taf. 9.45
1924	Qu. 1924			PD IV.1, Taf. 9.46
1925	Qu. 1925		IÄF III, 255	IÄF III, Abb. 255
1926	Qu. 1926			Emery, Tombs of the First Dynasty III, Taf. 124.3
1927	Qu. 1927			Emery, Tombs of the First Dynasty III, Taf. 124.4
1928	Qu. 1928			Emery, Tombs of the First Dynasty III, Taf. 124.5
1929	Qu. 1929		IÄF III, 254B	IÄF III, Abb. 254B; Umm el-Qaab VI, 258–260, Abb. 169.1, Taf. 29e
1930	Qu. 1930		IÄF III, 257B	IÄF III, Abb. 257B
1931	Qu. 1931			Emery, Tombs of the First Dynasty II, 107, Abb. 123
1932	Qu. 1932			Emery, Tombs of the First Dynasty II, 127, Abb. 200
1933	Qu. 1933			Emery, Tombs of the First Dynasty III, Taf. 37.16
1934	Qu. 1934			Emery, Tombs of the First Dynasty III, Taf. 38.6
1935	Qu. 1935			Emery, Tombs of the First Dynasty III, Taf. 38.7
1936	Qu. 1936			Emery, Tombs of the First Dynasty III, Taf. 38.8
1937	Qu. 1937			Emery, Tombs of the First Dynasty III, Taf. 38.11
1938	Qu. 1938			Emery, Tombs of the First Dynasty III, Taf. 38.16
1939	Qu. 1939			Emery, Tombs of the First Dynasty III, Taf. 38.19
1940	Qu. 1940			Emery, Tombs of the First Dynasty III, Taf. 38.20
1941	Qu. 1941			Emery, Tombs of the First Dynasty III, Taf. 38.22
1942	Qu. 1942			Emery, Tombs of the First Dynasty III, Taf. 38.23
1943	Qu. 1943			Emery, Tombs of the First Dynasty III, Taf. 38.24
1944	Qu. 1944			Emery, Tombs of the First Dynasty III, Taf. 38.35
1945	Qu. 1945			Emery, Tombs of the First Dynasty III, Taf. 38.43
1946	Qu. 1946			Emery, Tombs of the First Dynasty III, Taf. 38.59
1947	Qu. 1947			Emery, Tombs of the First Dynasty III, Taf. 39

Frühzeit-ID	Kahl 1994	Kahl et al.	Kaplony	Bibliographie
1948	Qu. 1948		IÄF III, 244	IÄF III, Abb. 244
1949	Qu. 1949		IÄF III, 260	IÄF III, Abb. 260
1950	Qu. 1950		IÄF III, 261	IÄF III, Abb. 261
1951	Qu. 1951		IÄF III, 280	IÄF III, Abb. 280
1952	Qu. 1952		IÄF III, 301	IÄF III, Abb. 301
1953	Qu. 1953		IÄF III, 322	IÄF III, Abb. 322
1954	Qu. 1954		IÄF III, 323	IÄF III, Abb. 323
1955	Qu. 1955		IÄF III, 331	IÄF III, Abb. 331; Engel, Rollsiegel, 96
1956	Qu. 1956		IÄF III, 336	IÄF III, Abb. 336; Engel, Rollsiegel, 111
1957	Qu. 1957		IÄF III, 366	IÄF III, Abb. 366
1958	Qu. 1958		IÄF III, 389	IÄF III, Abb. 389; Engel, Rollsiegel, 95
1959	Qu. 1959		IÄF III, 391	IÄF III, Abb. 391; Engel, Rollsiegel, 95
1960	Qu. 1960		IÄF III, 406	IÄF III, Abb. 406; Engel, Rollsiegel, 113
1961	Qu. 1961		IÄF III, 407	IÄF III, Abb. 407; Engel, Rollsiegel, 96
1962	Qu. 1962		IÄF III, 460	IÄF III, Abb. 460; Engel, Rollsiegel, 118
1963	Qu. 1963		IÄF III, 570	IÄF III, Abb. 570; Engel, Rollsiegel, 96
1964	Qu. 1964		IÄF III, 739	IÄF III, Abb. 739; RT I, Taf. 29.82
1965	Qu. 1965			Kaplony, Steingefässe, 20 (9)
1966	Qu. 1966			Kaplony, Steingefässe, 26 (12)
1967	Qu. 1967			Kaplony, Beschriftete Kleinfunde, Taf. 6.20
1968	Qu. 1968			Kaplony, MDAIK 20 (1965), Abb. 47
1969	Qu. 1969			Kaplony, Beschriftete Kleinfunde, Taf. 7.25
1970	Qu. 1970			RT II, Taf. 8A.6
1971	Qu. 1971			PD IV.1, Taf. IV.7
1972	Qu. 1972			PD IV.1, Taf. 17.86
1973	Qu. 1973			Emery, Tombs of the First Dynasty III, Taf. 38.1
1974	Qu. 1974			Kaplony, Steingefässe, 33 (13)
1975	Qu. 1975		IÄF III, 742	IÄF III, Abb. 742
1976	Qu. 1976			Amélineau, Abydos (1895–1896), Taf. 35; Umm el-Qaab VII, 134–135 (Nr. 188)
1977	Qu. 1977		IÄF III, 816	IÄF III, Abb. 816; Umm el-Qaab VII, 170–171 (Nr. 241)
1978	Qu. 1978		IÄF III, 817	IÄF III, Abb. 817; Umm el-Qaab VII, 172–173 (Nr. 242)
1979	Qu. 1979		IÄF III, 818	IÄF III, Abb. 818; Umm el-Qaab VII, 172–173 (Nr. 243)
1980	Qu. 1980		IÄF III, 819	IÄF III, Abb. 819; Umm el-Qaab VII, 172–173 (Nr. 244)
1981	Qu. 1981		IÄF III, 820	IÄF III, Abb. 820
1982	Qu. 1982		IÄF III, 821	IÄF III, Abb. 821; Umm el-Qaab VII, 172–173 (Nr. 246)
1983	Qu. 1983		IÄF III, 825	IÄF III, Abb. 825; Umm el-Qaab VII, 174–175 (Nr. 250)
1984	Qu. 1984		IÄF III, 828	IÄF III, Abb. 828

Frühzeit-ID	Kahl 1994	Kahl et al.	Kaplony	Bibliographie
1985	Qu. 1985		IÄF III, 831	IÄF III, Abb. 831
1986	Qu. 1986		IÄFS 1048	IÄFS, Abb. 1048
1987	Qu. 1987		IÄF III, 158	IÄF III, Abb. 158; Petrie, Tombs of the Courtiers, Taf. 3.12
1988	Qu. 1988			Petrie, Tombs of the Courtiers, Taf. 3.15
1989	Qu. 1989		IÄF III, 159	IÄF III, Abb. 159; Petrie, Tombs of the Courtiers, Taf. 3.16
1990	Qu. 1990			Petrie, Tombs of the Courtiers, Taf. 3.18
1991	Qu. 1991			Abydos III, Taf. 1.15; Umm el-Qaab VII, 180–181 (Nr. 266)
1992	Qu. 1992			Abydos II, Taf. 1; 5.33; Woods, Visible Language, 136
1993	Qu. 1993			Abydos II, Taf. 1; 5.36
1994	Qu. 1994		IÄF III, 588	IÄF III, Abb. 588; Abydos II, Taf. 12.274; Engel, Rollsiegel, 123
1995	Qu. 1995			Petrie, Tombs of the Courtiers, Taf. 29
1996	Qu. 1996		IÄF III, 150	IÄF III, Abb. 150; Godron, RdE 8 (1951), 97, Abb.26
1997	Qu. 1997		IÄF III, 603	IÄF III, Abb. 603; Engel, Rollsiegel, 150
1998	Qu. 1998		IÄF III, 524	IÄF III, Abb. 524; Engel, Rollsiegel, 74
1999	Qu. 1999		IÄF III, 563	IÄF III, Abb. 563; Engel, Rollsiegel, 68
2000	Qu. 2000			Tarkhan I and Memphis V, Taf. 2.11
2001	Qu. 2001			Tarkhan I and Memphis V, Taf. 16.6
2002	Qu. 2002			Macramallah, Cimetière Archaique, 16, Abb. 17 A
2003	Qu. 2003			Macramallah, Cimetière Archaique, 16, Abb. 17 B
2004	Qu. 2004			Macramallah, Cimetière Archaique, 16, Abb. 17 C
2005	Qu. 2005			Macramallah, Cimetière Archaique, 16, Abb. 17 D
2006	Qu. 2006		IÄFS 1037	IÄFS, Abb. 1037
2007	Qu. 2007		IÄFS 1038	IÄFS, Abb. 1038
2008	Qu. 2008		IÄFS 1039	IÄFS, Abb. 1039
2009	Qu. 2009			Klasens, Phoenix 5 (1959), 127, Abb. 81
2010	Qu. 2010			Montet, Kêmi 8 (1946), 179
2011	Qu. 2011			Montet, Kêmi 8 (1946), 179
2012	Qu. 2012			Klasens, OMRO 40 (1959), 57, Abb. 8.2
2013	Qu. 2013			Boghdady, ASAE 32 (1932), Taf. 6.7
2014	Qu. 2014			Boghdady, ASAE 32 (1932), Taf. 6.8
2015	Qu. 2015			Kroeper, Minshat Abu Omar, 45, Taf. 13
2016	Qu. 2016		IÄF III, 544	IÄF III, Abb. 544; Rowe, Catalogue of Egyptian Scarabs, Taf. 26; Engel, Rollsiegel, 91

Frühzeit-ID	Kahl 1994	Kahl et al.	Kaplony	Bibliographie
2017	Qu. 2017			EDO, Taf. 68, 69 (599)
2018	Qu. 2018			Müller, Kleinfunde und Glas, A 60
2019	Qu. 2019			Müller, Kleinfunde und Glas, A 80; Vikentiev, BIE 32 (1949–1950), 227, Abb. 25
2020	Qu. 2020		IÄF III, 456	IÄF III, Abb. 456; Engel, Rollsiegel, 59
2021	Qu. 2021		IÄF III, 846	IÄF III, Abb. 846
2022	Qu. 2022		IÄF III, 867	IÄF III, Abb. 867
2023	Qu. 2023			Kaplony, Beschriftete Kleinfunde, Taf. 5.4
2024	Qu. 2024			Kaplony, Beschriftete Kleinfunde, Taf. 6.21
2025	Qu. 2025		IÄF III, 9	IÄF III, Abb. 9; Petrie, Scarabs, Taf. 11,56; El Amrah and Abydos, Taf. 6,6; Engel, Rollsiegel, 71
2026	Qu. 2026			RT I, Taf. 32.33
2027	Qu. 2027			RT II, Taf. 8A.8
2028 = 1842	Qu. 2028			RT I, Taf. 8.8; Speleers, Rec. des Inscriptions, 3.21
2029	Qu. 2029			Speleers, Rec. des Inscriptions, 4.29.4
2030	Qu. 2030		KBIÄF 1110	KBIÄF, Abb. 1110
2031	Qu. 2031			Kaplony, MDAIK 20 (1965), Abb. 62
2032	Qu. 2032			Kaplony, MDAIK 20 (1965), Abb. 64
2033	Qu. 2033			Kaplony, MDAIK 20 (1965), Abb. 70
2034	Qu. 2034			Kaplony, MDAIK 20 (1965), Abb. 58
2035	Qu. 2035			PD IV.1, Taf. 5.22
2036	Qu. 2036			PD IV.1, Taf. VI.1; Firth & Quibell, Step Pyramid II, Taf. 91,4
2037	Qu. 2037			PD IV.1, Taf. 19.96
2038	Qu. 2038			PD IV.1, Taf. 19.97
2039	Qu. 2039			PD V, 91, Abb. 175
2040	Qu. 2040			Kaplony, MDAIK 20 (1965), Taf. 5.39
2041	Qu. 2041			Kaplony, MDAIK 20 (1965), Abb. 69
2042	Qu. 2042			Scharff, Abusir el-Meleq, Taf. 35a
2043	Qu. 2043			RT II, Taf. 8.8
2044	Qu. 2044			RT II, Taf. 8.9
2045	Qu. 2045			RT II, Taf. 8.10
2046	Qu. 2046			RT II, Taf. 8.11
2047	Qu. 2047			de Morgan, Recherches, 253, Abb. 851
2048	Qu. 2048			Qau and Badari I, Taf. 19.25
2049	Qu. 2049			James, Inscriptions Brooklyn, Taf. 14.1
2050	Qu. 2050			PD IV.1, Taf. V.5
2051	Qu. 2051			PD IV.1, Taf. V.6
2052	Qu. 2052			PD IV.1, Taf. V.7
2053	Qu. 2053			PD IV.1, Taf. 10.47

Frühzeit-ID	Kahl 1994	Kahl et al.	Kaplony	Bibliographie
2054	Qu. 2054			PD IV.1, Taf. 10.48
2055	Qu. 2055			PD IV.2, 29 (49)
2056	Qu. 2056			PD IV.1, Taf. 10.50
2057	Qu. 2057			PD IV.1, Taf. 10.51
2057b				PD IV.1, Taf. 10.51
2058	Qu. 2058			PD IV.1, Taf. 11.52
2059	Qu. 2059			PD IV.1, Taf. 11.53
2060	Qu. 2060			PD IV.1, Taf. 11.54
2061	Qu. 2061			PD IV.1, Taf. 11.55
2062	Qu. 2062			PD IV.1, Taf. 11.57
2063	Qu. 2063			PD IV.1, Taf. 11.58
2064	Qu. 2064			PD IV.1, Taf. 11.59
2065	Qu. 2065			PD IV.1, Taf. 11.60
2066	Qu. 2066			PD IV.1, Taf. 12.61
2067	Qu. 2067			PD IV.1, Taf. 12.62
2068	Qu. 2068			PD IV.1, Taf. 15.74
2069	Qu. 2069			PD IV.1, Taf. 17.79
2070	Qu. 2070			PD IV.1, Taf. 17.80
2071	Qu. 2071			PD IV.1, Taf. 17.81
2072	Qu. 2072			PD IV.1, Taf. 17.82
2073	Qu. 2073			PD IV.1, Taf. 17.83
2074	Qu. 2074		IÄF III, 262	IÄF III, Abb. 262; Maspero, ASAE 3 (1902), 188; Engel, Timelines II, 26, Abb. 1
2075	Qu. 2075		IÄF III, 263	IÄF III, Abb. 263; Maspero, ASAE 3 (1902), 188; Engel, Timelines II, 27, Abb. 4
2076	Qu. 2076		IÄF III, 281	IÄF III, Abb. 281; Maspero, ASAE 3 (1902), 187 (mi.); Engel, Timelines II, 27, Abb. 3
2077	Qu. 2077		IÄF III, 282	IÄF III, Abb. 282; Maspero, ASAE 3 (1902), 187 (o.); Engel, Timelines II, 27, Abb. 5
2078	Qu. 2078		IÄF III, 307	IÄF III, Abb. 307; Maspero, ASAE 3 (1902), 187 (u.); Engel, Timelines II, 26, Abb. 2
2079	Qu. 2079			Reisner, Mycerinus, 186, Abb. 57.37
2080	Qu. 2080			Reisner, Mycerinos, Taf. 70c
2081	Qu. 2081			Kaplony, Steingefässe, 34 (14)
2082	Qu. 2082			Kaplony, Steingefässe, 34 (15)
2083	Qu. 2083			Kaplony, Beschriftete Kleinfunde, Taf. 8.26
2084	Qu. 2084		IÄF III, 367	IÄF III, Abb. 367; Maspero, ASAE 3 (1902), 189 (u.); Engel, Timelines II, 30, Abb. 10; Engel, Rollsiegel, 125
2085	Qu. 2085	Ra?/Ar/1		Winkler, Rock-drawings, Taf. 11.4
2086	Qu. 2086			RT II, Taf. 8.12

Frühzeit-ID	Kahl 1994	Kahl et al.	Kaplony	Bibliographie
2087	Qu. 2087	Ra/Sa/1	IÄF III, 264	IÄF III, Abb. 264; Maspero, ASAE 3 (1902), 189; Engel, Timelines II, 28, Abb. 6
2088	Qu. 2088	Ra/Sa/3	IÄF III, 294	IÄF III, Abb. 294; Maspero, ASAE 3 (1902), 188 (u.); Engel, Timelines II, 29, Abb. 8
2089	Qu. 2089	Ra/Sa/4	IÄF III, 295	IÄF III, Abb. 295; Maspero, ASAE 3 (1902), 189 (o.); Engel, Timelines II, 29, Abb. 9
2090	Qu. 2090	Ra/Sa/2	IÄF III, 296	IÄF III, Abb. 296; Maspero, ASAE 3 (1902), 188 (mi.); Engel, Timelines II, 28, Abb. 7
2091	Qu. 2091			PD IV.1, Taf. VI.3
2092	Qu. 2092			PD IV.1, Taf. VI.4
2093	Qu. 2093	Ra/Sa/5		PD IV.1, Taf. 11.58
2094	Qu. 2094	Ra/MitRa/1		Fischer, Artibus Asiae 24.1 (1964), 55, Abb. 10
2095	Qu. 2095	Ra/Gi/1		Reisner, Mycerinus, Taf. 70c
2096	Qu. 2096	Ra/?/1		Kaplony, Steingefässe, 35 (16)
2097	Qu. 2097	Ra/Ab/1		RT II, Taf. 8.12
2098	Qu. 2098			RT II, Taf. 8.13
2099	Qu. 2099		IÄF III, 768	IÄF III, Abb. 768
2100	Qu. 2100			Weill, La IIe et la IIIe dynasties, 195
2101	Qu. 2101			Saad, Helwan (1945–1947), Taf. 12a
2102	Qu. 2102			Saad, Helwan (1945–1947), Taf. 12b
2103	Qu. 2103			Saad, Helwan (1945–1947), Taf. 13a
2104	Qu. 2104			PD IV.1, Taf. V.1
2105	Qu. 2105			PD IV.1, Taf. V.2
2106	Qu. 2106			PD IV.1, Taf. VII.3
2107	Qu. 2107			PD IV.1, Taf. VII.4
2108	Qu. 2108			PD IV.1, Taf. 13.63
2109	Qu. 2109			PD IV.1, Taf. 13.64
2110	Qu. 2110			PD IV.2, 33 (64)
2111	Qu. 2111			PD IV.1, Taf. 13.65
2112	Qu. 2112			PD IV.1, Taf. 13.66
2113	Qu. 2113			PD IV.1, Taf. 14.68
2114	Qu. 2114			PD IV.1, Taf. 14.69
2115	Qu. 2115			PD IV.1, Taf. 14.70
2116	Qu. 2116			PD IV.1, Taf. 15.71
2117	Qu. 2117			PD IV.1, Taf. 15.73
2118	Qu. 2118			PD IV.1, Taf. 15.74
2119	Qu. 2119			PD IV.1, Taf. 16.75
2120	Qu. 2120			PD IV.1, Taf. 16.76
2121	Qu. 2121			PD IV.1, Taf. 16.77
2122	Qu. 2122			PD IV.1, Taf. 16.78
2123	Qu. 2123			PD IV.1, Taf. 19.98
2124	Qu. 2124			PD V, 88 (Nr. 273), Abb. 172

Frühzeit-ID	Kahl 1994	Kahl et al.	Kaplony	Bibliographie
2125	Qu. 2125			PD V, 89 (Nr. 274), Abb. 173
2126	Qu. 2126			PD IV.1, Taf. VII.9
2127	Qu. 2127			PD IV.2, 24 (41 innen)
2128	Qu. 2128			PD IV.1, Taf. VI.12
2129	Qu. 2129			PD IV.1, Taf. VI.13
2130	Qu. 2130			PD IV.1, Taf. VI.11
2131	Qu. 2131			PD IV.1, Taf. 21.112
2132	Qu. 2132			PD IV.1, Taf. 21.113
2133	Qu. 2133			PD IV.1, Taf. 21.114
2134	Qu. 2134			PD IV.1, Taf. 21.115
2135	Qu. 2135			PD IV.1, Taf. 21.116
2136	Qu. 2136			PD IV.1, Taf. 22.117
2137	Qu. 2137			PD IV.2, 59, Abb. 6
2138	Qu. 2138			PD IV.1, Taf. 22.119
2139	Qu. 2139			PD IV.1, Taf. 22.120
2140	Qu. 2140			PD IV.1, Taf. 22.121
2141	Qu. 2141			PD IV.1, Taf. 22.122
2142	Qu. 2142			PD IV.1, Taf. 23.127
2143	Qu. 2143			PD IV.1, Taf. 23.128
2144	Qu. 2144			PD IV.1, Taf. 23.129
2145	Qu. 2145			PD IV.1, Taf. 24.130
2146	Qu. 2146			PD IV.1, Taf. 24.131; PD IV.2, 63–64 (131)
2147	Qu. 2147			PD IV.2, 63 (131), Abb. 8
2148	Qu. 2148			PD IV.1, Taf. 24.132
2149	Qu. 2149			PD IV.2, 64 (133)
2150	Qu. 2150			PD IV.2, 64 (134)
2151	Qu. 2151			PD IV.2, 64 (135)
2152	Qu. 2152			PD IV.2, 64 (136)
2153	Qu. 2153			PD IV.1, Taf. VII.1
2154	Qu. 2154			PD IV.1, Taf. VII.7
2155	Qu. 2155			PD IV.1, Taf. VII.2
2156	Qu. 2156			PD IV.1, Taf. 25.140
2157	Qu. 2157			PD IV.1, Taf. 25.141
2158	Qu. 2158			PD IV.1, Taf. 25.142
2159	Qu. 2159			PD IV.1, Taf. 25.143
2160	Qu. 2160			PD IV.1, Taf. 25.144
2161	Qu. 2161			PD IV.1, Taf. 25.145
2162	Qu. 2162			PD IV.2, 68 (146)
2163	Qu. 2163			PD IV.2, 68 (147); Firth & Quibell, Step Pyramid I, 123 (13); II, Taf. 90.13
2164	Qu. 2164			PD IV.2, 69 (148); Firth & Quibell, Step Pyramid I, 122 (11); II, Taf. 90.11

Frühzeit-ID	Kahl 1994	Kahl et al.	Kaplony	Bibliographie
2165	Qu. 2165			PD IV.2, 69 (149); Firth & Quibell, Step Pyramid I, 123 (14); II, Taf. 90.14
2166	Qu. 2166			PD IV.2, 69 (150)
2167	Qu. 2167			PD IV.2, 69 (151)
2168	Qu. 2168			PD IV.2, 69 (152)
2169	Qu. 2169			PD IV.2, 69 (153)
2170	Qu. 2170			PD IV.2, 69 (154)
2171	Qu. 2171			PD IV.2, 69 (155)
2172	Qu. 2172			PD IV.2, 69 (155)
2173	Qu. 2173			PD IV.2, 70 (157)
2174	Qu. 2174			PD IV.2, 70 (158)
2175	Qu. 2175			PD IV.2, 70 (159)
2176	Qu. 2176			PD IV.1, Taf. VI.7
2177	Qu. 2177			PD IV.1, Taf. VI.9
2178	Qu. 2178			PD V, 1–3 (Nr. 1), Abb. 1
2179	Qu. 2179			PD V, 1–3 (Nr. 1), Abb. 2
2180	Qu. 2180			PD V, 1–3 (Nr. 1), Abb. 3
2181	Qu. 2181			PD V, 1–3 (Nr. 1), Abb. 4
2182	Qu. 2182			PD V, 1–3 (Nr. 1), Taf. 1.1
2183	Qu. 2183			PD V, 1–3 (Nr. 1), Taf. 1.2
2184	Qu. 2184			PD V, 1–3 (Nr. 1), Taf. 1.3
2185	Qu. 2185			PD V, 1–3 (Nr. 1), Taf. 1.4
2186	Qu. 2186			PD V, 1–3 (Nr. 1), Taf. 1.5
2187	Qu. 2187			PD V, 1–3 (Nr. 1), Taf. 1.6
2188	Qu. 2188			PD V, 1–3 (Nr. 1), Taf. 1.7
2189	Qu. 2189			PD V, 3–5 (Nr. 2), Abb. 5
2190	Qu. 2190			PD V, 3–5 (Nr. 2), Abb. 6
2191	Qu. 2191			PD V, 3–5 (Nr. 2), Abb. 7
2192	Qu. 2192			PD V, 3–5 (Nr. 2), Abb. 8
2193	Qu. 2193			PD V, 3–5 (Nr. 2), Abb. 9
2194	Qu. 2194			PD V, 3–5 (Nr. 2), Taf. 2.1
2195	Qu. 2195			PD V, 3–5 (Nr. 2), Taf. 2.2
2196	Qu. 2196			PD V, 3–5 (Nr. 2), Taf. 2.3
2197	Qu. 2197			PD V, 3–5 (Nr. 2), Taf. 2.4
2198	Qu. 2198			PD V, 3–5 (Nr. 2), Taf. 2.5
2199	Qu. 2199			PD V, 3–5 (Nr. 2), Taf. 2.6
2200	Qu. 2200			PD V, 3–5 (Nr. 2), Taf. 2.7
2201	Qu. 2201			PD V, 3–5 (Nr. 2), Taf. 3.1
2202	Qu. 2202			PD V, 3–5 (Nr. 2), Taf. 3.2
2203	Qu. 2203			PD V, 3–5 (Nr. 2), Taf. 3.3
2204	Qu. 2204			PD V, 3–5 (Nr. 2), Taf. 3.4
2205	Qu. 2205			PD V, 3–5 (Nr. 2), Taf. 3.5
2206	Qu. 2206			PD V, 3–5 (Nr. 2), Taf. 3.6
2207	Qu. 2207			PD V, 3–5 (Nr. 2), Taf. 4.1
2208	Qu. 2208			PD V, 3–5 (Nr. 2), Taf. 4.2

Frühzeit-ID	Kahl 1994	Kahl et al.	Kaplony	Bibliographie
2209	Qu. 2209			PD V, 3–5 (Nr. 2), Taf. 4.3
2210	Qu. 2210			PD V, 3–5 (Nr. 2), Taf. 18.1
2211	Qu. 2211			Firth & Quibell, Step Pyramid II, Taf. 106.1; Helck, ZÄS 106 (1979), 120–132
2212	Qu. 2212			PD V, 5–6 (Nr. 3), Taf. 4.4
2213	Qu. 2213			PD V, 5–6 (Nr. 3), Taf. 4.5
2214	Qu. 2214			PD V, 5–6 (Nr. 3), Taf. 4.6
2215	Qu. 2215			PD V, 5–6 (Nr. 3), Taf. 4.7
2216	Qu. 2216			PD V, 5–6 (Nr. 3), Taf. 5.3
2217	Qu. 2217			PD V, 5–6 (Nr. 3), Taf. 5.4
2218	Qu. 2218			PD V, 5–6 (Nr. 3), Taf. 5.6
2219	Qu. 2219			PD V, 6 (Nr. 3), Abb. 12a–b
2220	Qu. 2220			PD V, 6 (Nr. 4), Taf. 5.1
2221	Qu. 2221			PD V, 6 (Nr. 4), Taf. 5.2
2222	Qu. 2222			PD V, 6–7 (Nr. 5), Taf. 5.5
2223	Qu. 2223			PD V, 6–7 (Nr. 5), Abb. 13
2224	Qu. 2224			PD V, 7–8 (Nr. 6), Taf. 6.1
2225	Qu. 2225			PD V, 7–8 (Nr. 6), Taf. 6.2
2226	Qu. 2226			PD V, 7–8 (Nr. 6), Taf. 6.3
2227	Qu. 2227			PD V, 7–8 (Nr. 6), Taf. 6.4
2228	Qu. 2228			PD V, 7–8 (Nr. 6), Taf. 6.5
2229	Qu. 2229			PD V, 7–8 (Nr. 6), Taf. 6.6
2230	Qu. 2230			PD V, 7–8 (Nr. 6), Taf. 7.1
2231	Qu. 2231			PD V, 7–8 (Nr. 6), Taf. 7.2
2232	Qu. 2232			PD V, 7–8 (Nr. 6), Taf. 7.3
2233	Qu. 2233			PD V, 7–8 (Nr. 6), Taf. 7.4
2234	Qu. 2234			PD V, 7–8 (Nr. 6), Taf. 7.5
2235	Qu. 2235			PD V, 7–8 (Nr. 6), Taf. 7.6
2236	Qu. 2236			PD V, 7–8 (Nr. 6), Taf. 7.7
2237	Qu. 2237			Gunn, ASAE 28 (1928), 167, Abb. 11, Taf. 4.4
2238	Qu. 2238			Gunn, ASAE 28 (1928), 167, Abb. 15, Taf. 4.7
2239	Qu. 2239			PD V, 8 (Nr. 7), Taf. 8.1
2240	Qu. 2240			PD V, 8 (Nr. 7), Taf. 8.2
2241	Qu. 2241			PD V, 8 (Nr. 7), Taf. 8.3
2242	Qu. 2242			PD V, 8 (Nr. 7), Taf. 8.4
2243	Qu. 2243			PD V, 8 (Nr. 7), Taf. 8.5
2244	Qu. 2244			PD V, 8 (Nr. 7), Taf. 8.6
2245	Qu. 2245			PD V, 8 (Nr. 8), Taf. 9.1
2246	Qu. 2246			PD V, 8 (Nr. 8), Taf. 9.2
2247	Qu. 2247			PD V, 8 (Nr. 8), Taf. 9.4
2248	Qu. 2248			PD V, 8 (Nr. 8), Taf. 9.5
2249	Qu. 2249			PD V, 8 (Nr. 9), Taf. 9.3
2250	Qu. 2250			PD V, 8–9 (Nr. 10), Taf. 9.6

Frühzeit-ID	Kahl 1994	Kahl et al.	Kaplony	Bibliographie
2251	Qu. 2251			PD V, 8–9 (Nr. 10), Taf. 9.7
2252	Qu. 2252			PD V, 8–9 (Nr. 10), Taf. 9.8
2253	Qu. 2253			PD V, 8–9 (Nr. 10), Taf. 9.9
2254	Qu. 2254			PD V, 9–10 (Nr. 11), Abb. 16
2255	Qu. 2255			PD V, 9–10 (Nr. 11), Taf. 10.1
2256	Qu. 2256			PD V, 9–10 (Nr. 11), Taf. 10.2
2257	Qu. 2257			PD V, 9–10 (Nr. 11), Taf. 10.3
2258	Qu. 2258			Firth & Quibell, Step Pyramid II, Taf. 107.2; PD V, 9 (Nr. 11)
2259	Qu. 2259			Gunn, ASAE 28 (1928), 169, Abb. 16
2260	Qu. 2260			PD V, 10–11 (Nr. 12), Taf. 10.4
2261	Qu. 2261			PD V, 10–11 (Nr. 12), Taf. 10.5
2262	Qu. 2262			PD V, 10–11 (Nr. 12), Taf. 10.6
2263	Qu. 2263			PD V, 10–11 (Nr. 12), Taf. 10.7
2264	Qu. 2264			PD V, 10–11 (Nr. 12), Taf. 10.8
2265	Qu. 2265			PD V, 10–11 (Nr. 12), Taf. 10.9
2266	Qu. 2266			PD V, 10 (Nr. 12)
2267	Qu. 2267			Firth & Quibell, Step Pyramid II, Taf. 106.7; PD V, 10–11 (Nr. 12)
2268	Qu. 2268			PD V, 11 (Nr. 13), Abb. 17
2269	Qu. 2269			PD V, 11–12 (Nr. 14), Abb. 18
2270	Qu. 2270			PD V, 11–12 (Nr. 14), Abb. 19
2271	Qu. 2271			PD V, 11–12 (Nr. 14), Taf. 11.1
2272	Qu. 2272			PD V, 11–12 (Nr. 14), Taf. 11.2
2273	Qu. 2273			PD V, 11–12 (Nr. 14), Taf. 11.3
2274	Qu. 2274			PD V, 11–12 (Nr. 14), Taf. 11.4
2275	Qu. 2275			PD V, 11–12 (Nr. 14), Taf. 11.5
2276	Qu. 2276			PD V, 11–12 (Nr. 14), Taf. 11.6
2277	Qu. 2277			PD V, 11–12 (Nr. 14), Taf. 11.7
2278	Qu. 2278			PD V, 11–12 (Nr. 14), Taf. 11.8
2279	Qu. 2279			PD V, 12 (Nr. 15), Abb. 20
2280	Qu. 2280			PD V, 12–13 (Nr. 16), Taf. 12.1
2281	Qu. 2281			PD V, 12–13 (Nr. 16), Taf. 12.2
2282	Qu. 2282			PD V, 12–13 (Nr. 16), Taf. 12.3
2283	Qu. 2283			PD V, 12–13 (Nr. 16), Taf. 12.5
2284	Qu. 2284			PD V, 13 (Nr. 17), Abb. 21
2285	Qu. 2285			PD V, 13–14 (Nr. 18), Abb. 22a
2286	Qu. 2286			PD V, 13–14 (Nr. 18), Abb. 22b
2287	Qu. 2287			PD V, 13–14 (Nr. 18), Abb. 22c
2288	Qu. 2288			PD V, 13–14 (Nr. 18), Taf. 12.4
2289	Qu. 2289			PD V, 13–14 (Nr. 18), Taf. 12.6
2290	Qu. 2290			PD V, 13–14 (Nr. 18), Taf. 12.7
2291	Qu. 2291			PD V, 13–14 (Nr. 18), Taf. 12.8
2292	Qu. 2292			PD V, 13–14 (Nr. 18), Taf. 12.9
2293	Qu. 2293			PD V, 14–15 (Nr. 19), Taf. 13.1
2294	Qu. 2294			PD V, 14–15 (Nr. 19), Taf. 13.2

Frühzeit-ID	Kahl 1994	Kahl et al.	Kaplony	Bibliographie
2295	Qu. 2295			PD V, 14–15 (Nr. 19), Taf. 13.3
2296	Qu. 2296			PD V, 14–15 (Nr. 19), Taf. 13.4
2297	Qu. 2297			PD V, 14–15 (Nr. 19), Taf. 13.5
2297bis	Qu. 2297bis			PD V, 15 (Nr. 19)
2298	Qu. 2298			Firth & Quibell, Step Pyramid II, Taf. 107.6; PD V, 14–15 (Nr. 19)
2299	Qu. 2299			PD V, 15–16 (Nr. 20), Abb. 24
2300	Qu. 2300			PD V, 15–16 (Nr. 20), Taf. 13.6
2301	Qu. 2301			PD V, 15–16 (Nr. 20), Taf. 13.7
2302	Qu. 2302			PD V, 16 (Nr. 21), Taf. 13.8
2303	Qu. 2303			PD V, 16 (Nr. 21), Taf. 13.10
2304	Qu. 2304			PD V, 16 (Nr. 22), Abb. 25
2305	Qu. 2305			PD V, 17 (Nr. 23), Abb. 26
2306	Qu. 2306			PD V, 17 (Nr. 23), Taf. 13.9
2307	Qu. 2307			PD V, 17–18 (Nr. 24), Taf. 14.1
2308	Qu. 2308			PD V, 17–18 (Nr. 24), Taf. 14.2
2309	Qu. 2309			PD V, 17–18 (Nr. 24), Taf. 14.3
2310	Qu. 2310			PD V, 17–18 (Nr. 24), Taf. 14.4
2311	Qu. 2311			PD V, 17–18 (Nr. 24), Taf. 14.5
2312	Qu. 2312			PD V, 17–18 (Nr. 24)
2313	Qu. 2313			PD V, 17–18 (Nr. 24)
2314	Qu. 2314			PD V, 17–18 (Nr. 24)
2315	Qu. 2315			PD V, 17–18 (Nr. 24)
2316	Qu. 2316			PD V, 17–18 (Nr. 24)
2317	Qu. 2317			PD V, 17–18 (Nr. 24)
2318	Qu. 2318			PD V, 17–18 (Nr. 24)
2319	Qu. 2319			PD V, 17–18 (Nr. 24)
2320	Qu. 2320			PD V, 17–18 (Nr. 24)
2321	Qu. 2321			PD V, 17–18 (Nr. 24)
2322	Qu. 2322			PD V, 17–18 (Nr. 24)
2323	Qu. 2323			PD V, 17–18 (Nr. 24)
2324	Qu. 2324			PD V, 17–18 (Nr. 24)
2325	Qu. 2325			PD V, 17–18 (Nr. 24)
2326	Qu. 2326			PD V, 17–18 (Nr. 24)
2327	Qu. 2327			PD V, 17–18 (Nr. 24)
2328	Qu. 2328			PD V, 17–18 (Nr. 24)
2329	Qu. 2329			PD V, 17–18 (Nr. 24)
2330	Qu. 2330			PD V, 17–18 (Nr. 24)
2331	Qu. 2331			PD V, 17–18 (Nr. 24)
2332	Qu. 2332			PD V, 17–18 (Nr. 24)
2333	Qu. 2333			PD V, 17–18 (Nr. 24)
2334	Qu. 2334			PD V, 17–18 (Nr. 24)
2335	Qu. 2335			PD V, 17–18 (Nr. 24)
2336	Qu. 2336			PD V, 17–18 (Nr. 24)
2337	Qu. 2337			PD V, 17–18 (Nr. 24)
2338	Qu. 2338			PD V, 17–18 (Nr. 24)

Frühzeit-ID	Kahl 1994	Kahl et al.	Kaplony	Bibliographie
2339	Qu. 2339			PD V, 17–18 (Nr. 24)
2340	Qu. 2340			PD V, 17–18 (Nr. 24)
2341	Qu. 2341			PD V, 17–18 (Nr. 24)
2342	Qu. 2342			PD V, 17–18 (Nr. 24)
2343	Qu. 2343			PD V, 17–18 (Nr. 24)
2344	Qu. 2344			PD V, 17–18 (Nr. 24)
2345	Qu. 2345			PD V, 17–18 (Nr. 24)
2346	Qu. 2346			PD V, 17–18 (Nr. 24)
2347	Qu. 2347			PD V, 17–18 (Nr. 24)
2348	Qu. 2348			PD V, 17–18 (Nr. 24)
2349	Qu. 2349			PD V, 17–18 (Nr. 24)
2350	Qu. 2350			PD V, 17–18 (Nr. 24)
2351	Qu. 2351			PD V, 17–18 (Nr. 24)
2352	Qu. 2352			PD V, 17–18 (Nr. 24)
2353	Qu. 2353			PD V, 17–18 (Nr. 24)
2354	Qu. 2354			PD V, 18–19 (Nr. 25), Abb. 28
2355	Qu. 2355			PD V, 19–20 (Nr. 26), Taf. 15.1
2356	Qu. 2356			PD V, 19–20 (Nr. 26), Taf. 15.3
2357	Qu. 2357			PD V, 19–20 (Nr. 26), Taf. 15.5
2358	Qu. 2358			PD V, 19–20 (Nr. 26)
2359	Qu. 2359			PD V, 19–20 (Nr. 26)
2360	Qu. 2360			PD V, 19–20 (Nr. 26), Abb. 29
2361	Qu. 2361			PD V, 19–20 (Nr. 26), Taf. 15.2
2362	Qu. 2362			PD V, 19–20 (Nr. 26), Taf. 15.4
2363	Qu. 2363			PD V, 20 (Nr. 27), Taf. 15.6
2364	Qu. 2364			PD V, 20 (Nr. 27), Taf. 15.7
2365	Qu. 2365			PD V, 20 (Nr. 27), Taf. 15.8
2366	Qu. 2366			PD V, 20 (Nr. 28), Taf. 16.1
2367	Qu. 2367			PD V, 20 (Nr. 28), Taf. 16.2
2368	Qu. 2368			PD V, 20–21 (Nr. 29), Taf. 16.3
2369	Qu. 2369			PD V, 21 (Nr. 30)
2370	Qu. 2370			PD V, 21 (Nr. 31), Abb. 31
2371	Qu. 2371			PD V, 21 (Nr. 31), Taf. 16.4
2372	Qu. 2372			PD V, 21 (Nr. 31), Abb. 32a
2373	Qu. 2373			PD V, 21 (Nr. 31), Abb. 32b
2374	Qu. 2374			PD V, 21 (Nr. 31), Abb. 32c
2375	Qu. 2375			PD V, 21–22 (Nr. 32), Abb. 33
2376	Qu. 2376			PD V, 21–22 (Nr. 32), Taf. 16.5
2377	Qu. 2377			PD V, 21–22 (Nr. 32), Taf. 16.6
2378	Qu. 2378			PD V, 22 (Nr. 33), Taf. 16.7
2379	Qu. 2379			PD V, 22 (Nr. 33), Taf. 16.8
2380	Qu. 2380			PD V, 22 (Nr. 33), Taf. 16.9
2381	Qu. 2381			PD V, 22 (Nr. 33), Taf. 16.10
2382	Qu. 2382			PD V, 22 (Nr. 33), Taf. 16.11
2383	Qu. 2383			PD V, 22 (Nr. 34), Taf. 17.1, Abb. 34

Frühzeit-ID	Kahl 1994	Kahl et al.	Kaplony	Bibliographie
2384	Qu. 2384			PD V, 22 (Nr. 34), Taf. 17.2, Abb. 35
2385	Qu. 2385			PD V, 22 (Nr. 35), Taf. 18.2, Abb. 36
2386	Qu. 2386			PD V, 26 (Nr. 36), Taf. 19.1
2387	Qu. 2387			PD V, 26 (Nr. 36), Taf. 19.2
2388	Qu. 2388			PD V, 26 (Nr. 36), Taf. 19.3
2389	Qu. 2389			PD V, 26 (Nr. 36), Taf. 19.4
2390	Qu. 2390			PD V, 26 (Nr. 36), Taf. 19.5
2391	Qu. 2391			PD V, 26 (Nr. 36), Taf. 19.6
2392	Qu. 2392			PD V, 26 (Nr. 36), Taf. 19.7
2393	Qu. 2393			PD V, 26 (Nr. 36), Taf. 19.8
2394	Qu. 2394			PD V, 26 (Nr. 36)
2395	Qu. 2395			PD V, 26 (Nr. 36)
2396	Qu. 2396			PD V, 26 (Nr. 36)
2397	Qu. 2397			PD V, 26 (Nr. 36)
2398	Qu. 2398			PD V, 26 (Nr. 36)
2399	Qu. 2399			PD V, 26 (Nr. 36)
2400	Qu. 2400			PD V, 26 (Nr. 36)
2401	Qu. 2401			PD V, 26 (Nr. 36)
2402	Qu. 2402			PD V, 26 (Nr. 36)
2403	Qu. 2403			PD V, 26 (Nr. 36)
2404	Qu. 2404			PD V, 26 (Nr. 36)
2405	Qu. 2405			PD V, 26 (Nr. 36)
2406	Qu. 2406			PD V, 26 (Nr. 36)
2407	Qu. 2407			PD V, 26 (Nr. 36)
2408	Qu. 2408			PD V, 26 (Nr. 36)
2409	Qu. 2409			PD V, 26 (Nr. 36)
2410	Qu. 2410			PD V, 26 (Nr. 36)
2411	Qu. 2411			PD V, 26 (Nr. 36)
2412	Qu. 2412			PD V, 26 (Nr. 36)
2413	Qu. 2413			PD V, 26 (Nr. 36)
2414	Qu. 2414			PD V, 26 (Nr. 36)
2415	Qu. 2415			PD V, 26 (Nr. 36)
2416	Qu. 2416			PD V, 28 (Nr. 37)
2417	Qu. 2417			PD V, 28 (Nr. 37), Taf. 19.9
2418	Qu. 2418			PD V, 28 (Nr. 38), Taf. 20.1
2419	Qu. 2419			PD V, 28 (Nr. 38), Taf. 20.3
2420	Qu. 2420			PD V, 28 (Nr. 38), Taf. 20.4
2421	Qu. 2421			PD V, 28 (Nr. 38), Taf. 20.5
2422	Qu. 2422			PD V, 29 (Nr. 39), Taf. 20.2
2423	Qu. 2423			PD V, 29 (Nr. 39), Taf. 20.6
2424	Qu. 2424			PD V, 29 (Nr. 39), Taf. 20.8
2425	Qu. 2425			PD V, 29 (Nr. 39), Taf. 20.9
2426	Qu. 2426			PD V, 29 (Nr. 39), Taf. 20.10
2427	Qu. 2427			PD V, 28 (Nr. 38), Taf. 20.7
2428	Qu. 2428			PD V, 27–28 (Nr. 37), Abb. 38

Frühzeit-ID	Kahl 1994	Kahl et al.	Kaplony	Bibliographie
2429	Qu. 2429			PD V, 27–28 (Nr. 37), Abb. 39
2430	Qu. 2430			PD V, 27–28 (Nr. 37), Abb. 40
2431	Qu. 2431			PD V, 29–31 (Nr. 39bis), Abb. 42
2432	Qu. 2432			PD V, 29–31 (Nr. 39bis), Abb. 43
2433	Qu. 2433			PD V, 29–31 (Nr. 39bis), Abb. 44
2434	Qu. 2434			PD V, 29–31 (Nr. 39bis), Abb. 45.1
2435	Qu. 2435			PD V, 29–31 (Nr. 39bis), Abb. 45.2
2436	Qu. 2436			PD V, 29–31 (Nr. 39bis), Abb. 45.3
2437	Qu. 2437			PD V, 29–31 (Nr. 39bis), Abb. 45.4
2438	Qu. 2438			PD V, 29–31 (Nr. 39bis), Abb. 45.5
2439	Qu. 2439			PD V, 29–31 (Nr. 39bis), Abb. 45.6
2440	Qu. 2440			PD V, 29–31 (Nr. 39bis), Abb. 45.7
2441	Qu. 2441			PD V, 29–31 (Nr. 39bis), Abb. 45.8
2442	Qu. 2442			PD V, 29–31 (Nr. 39bis), Abb. 45.9
2443	Qu. 2443			PD V, 29–31 (Nr. 39bis), Abb. 45.10
2444	Qu. 2444			PD V, 29–31 (Nr. 39bis), Abb. 45.11
2445	Qu. 2445			PD V, 31 (Nr. 40), Taf. 21.1
2446	Qu. 2446			PD V, 31 (Nr. 40), Taf. 21.2
2447	Qu. 2447			PD V, 31 (Nr. 40), Taf. 21.3
2448	Qu. 2448			PD V, 31 (Nr. 40), Taf. 21.5
2449	Qu. 2449			PD V, 31 (Nr. 41), Taf. 21.4
2450	Qu. 2450			PD V, 31 (Nr. 41), Taf. 21.6
2451	Qu. 2451			PD V, 32–33 (Nr. 42), Abb. 47
2452	Qu. 2452			PD V, 32–33 (Nr. 42), Abb. 49
2453	Qu. 2453			PD V, 32–33 (Nr. 42), Abb. 50
2454	Qu. 2454			PD V, 32–33 (Nr. 42), Taf. 22.3
2455	Qu. 2455			PD V, 32–33 (Nr. 42)
2456	Qu. 2456			PD V, 32–33 (Nr. 42)
2457	Qu. 2457			PD V, 32–33 (Nr. 42)
2458	Qu. 2458			PD V, 32–33 (Nr. 42)
2459	Qu. 2459			PD V, 32–33 (Nr. 42)
2460	Qu. 2460			PD V, 32–33 (Nr. 42)
2461	Qu. 2461			PD V, 32–33 (Nr. 42)
2462	Qu. 2462			PD V, 32–33 (Nr. 42)
2463	Qu. 2463			PD V, 32–33 (Nr. 42)
2464	Qu. 2464			PD V, 32–33 (Nr. 42), Abb. 46
2465	Qu. 2465			PD V, 32–33 (Nr. 42), Abb. 48
2466	Qu. 2466			PD V, 32–33 (Nr. 42), Taf. 22.1
2467	Qu. 2467			PD V, 32–33 (Nr. 42)
2468	Qu. 2468			PD V, 32–33 (Nr. 42)
2469	Qu. 2469			PD V, 32–33 (Nr. 42)
2470	Qu. 2470			PD V, 32–33 (Nr. 42)
2471	Qu. 2471			PD V, 32–33 (Nr. 42)
2472	Qu. 2472			PD V, 32–33 (Nr. 42)
2473	Qu. 2473			PD V, 32–33 (Nr. 42)

Frühzeit-ID	Kahl 1994	Kahl et al.	Kaplony	Bibliographie
2474	Qu. 2474			PD V, 32–33 (Nr. 42), Taf. 22.2
2475	Qu. 2475			PD V, 32–33 (Nr. 42)
2476	Qu. 2476			PD V, 32–33 (Nr. 42)
2477	Qu. 2477			PD V, 33–34 (Nr. 43)
2478	Qu. 2478			PD V, 33–34 (Nr. 43)
2479	Qu. 2479			PD V, 33–34 (Nr. 43)
2480	Qu. 2480			PD V, 33–34 (Nr. 43)
2481	Qu. 2481			PD V, 33–34 (Nr. 43)
2482	Qu. 2482			PD V, 33–34 (Nr. 43), Taf. 22.4
2483	Qu. 2483			PD V, 33–34 (Nr. 43), Abb. 53
2484	Qu. 2484			PD V, 33–34 (Nr. 43)
2485	Qu. 2485			PD V, 33–34 (Nr. 43)
2486	Qu. 2486			PD V, 33–34 (Nr. 43)
2487	Qu. 2487			PD V, 33–34 (Nr. 43)
2488	Qu. 2488			PD V, 33–34 (Nr. 43), Abb. 52
2489	Qu. 2489			PD V, 35 (Nr. 44), Abb. 54
2490	Qu. 2490			PD V, 35 (Nr. 44), Taf. 22.5
2491	Qu. 2491			PD V, 35 (Nr. 44), Taf. 22.6
2492	Qu. 2492			PD V, 35 (Nr. 45), Abb. 55
2493	Qu. 2493			PD V, 36 (Nr. 46), Abb. 56
2494	Qu. 2494			PD V, 36 (Nr. 46), Taf. 22.7
2495	Qu. 2495			PD V, 36 (Nr. 47), Taf. 22.8
2496	Qu. 2496			PD V, 36 (Nr. 48), Abb. 57
2497	Qu. 2497			PD V, 36 (Nr. 48), Taf. 22.9
2498	Qu. 2498			PD V, 36–37 (Nr. 49), Taf. 23.1
2499	Qu. 2499			PD V, 36–37 (Nr. 49), Taf. 23.2
2500	Qu. 2500			PD V, 36–37 (Nr. 49), Taf. 23.3
2501	Qu. 2501			PD V, 36–37 (Nr. 49), Taf. 23.4
2502	Qu. 2502			PD V, 37 (Nr. 50), 98, Taf. 23.5
2503	Qu. 2503			PD V, 37 (Nr. 51), Taf. 23.7
2504	Qu. 2504			PD V, 37 (Nr. 52), Taf. 23.6
2505	Qu. 2505			PD V, 37 (Nr. 52), Taf. 23.8
2506	Qu. 2506			PD V, 37–38 (Nr. 53), Taf. 24.1
2507	Qu. 2507			PD V, 38 (Nr. 54), Taf. 24.2
2508	Qu. 2508			PD V, 38 (Nr. 54), Taf. 24.3
2509	Qu. 2509			PD V, 38 (Nr. 55), Taf. 24.5
2510	Qu. 2510			PD V, 38 (Nr. 56), Taf. 24.4
2511	Qu. 2511			PD V, 38–39 (Nr. 57), Taf. 24.6
2512	Qu. 2512			PD V, 38–39 (Nr. 57), Taf. 24.7
2513	Qu. 2513			PD V, 39 (Nr. 58)
2514	Qu. 2514			PD V, 39 (Nr. 58)
2515	Qu. 2515			PD V, 39 (Nr. 58)
2516	Qu. 2516			PD V, 39 (Nr. 58)
2517	Qu. 2517			PD V, 39 (Nr. 58), Taf. 25.1
2518	Qu. 2518			PD V, 39 (Nr. 58), Taf. 25.2

Frühzeit-ID	Kahl 1994	Kahl et al.	Kaplony	Bibliographie
2519	Qu. 2519			PD V, 39 (Nr. 58), Taf. 25.3
2520	Qu. 2520			PD V, 39 (Nr. 59), Taf. 25.4
2521	Qu. 2521			PD V, 39 (Nr. 60), Taf. 25.5
2522	Qu. 2522			PD V, 39 (Nr. 61), Taf. 25.6
2523	Qu. 2523			PD V, 39 (Nr. 61)
2524	Qu. 2524			PD V, 39 (Nr. 62), Taf. 25.7
2525	Qu. 2525			PD V, 40 (Nr. 63), Taf. 25.8
2526	Qu. 2526			PD V, 40 (Nr. 63), Taf. 25.9
2527	Qu. 2527			PD V, 40 (Nr. 64), Taf. 25.10
2528	Qu. 2528			PD V, 40 (Nr. 64), Taf. 25.11
2529	Qu. 2529			PD V, 40 (Nr. 65), Abb. 58
2530	Qu. 2530			PD V, 40 (Nr. 65), Taf. 25.12
2531	Qu. 2531			PD V, 40 (Nr. 66), Taf. 26.1
2532	Qu. 2532			PD V, 40 (Nr. 66)
2533	Qu. 2533			PD V, 40 (Nr. 67), Taf. 26.2
2534	Qu. 2534			PD V, 40 (Nr. 67), Taf. 26.3
2535	Qu. 2535			PD V, 40 (Nr. 67), Taf. 26.4
2536	Qu. 2536			PD V, 41 (Nr. 68), Taf. 26.5
2537	Qu. 2537			PD V, 41 (Nr. 68)
2538	Qu. 2538			PD V, 41 (Nr. 68)
2539	Qu. 2539			PD V, 41 (Nr. 68)
2540	Qu. 2540			PD V, 41 (Nr. 68)
2541	Qu. 2541			PD V, 41 (Nr. 68)
2542	Qu. 2542			PD V, 41 (Nr. 68)
2543	Qu. 2543			PD V, 41 (Nr. 69), Taf. 26.6; PD IV.1, Taf. VII.8
2544	Qu. 2544			PD V, 41 (Nr. 70), Taf. 26.7
2545	Qu. 2545			PD V, 41 (Nr. 70), Taf. 26.8
2546	Qu. 2546			PD V, 41 (Nr. 71), Taf. 26.9
2547	Qu. 2547			PD V, 42 (Nr. 72), Taf. 26.10
2548	Qu. 2548			PD V, 42 (Nr. 73), Abb. 59
2549	Qu. 2549			PD V, 42 (Nr. 73), Taf. 27.1
2550	Qu. 2550			PD V, 42 (Nr. 73), Taf. 27.2
2551	Qu. 2551			PD V, 42 (Nr. 73), Taf. 27.3
2552	Qu. 2552			PD V, 42 (Nr. 74), Abb. 60
2553	Qu. 2553			PD V, 42 (Nr. 74), Taf. 27.4
2554	Qu. 2554			PD V, 43 (Nr. 75), Abb. 61
2555	Qu. 2555			PD V, 43 (Nr. 75), Taf. 27.5
2556	Qu. 2556			PD V, 43 (Nr. 76), Abb. 62
2557	Qu. 2557			PD V, 43 (Nr. 76), Taf. 27.6
2558	Qu. 2558			PD V, 44 (Nr. 77), Abb. 63
2559	Qu. 2559			PD V, 44 (Nr. 78), Abb. 64
2560	Qu. 2560			PD V, 44 (Nr. 79), Abb. 65
2561	Qu. 2561			PD V, 44 (Nr. 80), Abb. 66
2562	Qu. 2562			Gunn, ASAE 28 (1928), 167, Abb. 14, Taf. 4.8

Frühzeit-ID	Kahl 1994	Kahl et al.	Kaplony	Bibliographie
2563	Qu. 2563			PD V, 45 (Nr. 81), Abb. 67, Taf. 27.7
2564	Qu. 2564			PD V, 45 (Nr. 82), Abb. 68, Taf. 27.8
2565	Qu. 2565			PD V, 45 (Nr. 83), Taf. 27.9
2566	Qu. 2566			PD V, 45–46 (Nr. 84), Abb. 69
2567	Qu. 2567			PD V, 46 (Nr. 85), Taf. 28.1
2568	Qu. 2568			PD V, 46 (Nr. 85), Taf. 28.6
2569	Qu. 2569			PD V, 46 (Nr. 86), Abb. 70
2570	Qu. 2570			PD V, 46–47 (Nr. 87), Abb. 71
2571	Qu. 2571			PD V, 47 (Nr. 88), Taf. 28.3
2572	Qu. 2572			PD V, 47 (Nr. 88)
2573	Qu. 2573			PD V, 47 (Nr. 88)
2574	Qu. 2574			PD V, 47 (Nr. 88), Taf. 28.2
2575	Qu. 2575			PD V, 47 (Nr. 88)
2576	Qu. 2576			PD V, 47 (Nr. 88)
2577	Qu. 2577			PD V, 47 (Nr. 89), Taf. 28.4
2578	Qu. 2578			PD V, 47 (Nr. 89bis), Taf. 28.5
2579	Qu. 2579			Firth & Quibell, Step Pyramid I, 137; II, Taf. 106.6; PD V, 47 (Nr. 89bis)
2580	Qu. 2580			PD V, 47 (Nr. 90), Taf. 28.7
2581	Qu. 2581			PD V, 48 (Nr. 91), Abb. 72
2582	Qu. 2582			PD V, 48 (Nr. 92), Taf. 28.8
2583	Qu. 2583			PD V, 48 (Nr. 93), Taf. 29.1
2584	Qu. 2584			PD V, 48 (Nr. 94), Taf. 29.2
2585	Qu. 2585			PD V, 49 (Nr. 95), Taf. 29.3
2586	Qu. 2586			Quibell, ASAE 34 (1934), Taf. 3; PD V, 49 (Nr. 95)
2587	Qu. 2587			PD V, 49 (Nr. 96), Taf. 29.4
2588	Qu. 2588			PD V, 49 (Nr. 97), Taf. 29.5
2589	Qu. 2589			PD V, 49 (Nr. 98), Taf. 29.6
2590	Qu. 2590			PD V, 49–50 (Nr. 99), Taf. 29.7
2591	Qu. 2591			PD V, 49–50 (Nr. 99), Taf. 29.8
2592	Qu. 2592			PD V, 49–50 (Nr. 99)
2593	Qu. 2593			PD V, 49–50 (Nr. 99)
2594	Qu. 2594			PD V, 49–50 (Nr. 99)
2595	Qu. 2595			PD V, 49–50 (Nr. 99)
2596	Qu. 2596			PD V, 49–50 (Nr. 99)
2597	Qu. 2597			PD V, 49–50 (Nr. 99)
2598	Qu. 2598			PD V, 49–50 (Nr. 99)
2599	Qu. 2599			PD V, 49–50 (Nr. 99)
2600	Qu. 2600			PD V, 49–50 (Nr. 99)
2601	Qu. 2601			PD V, 49–50 (Nr. 99)
2602	Qu. 2602			PD V, 49–50 (Nr. 99)
2603	Qu. 2603			PD V, 49–50 (Nr. 99)
2604	Qu. 2604			PD V, 49–50 (Nr. 99)
2605	Qu. 2605			PD V, 49–50 (Nr. 99)
2606	Qu. 2606			PD V, 50 (Nr. 100), Taf. 30.1

Frühzeit-ID	Kahl 1994	Kahl et al.	Kaplony	Bibliographie
2607	Qu. 2607			PD V, 50 (Nr. 100), Taf. 30.2
2608	Qu. 2608			PD V, 50 (Nr. 100), Taf. 30.4
2609	Qu. 2609			PD V, 50 (Nr. 100)
2610	Qu. 2610			PD V, 50 (Nr. 100)
2611	Qu. 2611			PD V, 50 (Nr. 101), Taf. 30.3
2612	Qu. 2612			PD V, 50 (Nr. 102), Taf. 30.5
2613	Qu. 2613			PD V, 50 (Nr. 102), Taf. 30.7
2614	Qu. 2614			PD V, 50 (Nr. 103), Taf. 30.6
2615	Qu. 2615			PD V, 50 (Nr. 104), Taf. 30.8
2616	Qu. 2616			PD V, 51 (Nr. 105), Taf. 30.9
2617	Qu. 2617			PD V, 51 (Nr. 106), Taf. 30.10
2618	Qu. 2618			PD V, 51 (Nr. 107), Taf. 31.1
2619	Qu. 2619			PD V, 51 (Nr. 108), Taf. 31.2
2620	Qu. 2620			PD V, 51 (Nr. 108), Taf. 31.4
2621	Qu. 2621			PD V, 51 (Nr. 108), Taf. 31.3
2622	Qu. 2622			PD V, 51 (Nr. 108)
2623	Qu. 2623			PD V, 51 (Nr. 108)
2624	Qu. 2624			PD V, 51 (Nr. 108)
2625	Qu. 2625			PD V, 51 (Nr. 108)
2626	Qu. 2626			PD V, 51 (Nr. 108)
2627	Qu. 2627			PD V, 51 (Nr. 109), Taf. 31.5
2628	Qu. 2628			PD V, 51 (Nr. 110), Taf. 31.6
2629	Qu. 2629			PD V, 52 (Nr. 111), Taf. 31.7
2630	Qu. 2630			PD V, 52 (Nr. 111), Taf. 31.8
2631	Qu. 2631			PD V, 52 (Nr. 111), Taf. 31.9
2632	Qu. 2632			Firth & Quibell, Step Pyramid II, Taf. 107.5; PD V, 52 (Nr. 111)
2633	Qu. 2633			PD V, 52 (Nr. 112), Abb. 75
2634	Qu. 2634			PD V, 52 (Nr. 112), Taf. 34.5
2635	Qu. 2635			PD V, 52–53 (Nr. 113), Taf. 32.1
2636	Qu. 2636			PD V, 52–53 (Nr. 113), Taf. 32.2
2637	Qu. 2637			PD V, 53 (Nr. 114), Taf. 32.3
2638	Qu. 2638			PD V, 53 (Nr. 115), Taf. 32.4
2639	Qu. 2639			PD V, 53 (Nr. 115)
2640	Qu. 2640			PD V, 53 (Nr. 115)
2641	Qu. 2641			PD V, 53 (Nr. 115)
2642	Qu. 2642			PD V, 53 (Nr. 116), Abb. 76
2643	Qu. 2643			PD V, 53 (Nr. 117), Taf. 32.5
2644	Qu. 2644			PD V, 53 (Nr. 117), Taf. 32.6
2645	Qu. 2645			PD V, 53–54 (Nr. 118), Abb. 77
2646	Qu. 2646			PD V, 53–54 (Nr. 118), Taf. 32.7
2647	Qu. 2647			PD V, 54 (Nr. 119), Taf. 32.8
2648	Qu. 2648			PD V, 54 (Nr. 120), Taf. 33.1
2649	Qu. 2649			PD V, 54 (Nr. 121), Taf. 33.2
2650	Qu. 2650			PD V, 54 (Nr. 122), Taf. 33.3
2651	Qu. 2651			PD V, 54 (Nr. 123), Taf. 33.4

Frühzeit-ID	Kahl 1994	Kahl et al.	Kaplony	Bibliographie
2652	Qu. 2652			PD V, 54 (Nr. 124), Taf. 33.5
2653	Qu. 2653			PD V, 54 (Nr. 124), Taf. 33.6
2654	Qu. 2654			PD V, 55 (Nr. 125), Abb. 77bis
2655	Qu. 2655			PD V, 55 (Nr. 126), Taf. 33.7
2656	Qu. 2656			PD V, 55 (Nr. 126), Taf. 33.8
2657	Qu. 2657			PD V, 55 (Nr. 127), Abb. 78
2658	Qu. 2658			PD V, 55–56 (Nr. 128), Abb. 79
2659	Qu. 2659			PD V, 56 (Nr. 129), Abb. 80
2660	Qu. 2660			PD V, 56 (Nr. 130), Abb. 81
2661	Qu. 2661			PD V, 56–57 (Nr. 131), Abb. 82a
2662	Qu. 2662			PD V, 56–57 (Nr. 131), Abb. 82b
2663	Qu. 2663			PD V, 56–57 (Nr. 131), Abb. 82c
2664	Qu. 2664			PD V, 57 (Nr. 132), Taf. 34.10
2665	Qu. 2665			PD V, 57 (Nr. 133), Abb. 83
2666	Qu. 2666			PD V, 57 (Nr. 134), Abb. 84–85
2667	Qu. 2667			PD V, 58 (Nr. 135), Abb. 86
2668	Qu. 2668			PD V, 58 (Nr. 136), Abb. 87
2669	Qu. 2669			PD V, 58 (Nr. 137), Abb. 88a
2670	Qu. 2670			PD V, 58 (Nr. 137), Abb. 88b
2671	Qu. 2671			PD V, 59 (Nr. 138), Abb. 89
2672	Qu. 2672			PD V, 59 (Nr. 139), Abb. 90
2673	Qu. 2673			PD V, 59 (Nr. 140), Abb. 91
2674	Qu. 2674			PD V, 59 (Nr. 141), Abb. 92
2675	Qu. 2675			PD V, 60 (Nr. 142), Abb. 93a
2676	Qu. 2676			PD V, 60 (Nr. 142), Taf. 34.7
2677	Qu. 2677			PD V, 60 (Nr. 142), Abb. 93b
2678	Qu. 2678			PD V, 60 (Nr. 143), Abb. 94a
2679	Qu. 2679			PD V, 60 (Nr. 143), Abb. 94b
2680	Qu. 2680			PD V, 60–61 (Nr. 144), Abb. 95
2681	Qu. 2681			Gunn, ASAE 28 (1928), 169, Abb. 17; PD V, 60–61 (Nr. 144), Abb. 95
2682	Qu. 2682			PD V, 61 (Nr. 145), Abb. 96
2683	Qu. 2683			PD V, 61 (Nr. 146), Taf. 34.1
2684	Qu. 2684			PD V, 61 (Nr. 147), Abb. 97
2685	Qu. 2685			PD V, 61 (Nr. 148), Abb. 98
2686	Qu. 2686			PD V, 62 (Nr. 149), Abb. 99
2687	Qu. 2687			PD V, 62 (Nr. 150), Abb. 100
2688	Qu. 2688			PD V, 62–63 (Nr. 151), Abb. 101a
2689	Qu. 2689			PD V, 62–63 (Nr. 151), Abb. 101b
2690	Qu. 2690			PD V, 63 (Nr. 152), Abb. 102
2691	Qu. 2691			PD V, 63 (Nr. 153), Abb. 103a–b; 104
2692	Qu. 2692			PD V, 64 (Nr. 154), Abb. 105a–b
2693	Qu. 2693			PD V, 64 (Nr. 155), Abb. 106
2694	Qu. 2694			PD V, 64 (Nr. 156), Abb. 107
2695	Qu. 2695			PD V, 65 (Nr. 157), Abb. 108
2696	Qu. 2696			PD V, 65 (Nr. 158), Abb. 109
2697	Qu. 2697			Firth & Quibell, Step Pyramid II, Taf. 107.7; PD V, 65 (Nr. 158)

Frühzeit-ID	Kahl 1994	Kahl et al.	Kaplony	Bibliographie
2698	Qu. 2698			PD V, 66 (Nr. 159), Abb. 110
2699	Qu. 2699			PD V, 66 (Nr. 160), Abb. 111
2700	Qu. 2700			PD V, 66 (Nr. 161), Abb. 112
2701	Qu. 2701			PD V, 66 (Nr. 162), Abb. 113
2702	Qu. 2702			PD V, 67 (Nr. 163), Abb. 114
2703	Qu. 2703			PD V, 67 (Nr. 164), Abb. 115
2704	Qu. 2704			PD V, 67 (Nr. 165), Abb. 116
2705	Qu. 2705			PD V, 67 (Nr. 166), Abb. 117
2706	Qu. 2706			PD V, 67 (Nr. 167), Abb. 118
2707	Qu. 2707			PD V, 68 (Nr. 168), Abb. 119
2708	Qu. 2708			PD V, 68 (Nr. 169), Abb. 120
2709	Qu. 2709			PD V, 68 (Nr. 170), Abb. 121
2710	Qu. 2710			PD V, 68 (Nr. 171), Abb. 122
2711	Qu. 2711			PD V, 69 (Nr. 172), Abb. 123
2712	Qu. 2712			PD V, 69 (Nr. 173), Abb. 124
2713	Qu. 2713			PD V, 69 (Nr. 174), Abb. 125
2714	Qu. 2714			PD V, 69–70 (Nr. 175), Abb. 126
2715	Qu. 2715			PD V, 70 (Nr. 176), Abb. 127a
2716	Qu. 2716			PD V, 70 (Nr. 176), Abb. 127b
2717	Qu. 2716			PD V, 70 (Nr. 177), Taf. 34.4
2718	Qu. 2718			PD V, 70 (Nr. 177bis), Taf. 34.6
2719	Qu. 2719			PD V, 71 (Nr. 178), Abb. 128
2720	Qu. 2720			PD V, 71 (Nr. 179), Abb. 129
2721	Qu. 2721			PD V, 71 (Nr. 180), Abb. 130
2722	Qu. 2722			PD V, 71 (Nr. 181), Taf. 34.2
2723	Qu. 2723			PD V, 72 (Nr. 182), Abb. 131
2724	Qu. 2724			PD V, 72 (Nr. 183), Abb. 132
2725	Qu. 2725			PD V, 72 (Nr. 184), Abb. 133
2726	Qu. 2726			PD V, 72–73 (Nr. 185), Abb. 134
2727	Qu. 2727			PD V, 73 (Nr. 186), Taf. 34.9
2728	Qu. 2728			PD V, 73 (Nr. 187), Abb. 135
2729	Qu. 2729			PD V, 73 (Nr. 188), Abb. 136
2730	Qu. 2730			PD V, 73 (Nr. 189), Abb. 137
2731	Qu. 2731			PD V, 74 (Nr. 190), Abb. 138
2732	Qu. 2732			PD V, 74 (Nr. 191), Abb. 139
2733	Qu. 2733			PD V, 74 (Nr. 192), Abb. 140
2734	Qu. 2734			PD V, 74 (Nr. 193), Abb. 141
2735	Qu. 2735			PD V, 74–75 (Nr. 194), Abb. 142
2736	Qu. 2736			PD V, 75 (Nr. 195), Abb. 143
2737	Qu. 2737			PD V, 75 (Nr. 196), Abb. 144
2738	Qu. 2738			PD V, 75–76 (Nr. 197), Abb. 145
2739	Qu. 2739			PD V, 76 (Nr. 198), Abb. 146
2740	Qu. 2740			PD V, 76 (Nr. 199), Abb. 147a
2741	Qu. 2741			PD V, 76 (Nr. 199), Abb. 147b
2742	Qu. 2742			PD V, 76–77 (Nr. 200), Abb. 148
2743	Qu. 2743			PD V, 77 (Nr. 201), Abb. 149
2744	Qu. 2744			PD V, 77 (Nr. 202), Taf. 34.3

Frühzeit-ID	Kahl 1994	Kahl et al.	Kaplony	Bibliographie
2745	Qu. 2745			PD V, 77 (Nr. 203), Abb. 150
2746	Qu. 2746			PD V, 77 (Nr. 204), Abb. 151
2747	Qu. 2747			PD V, 77 (Nr. 205), Abb. 152
2748	Qu. 2748			PD V, 78 (Nr. 206), Abb. 153
2749	Qu. 2749			PD V, 78 (Nr. 207), Abb. 154
2750	Qu. 2750			PD V, 78 (Nr. 208), Abb. 155
2751	Qu. 2751			PD V, 78 (Nr. 209), Abb. 156
2752	Qu. 2752			PD V, 79 (Nr. 210), Abb. 157
2753	Qu. 2753			PD V, 79 (Nr. 211), Abb. 158
2754	Qu. 2754			PD V, 79 (Nr. 212), Abb. 159
2755	Qu. 2755			PD V, 79 (Nr. 213), Abb. 160
2756	Qu. 2756			PD V, 79 (Nr. 213)
2757	Qu. 2757			PD V, 79 (Nr. 213)
2758	Qu. 2758			PD V, 79 (Nr. 213)
2759	Qu. 2759			PD V, 79 (Nr. 213)
2760	Qu. 2760			PD V, 79 (Nr. 214), Abb. 161
2761	Qu. 2761			PD V, 80 (Nr. 215), Abb. 162
2762	Qu. 2762			PD V, 80 (Nr. 216), Abb. 163
2763	Qu. 2763			PD V, 80 (Nr. 217), Abb. 164
2764	Qu. 2764			PD V, 80 (Nr. 218), Abb. 165
2765	Qu. 2765			PD V, 80 (Nr. 219), Abb. 166
2766	Qu. 2766			PD V, 81 (Nr. 220), Abb. 167
2767	Qu. 2767			PD V, 81 (Nr. 221), Abb. 168
2768	Qu. 2768			PD V, 91, Taf. 37.1*
2769	Qu. 2769			PD V, 91, Taf. 37.2*
2770	Qu. 2770			PD V, 91, Taf. 37.3*
2771	Qu. 2771			PD V, 91, Taf. 37.4*
2772	Qu. 2772			PD V, 91, Taf. 37.5*
2773	Qu. 2773			PD V, 91, Taf. 37.6*
2774	Qu. 2774			PD V, 91, Taf. 37.7*
2775	Qu. 2775			PD V, 91, Taf. 37.8*
2776	Qu. 2776			PD V, 91, Taf. 37.9*
2777	Qu. 2777			PD V, 91, Taf. 37.10*
2778	Qu. 2778			PD V, 91, Taf. 37.11*
2779	Qu. 2779			PD V, 91, Taf. 37.12*
2780	Qu. 2780			PD V, 91, Taf. 37.13*
2781	Qu. 2781			PD V, 91, Taf. 37.14*
2782	Qu. 2782			PD V, 91, Taf. 37.15*
2783	Qu. 2783			PD V, 91, Taf. 37.16*
2784	Qu. 2784			PD V, 91, Taf. 37.17*
2785	Qu. 2785			PD V, 91, Taf. 37.18*
2786	Qu. 2786			PD V, 91, Taf. 38.19*
2787	Qu. 2787			PD V, 91, Taf. 38.20*
2788	Qu. 2788			PD V, 91, Taf. 38.21*
2789	Qu. 2789			PD V, 91, Taf. 38.22*
2790	Qu. 2790			PD V, 91, Taf. 38.23*
2791	Qu. 2791			PD V, 91, Taf. 38.24*

Frühzeit-ID	Kahl 1994	Kahl et al.	Kaplony	Bibliographie
2792	Qu. 2792			PD V, 91, Taf. 38.25*
2793	Qu. 2793			PD V, 91, Taf. 38.26*
2794	Qu. 2794			PD V, 91, Taf. 38.27*
2795	Qu. 2795			PD V, 91, Taf. 38.28*
2796	Qu. 2796			PD V, 91, Taf. 38.29*
2797	Qu. 2797			PD V, 91, Taf. 38.30*
2798	Qu. 2798			PD V, 91, Taf. 38.31*
2799	Qu. 2799			PD V, 91, Taf. 38.32*
2800	Qu. 2800			PD V, 91, Taf. 38.33*
2801	Qu. 2801			Gunn, ASAE 28 (1928), 161 (B.2), Taf. 2.10
2802	Qu. 2802			Gunn, ASAE 28 (1928), 161 (B.4), Taf. 2.12
2803	Qu. 2803			Gunn, ASAE 28 (1928), 169, Abb. 18
2804	Qu. 2804			Gunn, ASAE 28 (1928), 168 (C.1), Abb. 8, Taf. 4.1
2805	Qu. 2805			Gunn, ASAE 28 (1928), 167, Abb. 9, Taf. 4.2
2806	Qu. 2806			Gunn, ASAE 28 (1928), 167, Abb. 10, Taf. 4.3
2807	Qu. 2807			Gunn, ASAE 28 (1928), 167, Abb. 12, Taf. 4.5
2808	Qu. 2808			Gunn, ASAE 28 (1928), 169, Abb. 19
2809	Qu. 2809			Gunn, ASAE 28 (1928), 169, Abb. 20
2810	Qu. 2810			Gunn, ASAE 28 (1928), 169, Abb. 21
2811	Qu. 2811			Gunn, ASAE 28 (1928), 173, Abb. 36
2812	Qu. 2812			Firth & Quibell, Step Pyramid I, 134; Helck, ZÄS 106 (1979), 120–132
2813	Qu. 2813			Firth & Quibell, Step Pyramid II, Taf. 89.12
2814	Qu. 2814			Firth & Quibell, Step Pyramid II, Taf. 90.4
2815	Qu. 2815			Firth & Quibell, Step Pyramid II, Taf. 90.6
2816	Qu. 2816			Firth & Quibell, Step Pyramid II, Taf. 90.10
2817	Qu. 2817			Firth & Quibell, Step Pyramid II, Taf. 91.3
2818	Qu. 2818			Firth & Quibell, Step Pyramid II, Taf. 91.7
2819	Qu. 2819			Firth & Quibell, Step Pyramid II, Taf. 91.10
2820	Qu. 2820		IÄFS 1089	IÄFS, Abb. 1089
2821	Qu. 2821			Quibell, ASAE 34 (1934), Taf. 3
2822	Qu. 2822			Goneim, Horus Sekhem-khet, Taf. 65A
2823	Qu. 2823			Munro, SAK 10 (1983), 279
2824	Qu. 2824		IÄF III, 748	IÄF III, Abb. 748
2825	Qu. 2825			Quibell, Archaic Mastabas, 30
2826	Qu. 2826			Quibell, Archaic Mastabas, 30
2827	Qu. 2827			Quibell, Archaic Mastabas, 30

Frühzeit-ID	Kahl 1994	Kahl et al.	Kaplony	Bibliographie
2828	Qu. 2828			PD IV.1, Taf. VI.5; Quibell, Archaic Mastabas, Taf. 17.4 (li.)
2829	Qu. 2829			PD IV.1, Taf. VI.6; Quibell, Archaic Mastabas, Taf. 17.4 (re.)
2830	Qu. 2830		IÄF III, 265	IÄF III, Abb. 265
2831	Qu. 2831		IÄF III, 749	IÄF III, Abb. 749
2832	Qu. 2832		IÄFS 1076	IÄFS, Abb. 1076
2833	Qu. 2833			Quibell, Archaic Mastabas, 45
2834	Qu. 2834			Quibell, Archaic Mastabas, 45
2835	Qu. 2835			PD IV.1, Taf. VI.8
2836	Qu. 2836			PD V, 5, Abb. 10
2837	Qu. 2837			PD V, 5, Abb. 11
2838	Qu. 2838		IÄF III, 743	IÄF III, Abb. 743; Gizeh and Rifeh, Taf. Ve
2839	Qu. 2839		IÄF III, 744	IÄF III, Abb. 744
2840	Qu. 2840		IÄF III, 745	IÄF III, Abb. 745
2841	Qu. 2841		IÄF III, 746	IÄF III, Abb. 746; Gizeh and Rifeh, Taf. Ve
2842	Qu. 2842		IÄF III, 747	IÄF III, Abb. 747; Gizeh and Rifeh, Taf. Ve
2843	Qu. 2843		IÄF III, 862	IÄF III, Abb. 862
2844	Qu. 2844			Kaplony, Steingefässe, 39 (17)
2845	Qu. 2845			Helck, ZÄS 83 (1958), 94
2846	Qu. 2846			Kaplony, MDAIK 20 (1965), Abb. 50
2847	Qu. 2847		IÄFS 1074	IÄFS, Abb. 1074
2848	Qu. 2848		KBIÄF 1137	KBIÄF, Abb. 1137
2849	Qu. 2849	Ra/Sa/9		PD IV.1, Taf. V.4
2850	Qu. 2850	Ra/Sa/6		PD IV.1, Taf. 20.101
2851	Qu. 2851	Ra/Sa/7		PD IV.1, Taf. 20.102
2852	Qu. 2852	Ra/Sa/8		PD IV.1, Taf. 20.103
2853	Qu. 2853	Ra/Sa/10		PD IV.1, Taf. 19.105
2854	Qu. 2854	Ra/Sa/11		PD IV.1, Taf. 20.106
2855	Qu. 2855	Ra/Sa/12		PD IV.1, Taf. 20.107
2856	Qu. 2856	Ra/Sa/13		PD IV.2, 53, Abb. 5a
2857	Qu. 2857	Ra/Sa/14		PD IV.2, 53, Abb. 5b
2858	Qu. 2858	Ra/Sa/15		PD IV.2, 53, Abb. 5c
2859	Qu. 2859			PD V, 24–27 (Nr. 36), Abb. 37.1
2860	Qu. 2860			PD V, 24–27 (Nr. 36), Abb. 37.2
2861	Qu. 2861			PD V, 24–27 (Nr. 36), Abb. 37.3
2862	Qu. 2862	Ra/?/2		Kaplony, Beschriftete Kleinfunde, Taf. 7.27
2863	Qu. 2863			Steindorff, Fundstücke, 106
2864	Qu. 2864		IÄF III, 266	IÄF III, Abb. 266; RT II, Taf. 21.164, Taf. 8A.7
2865	Qu. 2865		IÄF III, 267	IÄF III, Abb. 267; RT II, Taf. 21.165; Woods, Visible Language, 134
2866	Qu. 2866		IÄF III, 268	IÄF III, Abb. 268; RT II, Taf. 21.166
2867	Qu. 2867		IÄF III, 751	IÄF III, Abb. 751; RT II, Taf. 21.167(?)
2868	Qu. 2868		IÄF III, 752	IÄF III, Abb. 752; RT II, Taf. 21.168

Frühzeit-ID	Kahl 1994	Kahl et al.	Kaplony	Bibliographie
2869	Qu. 2869		IÄF III, 753	IÄF III, Abb. 753; RT II, Taf. 21.169
2870	Qu. 2870		IÄF III, 754	IÄF III, Abb. 754; RT II, Taf. 21.170
2871	Qu. 2871		IÄF III, 755	IÄF III, Abb. 755; RT II, Taf. 21.171
2872	Qu. 2872		IÄF III, 756	IÄF III, Abb. 756; RT II, Taf. 21.172
2873	Qu. 2873		IÄF III, 308	IÄF III, Abb. 308; Abydos III, Taf. 9.3
2874	Qu. 2874			EDO, Taf. 26 (277), Taf. 24 (277), 26 (277)
2875	Qu. 2875			PD IV.1, Taf. 18.87
2876	Qu. 2876			PD IV.1, Taf. 18.88
2877	Qu. 2877			PD IV.1, Taf. 18.89
2878	Qu. 2878			PD IV.1, Taf. 18.90
2879	Qu. 2879			PD IV.1, Taf. 18.91
2880	Qu. 2880			PD IV.1, Taf. 18.92
2881	Qu. 2881			PD IV.1, Taf. 18.93
2882	Qu. 2882			PD IV.1, Taf. 18.94
2883	Qu. 2883		IÄF III, 804	IÄF III, Abb. 804
2884	Qu. 2884			Kaplony, MDAIK 20 (1965), Abb. 52
2885	Qu. 2885			Kaplony, Beschriftete Kleinfunde, Taf. 8.28
2886	Qu. 2886			Kaplony, Steingefässe, 41 (19)
2887	Qu. 2887			Kaiser et al., MDAIK 43 (1987), 109, Abb. 13a
2888	Qu. 2888			RT II, Taf. 31 (li.)
2889	Qu. 2889			RT II, Taf. 31 (re.); EDO
2890	Qu. 2890			Abydos I, Taf. 3.49
2891	Qu. 2891			Weill, La IIe et la IIIe dynasties, 194 (o.)
2892	Qu. 2892			PD IV.1, Taf. VI.10; IV.2, 67; Améli-neau, Abydos (1897–1898), Taf. 50, 1–2
2893	Qu. 2893		IÄF III, 283	IÄF III, Abb. 283; RT II, Taf. 22.178; Amélineau, Abydos (1897–1898), Taf. 20.1, 4; Engel, Fs Junge, 185, Abb. 4
2894	Qu. 2894		IÄF III, 284	IÄF III, Abb. 284; RT II, Taf. 21.173; Amélineau, Abydos (1897–1898), Taf. 20,1, 4; Engel, Fs Junge, 182, Abb. 2
2895	Qu. 2895		IÄF III, 285	IÄF III, Abb. 285; RT II, Taf. 22.180; Engel, Fs Junge, 181, Abb. 1
2896	Qu. 2896		IÄF III, 286	IÄF III, Abb. 286; RT II, Taf. 22.179; Engel, Fs Junge, 186, Abb. 5
2897	Qu. 2897		IÄF III, 287	IÄF III, Abb. 287; RT II, Taf. 22.181; Engel, Fs Junge, 183, Abb. 3
2898	Qu. 2898		IÄF III, 288	IÄF III, Abb. 288; RT II, Taf. 21.177
2899	Qu. 2899		IÄF III, 289	IÄF III, Abb. 289; RT II, Taf. 22.184
2900	Qu. 2900		IÄF III, 290	IÄF III, Abb. 290; RT II, Taf. 22.185
2901	Qu. 2901		IÄF III, 302	IÄF III, Abb. 302; RT II, Taf. 21.176
2902	Qu. 2902		IÄF III, 368	IÄF III, Abb. 368; RT II, Taf. 22.190; Hall, Catalogue, 289

Frühzeit-ID	Kahl 1994	Kahl et al.	Kaplony	Bibliographie
2903	Qu. 2903		IÄF III, 750	IÄF III, Abb. 750
2904	Qu. 2904		IÄF III, 757	IÄF III, Abb. 757; RT II, Taf. 21.174
2905	Qu. 2905		IÄF III, 758	IÄF III, Abb. 758; RT II, Taf. 21.175
2906	Qu. 2906		IÄF III, 759	IÄF III, Abb. 759; RT II, Taf. 22.182
2907	Qu. 2907		IÄF III, 760	IÄF III, Abb. 760; RT II, Taf. 22.183
2908	Qu. 2908		IÄF III, 761	IÄF III, Abb. 761; RT II, Taf. 22.186
2909	Qu. 2909		IÄF III, 762	IÄF III, Abb. 762; Cemeteries of Abydos I, Taf. 9
2910	Qu. 2910		IÄF III, 763	IÄF III, Abb. 763; RT II, Taf. 22.189; Dreyer et al., MDAIK 62 (2006), 121, Abb. 18k; Engel, Rollsiegel, 130
2911	Qu. 2911			RT I, Taf. 4.7
2912	Qu. 2912			Mahâsna and Bêt Khallaf, Taf. 10.8
2913	Qu. 2913			Kaplony, Steingefässe, 39 (18)
2914	Qu. 2914			Kaplony, MDAIK 20 (1965), Abb. 51
2915	Qu. 2915			Abydos III, Taf. 9.5
2916	Qu. 2916			Abydos III, Taf. 9.6
2917	Qu. 2917			Abydos III, Taf. 9.11
2918	Qu. 2918			Abydos III, Taf. 10.22
2919	Qu. 2919			Abydos III, Taf. 10.23
2920	Qu. 2920			Abydos III, Taf. 10.25
2921	Qu. 2921			Abydos III, Taf. 10.26
2922	Qu. 2922		IÄF III, 343	IÄF III, Abb. 343; Abydos III, Taf. 9.13; Engel, Rollsiegel, 107
2923	Qu. 2923		IÄF III, 346bis	IÄF III, Abb. 346bis; Abydos III, Taf. 10.17; Engel, Rollsiegel, 94
2924	Qu. 2924		IÄF III, 377	IÄF III, Abb. 377; Abydos III, Taf. 9.16; Engel, Rollsiegel, 108
2925	Qu. 2925		IÄF III, 387	IÄF III, Abb. 387; Abydos III, Taf. 10.18; Engel, Rollsiegel, 105
2926	Qu. 2926		IÄF III, 388	IÄF III, Abb. 388; Abydos III, Taf. 10.24; Engel, Rollsiegel, 95
2927	Qu. 2927		IÄF III, 394	IÄF III, Abb. 394; Abydos III, Taf. 9.8; Engel, Rollsiegel, 107
2928	Qu. 2928		IÄF III, 395	IÄF III, Abb. 395; Abydos III, Taf. 10.20; Engel, Rollsiegel, 163
2929	Qu. 2929		IÄF III, 396	IÄF III, Abb. 396; Abydos III, Taf. 10.27; Engel, Rollsiegel, 107
2930	Qu. 2930		IÄF III, 422	IÄF III, Abb. 422; Abydos III, Taf. 10.19; Engel, Rollsiegel, 163
2931	Qu. 2931		IÄF III, 458	IÄF III, Abb. 458; Abydos III, Taf. 9.7; Engel, Rollsiegel, 63
2932	Qu. 2932		IÄF III, 567	IÄF III, Abb. 567; Abydos III, Taf. 9.4; Engel, Rollsiegel, 138
2933	Qu. 2933		IÄF III, 718	IÄF III, Abb. 718; Abydos III, Taf. 10.21; Engel, Rollsiegel, 139
2934	Qu. 2934		IÄF III, 332	IÄF III, Abb. 332; RT II, Taf. 22.188; Engel, Rollsiegel, 98
2935	Qu. 2935			Hierakonpolis I, Taf. 38 (o.)
2936	Qu. 2936			Hierakonpolis I, Taf. 38 (u.)

Frühzeit-ID	Kahl 1994	Kahl et al.	Kaplony	Bibliographie
2937	Qu. 2937			Hierakonpolis I, Taf. 40 (u.); Adams, JEA 76 (1990), 161–163
2938	Qu. 2938			Hierakonpolis I, Taf. 40 (o.); Adams, JEA 76 (1990), 161–163
2939	Qu. 2939			Hierakonpolis I, Taf. 37 (mi. re)
2940	Qu. 2940			Hierakonpolis II, Taf. 23 (u.)
2941	Qu. 2941			Hierakonpolis II, Taf. 58 (o.); Godron, CdE 43 (1968), 34
2942	Qu. 2942			PD IV.1, Taf. 3.18
2943	Qu. 2943			Kaplony, MDAIK 20 (1965), Abb. 54
2944	Qu. 2944			Kaplony, MDAIK 20 (1965), Abb. 55
2945	Qu. 2945			Hierakonpolis I, Taf. 2 (re.); Engel-bach, JEA 20 (1934), Taf. 24
2946	Qu. 2946			Hierakonpolis II, Taf. 59.8
2947	Qu. 2947			Amélineau, Abydos (1896–1897), Taf. 22.8; Speleers, Rec. des Inscrip-tions, 4.31
2948	Qu. 2948			Abydos I, Taf. 3.48; AVF, 715
2949	Qu. 2949			Abydos I, Taf. 4.4
2950	Qu. 2950		IÄF III, 214	IÄF III, Abb. 214; RT II, Taf. 23.201; Hall, Catalogue, 289
2951	Qu. 2951		IÄF III, 269	IÄF III, Abb. 269; Abydos III, Taf. 9.9
2952	Qu. 2952		IÄF III, 291	IÄF III, Abb. 291; RT II, Taf. 23.200
2953	Qu. 2953		IÄF III, 303	IÄF III, Abb. 303; RT II, Taf. 23.199
2954	Qu. 2954		IÄF III, 309	IÄF III, Abb. 309; RT II, Taf. 23.192
2955	Qu. 2955		IÄF III, 310	IÄF III, Abb. 310; RT II, Taf. 23.193
2956	Qu. 2956		IÄF III, 311	IÄF III, Abb. 311; RT II, Taf. 24.202
2957	Qu. 2957		IÄF III, 312	IÄF III, Abb. 312; RT II, Taf. 24.204
2958	Qu. 2958		IÄF III, 313	IÄF III, Abb. 313; RT II, Taf. 23.197
2959	Qu. 2959		IÄF III, 314	IÄF III, Abb. 314; RT II, Taf. 23.198
2960	Qu. 2960		IÄF III, 325	IÄF III, Abb. 325, RT II, Taf. 24.210
2961	Qu. 2961		IÄF III, 333	IÄF III, Abb. 333; RT II, Taf. 24.207; Engel, Rollsiegel, 110
2962	Qu. 2962		IÄF III, 338	IÄF III, Abb. 338; Weill, La IIe et la IIIe dynasties, 109 (mi.)
2963	Qu. 2963		IÄF III, 350	IÄF III, Abb. 350; RT II, Taf. 24.216; Engel, Rollsiegel, 101
2964	Qu. 2964		IÄF III, 354	IÄF III, Abb. 354; RT II, Taf. 24.208
2965	Qu. 2965		IÄF III, 355	IÄF III, Abb. 355; RT II, Taf. 24.215
2966	Qu. 2966		IÄF III, 358	IÄF III, Abb. 358; Engel, Rollsiegel, 108
2967	Qu. 2967		IÄF III, 374	IÄF III, Abb. 374; RT II, Taf. 24.213; Engel, Rollsiegel, 109
2968	Qu. 2968		IÄF III, 764	RT II, Taf. 23.191; IÄF III, Abb. 764
2969	Qu. 2969		IÄF III, 765	IÄF III, Abb. 765; RT II, Taf. 23.196
2970	Qu. 2970		IÄF III, 766	IÄF III, Abb. 766; RT II, Taf. 23.194
2971	Qu. 2971		IÄF III, 767	IÄF III, Abb. 767
2972	Qu. 2972		IÄF III, 769	IÄF III, Abb. 769; RT II, Taf. 23.195
2973	Qu. 2973		IÄF III, 770	IÄF III, Abb. 770; RT II, Taf. 24.203
2974	Qu. 2974		IÄF III, 771	IÄF III, Abb. 771

Frühzeit-ID	Kahl 1994	Kahl et al.	Kaplony	Bibliographie
2975	Qu. 2975		IÄF III, 772	IÄF III, Abb. 772
2976	Qu. 2976		IÄF III, 773	IÄF III, Abb. 773
2977	Qu. 2977		IÄF III, 774	IÄF III, Abb. 774
2978	Qu. 2978		IÄF III, 775	IÄF III, Abb. 775
2979	Qu. 2979		IÄF III, 776	IÄF III, Abb. 776
2980	Qu. 2980		IÄF III, 777	IÄF III, Abb. 777
2981	Qu. 2981		IÄF III, 778	IÄF III, Abb. 778
2982	Qu. 2982		IÄF III, 779	IÄF III, Abb. 779
2983	Qu. 2983		IÄF III, 780	IÄF III, Abb. 780
2984	Qu. 2984		IÄF III, 781	IÄF III, Abb. 781; Engel, MDAIK 62 (2006), 153, Abb. 1 (Kat. 2)
2985	Qu. 2985		IÄF III, 782	IÄF III, Abb. 782
2986	Qu. 2986		IÄF III, 783	IÄF III, Abb. 783
2987	Qu. 2987		IÄF III, 784	IÄF III, Abb. 784
2988	Qu. 2988		IÄF III, 785	IÄF III, Abb. 785
2989	Qu. 2989		IÄF III, 786	IÄF III, Abb. 786
2990	Qu. 2990		IÄF III, 787	IÄF III, Abb. 787
2991	Qu. 2991		IÄF III, 788	IÄF III, Abb. 788
2992	Qu. 2992		IÄF III, 789	IÄF III, Abb. 789
2993	Qu. 2993		IÄF III, 790	IÄF III, Abb. 790
2994	Qu. 2994		IÄF III, 791	IÄF III, Abb. 791; RT II, Taf. 24.209
2995	Qu. 2995		IÄF III, 792	IÄF III, Abb. 792; RT II, Taf. 24.212
2996	Qu. 2996		IÄF III, 793	IÄF III, Abb. 793; RT II, Taf. 25.217(?)
2997	Qu. 2997		IÄF III, 794	IÄF III, Abb. 794; RT II, Taf. 25.218(?)
2998	Qu. 2998		IÄF III, 795	IÄF III, Abb. 795
2999	Qu. 2999		IÄF III, 796	IÄF III, Abb. 796
3000	Qu. 3000		IÄF III, 797	IÄF III, Abb. 797
3001	Qu. 3001		IÄF III, 798	IÄF III, Abb. 798
3002	Qu. 3002		IÄF III, 799	IÄF III, Abb. 799
3003	Qu. 3003			IÄF I, 567
3004	Qu. 3004			IÄF I, 567
3005	Qu. 3005			Petrie, Tombs of the Courtiers, Taf. 8.18
3006	Qu. 3006		IÄF III, 270	IÄF III, Abb. 270; Newberry, LAAA 2 (1909), Taf. 22, 1
3007	Qu. 3007		IÄF III, 271	IÄF III, Abb. 271; Newberry, LAAA 2 (1909), Taf. 22, 2
3008	Qu. 3008		IÄF III, 297	IÄF III, Abb. 297; Newberry, LAAA 2 (1909), Taf. 22, 3
3009	Qu. 3009			Farag, MDAIK 36 (1980), Taf. 26
3010	Qu. 3010			Firth & Quibell, Step Pyramid I, 141, Abb. 22
3011	Qu. 3011			PD IV.1, Taf. 19.95; PD IV.2, 44–45 (95)
3012	Qu. 3012			PD IV.1, Taf. 23.123; Helck, ZÄS 106 (1979), 130
3013	Qu. 3013			PD IV.1, Taf. 23.124; Helck, ZÄS 106 (1979), 130

Frühzeit-ID	Kahl 1994	Kahl et al.	Kaplony	Bibliographie
3014	Qu. 3014			PD IV.1, Taf. 23.125; Helck, ZÄS 106 (1979), 130
3015	Qu. 3015			PD IV.1, Taf. 23.126; Helck, ZÄS 106 (1979), 130
3016	Qu. 3016			PD IV.2, 62 (126bis)
3017	Qu. 3017		IÄF III, 802	IÄF III, Abb. 802; PD V, Abb. 177a–b
3018	Qu. 3018			Montet, Kêmi 1 (1928), 84, Abb. 1
3019	Qu. 3019			Kaplony, Steingefässe, 52 (20)
3020	Qu. 3020			Kaplony, Steingefässe, 53 (22)
3021	Qu. 3021			Amélineau, Abydos (1896–1897), Taf. 22.1
3022	Qu. 3022			Speleers, Rec. des Inscriptions, 4.29.1
3023 = 4434	Qu. 3023		IÄF III, 857	IÄF III, Abb. 857
3024	Qu. 3024		IÄF III, 858	IÄF III, Abb. 858
3025	Qu. 3025			Reisner, Naga ed-Dêr I, Taf. 44d
3026	Qu. 3026		IÄF III, 523	IÄF III, Abb. 523; Engel, Rollsiegel, 131
3027	Qu. 3027		IÄF III, 559	IÄF III, Abb. 559; Engel, Rollsiegel, 65
3028	Qu. 3028		IÄF III, 658	IÄF III, Abb. 658; Engel, Rollsiegel, 68
3029	Qu. 3029		IÄF III, 507	IÄF III, Abb. 507; Engel, Rollsiegel, 131
3030	Qu. 3030		IÄF III, 508	IÄF III, Abb. 508; Engel, Rollsiegel, 132
3031	Qu. 3031		IÄF III, 600	IÄF III, Abb. 600; Engel, Rollsiegel, 132
3032	Qu. 3032		IÄF III, 487	IÄF III, Abb. 487; Engel, Rollsiegel, 86
3033	Qu. 3033		IÄF III, 527	IÄF III, Abb. 527; Engel, Rollsiegel, 67
3034	Qu. 3034		IÄF III, 621	IÄF III, Abb. 621; Engel, Rollsiegel, 67
3035	Qu. 3035		IÄF III, 441	IÄF III, Abb. 441; Engel, Rollsiegel, 86
3036	Qu. 3036		IÄF III, 488	IÄF III, Abb. 488; Engel, Rollsiegel, 89
3037	Qu. 3037			Reisner, Naga ed-Dêr I, Taf. 44c
3038	Qu. 3038		IÄFS 1042	IÄFS, Abb. 1042; Engel, Timelines II, 31, Abb. 2
3039	Qu. 3039			Quibell, Archaic Mastabas, Taf. 27; Smith, Sculpture and Painting, Taf. 32a; IÄF I, 232 (Sp 27)
3040	Qu. 3040			Smith, Art and Architecture, Taf. 14; IÄF I, 233 (Sp 35)
3041	Qu. 3041			Smith, Art and Architecture, Taf. 13; IÄF I, 233 (Sp 34)
3042	Qu. 3042			Martin, Hetepka, Taf. 19.4
3043	Qu. 3043			Stewart, Egyptian Stelae II, 11 (46), Taf. 9.2 (Sp 54)
3044	Qu. 3044			Bonnet, Gräberfeld, 19, Abb. 12
3045	Qu. 3045			Scharff, Studies Griffith, Taf. 57; IÄF I, 233 (Sp 37)
3046	Qu. 3046			EDO, Taf. 26 (278)
3047	Qu. 3047			Abydos III, Taf. 9.12
3048	Qu. 3048			Newberry, LAAA 2 (1909), Taf. 24.13
3049	Qu. 3049			Newberry, LAAA 2 (1909), Taf. 24.15

Frühzeit-ID	Kahl 1994	Kahl et al.	Kaplony	Bibliographie
3050	Qu. 3050		IÄF III, 345A	IÄF III, Abb. 345A; Newberry, LAAA 2 (1909), Taf. 24.11; Engel, Rollsiegel, 158
3051	Qu. 3051		IÄF III, 345B–L	IÄF III, Abb. 345B–L; Newberry, LAAA 2 (1909), Taf. 25.23; Engel, Rollsiegel, 158
3052	Qu. 3052	Ne/Ab/2	IÄF III, 346	IÄF III, Abb. 346; Abydos III, Taf. 9, 14; Newberry, LAAA 2 (1909), Taf. 24.12; Kahl et al., Inschriften der 3. Dynastie, 10; Engel, Rollsiegel, 101
3053	Qu. 3053		IÄF III, 347A–B	IÄF III, Abb. 347A–B; Newberry, LAAA 2 (1909), Taf. 25.17; Engel, Rollsiegel, 128
3054	Qu. 3054		IÄF III, 353	IÄF III, Abb. 353; Newberry, LAAA 2 (1909), Taf. 25.16; Engel, Rollsiegel, 109
3055	Qu. 3055		IÄF III, 356	IÄF III, Abb. 356; Abydos III, Taf. 9.10; Engel, Rollsiegel, 129
3056	Qu. 3056		IÄF III, 384	IÄF III, Abb. 384; Newberry, LAAA 2 (1909), Taf. 24.14; Engel, Rollsiegel, 108
3057	Qu. 3057			Scamuzzi, Museo Egizio di Torino, Taf. 8; Morenz, Dekoration der frühzeitlichen Tempel, 221
3058	Qu. 3058			Smith, Sculpture and Painting, Taf. 30d
3059	Qu. 3059			Kaiser & Dreyer, MDAIK 38 (1982), 283, Abb. 5; Engel, Rollsiegel, 106
3060	Qu. 3060			Kaiser & Dreyer, MDAIK 38 (1982), 283, Abb. 6; Engel, Rollsiegel, 109
3061	Qu. 3061			Weeks, JARCE 9 (1971/72), 31, Abb. 38a
3062	Qu. 3062			Weeks, JARCE 9 (1971/72), 31, Abb. 38c
3063	Qu. 3063			Qau and Badari I, Taf. 18.10
3064	Qu. 3064			Saad, Ceiling Stelae, Taf. 23; IÄF I, 231 (Sp 19); Helwan II, 171
3065	Qu. 3065			Saad, Ceiling Stelae, Taf. 5; IÄF I, 230 (Sp 4); Helwan II, 173
3066	Qu. 3066			Saad, Ceiling Stelae, Taf. 13; IÄF I, 230 (Sp 10); Helwan II, 129
3067	Qu. 3067			Saad, Ceiling Stelae, Taf. 15; IÄF I, 231 (Sp 12); Helwan II, 179
3068	Qu. 3068			Saad, Ceiling Stelae, Taf. 16; IÄF I, 230 (Sp 13); Helwan II, 135
3069	Qu. 3069			Saad, Ceiling Stelae, Taf. 2; IÄF I, 230 (Sp 1); Helwan II, 153
3070	Qu. 3070			Saad, Ceiling Stelae, Taf. 21; IÄF I, 231 (Sp 17); Helwan II, 137
3071	Qu. 3071			Saad, Ceiling Stelae, Taf. 17; IÄF I, 231 (Sp 14); Helwan II, 189

Frühzeit-ID	Kahl 1994	Kahl et al.	Kaplony	Bibliographie
3072	Qu. 3072			Saad, Ceiling Stelae, Taf. 7; IÄF I, 230 (Sp 6); Helwan II, 167
3073	Qu. 3073			Saad, Ceiling Stelae, Taf. 25; IÄF I, 231 (Sp 21); Helwan II, 145
3074	Qu. 3074			Saad, Ceiling Stelae, Taf. 10; IÄF I, 230 (Sp 8); Jones, Origins 2, 124, Abb. 11; Helwan II, 131
3075	Qu. 3075			Saad, Ceiling Stelae, Taf. 12; IÄF I, 230 (Sp 9); Helwan II, 157
3076	Qu. 3076		KBIÄF 1092	KBIÄF, Abb. 1092; Helwan II, 133
3077	Qu. 3077		KBIÄF 1093	KBIÄF, Abb. 1093; Helwan II, 147
3078	Qu. 3078			Saad, Ceiling Stelae, Taf. 19; IÄF I, 231 (Sp 16); Helwan II, 159
3079	Qu. 3079		KBIÄF 1094	KBIÄF, Abb. 1094; Helwan II, 163
3080	Qu. 3080		KBIÄF 1091	KBIÄF, Abb. 1091; Helwan II, 177
3081	Qu. 3081			Saad, Ceiling Stelae, Taf. 14; IÄF I, 231 (Sp 11); Helwan II, 175
3082	Qu. 3082			Saad, Ceiling Stelae, Taf. 9; IÄF I, 230 (Sp 7); Helwan II, 125
3083	Qu. 3083		KBIÄF 1095	KBIÄF, Abb. 1095; Helwan II, 155
3084	Qu. 3084			Saad, Ceiling Stelae, Taf. 3; IÄF I, 230 (Sp 2); Helwan II, 165
3085	Qu. 3085			Saad, Ceiling Stelae, Taf. 4; IÄF I, 230 (Sp 3); Helwan II, 169
3086	Qu. 3086		KBIÄF 1096	KBIÄF, Abb. 1096; Jones, Origins 2, 124, Abb. 10; Helwan II, 151
3087	Qu. 3087			Saad, Ceiling Stelae, Taf. 22; IÄF I, 231 (Sp 18); Helwan II, 141
3088	Qu. 3088			Saad, Ceiling Stelae, Taf. 24; IÄF I, 231 (Sp 20); Helwan II, 143
3089	Qu. 3089			Saad, Ceiling Stelae, Taf. 6; IÄF I, 230 (Sp 5); Helwan II, 127
3090	Qu. 3090			Saad, Ceiling Stelae, Taf. 26; IÄF I, 231 (Sp 22); Helwan II, 183
3091	Qu. 3091			Saad, Ceiling Stelae, Taf. 18; IÄF I, 231 (Sp 15); Helwan II, 123
3092	Qu. 3092		IÄFS 1055	IÄFS, Abb. 1055; KBIÄF, Abb. 1055; Klasens, OMRO 46 (1965), 3, Abb. 1, Taf. 1
3093	Qu. 3093		IÄFS 1056	IÄFS, Abb. 1056; KBIÄF, Abb. 1056
3094	Qu. 3094		KBIÄF 1097	KBIÄF, Abb. 1097; Helwan II, 149
3095	Qu. 3095			Leclant, Or 22 (1953), Taf. 18; IÄF I, 232 (Sp 26); Helwan II, 139
3096	Qu. 3096			el-Banna, GM 117/118 (1990), Taf. 21 (o. li.)
3097	Qu. 3097			PD V, 90 (Nr. 275), Abb. 174
3098	Qu. 3098			Quibell, Archaic Mastabas, 33
3099	Qu. 3099			Quibell, Archaic Mastabas, 34
3100	Qu. 3100			Quibell, Archaic Mastabas, 34
3101	Qu. 3101			Quibell, Archaic Mastabas, 34

Frühzeit-ID	Kahl 1994	Kahl et al.	Kaplony	Bibliographie
3102	Qu. 3102			Quibell, Archaic Mastabas, 34
3103	Qu. 3103			Quibell, Archaic Mastabas, Taf. 28.2; IÄF I, 232 (Sp 29)
3104	Qu. 3104			Quibell, Archaic Mastabas, 38
3105	Qu. 3105			Quibell, Archaic Mastabas, Taf. 23.4
3106	Qu. 3106			Quibell, Archaic Mastabas, Taf. 23.4
3107	Qu. 3107			Quibell, Archaic Mastabas, Taf. 23.4
3108	Qu. 3108			Quibell, Archaic Mastabas, Taf. 23.4
3109	Qu. 3109			Quibell, Archaic Mastabas, Taf. 23.4
3110	Qu. 3110			Quibell, Archaic Mastabas, Taf. 23.4
3111	Qu. 3111			Quibell, Archaic Mastabas, Taf. 23.4
3112	Qu. 3112			Quibell, Archaic Mastabas, Taf. 23.4
3113	Qu. 3113			Quibell, Archaic Mastabas, Taf. 23.4
3114	Qu. 3114			Quibell, Archaic Mastabas, Taf. 23.4
3115	Qu. 3115			Quibell, Archaic Mastabas, Taf. 23.4
3116	Qu. 3116			Quibell, Archaic Mastabas, Taf. 23.4
3117	Qu. 3117			Quibell, Archaic Mastabas, Taf. 23.4
3118	Qu. 3118			Quibell, Archaic Mastabas, Taf. 23.4
3119	Qu. 3119			Quibell, Archaic Mastabas, Taf. 23.4
3120	Qu. 3120			Quibell, Archaic Mastabas, Taf. 23.4
3121	Qu. 3121			Quibell, Archaic Mastabas, Taf. 23.4
3122	Qu. 3122			Quibell, Archaic Mastabas, Taf. 23.4
3123	Qu. 3123			Quibell, Archaic Mastabas, Taf. 23.4
3124	Qu. 3124			Quibell, Archaic Mastabas, Taf. 23.4
3125	Qu. 3125			Quibell, Archaic Mastabas, Taf. 23.4
3126	Qu. 3126			Quibell, Archaic Mastabas, Taf. 23.4
3127	Qu. 3127			Quibell, Archaic Mastabas, Taf. 23.4
3128	Qu. 3128			Quibell, Archaic Mastabas, Taf. 23.4
3129	Qu. 3129			Quibell, Archaic Mastabas, Taf. 28.1; IÄF I, 232 (Sp 28)
3130	Qu. 3130		IÄF III, 837	IÄF I, 233 (Sp 36), III, Abb. 837
3131	Qu. 3131			Ziegler, Catalogue des stèles, 158 (Sp 40)
3132	Qu. 3132		IÄFS 1054	IÄFS, Abb. 1054; Grimm & Schoske, Am Beginn der Zeit, 77, (Nr. 165)
3133	Qu. 3133			Borchardt, Statuen, 1–2, Taf. 1.1
3134	Qu. 3134			vgl. Smith, Sculpture and Painting, 141
3135	Qu. 3135			von der Way, MDAIK 44 (1988), 296, Abb. 8
3136	Qu. 3136			Gardiner, JEA 4 (1917), Taf. 55; IÄF I, 233 (Sp 41)
3137	Qu. 3137			Koefoed-Petersen, Stèles égypti-ennes, Taf. 1; IÄF I, 233 (Sp 42)
3138	Qu. 3138			Kaplony, Fs Westendorf, 545, Taf. 2 (Sp 53)
3139	Qu. 3139	Ne/El/1		Kaiser et al., MDAIK 43 (1987), 109, Abb. 13c, Taf. 15c; Kahl et al., Inschriften der 3. Dynastie, 8

Frühzeit-ID	Kahl 1994	Kahl et al.	Kaplony	Bibliographie
3140	Qu. 3140	Ne/Hi/1	IÄF III, 803	IÄF III, Abb. 803; Hierakonpolis II, Taf. 70.3; Bußmann, Provinztempel, 437; Kahl et al., Inschriften der 3. Dynastie, 8
3141	Qu. 3141	Ne/Ab/1		Newberry, LAAA 2 (1909), Taf. 23.8; Kahl et al., Inschriften der 3. Dynastie, 8
3142	Qu. 3142	Ne/Ab/3		Newberry, LAAA 2 (1909), Taf. 23.9; Kahl et al., Inschriften der 3. Dynastie, 10
3143	Qu. 3143	Ne/Ab/4		Newberry, LAAA 2 (1909), Taf. 23.10; Kahl et al., Inschriften der 3. Dynastie, 10
3144	Qu. 3144	Ne/Ab/5	IÄF III, 800	IÄF III, Abb. 800; Newberry, LAAA 2 (1909), Taf. 23.5–6; Kahl et al., Inschriften der 3. Dynastie, 10
3145	Qu. 3145	Ne/Ab/6	IÄF III, 801	IÄF III, Abb. 801 (o.); Newberry, LAAA 2 (1909), Taf. 23.7; Kahl et al., Inschriften der 3. Dynastie, 12
3146	Qu. 3146	Ne/Be/1		Mahâsna and Bêt Khallâf, Taf. 10.10; Kahl et al., Inschriften der 3. Dynastie, 12
3147	Qu. 3147	Ne/Be/2		Mahâsna and Bêt Khallâf, Taf. 10.15; Kahl et al., Inschriften der 3. Dynastie, 12
3148	Qu. 3148	Ne/Be/3		Mahâsna and Bêt Khallâf, Taf. 28.1; Kahl et al., Inschriften der 3. Dynastie, 12
3149	Qu. 3149	Ne/Be/4		Mahâsna and Bêt Khallâf, Taf. 28.2; Kahl et al., Inschriften der 3. Dynastie, 14
3150	Qu. 3150	Ne/Be/5		Mahâsna and Bêt Khallâf, Taf. 28.3; Kahl et al., Inschriften der 3. Dynastie, 14
3151	Qu. 3151	Ne/Be/6		Mahâsna and Bêt Khallâf, Taf. 28.4; Kahl et al., Inschriften der 3. Dynastie, 14
3152	Qu. 3152	Ne/Be/7		Mahâsna and Bêt Khallâf, Taf. 28.5; Kahl et al., Inschriften der 3. Dynastie, 14
3153	Qu. 3153	Ne/Be/8		Mahâsna and Bêt Khallâf, Taf. 28.6; Kahl et al., Inschriften der 3. Dynastie, 16
3154	Qu. 3154	Ne/Be/9		Mahâsna and Bêt Khallâf, Taf. 28.7; Kahl et al., Inschriften der 3. Dynastie, 16
3155	Qu. 3155	Ne/Be/10	IÄF III, 272	IÄF III, Abb. 272; Mahâsna and Bêt Khallâf, Taf. 10.12; Kahl et al., Inschriften der 3. Dynastie, 16
3156	Qu. 3156	Ne/Be/11	IÄF III, 293	IÄF III, Abb. 293; Mahâsna and Bêt Khallâf, Taf. 10.14; Kahl et al., Inschriften der 3. Dynastie, 18

Frühzeit-ID	Kahl 1994	Kahl et al.	Kaplony	Bibliographie
3157	Qu. 3157	Ne/Be/12	IÄF III, 304	IÄF III, Abb. 304; Mahâsna and Bêt Khallâf, Taf. 9.4; Kahl et al., Inschriften der 3. Dynastie, 18
3158	Qu. 3158	Ne/Be/13	IÄF III, 315	IÄF III, Abb. 315; Mahâsna and Bêt Khallâf, Taf. 8.2; Kahl et al., Inschriften der 3. Dynastie, 18
3159	Qu. 3159	Ne/Be/14	IÄF III, 316	IÄF III, Abb. 316; Mahâsna and Bêt Khallâf, Taf. 9.5a; Kahl et al., Inschriften der 3. Dynastie, 20
3160	Qu. 3160	Ne/Be/15	IÄF III, 317	IÄF III, Abb. 317; Mahâsna and Bêt Khallâf, Taf. 9.5b; Kahl et al., Inschriften der 3. Dynastie, 20
3161	Qu. 3161	Ne/Be/16	IÄF III, 318	IÄF III, Abb. 318; Mahâsna and Bêt Khallâf, Taf. 9.6; Kahl et al., Inschriften der 3. Dynastie, 20
3162	Qu. 3162	Ne/Be/17	IÄF III, 326	IÄF III, Abb. 326; Mahâsna and Bêt Khallâf, Taf. 10.7; Kahl et al., Inschriften der 3. Dynastie, 22
3163	Qu. 3163	Ne/Be/18	IÄF III, 327	IÄF III, Abb. 327; Mahâsna and Bêt Khallâf, Taf. 10.11; Kahl et al., Inschriften der 3. Dynastie, 22; Engel, Rollsiegel, 126
3164	Qu. 3164	Ne/Be/19	IÄF III, 340	IÄF III, Abb. 340; Mahâsna and Bêt Khallâf, Taf. 10.13; Kahl et al., Inschriften der 3. Dynastie, 22; Engel, Rollsiegel, 129
3165	Qu. 3165	Ne/Be/20	IÄF III, 351	IÄF III, Abb. 351; Mahâsna and Bêt Khallâf, Taf. 10.9; Kahl et al., Inschriften der 3. Dynastie, 24; Engel, Rollsiegel, 128
3166	Qu. 3166	Ne/Be/21	IÄF III, 352	IÄF III, Abb. 352; Mahâsna and Bêt Khallâf, Taf. 8.3b; Kahl et al., Inschriften der 3. Dynastie, 24; Engel, Rollsiegel, 129
3167	Qu. 3167	Ne/Be/22	IÄF III, 369	IÄF III, Abb. 369; Mahâsna and Bêt Khallâf, Taf. 8.1; Kahl et al., Inschriften der 3. Dynastie, 24
3168	Qu. 3168	Ne/Be/23	IÄF III, 379	IÄF III, Abb. 379; Mahâsna and Bêt Khallâf, Taf. 8.3a; Kahl et al., Inschriften der 3. Dynastie, 26; Engel, Rollsiegel, 127
3169	Qu. 3169	Ne/Be/24		Mahâsna and Bêt Khallâf, Taf. 19.21; Kahl et al., Inschriften der 3. Dynastie, 26
3170	Qu. 3170	Ne/Be/25		Mahâsna and Bêt Khallâf, Taf. 26.1 (K3); Kahl et al., Inschriften der 3. Dynastie, 26
3171	Qu. 3171	Ne/Be/26		Mahâsna and Bêt Khallâf, Taf. 26.2 (K3); Kahl et al., Inschriften der 3. Dynastie, 26

Frühzeit-ID	Kahl 1994	Kahl et al.	Kaplony	Bibliographie
3172	Qu. 3172	Ne/Be/27		Mahâsna and Bêt Khallâf, Taf. 26.3 (K3); Kahl et al., Inschriften der 3. Dynastie, 28
3173	Qu. 3173	Ne/Be/28		Mahâsna and Bêt Khallâf, Taf. 28.9; Kahl et al., Inschriften der 3. Dynastie, 28
3174	Qu. 3174	Ne/Be/29		Mahâsna and Bêt Khallâf, Taf. 28.10; Kahl et al., Inschriften der 3. Dynastie, 28
3175	Qu. 3175	Ne/Be/30		Mahâsna and Bêt Khallâf, Taf. 28.11; Kahl et al., Inschriften der 3. Dynastie, 28
3176	Qu. 3176	Ne/Be/31		Mahâsna and Bêt Khallâf, Taf. 28.12; Kahl et al., Inschriften der 3. Dynastie, 30
3177	Qu. 3177	Ne/Be/32		Mahâsna and Bêt Khallâf, Taf. 28.13; Kahl et al., Inschriften der 3. Dynastie, 30
3178	Qu. 3178	Ne/Be/33		Mahâsna and Bêt Khallâf, Taf. 28.14; Kahl et al., Inschriften der 3. Dynastie, 30
3179	Qu. 3179	Ne/Be/34		Mahâsna and Bêt Khallâf, Taf. 28.15; Kahl et al., Inschriften der 3. Dynastie, 30
3180	Qu. 3180	Ne/Be/35		Mahâsna and Bêt Khallâf, Taf. 26.1 (K4); Kahl et al., Inschriften der 3. Dynastie, 32
3181	Qu. 3181	Ne/Be/36		Mahâsna and Bêt Khallâf, Taf. 26.1 (K5); Kahl et al., Inschriften der 3. Dynastie, 32
3182	Qu. 3182	Ne/Be/37		Mahâsna and Bêt Khallâf, Taf. 26.2 (K5); Kahl et al., Inschriften der 3. Dynastie, 32
3183	Qu. 3183	Ne/Be/38		Mahâsna and Bêt Khallâf, Taf. 26.3 (K5); Kahl et al., Inschriften der 3. Dynastie, 32
3184	Qu. 3184	Ne/Be/39		Mahâsna and Bêt Khallâf, Taf. 26.4 (K5); Kahl et al., Inschriften der 3. Dynastie, 34
3185	Qu. 3185	Ne/Be/40		Mahâsna and Bêt Khallâf, Taf. 26.5 (K5); Kahl et al., Inschriften der 3. Dynastie, 34
3186	Qu. 3186	Ne/Be/41		Mahâsna and Bêt Khallâf, Taf. 28.16; Kahl et al., Inschriften der 3. Dynastie, 34
3187	Qu. 3187	Ne/Be/42	IÄF III, 319	IÄF III, Abb. 319; Mahâsna and Bêt Khallâf, Taf. 26.8 (K5); Kahl et al., Inschriften der 3. Dynastie, 36
3188	Qu. 3188	Ne/Be/43	IÄF III, 324	IÄF III, Abb. 324; Mahâsna and Bêt Khallâf, Taf. 26.7 (K5); Kahl et al., Inschriften der 3. Dynastie, 36; Engel, Rollsiegel, 104

Frühzeit-ID	Kahl 1994	Kahl et al.	Kaplony	Bibliographie
3189	Qu. 3189	Ne/Be/44	IÄF III, 349	IÄF III, Abb. 349; Mahâsna and Bêt Khallâf, Taf. 26.6 (K5); Kahl et al., Inschriften der 3. Dynastie, 36; Engel, Rollsiegel, 129
3190	Qu. 3190	Ne/Sa/62		Gunn, ASAE 26 (1926), 198, Abb. 1–2, Taf. 26; Kahl et al., Inschriften der 3. Dynastie, 80
3191	Qu. 3191	Ne/Sa/32		Gunn, ASAE 28 (1928), 164, Abb. 5, Taf. 3.7; Firth & Quibell, Step Pyramid, Taf. 90.9; Kahl et al., Inschriften der 3. Dynastie, 58
3192	Qu. 3192	Ne/Sa/35		Gunn, ASAE 28 (1928), 171, Abb. 24; Kahl et al., Inschriften der 3. Dynastie, 60
3193	Qu. 3193	Ne/Sa/36		Gunn, ASAE 28 (1928), 171, Abb. 25; Kahl et al., Inschriften der 3. Dynastie, 62
3194	Qu. 3194	Ne/Sa/37		Gunn, ASAE 28 (1928), 171, Abb. 26; Kahl et al., Inschriften der 3. Dynastie, 62
3195	Qu. 3195	Ne/Sa/38		Gunn, ASAE 28 (1928), 171, Abb. 27; Kahl et al., Inschriften der 3. Dynastie, 62
3196	Qu. 3196	Ne/Sa/39		Gunn, ASAE 28 (1928), 171, Abb. 28; Kahl et al., Inschriften der 3. Dynastie, 64
3197	Qu. 3197	Ne/Sa/40		Gunn, ASAE 28 (1928), 171, Abb. 29; Kahl et al., Inschriften der 3. Dynastie, 64
3198	Qu. 3198	Ne/Sa/41		Gunn, ASAE 28 (1928), 171, Abb. 30; Kahl et al., Inschriften der 3. Dynastie, 64
3199	Qu. 3199	Ne/Sa/42		Gunn, ASAE 28 (1928), 171, Abb. 31; Kahl et al., Inschriften der 3. Dynastie, 66
3200	Qu. 3200	Ne/Sa/43		Gunn, ASAE 28 (1928), 171, Abb. 32; Kahl et al., Inschriften der 3. Dynastie, 66
3201	Qu. 3201	Ne/Sa/44		Gunn, ASAE 28 (1928), 171, Abb. 33; Kahl et al., Inschriften der 3. Dynastie, 66
3202	Qu. 3202	Ne/Sa/45		Gunn, ASAE 28 (1928), 171, Abb. 34; Kahl et al., Inschriften der 3. Dynastie, 66
3203	Qu. 3203	Ne/Sa/46		Gunn, ASAE 28 (1928), 171, Abb. 35; Kahl et al., Inschriften der 3. Dynastie, 68
3204	Qu. 3204	Ne/Sa/28		Gunn, ASAE 28 (1928), Taf. 3.1; Firth & Quibell, Step Pyramid II, Taf. 90.1; Kahl et al., Inschriften der 3. Dynastie, 56

Frühzeit-ID	Kahl 1994	Kahl et al.	Kaplony	Bibliographie
3205	Qu. 3205	Ne/Sa/1		Gunn, ASAE 35 (1935), 63, Abb. 1, Taf. 1.1; Firth & Quibell, Step Pyramid II, Taf. 11.3; Kahl et al., Inschriften der 3. Dynastie, 38
3206	Qu. 3206	Ne/Sa/2		Gunn, ASAE 35 (1935), 63, Abb. 1, Taf. 1.2; Firth & Quibell, Step Pyramid II, Taf. 11.3; Kahl et al., Inschriften der 3. Dynastie, 38
3207	Qu. 3207	Ne/Sa/3		Gunn, ASAE 35 (1935), 63, Abb. 1, Taf. 1.3; Firth & Quibell, Step Pyramid II, Taf. 11.3; Kahl et al., Inschriften der 3. Dynastie, 38
3208	Qu. 3208	Ne/Sa/4		Gunn, ASAE 35 (1935), 63, Abb. 1, Taf. 1.4; Firth & Quibell, Step Pyramid II, Taf. 11.3; Kahl et al., Inschriften der 3. Dynastie, 40
3209	Qu. 3209	Ne/Sa/5		Gunn, ASAE 35 (1935), 63, Abb. 1, Taf. 1.5; Firth & Quibell, Step Pyramid II, Taf. 11.3; Kahl et al., Inschriften der 3. Dynastie, 40
3210	Qu. 3210	Ne/Sa/6		Gunn, ASAE 35 (1935), 63, Abb. 1, Taf. 2.6; Firth & Quibell, Step Pyramid II, Taf. 11.3; Kahl et al., Inschriften der 3. Dynastie, 40
3211	Qu. 3211	Ne/Sa/7		Gunn, ASAE 35 (1935), 63, Abb. 1, Taf. 2.7; Firth & Quibell, Step Pyramid II, Taf. 11.3; Kahl et al., Inschriften der 3. Dynastie, 42
3212	Qu. 3212	Ne/Sa/8		Gunn, ASAE 35 (1935), 63, Abb. 1, Taf. 2.8; Firth & Quibell, Step Pyramid II, Taf. 11.3; Kahl et al., Inschriften der 3. Dynastie, 42
3213	Qu. 3213	Ne/Sa/9		Gunn, ASAE 35 (1935), 63, Abb. 1, Taf. 2.9; Firth & Quibell, Step Pyramid II, Taf. 11.3; Kahl et al., Inschriften der 3. Dynastie, 42
3214	Qu. 3214	Ne/Sa/10		Gunn, ASAE 35 (1935), 63, Abb. 1, Taf. 2.10; Firth & Quibell, Step Pyramid II, Taf. 11.3; Kahl et al., Inschriften der 3. Dynastie, 44
3215	Qu. 3215	Ne/Sa/11		Gunn, ASAE 35 (1935), 63, Abb. 1, Taf. 2.11; Firth & Quibell, Step Pyramid II, Taf. 11.3; Kahl et al., Inschriften der 3. Dynastie, 44
3216	Qu. 3216	Ne/Sa/12		Gunn, ASAE 35 (1935), 63, Abb. 1, Taf. 3.12; Firth & Quibell, Step Pyramid II, Taf. 11.3; Kahl et al., Inschriften der 3. Dynastie, 44
3217	Qu. 3217	Ne/Sa/13		Gunn, ASAE 35 (1935), 63, Abb. 1, Taf. 3.13; Firth & Quibell, Step Pyramid II, Taf. 11.3; Kahl et al., Inschriften der 3. Dynastie, 46

Frühzeit-ID	Kahl 1994	Kahl et al.	Kaplony	Bibliographie
3218	Qu. 3218	Ne/Sa/14		Gunn, ASAE 35 (1935), 63, Abb. 1, Taf. 3.14; Firth & Quibell, Step Pyramid II, Taf. 11.3; Kahl et al., Inschriften der 3. Dynastie, 46
3219	Qu. 3219	Ne/Sa/15		Gunn, ASAE 35 (1935), 63, Abb. 1, Taf. 3.15; Firth & Quibell, Step Pyramid II, Taf. 11.3; Kahl et al., Inschriften der 3. Dynastie, 46
3220	Qu. 3220	Ne/Sa/16		Gunn, ASAE 35 (1935), 63, Abb. 1, Taf. 3.16; Firth & Quibell, Step Pyramid II, Taf. 11.3; Kahl et al., Inschriften der 3. Dynastie, 48
3221	Qu. 3221	Ne/Sa/70		Firth & Quibell, Step Pyramid I, 141, Abb. 19; Kahl et al., Inschriften der 3. Dynastie, 86
3222	Qu. 3222	Ne/Sa/71		Firth & Quibell, Step Pyramid I, 141, Abb. 20; Kahl et al., Inschriften der 3. Dynastie, 86
3223	Qu. 3223	Ne/Sa/72		Firth & Quibell, Step Pyramid I, 141, Abb. 21; Kahl et al., Inschriften der 3. Dynastie, 86
3224	Qu. 3224	Ne/Sa/18		Firth & Quibell, Step Pyramid II, Taf. 15; Lauer, MonPiot 49 (1957), Taf. 1.2; Kahl et al., Inschriften der 3. Dynastie, 50; Friedman, JARCE 32 (1995), 28
3224bis		Ne/Sa/19		Lauer, MonPiot 49 (1957), 10, Abb. 8; Kahl et al., Inschriften der 3. Dynastie, 50
3225	Qu. 3225	Ne/Sa/20		Firth & Quibell, Step Pyramid II, Taf. 16; Lauer, MonPiot 49 (1957), Taf. 2.2; Spencer, Early Egypt, 100, Abb. 76; Kahl et al., Inschriften der 3. Dynastie, 50; Friedman, JARCE 32 (1995), 23
3225bis		Ne/Sa/21		Lauer, MonPiot 49 (1957), 7, Abb. 5; Kahl et al., Inschriften der 3. Dynastie, 52
3226	Qu. 3226	Ne/Sa/63		Firth & Quibell, Step Pyramid II, Taf. 29.1–2; Kahl et al., Inschriften der 3. Dynastie, 80
3227	Qu. 3227	Ne/Sa/59		Firth & Quibell, Step Pyramid II, Taf. 42; Lauer, MonPiot 49 (1957), Taf. 1.1; Kahl et al., Inschriften der 3. Dynastie, 78; Friedman, JARCE 32 (1995), 30
3228	Qu. 3228	Ne/Sa/50		Firth & Quibell, Step Pyramid II, Taf. 58; Weill, REA 2 (1928/29), 104, Abb. 1; Urk. I, 153, 4–10; Gunn, ASAE 26 (1926), Taf. 1; Kahl et al., Inschriften der 3. Dynastie, 70

Frühzeit-ID	Kahl 1994	Kahl et al.	Kaplony	Bibliographie
3229	Qu. 3229	Ne/Sa/64		Firth & Quibell, Step Pyramid II, Taf. 86.1; Kahl et al., Inschriften der 3. Dynastie, 82
3230	Qu. 3230	Ne/Sa/65		Firth & Quibell, Step Pyramid II, Taf. 86.2; Kahl et al., Inschriften der 3. Dynastie, 82
3231	Qu. 3231	Ne/Sa/66		Firth & Quibell, Step Pyramid II, Taf. 86.3; Kahl et al., Inschriften der 3. Dynastie, 82
3232	Qu. 3232	Ne/Sa/67		Firth & Quibell, Step Pyramid II, Taf. 86.4; Kahl et al., Inschriften der 3. Dynastie, 84
3233	Qu. 3233	Ne/Sa/68		Firth & Quibell, Step Pyramid II, Taf. 86.5; Kahl et al., Inschriften der 3. Dynastie, 84
3234	Qu. 3234	Ne/Sa/69		Firth & Quibell, Step Pyramid II, Taf. 86.6; Kahl et al., Inschriften der 3. Dynastie, 84
3235	Qu. 3235	Ne/Sa/51		Firth & Quibell, Step Pyramid II, Taf. 87.1; Kahl et al., Inschriften der 3. Dynastie, 72
3236	Qu. 3236	Ne/Sa/52		Firth & Quibell, Step Pyramid II, Taf. 87.2; Kahl et al., Inschriften der 3. Dynastie, 72
3237	Qu. 3237	Ne/Sa/53		Firth & Quibell, Step Pyramid II, Taf. 87.3; Kahl et al., Inschriften der 3. Dynastie, 72
3238	Qu. 3238	Ne/Sa/54		Firth & Quibell, Step Pyramid II, Taf. 87.4; Kahl et al., Inschriften der 3. Dynastie, 74
3239	Qu. 3239	Ne/Sa/55		Firth & Quibell, Step Pyramid II, Taf. 87.5; Kahl et al., Inschriften der 3. Dynastie, 74
3240	Qu. 3240	Ne/Sa/56		Firth & Quibell, Step Pyramid II, Taf. 87.6; Kahl et al., Inschriften der 3. Dynastie, 74
3241	Qu. 3241	Ne/Sa/27		Firth & Quibell, Step Pyramid II, Taf. 89.13; Gunn, ASAE 28 (1928), Taf. 2.11; Kahl et al., Inschriften der 3. Dynastie, 56
3242	Qu. 3242	Ne/Sa/29		Firth & Quibell, Step Pyramid II, Taf. 90.2; Gunn, ASAE 28 (1928), Taf. 3.2; Kahl et al., Inschriften der 3. Dynastie, 56
3243	Qu. 3243	Ne/Sa/30		Firth & Quibell, Step Pyramid II, Taf. 90.7; Kahl et al., Inschriften der 3. Dynastie, 58
3244	Qu. 3244	Ne/Sa/31		Firth & Quibell, Step Pyramid II, Taf. 90.8; Gunn, ASAE 28 (1928), Taf. 3.6; Kahl et al., Inschriften der 3. Dynastie, 58

Frühzeit-ID	Kahl 1994	Kahl et al.	Kaplony	Bibliographie
3245	Qu. 3245	Ne/Sa/33		Firth & Quibell, Step Pyramid II, Taf. 91.5; Kahl et al., Inschriften der 3. Dynastie, 60
3246	Qu. 3246		IÄFS 1077	IÄFS, Abb. 1077; Firth & Quibell, Step Pyramid II, Taf. 91.9
3247	Qu. 3247	Ne/Sa/34		Firth & Quibell, Step Pyramid II, Taf. 91.11; Kahl et al., Inschriften der 3. Dynastie, 60
3248	Qu. 3248	Ne/Sa/25		Firth & Quibell, Step Pyramid II, Taf. 109.1; Kahl et al., Inschriften der 3. Dynastie, 54
3248bis		Ne/Sa/23		Lauer, MonPiot 49 (1957), 8, Abb. 6; Kahl et al., Inschriften der 3. Dynastie, 52
3249	Qu. 3249	Ne/Sa/58		Gardiner, JEA 30 (1944), Taf. 3.3; Firth & Quibell, Step Pyramid II, Taf. 41; Lauer, MonPiot 49 (1957), Taf. 2.1; Kahl et al., Inschriften der 3. Dynastie, 76; Friedman, JARCE 32 (1995), 38
3250	Qu. 3250	Ne/Sa/22		Gardiner, JEA 30 (1944), Taf. 3.4; Firth & Quibell, Step Pyramid II, Taf. 17; Lauer, MonPiot 49 (1957), 4, Abb. 2; Kahl et al., Inschriften der 3. Dynastie, 52; Friedman, JARCE 32 (1995), 19
3251	Qu. 3251	Ne/Sa/17		Aegyptische Inschriften I, 1; Schäfer, MDAIK 4 (1933), Taf. 1; Kahl et al., Inschriften der 3. Dynastie, 48
3252	Qu. 3252	Ne/Sa/47		PD III, 74, Abb. 91; Kahl et al., Inschriften der 3. Dynastie, 68
3253	Qu. 3253	Ne/Sa/48		PD III, 77, Abb. 92; Kahl et al., Inschriften der 3. Dynastie, 68
3254	Qu. 3254	Ne/Sa/49		PD III, 77, Abb. 93; Kahl et al., Inschriften der 3. Dynastie, 70
3255	Qu. 3255	Ne/Sa/61		PD III, 77, Abb. 94; Kahl et al., Inschriften der 3. Dynastie, 78
3256	Qu. 3256			PD V, 94, Abb. 178a
3257	Qu. 3257	Ne/Sa/57		Lauer, Hist. Mon., Taf. 25 (u.); Firth & Quibell, Step Pyramid II, Taf. 40; Lauer, MonPiot 49 (1957), 5, Abb. 3; Kahl et al., Inschriften der 3. Dynastie, 76; Friedman, JARCE 32 (1995), 39
3258	Qu. 3258	Ne/Sa/60		Lauer, Hist. Mon., Taf. 27 (mi.); Firth & Quibell, Step Pyramid II, Taf. 43; Lauer, MonPiot 49 (1957), 11, Abb. 9; Kahl et al., Inschriften der 3. Dynastie, 78

Frühzeit-ID	Kahl 1994	Kahl et al.	Kaplony	Bibliographie
3259	Qu. 3259	Ne/Sa/26	IÄF III, 292	IÄF III, Abb. 292; Lauer, ASAE 33 (1933), 159, Taf. 1.1; Firth & Quibell, Step Pyramid II, Taf. 18.3; Kahl et al., Inschriften der 3. Dynastie, 54
3260	Qu. 3260	Ne/Sa/24		Aly, JACF 3 (1989/90), 27; Kahl et al., Inschriften der 3, Dynastie, 54
3261	Qu. 3261	Ne/Sa/73		Goneim, Horus Sekhem-khet, 10, Abb. 26; Kahl et al., Inschriften der 3. Dynastie, 88
3262	Qu. 3262	Ne/Sa/74		Quibell, Archaic Mastabas, 30; Kahl et al., Inschriften der 3. Dynastie, 88
3263	Qu. 3263	Ne/Sa/75		Quibell, Hesy, Taf. 7.3; Kahl et al., Inschriften der 3. Dynastie, 88
3264	Qu. 3264	Ne/Sa/76		Quibell, Hesy, Taf. 15–22; Kahl et al., Inschriften der 3. Dynastie, 90–101
3265	Qu. 3265	Ne/Sa/77		Quibell, Hesy, Taf. 28.8–9; Kahl et al., Inschriften der 3. Dynastie, 102
3266	Qu. 3266	Ne/Sa/78		Quibell, Hesy, Taf. 28.12; Kahl et al., Inschriften der 3. Dynastie, 102
3267	Qu. 3267	Ne/Sa/79		Quibell, Hesy, Taf. 28.23; Kahl et al., Inschriften der 3. Dynastie, 102
3268	Qu. 3268			Quibell, Hesy, Taf. 28.25
3269	Qu. 3269	Ne/Sa/80		Quibell, Hesy, Taf. 29.1; Mariette, Mastabas, 82; Kahl et al., Inschriften der 3. Dynastie, 104
3270	Qu. 3270	Ne/Sa/81		Quibell, Hesy, Taf. 29.2; Mariette, Mastabas, 81; Kahl et al., Inschriften der 3. Dynastie, 106
3271	Qu. 3271	Ne/Sa/82		Quibell, Hesy, Taf. 30.3; Kahl et al., Inschriften der 3. Dynastie, 108
3272	Qu. 3272	Ne/Sa/83		Quibell, Hesy, Taf. 30.4; Kahl et al., Inschriften der 3. Dynastie, 108
3273	Qu. 3273	Ne/Sa/84		Quibell, Hesy, Taf. 31.5; Mariette, Mastabas, 80; Kahl et al., Inschriften der 3. Dynastie, 110
3274	Qu. 3274	Ne/Sa/85		Martin, Hetepka, Taf. 19.5; Emery, JEA 56 (1970), Taf. 17.1; Kahl et al., Inschriften der 3. Dynastie, 112
3275	Qu. 3275	Ne/Sa/87	IÄFS 1044	IÄFS, Abb. 1044; Kahl et al., Inschriften der 3. Dynastie, 112
3276	Qu. 3276	Ne/He/1		Smith, Sculpture and Painting, 133, Abb. 48 (li.); Kahl et al., Inschriften der 3. Dynastie, 114
3277	Qu. 3277	Ne/He/2		Smith, Sculpture and Painting, 133, Abb. 48 (re.); Kahl et al., Inschriften der 3. Dynastie, 114
3278	Qu. 3278	Ne/He/3		Smith, Sculpture and Painting, 134, Abb. 49; Kahl et al., Inschriften der 3. Dynastie, 114

Frühzeit-ID	Kahl 1994	Kahl et al.	Kaplony	Bibliographie
3279	Qu. 3279	Ne/He/4		Smith, Sculpture and Painting, 135, Abb. 50; Urk. I, 153.12–154.9; Kahl et al., Inschriften der 3. Dynastie, 116
3280	Qu. 3280	Ne/He/5		Smith, Sculpture and Painting, 136, Abb. 51; Kahl et al., Inschriften der 3. Dynastie, 118
3281	Qu. 3281	Ne/He/6		Smith, Sculpture and Painting, 136, Abb. 52; Kahl et al., Inschriften der 3. Dynastie, 118
3282	Qu. 3282	Ne/He/7		Smith, Sculpture and Painting, 137, Abb. 53; Kahl et al., Inschriften der 3. Dynastie, 118
3283	Qu. 3283	Ne/Ma/1		Inscr. Sinai I, Taf. 1.2; Kahl et al., Inschriften der 3. Dynastie, 120
3284	Qu. 3284	Ne/By/1		Montet, Kêmi 1 (1928), 84, Abb. 2; Kahl et al., Inschriften der 3. Dynastie, 122
3285	Qu. 3285	Ne/?/1		Weill, La IIe et la IIIe dynasties, 181; Wiedemann, OLZ 1 (1898), Taf. 1; Keimer, ASAE 31 (1931), 176, Abb. 24a; Kahl et al., Inschriften der 3. Dynastie, 122
3286	Qu. 3286	Ne/?/2		Weill, La IIe et la IIIe dynasties, 181–184, Taf. 2; Keimer, ASAE 31 (1931), 176, Abb. 24b; Kahl et al., Inschriften der 3. Dynastie, 122
3287	Qu. 3287	Ne/?/3		Weill, La IIe et la IIIe dynasties, 258, Taf. 5; Kahl et al., Inschriften der 3. Dynastie, 124
3288	Qu. 3288	Ne/?/4		Weill, La IIe et la IIIe dynasties, 258, Taf. 5; Kahl et al., Inschriften der 3. Dynastie, 124
3289	Qu. 3289	Ne/?/5		Kaplony, Steingefässe, 52–53 (21); Kahl et al., Inschriften der 3. Dynastie, 124
3290	Qu. 3290	Se/Sa/1		Kahl et al., Inschriften der 3. Dynastie, 130; Goneim, Horus Sekhemkhet, 14, Abb. 28
3291	Qu. 3291	Se/Sa/2		Kahl et al., Inschriften der 3. Dynastie, 130; Goneim, Horus Sekhemkhet, 15, Abb. 29
3292	Qu. 3292	Se/Sa/3		Kahl et al., Inschriften der 3. Dynastie, 130; Goneim, Horus Sekhemkhet, 15, Abb. 30
3293	Qu. 3293	Se/Sa/4		Kahl et al., Inschriften der 3. Dynastie, 132; Goneim, Horus Sekhemkhet, 15, Abb. 31
3294	Qu. 3294	Se/Sa/5		Kahl et al., Inschriften der 3. Dynastie, 132; Goneim, Horus Sekhemkhet, Taf. 13

Frühzeit-ID	Kahl 1994	Kahl et al.	Kaplony	Bibliographie
3295	Qu. 3295	Se/Sa/6		Kahl et al., Inschriften der 3. Dynastie, 134; Goneim, Horus Sekhemkhet, Taf. 37 B.2
3296	Qu. 3296	Se/Sa/7		Kahl et al., Inschriften der 3. Dynastie, 134; Goneim, Horus Sekhemkhet, Taf. 65 B.66
3297	Qu. 3297	Se/Ma/1		Kahl et al., Inschriften der 3. Dynastie, 136; Inscr. Sinai I, Taf. 1.1a; Goneim, Horus Sekhem-khet, Taf. 73
3298	Qu. 3298	Se/Ma/1		Kahl et al., Inschriften der 3. Dynastie, 136; Inscr. Sinai I, Taf. 1.1b; Goneim, Horus Sekhem-khet, Taf. 73
3299	Qu. 3299	Se/Ma/2		Kahl et al., Inschriften der 3. Dynastie, 136; Giveon, BASOR 216 (1974), 18, Abb. 1, 19, Abb. 2
3300	Qu. 3300	Sa/El/1		Kahl et al., Inschriften der 3. Dynastie, 140; Kaiser et al., MDAIK 38 (1982), 304, Abb. 15, Taf. 65b
3301	Qu. 3301	Sa/Be/1		Kahl et al., Inschriften der 3. Dynastie, 140; Mahâsna and Bêt Khallâf, Taf. 19.1–5
3302	Qu. 3302	Sa/Be/2		Kahl et al., Inschriften der 3. Dynastie, 140; Mahâsna and Bêt Khallâf, Taf. 19.6
3303	Qu. 3303	Sa/Be/3		Kahl et al., Inschriften der 3. Dynastie, 142; Mahâsna and Bêt Khallâf, Taf. 19.7
3304	Qu. 3304	Sa/Be/4		Kahl et al., Inschriften der 3. Dynastie, 142; Mahâsna and Bêt Khallâf, Taf. 19.8
3305	Qu. 3305	Sa/Be/5		Kahl et al., Inschriften der 3. Dynastie, 142; Mahâsna and Bêt Khallâf, Taf. 19.9
3306	Qu. 3306	Sa/Be/6		Kahl et al., Inschriften der 3. Dynastie, 142; Mahâsna and Bêt Khallâf, Taf. 19.10
3307	Qu. 3307	Sa/Be/7		Kahl et al., Inschriften der 3. Dynastie, 144; Mahâsna and Bêt Khallâf, Taf. 19.11–16, 18–19
3308	Qu. 3308	Sa/Be/8		Kahl et al., Inschriften der 3. Dynastie, 144; Mahâsna and Bêt Khallâf, Taf. 19.17
3309	Qu. 3309	Sa/Be/9		Kahl et al., Inschriften der 3. Dynastie, 144; Mahâsna and Bêt Khallâf, Taf. 19.20
3310	Qu. 3310	Sa/Be/10		Kahl et al., Inschriften der 3. Dynastie, 146; Mahâsna and Bêt Khallâf, Taf. 19.22
3311	Qu. 3311	Sa/Be/11		Kahl et al., Inschriften der 3. Dynastie, 146; Mahâsna and Bêt Khallâf, Taf. 19.23

Frühzeit-ID	Kahl 1994	Kahl et al.	Kaplony	Bibliographie
3312	Qu. 3312	Sa/Be/12		Kahl et al., Inschriften der 3. Dynastie, 146; Mahâsna and Bêt Khallâf, Taf. 19.24
3313	Qu. 3313	Sa/Be/13		Kahl et al., Inschriften der 3. Dynastie, 148; Mahâsna and Bêt Khallâf, Taf. 19.25
3314	Qu. 3314	Sa/Be/14		Kahl et al., Inschriften der 3. Dynastie, 148, Mahâsna and Bêt Khallâf, Taf. 28.8
3315	Qu. 3315	Sa/Sa/1		Kahl et al., Inschriften der 3. Dynastie, 148; Firth & Quibell, Step Pyramid I, 141, Abb. 18 (li.)
3316	Qu. 3316	Sa/Sa/2		Kahl et al., Inschriften der 3. Dynastie, 150; Firth & Quibell, Step Pyramid I, 141, Abb. 18 (re.)
3317	Qu. 3317	Sa/Ma/1		Kahl et al., Inschriften der 3. Dynastie, 150; Inscr. Sinai I, Taf. 1.4; Spencer, Early Egypt, 101, Abb. 77
3318	Qu. 3318	Sa/Ma/2		Kahl et al., Inschriften der 3. Dynastie, 150; Inscr. Sinai I, Taf. 4.3
3319	Qu. 3319	Ch/El/1		Kahl et al., Inschriften der 3. Dynastie, 154; Kaiser et al., MDAIK 43 (1987), 109, Abb. 13b, Taf. 15b
3320	Qu. 3320	Ch/Hi/1		Kahl et al., Inschriften der 3. Dynastie, 154; Hierakonpolis II, Taf. 70.1
3321	Qu. 3321	Ch/As/1		Kahl et al., Inschriften der 3. Dynastie, 154; Borchardt, Sahure I, 114
3322	Qu. 3322	Ch/Za/1		Kahl et al., Inschriften der 3. Dynastie, 156; Dunham, Zawiyet el-Aryan, 34
3323	Qu. 3323	Ch/Za/2		Kahl et al., Inschriften der 3. Dynastie, 156; Dunham, Zawiyet el-Aryan, 34
3324	Qu. 3324	Ch/Za/3		Kahl et al., Inschriften der 3. Dynastie, 156; Dunham, Zawiyet el-Aryan, 34
3325	Qu. 3325	Ch/Za/4		Kahl et al., Inschriften der 3. Dynastie, 156; Dunham, Zawiyet el-Aryan, 34
3326	Qu. 3326	Ch/Za/5		Kahl et al., Inschriften der 3. Dynastie, 158; Dunham, Zawiyet el-Aryan, 34
3327	Qu. 3327	Ch/?/1		Kahl et al., Inschriften der 3. Dynastie, 158; Arkell, JEA 42 (1956), 116, Abb. a
3328	Qu. 3328	Ch/?/2		Kahl et al., Inschriften der 3. Dynastie, 158; Arkell, JEA 44 (1958), 120
3329	Qu. 3329	Ch/?/3	IÄF III, 805	IÄF III, Abb. 805; Kahl et al., Inschriften der 3. Dynastie, 160; Petrie, Scarabs, Taf. 8.2

Frühzeit-ID	Kahl 1994	Kahl et al.	Kaplony	Bibliographie
3330	Qu. 3330	Ḳa/?/1		Ziegler, Catalogue des Stèles, 56; Kahl et al., Inschriften der 3. Dynastie, 164
3331	Qu. 3331	Hu/El/1		Kahl et al., Inschriften der 3. Dynastie, 164; Dreyer & Kaiser, MDAIK 36 (1980), Taf. 71c–d
3332	Qu. 3332	Ba/Sa/1		Kahl et al., Inschriften der 3. Dynastie, 164; Swelim, Third Dynasty, 182, 185, Abb. 3
3333	Qu. 3333	D3/Ra/1		Kahl et al., Inschriften der 3. Dynastie, 172; Weill, La IIe et la IIIe dynasties, 211
3334	Qu. 3334	D3/Sa/1		Kahl et al., Inschriften der 3. Dynastie, 180; Quibell, Archaic Mastabas, 38
3335	Qu. 3335	D3/Sa/2		Kahl et al., Inschriften der 3. Dynastie, 180; Quibell, Archaic Mastabas, 39
3336	Qu. 3336	D3/Sa/3	IÄFS 1081	IÄFS, Abb. 1081; Kahl et al., Inschriften der 3. Dynastie, 180; Quibell, Archaic Mastabas, 39
3337	Qu. 3337	D3/Sa/4	IÄF III, 833	IÄF III, Abb. 833; KBIÄF, Abb. 833; IÄF I, 232 (Sp 30); Kahl et al., Inschriften der 3. Dynastie, 182
3338	Qu. 3338	D3/Sa/5	IÄF III, 834	IÄF I, 232 (Sp 31), III, Abb. 834; Kahl et al., Inschriften der 3. Dynastie, 184
3339	Qu. 3339	D3/Sa/6		Kahl et al., Inschriften der 3. Dynastie, 184; Martin, Hetepka, Taf. 20.10
3340	Qu. 3340	D3/Sa/7		Kahl et al., Inschriften der 3. Dynastie, 184; Martin, Hetepka, Taf. 20.11
3341	Qu. 3341	D3/Sa/8		Kahl et al., Inschriften der 3. Dynastie, 186; Martin, Hetepka, Taf. 20.12
3342	Qu. 3342	D3/Sa/17		Kahl et al., Inschriften der 3. Dynastie, 200; Martin, Hetepka, Taf. 19.7
3343	Qu. 3343	D3/Sa/18	IÄF III, 835	IÄF I, 232 (Sp 32), III, Abb. 835; KBIÄF, Taf. III (835); Kahl et al., Inschriften der 3. Dynastie, 200
3344	Qu. 3344			Emery, Tombs of the First Dynasty III, 76, Taf. 98
3345	Qu. 3345	D3/Sa/19		Kahl et al., Inschriften der 3. Dynastie, 202; Weill, La IIe et la IIIe dynasties, Taf. 7
3346	Qu. 3346	D3/Sa/19		Kahl et al., Inschriften der 3. Dynastie, 202; Weill, La IIe et la IIIe dynasties, Taf. 7
3347	Qu. 3347	D3/Sa/20		Kahl et al., Inschriften der 3. Dynastie, 206; Ziegler, Catalogue des stèles, 97 (li.), 99 (li.)
3348	Qu. 3348	D3/Sa/21		Kahl et al., Inschriften der 3. Dynastie, 208; Ziegler, Catalogue des stèles, 97 (re.), 99 (re.)

Frühzeit-ID	Kahl 1994	Kahl et al.	Kaplony	Bibliographie
3349	Qu. 3349	D3/Sa/22		Kahl et al., Inschriften der 3. Dynastie, 210; Ziegler, Catalogue des stèles, 102 (re.), 103 (re.)
3350	Qu. 3350	D3/Sa/23		Kahl et al., Inschriften der 3. Dynastie, 212; Ziegler, Catalogue des stèles, 102 (li.), 103 (li.)
3351	Qu. 3351	D3/Sa/24		Kahl et al., Inschriften der 3. Dynastie, 214; Weill, La IIe et la IIIe dynasties, 272, Taf. 6 (u.); Aegyptische Inschriften I, 68
3352	Qu. 3352	D3/Sa/26		Kahl et al., Inschriften der 3. Dynastie, 214; Martin, Hetepka, Taf. 19.9; EDO, 14, Abb. 2, Taf. 2.2
3353	Qu. 3353	D3/Sa/27	IÄF III, 836	IÄF I, 232 (Sp 33), III, Abb. 836; Kahl et al., Inschriften der 3. Dynastie, 216
3354	Qu. 3354	D3/Sa/28		Kahl et al., Inschriften der 3. Dynastie, 216; Drenkhahn, Ägyptische Reliefs, 22, Abb. 3
3355	Qu. 3355	D3/Sa/29		Kahl et al., Inschriften der 3. Dynastie, 218; Drenkhahn, Ägyptische Reliefs, 23, Abb. 4
3356	Qu. 3356	D3/Sa/30		Kahl et al., Inschriften der 3. Dynastie, 218; Drenkhahn, Ägyptische Reliefs, 23, Abb. 5
3357	Qu. 3357	D3/Sa/31		Weill, La IIe et la IIIe dynasties, 220; Boesner, Leiden I, Taf. 23; Kahl et al., Inschriften der 3. Dynastie, 218
3358	Qu. 3358	D3/Sa/32		Kahl et al., Inschriften der 3. Dynastie, 218; Fischer, JNES 18 (1959), 262, Abb. 24, Taf. 11
3359	Qu. 3359	Ne/?/6		Kahl et al., Inschriften der 3. Dynastie, 126; Weill, La IIe et la IIIe dynasties, 259, Taf. 5
3360	Qu. 3360	D3/?/2		Kahl et al., Inschriften der 3. Dynastie, 220; Weill, La IIe et la IIIe dynasties, 260
3361	Qu. 3361	D3/?/3		Kahl et al., Inschriften der 3. Dynastie, 222; EDO 13.1, Abb. 1, Taf. 1
3362	Qu. 3362	D3/?/4	IÄF III, 838	IÄF III, Abb. 838; KBIÄF, Abb. 838; James, Inscriptions Brooklyn, Taf. 17.31; Kahl et al., Inschriften der 3. Dynastie, 222–224
3363	Qu. 3363	D3/?/5	IÄFS 1043	IÄFS, Abb. 1043; Kahl et al., Inschriften der 3. Dynastie, 224
3364	Qu. 3364		KBIÄF 1141	KBIÄF, Abb. 1141
3365	Qu. 3365	D3/El/1		Kahl et al., Inschriften der 3. Dynastie, 168; Dreyer, Fs Fecht, 99, Abb. 1b
3366	Qu. 3366	D3/El/2		Kahl et al., Inschriften der 3. Dynastie, 168; Dreyer, Fs Fecht, 99, Abb. 1a
3367	Qu. 3367	D3/El/3		Kahl et al., Inschriften der 3. Dynastie, 170; Dreyer, Fs Fecht, 100, Abb. 2

Frühzeit-ID	Kahl 1994	Kahl et al.	Kaplony	Bibliographie
3368	Qu. 3368	D3/Hl/1		Saad, Ceiling Stelae, Taf. 30; IÄF I, 232 (Sp 25); Kahl et al., Inschriften der 3. Dynastie, 172; Helwan II, 161
3369	Qu. 3369	D3/Hl/2		Saad, Ceiling Stelae, Taf. 29; IÄF I, 232 (Sp 24); Kahl et al., Inschriften der 3. Dynastie, 176; Helwan II, 187
3370	Qu. 3370	D3/Hl/3		Saad, Ceiling Stelae, Taf. 27; IÄF I, 231 (Sp 23); Kahl et al., Inschriften der 3. Dynastie, 178; Helwan II, 185
3371	Qu. 3371	D3/Sa/9		Kahl et al., Inschriften der 3. Dynastie, 186; Murray, Saqqara Mastabas I, Taf. 1, 2 (o.)
3372	Qu. 3372	D3/Sa/11		Kahl et al., Inschriften der 3. Dynastie, 194; Murray, Saqqara Mastabas I, Taf. 2
3373	Qu. 3373	D3/Sa/12		Kahl et al., Inschriften der 3. Dynastie, 198; Martin, Hetepka, Taf. 19.6
3374	Qu. 3374	D3/Sa/14		Kahl et al., Inschriften der 3. Dynastie, 198; Martin, Hetepka, Taf. 19.8
3375	Qu. 3375		IÄFS 996bis	IÄFS, Abb. 996bis; Engel, Rollsiegel, 116
3376	Qu. 3376		IÄFS 938	IÄFS, Abb. 938; Engel, Rollsiegel, 153
3377	Qu. 3377		IÄFS 917bis	IÄFS, Abb. 917bis; Engel, Rollsiegel, 136
3378	Qu. 3378		IÄFS 1046	IÄFS, Abb. 1046
3379	Qu. 3379			Hierakonpolis II, Taf. 71 (u. re.)
3380	Qu. 3380		IÄF III, 620	IÄF III, Abb. 620; Engel, Rollsiegel, 142
3381	Qu. 3381		IÄF III, 654	IÄF III, Abb. 654; Engel, Rollsiegel, 161
3382	Qu. 3382			James, Inscriptions Brooklyn, Taf. 14.8; Engel, Rollsiegel, 94
3383	Qu. 3383		IÄF III, 680	IÄF III, Abb. 680; Engel, Rollsiegel, 160
3384	Qu. 3384		IÄFS 1065	IÄFS, Abb. 1065
3385	Qu. 3385		IÄF III, 539	IÄF III, Abb. 539; Engel, Rollsiegel, 58
3386	Qu. 3386			Abydos II, Taf. 12.278
3387	Qu. 3387			Abydos II, Taf. 12.279
3388	Qu. 3388			Abydos II, Taf. 14.283
3389	Qu. 3389			Abydos I, Taf. 12.20
3390	Qu. 3390			Abydos I, Taf. 12.21
3391	Qu. 3391			Abydos I, Taf. 12.22
3392	Qu. 3392		IÄFS 1035bis	IÄFS, Abb. 1035bis
3393	Qu. 3393		IÄFS 1049	IÄFS, Abb. 1049
3394	Qu. 3394		IÄF III, 509	IÄF III, Abb. 509; Abydos II, Taf. 12.275; Engel, Rollsiegel, 153
3395	Qu. 3395		IÄF III, 520	IÄF III, Abb. 520; Müller, Sammlung von Bissing, Nr. 1; Engel, Rollsiegel, 153
3396	Qu. 3396		IÄFS 1045	IÄFS, Abb. 1045
3397	Qu. 3397		IÄFS 985	IÄFS, Abb. 985; Engel, Rollsiegel, 68
3398	Qu. 3398			Sedment I, Taf. 3.31
3399	Qu. 3399		IÄFS 893	IÄFS, Abb. 893

Frühzeit-ID	Kahl 1994	Kahl et al.	Kaplony	Bibliographie
3400	Qu. 3400			Martin, Hetepka, Taf. 19.3
3401	Qu. 3401		IÄFS 1059	IÄFS, Abb. 1059
3402	Qu. 3402		IÄFS 1060	IÄFS, Abb. 1060
3403	Qu. 3403		IÄFS 1073	IÄFS, Abb. 1073; KBIÄF, Abb. 1073
3404	Qu. 3404			PM III.2, 769
3405	Qu. 3405		IÄF III, 583	IÄF III, Abb. 583; Saad, Helwan (1945–1947), 31, Abb. 12, Taf. 31b; Engel, Rollsiegel, 136
3406	Qu. 3406			Saad, Helwan, Taf. 97 (li.)
3407	Qu. 3407			Saad, Helwan, Taf. 97 (mi.)
3408	Qu. 3408			Saad, Helwan, Taf. 97 (re.)
3409	Qu. 3409		IÄF III, 496	Saad, Helwan (1945–1947), 44, Abb. 15, Taf. 54c; IÄF III, Abb. 496; Engel, Rollsiegel, 124
3410	Qu. 3410		IÄFS 897	IÄFS, Abb. 897; Saad, Helwan, Taf. 96; Engel, Rollsiegel, 99
3411	Qu. 3411			Saad, Helwan, Taf. 75
3412	Qu. 3412		IÄFS 992	IÄFS, Abb. 992
3413	Qu. 3413		IÄF III, 538	IÄF III, Abb. 538; Bonnet, Gräberfeld, 47, Abb. 17; Engel, Rollsiegel, 143
3414	Qu. 3414		IÄFS 929	IÄFS, Abb. 929; Engel, Rollsiegel, 137
3415	Qu. 3415			Seton-Williams, JEA 53 (1967), Taf. 28.2; Engel, Rollsiegel, 141
3416	Qu. 3416		IÄF III, 51	IÄF III, Abb. 51
3417	Qu. 3417		IÄF III, 112	IÄF III, Abb. 112
3418	Qu. 3418		IÄF III, 117	IÄF III, Abb. 117
3419	Qu. 3419		IÄF III, 122	IÄF III, Abb. 122; Engel, Rollsiegel, 90
3420	Qu. 3420		IÄF III, 131	IÄF III, Abb. 131
3421	Qu. 3421		IÄF III, 132	IÄF III, Abb. 132; Engel, Rollsiegel, 73
3422	Qu. 3422		IÄF III, 328	IÄF III, Abb. 328; Engel, Rollsiegel, 101
3423	Qu. 3423		IÄF III, 329	IÄF III, Abb. 329; Engel, Rollsiegel, 117
3424	Qu. 3424		IÄF III, 341	IÄF III, Abb. 341; Engel, Rollsiegel, 109
3425	Qu. 3425		IÄF III, 342	IÄF III, Abb. 342; Engel, Rollsiegel, 107
3426	Qu. 3426		IÄF III, 344	IÄF III, Abb. 344; Engel, Rollsiegel, 139
3427	Qu. 3427		IÄF III, 344bis	IÄF III, Abb. 344bis; Engel, Rollsiegel, 165
3428	Qu. 3428		IÄF III, 359	IÄF III, Abb. 359
3429	Qu. 3429		IÄF III, 370	IÄF III, Abb. 370; Engel, Rollsiegel, 132
3430	Qu. 3430		IÄF III, 371	IÄF III, Abb. 371; Engel, Rollsiegel, 104
3431	Qu. 3431		IÄF III, 375	IÄF III, Abb. 375; Engel, Rollsiegel, 119
3432	Qu. 3432		IÄF III, 376	IÄF III, Abb. 376; Engel, Rollsiegel, 110
3433	Qu. 3433		IÄF III, 378	IÄF III, Abb. 378; Engel, Rollsiegel, 100
3434	Qu. 3434		IÄF III, 382	IÄF III, Abb. 382; Engel, Rollsiegel, 135
3435	Qu. 3435		IÄF III, 392	IÄF III, Abb. 392
3436	Qu. 3436		IÄF III, 399	IÄF III, Abb. 399; Engel, Rollsiegel, 96
3437	Qu. 3437		IÄF III, 401	IÄF III, Abb. 401; Engel, Rollsiegel, 111
3438	Qu. 3438		IÄF III, 405	IÄF III, Abb. 405; Engel, Rollsiegel, 128
3439	Qu. 3439		IÄF III, 408bis	IÄF III, Abb. 408bis; Engel, Rollsiegel, 58

Frühzeit-ID	Kahl 1994	Kahl et al.	Kaplony	Bibliographie
3440	Qu. 3440		IÄF III, 410	IÄF III, Abb. 410; Engel, Rollsiegel, 146
3441	Qu. 3441		IÄF III, 411	IÄF III, Abb. 411; Sayce, PSBA 22 (1900), 279, t(2); Engel, Rollsiegel, 159
3442	Qu. 3442		IÄF III, 412	IÄF III, Abb. 412; Engel, Rollsiegel, 66
3443	Qu. 3443		IÄF III, 414	IÄF III, Abb. 414; Engel, Rollsiegel, 68
3444	Qu. 3444		IÄF III, 415	IÄF III, Abb. 415; Engel, Rollsiegel, 145
3445	Qu. 3445		IÄF III, 416	IÄF III, Abb. 416; Engel, Rollsiegel, 57
3446	Qu. 3446		IÄF III, 417	IÄF III, Abb. 417; Engel, Rollsiegel, 143
3447	Qu. 3447		IÄF III, 418	IÄF III, Abb. 418; Engel, Rollsiegel, 165
3448	Qu. 3448		IÄF III, 421	IÄF III, Abb. 421; Sayce, PSBA 22 (1900), 280, t(3); Engel, Rollsiegel, 67
3449	Qu. 3449		IÄF III, 421bis	IÄF III, Abb. 421bis; Engel, Rollsiegel, 166
3450	Qu. 3450		IÄF III, 428	IÄF III, Abb. 428; Engel, Rollsiegel, 165
3451	Qu. 3451		IÄF III, 429	IÄF III, Abb. 429; Engel, Rollsiegel, 165
3452	Qu. 3452		IÄF III, 431	IÄF III, Abb. 431; Engel, Rollsiegel, 127
3453	Qu. 3453		IÄF III, 433	IÄF III, Abb. 433; Engel, Rollsiegel, 164
3454	Qu. 3454		IÄF III, 434	IÄF III, Abb. 434; Engel, Rollsiegel, 149
3455	Qu. 3455		IÄF III, 436	IÄF III, Abb. 436; Engel, Rollsiegel, 117
3456	Qu. 3456		IÄF III, 437	IÄF III, Abb. 437; Engel, Rollsiegel, 114
3457	Qu. 3457		IÄF III, 438	IÄF III, Abb. 438; Engel, Rollsiegel, 98
3458	Qu. 3458		IÄF III, 440	IÄF III, Abb. 440; Engel, Rollsiegel, 78
3459	Qu. 3459		IÄF III, 442	IÄF III, Abb. 442; Sayce, PSBA 20 (1898), 98, t(11); Engel, Rollsiegel, 79
3460	Qu. 3460		IÄF III, 443	IÄF III, Abb. 443; Engel, Rollsiegel, 91
3461	Qu. 3461		IÄF III, 444	IÄF III, Abb. 444; Engel, Rollsiegel, 78
3462	Qu. 3462		IÄF III, 445	IÄF III, Abb. 445; Engel, Rollsiegel, 92
3463	Qu. 3463		IÄF III, 447	IÄF III, Abb. 447; Engel, Rollsiegel, 68
3464	Qu. 3464		IÄF III, 448	IÄF III, Abb. 448; Engel, Rollsiegel, 70
3465	Qu. 3465		IÄF III, 449	IÄF III, Abb. 449; Engel, Rollsiegel, 56
3466	Qu. 3466		IÄF III, 450	IÄF III, Abb. 450; Engel, Rollsiegel, 108
3467	Qu. 3467		IÄF III, 451	IÄF III, Abb. 451; Engel, Rollsiegel, 67
3468	Qu. 3468		IÄF III, 452	IÄF III, Abb. 452; Engel, Rollsiegel, 60
3469	Qu. 3469		IÄF III, 453	IÄF III, Abb. 453; Engel, Rollsiegel, 57
3470	Qu. 3470		IÄF III, 454	IÄF III, Abb. 454; Engel, Rollsiegel, 114
3471	Qu. 3471		IÄF III, 455	IÄF III, Abb. 455; Engel, Rollsiegel, 63
3472	Qu. 3472		IÄF III, 461	IÄF III, Abb. 461; Engel, Rollsiegel, 77
3473	Qu. 3473		IÄF III, 462	IÄF III, Abb. 462; Engel, Rollsiegel, 80
3474	Qu. 3474		IÄF III, 463	IÄF III, Abb. 463; Newberry, PSBA 28 (1906), 74, Taf. (2); Engel, Rollsiegel, 120
3475	Qu. 3475		IÄF III, 464bis	IÄF III, Abb. 464bis; Engel, Rollsiegel, 133
3476	Qu. 3476		IÄF III, 465	IÄF III, Abb. 465; Engel, Rollsiegel, 84
3477	Qu. 3477		IÄF III, 466	IÄF III, Abb. 466; Engel, Rollsiegel, 150
3478	Qu. 3478		IÄF III, 467	IÄF III, Abb. 467; Engel, Rollsiegel, 75
3479	Qu. 3479		IÄF III, 468	IÄF III, Abb. 468; Engel, Rollsiegel, 122
3480	Qu. 3480		IÄF III, 469	IÄF III, Abb. 469; Engel, Rollsiegel, 76

Frühzeit-ID	Kahl 1994	Kahl et al.	Kaplony	Bibliographie
3481	Qu. 3481		IÄF III, 470	IÄF III, Abb. 470; Engel, Rollsiegel, 124
3482	Qu. 3482		IÄF III, 471	IÄF III, Abb. 471; Müller, Sammlung von Bissing, Nr. 3; Engel, Rollsiegel, 143
3483	Qu. 3483		IÄF III, 472	IÄF III, Abb. 472; Müller, Sammlung von Bissing, Nr. 7; Engel, Rollsiegel, 144
3484	Qu. 3484		IÄF III, 473	IÄF III, Abb. 473; Engel, Rollsiegel, 162
3485	Qu. 3485		IÄF III, 474	IÄF III, Abb. 474; Engel, Rollsiegel, 59
3486	Qu. 3486		IÄF III, 475	IÄF III, Abb. 475; Engel, Rollsiegel, 65
3487	Qu. 3487		IÄF III, 476	IÄF III, Abb. 476; Müller, Sammlung von Bissing, Nr. 5; Engel, Rollsiegel, 62
3488	Qu. 3488		IÄF III, 477	IÄF III, Abb. 477; Engel, Rollsiegel, 120
3489	Qu. 3489		IÄF III, 478	IÄF III, Abb. 478; Engel, Rollsiegel, 90
3490	Qu. 3490		IÄF III, 479	IÄF III, Abb. 479; Engel, Rollsiegel, 86
3491	Qu. 3491		IÄF III, 480	IÄF III, Abb. 480; Engel, Rollsiegel, 149
3492	Qu. 3492		IÄF III, 481	IÄF III, Abb. 481; Engel, Rollsiegel, 88
3493	Qu. 3493		IÄF III, 482	IÄF III, Abb. 482; Engel, Rollsiegel, 113
3494	Qu. 3494		IÄF III, 483	IÄF III, Abb. 483; Engel, Rollsiegel, 91
3495	Qu. 3495		IÄF III, 484	IÄF III, Abb. 484; Engel, Rollsiegel, 120
3496	Qu. 3496		IÄF III, 485	IÄF III, Abb. 485; Engel, Rollsiegel, 98
3497	Qu. 3497		IÄF III, 486	IÄF III, Abb. 486; Engel, Rollsiegel, 88
3498	Qu. 3498		IÄF III, 489	IÄF III, Abb. 489; Müller, Sammlung von Bissing, Nr. 4; Engel, Rollsiegel, 83
3499	Qu. 3499		IÄF III, 490	IÄF III, Abb. 490; Engel, Rollsiegel, 79
3500	Qu. 3500		IÄF III, 491	IÄF III, Abb. 491; Engel, Rollsiegel, 83
3501	Qu. 3501		IÄF III, 492	IÄF III, Abb. 492; Engel, Rollsiegel, 81
3502	Qu. 3502		IÄF III, 493	IÄF III, Abb. 493; Engel, Rollsiegel, 85
3503	Qu. 3503		IÄF III, 494	IÄF III, Abb. 494; Engel, Rollsiegel, 86
3504	Qu. 3504		IÄF III, 495	IÄF III, Abb. 495; Engel, Rollsiegel, 85
3505	Qu. 3505		IÄF III, 496bis	IÄF III, Abb. 496bis; Engel, Rollsiegel, 82
3506	Qu. 3506		IÄF III, 496ter	IÄF III, Abb. 496ter; Engel, Rollsiegel, 83
3507	Qu. 3507		IÄF III, 496quater	IÄF III, Abb. 496quater; Engel, Rollsiegel, 82
3508	Qu. 3508		IÄF III, 497	IÄF III, Abb. 497; Engel, Rollsiegel, 93
3509	Qu. 3509		IÄF III, 498	IÄF III, Abb. 498; Engel, Rollsiegel, 93
3510	Qu. 3510		IÄF III, 499	IÄF III, Abb. 499; Engel, Rollsiegel, 84
3511	Qu. 3511		IÄF III, 500	IÄF III, Abb. 500; Engel, Rollsiegel, 72
3512	Qu. 3512		IÄF III, 501	IÄF III, Abb. 501; Engel, Rollsiegel, 158
3513	Qu. 3513		IÄF III, 502	IÄF III, Abb. 502; Engel, Rollsiegel, 157
3514	Qu. 3514		IÄF III, 503	IÄF III, Abb. 503; Engel, Rollsiegel, 159
3515	Qu. 3515		IÄF III, 504	IÄF III, Abb. 504; Engel, Rollsiegel, 152
3516	Qu. 3516		IÄF III, 505	IÄF III, Abb. 505; Engel, Rollsiegel, 104
3517	Qu. 3517		IÄF III, 506	IÄF III, Abb. 506; Engel, Rollsiegel, 71
3518	Qu. 3518		IÄF III, 510	IÄF III, Abb. 510; Engel, Rollsiegel, 154

Frühzeit-ID	Kahl 1994	Kahl et al.	Kaplony	Bibliographie
3519	Qu. 3519		IÄF III, 511	IÄF III, Abb. 511; Engel, Rollsiegel, 158
3520	Qu. 3520		IÄF III, 512	IÄF III, Abb. 512; Engel, Rollsiegel, 149
3521	Qu. 3521		IÄF III, 513	IÄF III, Abb. 513; Engel, Rollsiegel, 152
3522	Qu. 3522		IÄF III, 514	IÄF III, Abb. 514; Sayce, PSBA 22 (1900), 279, t(1); Engel, Rollsiegel, 155
3523	Qu. 3523		IÄF III, 515	IÄF III, Abb. 515; Engel, Rollsiegel, 153
3524	Qu. 3524		IÄF III, 516	IÄF III, Abb. 516; Engel, Rollsiegel, 73
3525	Qu. 3525		IÄF III, 517	IÄF III, Abb. 517; AVF II, 147; Engel, Rollsiegel, 73
3526	Qu. 3526		IÄF III, 518	IÄF III, Abb. 518; Engel, Rollsiegel, 73
3527	Qu. 3527		IÄF III, 519	IÄF III, Abb. 519; Newberry, PSBA 28 (1906), Taf. 1.1; Engel, Rollsiegel, 156
3528	Qu. 3528		IÄF III, 521	IÄF III, Abb. 521; Engel, Rollsiegel, 148
3529	Qu. 3529		IÄF III, 522	IÄF III, Abb. 522; Engel, Rollsiegel, 150
3530	Qu. 3530		IÄF III, 525	IÄF III, Abb. 525; Engel, Rollsiegel, 134
3531	Qu. 3531		IÄF III, 526	IÄF III, Abb. 526; Engel, Rollsiegel, 59
3532	Qu. 3532		IÄF III, 528	IÄF III, Abb. 528; Engel, Rollsiegel, 122
3533	Qu. 3533		IÄF III, 529	IÄF III, Abb. 529; Engel, Rollsiegel, 66
3534	Qu. 3534		IÄF III, 530	IÄF III, Abb. 530; Engel, Rollsiegel, 142
3535	Qu. 3535		IÄF III, 531	IÄF III, Abb. 531; Engel, Rollsiegel, 161
3536	Qu. 3536		IÄF III, 532	IÄF III, Abb. 532; Engel, Rollsiegel, 89
3537	Qu. 3537		IÄF III, 533	IÄF III, Abb. 533; Engel, Rollsiegel, 61
3538	Qu. 3538		IÄF III, 534	IÄF III, Abb. 534; Engel, Rollsiegel, 62
3539	Qu. 3539		IÄF III, 535	IÄF III, Abb. 535; Engel, Rollsiegel, 61
3540	Qu. 3540		IÄF III, 536	IÄF III, Abb. 536; Engel, Rollsiegel, 146
3541	Qu. 3541		IÄF III, 537	IÄF III, Abb. 537; Engel, Rollsiegel, 65
3542	Qu. 3542		IÄF III, 540	IÄF III, Abb. 540; Engel, Rollsiegel, 60
3543	Qu. 3543		IÄF III, 541	IÄF III, Abb. 541; Engel, Rollsiegel, 124
3544	Qu. 3544		IÄF III, 542bis	IÄF III, Abb. 542bis; Engel, Rollsiegel, 63
3545	Qu. 3545		IÄF III, 542ter	IÄF III, Abb. 542ter; Engel, Rollsiegel, 146
3546	Qu. 3546		IÄF III, 542quater	IÄF III, Abb. 542quater; Engel, Roll-siegel, 60
3547	Qu. 3547		IÄF III, 543	IÄF III, Abb. 543; Engel, Rollsiegel, 118
3548	Qu. 3548		IÄF III, 545	IÄF III, Abb. 545; Engel, Rollsiegel, 123
3549	Qu. 3549		IÄF III, 546	IÄF III, Abb. 546; Engel, Rollsiegel, 84
3550	Qu. 3550		IÄF III, 547	IÄF III, Abb. 547; Engel, Rollsiegel, 84
3551	Qu. 3551		IÄF III, 548	IÄF III, Abb. 548; Engel, Rollsiegel, 81
3552	Qu. 3552		IÄF III, 549	IÄF III, Abb. 549; Engel, Rollsiegel, 82
3553	Qu. 3553		IÄF III, 550	IÄF III, Abb. 550; Engel, Rollsiegel, 87
3554	Qu. 3554		IÄF III, 551	IÄF III, Abb. 551; Engel, Rollsiegel, 80
3555	Qu. 3555		IÄF III, 552	IÄF III, Abb. 552; Engel, Rollsiegel, 79
3556	Qu. 3556		IÄF III, 553	IÄF III, Abb. 553; Engel, Rollsiegel, 146
3557	Qu. 3557		IÄF III, 554	IÄF III, Abb. 554; Engel, Rollsiegel, 70
3558	Qu. 3558		IÄF III, 554bis	IÄF III, Abb. 554bis; Engel, Rollsiegel, 75
3559	Qu. 3559		IÄF III, 555	IÄF III, Abb. 555; Engel, Rollsiegel, 138

Frühzeit-ID	Kahl 1994	Kahl et al.	Kaplony	Bibliographie
3560	Qu. 3560		IÄF III, 556	IÄF III, Abb. 556; Engel, Rollsiegel, 72
3561	Qu. 3561		IÄF III, 557	IÄF III, Abb. 557; Sayce, PSBA 20 (1898), 98, t(5); Engel, Rollsiegel, 156
3562	Qu. 3562		IÄF III, 558	IÄF III, Abb. 558; Engel, Rollsiegel, 75
3563	Qu. 3563		IÄF III, 558bis	IÄF III, Abb. 558bis; Engel, Rollsiegel, 73
3564	Qu. 3564		IÄF III, 560	IÄF III, Abb. 560; Engel, Rollsiegel, 65
3565	Qu. 3565		IÄF III, 561	IÄF III, Abb. 561; Engel, Rollsiegel, 78
3566	Qu. 3566		IÄF III, 562	IÄF III, Abb. 562; Engel, Rollsiegel, 144
3567	Qu. 3567		IÄF III, 564	IÄF III, Abb. 564; Engel, Rollsiegel, 58
3568	Qu. 3568		IÄF III, 565	IÄF III, Abb. 565; Engel, Rollsiegel, 70
3569	Qu. 3569		IÄF III, 566	IÄF III, Abb. 566; Engel, Rollsiegel, 64
3570	Qu. 3570		IÄF III, 568	IÄF III, Abb. 568; Müller, Sammlung von Bissing, Nr. 11; Engel, Rollsiegel, 126
3571	Qu. 3571		IÄF III, 584	IÄF III, Abb. 584; Müller, Sammlung von Bissing, Nr. 6; Engel, Rollsiegel, 79
3572	Qu. 3572		IÄF III, 585	IÄF III, Abb. 585; Engel, Rollsiegel, 90
3573	Qu. 3573		IÄF III, 586	IÄF III, Abb. 586; Engel, Rollsiegel, 89
3574	Qu. 3574		IÄF III, 587	IÄF III, Abb. 587; Engel, Rollsiegel, 84
3575	Qu. 3575		IÄF III, 588bis	IÄF III, Abb. 588bis; Engel, Rollsiegel, 123
3576	Qu. 3576		IÄF III, 589	IÄF III, Abb. 589; Engel, Rollsiegel, 88
3577	Qu. 3577		IÄF III, 590	IÄF III, Abb. 590; Engel, Rollsiegel, 83
3578	Qu. 3578		IÄF III, 591	IÄF III, Abb. 591; Engel, Rollsiegel, 88
3579	Qu. 3579		IÄF III, 592	IÄF III, Abb. 592; Engel, Rollsiegel, 87
3580	Qu. 3580		IÄF III, 593	IÄF III, Abb. 593; Engel, Rollsiegel, 89
3581	Qu. 3581		IÄF III, 594	IÄF III, Abb. 594; Engel, Rollsiegel, 123
3582	Qu. 3582		IÄF III, 594bis	IÄF III, Abb. 594bis; Engel, Rollsiegel, 79
3583	Qu. 3583		IÄF III, 595	IÄF III, Abb. 595; Engel, Rollsiegel, 93
3584	Qu. 3584		IÄF III, 596	IÄF III, Abb. 596; Engel, Rollsiegel, 150
3585	Qu. 3585		IÄF III, 597	IÄF III, Abb. 597; Engel, Rollsiegel, 151
3586	Qu. 3586		IÄF III, 598	IÄF III, Abb. 598; Engel, Rollsiegel, 151
3587	Qu. 3587		IÄF III, 599	IÄF III, Abb. 599; Engel, Rollsiegel, 154
3588	Qu. 3588		IÄF III, 599bis	IÄF III, Abb. 599bis; Fairman, ASAE 43 (1943), 293, Abb. 56; Engel, Rollsiegel, 154
3589	Qu. 3589		IÄF III, 601	IÄF III, Abb. 601; Engel, Rollsiegel, 149
3590	Qu. 3590		IÄF III, 602	IÄF III, Abb. 602; Engel, Rollsiegel, 152
3591	Qu. 3591		IÄF III, 604	IÄF III, Abb. 604; Engel, Rollsiegel, 147
3592	Qu. 3592		IÄF III, 605	IÄF III, Abb. 605; Engel, Rollsiegel, 70
3593	Qu. 3593		IÄF III, 606	IÄF III, Abb. 606; Engel, Rollsiegel, 157
3594	Qu. 3594		IÄF III, 607	IÄF III, Abb. 607; Engel, Rollsiegel, 157
3595	Qu. 3595		IÄF III, 608	IÄF III, Abb. 608; Engel, Rollsiegel, 146
3596	Qu. 3596		IÄF III, 609	IÄF III, Abb. 609; Engel, Rollsiegel, 138
3597	Qu. 3597		IÄF III, 610	IÄF III, Abb. 610
3598	Qu. 3598		IÄF III, 611	IÄF III, Abb. 611; Engel, Rollsiegel, 147

Frühzeit-ID	Kahl 1994	Kahl et al.	Kaplony	Bibliographie
3599	Qu. 3599		IÄF III, 612	IÄF III, Abb. 612; Engel, Rollsiegel, 157
3600	Qu. 3600		IÄF III, 613	IÄF III, Abb. 613; Engel, Rollsiegel, 148
3601	Qu. 3601		IÄF III, 614	IÄF III, Abb. 614; Engel, Rollsiegel, 72
3602	Qu. 3602		IÄF III, 615	IÄF III, Abb. 615; Engel, Rollsiegel, 156
3603	Qu. 3603		IÄF III, 616	IÄF III, Abb. 616; Engel, Rollsiegel, 159
3604	Qu. 3604		IÄF III, 617	IÄF III, Abb. 617; Engel, Rollsiegel, 157
3605	Qu. 3605		IÄF III, 618	IÄF III, Abb. 618; Engel, Rollsiegel, 148
3606	Qu. 3606		IÄF III, 619	IÄF III, Abb. 619; Engel, Rollsiegel, 163
3607	Qu. 3607		IÄF III, 622	IÄF III, Abb. 622; Engel, Rollsiegel, 143
3608	Qu. 3608		IÄF III, 623	IÄF III, Abb. 623; Engel, Rollsiegel, 95
3609	Qu. 3609		IÄF III, 624	IÄF III, Abb. 624; Engel, Rollsiegel, 137
3610	Qu. 3610		IÄF III, 625	IÄF III, Abb. 625; Engel, Rollsiegel, 161
3611	Qu. 3611		IÄF III, 626	IÄF III, Abb. 626; Engel, Rollsiegel, 167
3612	Qu. 3612		IÄF III, 626bis	IÄF III, Abb. 626bis; Engel, Rollsiegel, 64
3613	Qu. 3613		IÄF III, 626ter	IÄF III, Abb. 626ter; Engel, Rollsiegel, 162
3614	Qu. 3614		IÄF III, 636	IÄF III, Abb. 636; Engel, Rollsiegel, 127
3615	Qu. 3615		IÄF III, 637	IÄF III, Abb. 637; Engel, Rollsiegel, 99
3616	Qu. 3616		IÄF III, 638	IÄF III, Abb. 638; Engel, Rollsiegel, 135
3617	Qu. 3617		IÄF III, 638bis	IÄF III, Abb. 638bis; Engel, Rollsiegel, 116
3618	Qu. 3618		IÄF III, 639	IÄF III, Abb. 639; Engel, Rollsiegel, 91
3619	Qu. 3619		IÄF III, 640	IÄF III, Abb. 640; Engel, Rollsiegel, 85
3620	Qu. 3620		IÄF III, 641	IÄF III, Abb. 641; Engel, Rollsiegel, 85
3621	Qu. 3621		IÄF III, 642	IÄF III, Abb. 642; Engel, Rollsiegel, 91
3622	Qu. 3622		IÄF III, 643	IÄF III, Abb. 643; Engel, Rollsiegel, 92
3623	Qu. 3623		IÄF III, 644	IÄF III, Abb. 644; Engel, Rollsiegel, 92
3624	Qu. 3624		IÄF III, 645	IÄF III, Abb. 645; Engel, Rollsiegel, 77
3625	Qu. 3625		IÄF III, 646	IÄF III, Abb. 646; Engel, Rollsiegel, 82
3626	Qu. 3626		IÄF III, 647	IÄF III, Abb. 647; KBIÄF, Abb. 647; Engel, Rollsiegel, 78
3627	Qu. 3627		IÄF III, 648	IÄF III, Abb. 648
3628	Qu. 3628		IÄF III, 649	IÄF III, Abb. 649; Engel, Rollsiegel, 87
3629	Qu. 3629		IÄF III, 650	IÄF III, Abb. 650; Engel, Rollsiegel, 88
3630	Qu. 3630		IÄF III, 650bis	IÄF III, Abb. 650bis; Engel, Rollsiegel, 86
3631	Qu. 3631		IÄF III, 650ter	IÄF III, Abb. 650ter
3632	Qu. 3632		IÄF III, 651	IÄF III, Abb. 651; Engel, Rollsiegel, 94
3633	Qu. 3633		IÄF III, 652	IÄF III, Abb. 652; Engel, Rollsiegel, 93
3634	Qu. 3634		IÄF III, 653	IÄF III, Abb. 653; Engel, Rollsiegel, 151
3635	Qu. 3635		IÄF III, 655	IÄF III, Abb. 655; Engel, Rollsiegel, 160
3636	Qu. 3636		IÄF III, 656	IÄF III, Abb. 656; Engel, Rollsiegel, 158
3637	Qu. 3637		IÄF III, 657	IÄF III, Abb. 657; Engel, Rollsiegel, 74
3638	Qu. 3638		IÄF III, 659	IÄF III, Abb. 659; Engel, Rollsiegel, 155
3639	Qu. 3639		IÄF III, 660	IÄF III, Abb. 660; Engel, Rollsiegel, 71
3640	Qu. 3640		IÄF III, 661	IÄF III, Abb. 661; Engel, Rollsiegel, 76
3641	Qu. 3641		IÄF III, 662	IÄF III, Abb. 662; Engel, Rollsiegel, 75

Frühzeit-ID	Kahl 1994	Kahl et al.	Kaplony	Bibliographie
3642	Qu. 3642		IÄF III, 663	IÄF III, Abb. 663; Engel, Rollsiegel, 151
3643	Qu. 3643		IÄF III, 664	IÄF III, Abb. 664
3644	Qu. 3644		IÄF III, 665	IÄF III, Abb. 665; Engel, Rollsiegel, 155
3645	Qu. 3645		IÄF III, 666	IÄF III, Abb. 666; Engel, Rollsiegel, 156
3646	Qu. 3646		IÄF III, 667	IÄF III, Abb. 667; Engel, Rollsiegel, 74
3647	Qu. 3647		IÄF III, 669	IÄF III, Abb. 669; Engel, Rollsiegel, 76
3648	Qu. 3648		IÄF III, 670	IÄF III, Abb. 670; Engel, Rollsiegel, 151
3649	Qu. 3649		IÄF III, 671	IÄF III, Abb. 671; Engel, Rollsiegel, 72
3650	Qu. 3650		IÄF III, 672	IÄF III, Abb. 672; Engel, Rollsiegel, 147
3651	Qu. 3651		IÄF III, 673	IÄF III, Abb. 673; Engel, Rollsiegel, 77
3652	Qu. 3652		IÄF III, 674	IÄF III, Abb. 674; Engel, Rollsiegel, 148
3653	Qu. 3653		IÄF III, 675	IÄF III, Abb. 675; Engel, Rollsiegel, 154
3654	Qu. 3654		IÄF III, 676	IÄF III, Abb. 676; Engel, Rollsiegel, 160
3655	Qu. 3655		IÄF III, 677	IÄF III, Abb. 677; Engel, Rollsiegel, 104
3656	Qu. 3656		IÄF III, 678	IÄF III, Abb. 678; Engel, Rollsiegel, 68
3657	Qu. 3657		IÄF III, 679	IÄF III, Abb. 679
3658	Qu. 3658		IÄF III, 681	IÄF III, Abb. 681; Engel, Rollsiegel, 71
3659	Qu. 3659		IÄF III, 682	IÄF III, Abb. 682; Engel, Rollsiegel, 159
3660	Qu. 3660		IÄF III, 683	IÄF III, Abb. 683; Engel, Rollsiegel, 58
3661	Qu. 3661		IÄF III, 684	IÄF III, Abb. 684; Engel, Rollsiegel, 162
3662	Qu. 3662		IÄF III, 685	IÄF III, Abb. 685; Engel, Rollsiegel, 142
3663	Qu. 3663		IÄF III, 686	IÄF III, Abb. 686; Engel, Rollsiegel, 140
3664	Qu. 3664		IÄF III, 688	IÄF III, Abb. 688; Engel, Rollsiegel, 143
3665	Qu. 3665		IÄF III, 689	IÄF III, Abb. 689
3666	Qu. 3666		IÄF III, 690	IÄF III, Abb. 690; Engel, Rollsiegel, 127
3667	Qu. 3667		IÄF III, 691	IÄF III, Abb. 691; Engel, Rollsiegel, 67
3668	Qu. 3668		IÄF III, 692	IÄF III, Abb. 692; Engel, Rollsiegel, 97
3669	Qu. 3669		IÄF III, 693	IÄF III, Abb. 693; Engel, Rollsiegel, 68
3670	Qu. 3670		IÄF III, 694	IÄF III, Abb. 694; Engel, Rollsiegel, 168
3671	Qu. 3671		IÄF III, 695	IÄF III, Abb. 695; Engel, Rollsiegel, 131
3672	Qu. 3672		IÄF III, 696	IÄF III, Abb. 696; Engel, Rollsiegel, 140
3673	Qu. 3673		IÄF III, 697	IÄF III, Abb. 697
3674	Qu. 3674		IÄF III, 698	IÄF III, Abb. 698; Engel, Rollsiegel, 68
3675	Qu. 3675		IÄF III, 699	IÄF III, Abb. 699
3676	Qu. 3676		IÄF III, 700	IÄF III, Abb. 700; Engel, Rollsiegel, 65
3677	Qu. 3677		IÄF III, 701	IÄF III, Abb. 701; Engel, Rollsiegel, 163
3678	Qu. 3678		IÄF III, 702	IÄF III, Abb. 702
3679	Qu. 3679		IÄF III, 703	IÄF III, Abb. 703; Engel, Rollsiegel, 134
3680	Qu. 3680		IÄF III, 704	IÄF III, Abb. 704
3681	Qu. 3681		IÄF III, 705	IÄF III, Abb. 705; Engel, Rollsiegel, 139
3682	Qu. 3682		IÄF III, 706	IÄF III, Abb. 706; Engel, Rollsiegel, 138
3683	Qu. 3683		IÄF III, 707	IÄF III, Abb. 707; Engel, Rollsiegel, 103
3684	Qu. 3684		IÄF III, 708	IÄF III, Abb. 708; James, Inscriptions Brooklyn, Taf. 15.20
3685	Qu. 3685		IÄF III, 709	IÄF III, Abb. 709
3686	Qu. 3686		IÄF III, 710	IÄF III, Abb. 710; Engel, Rollsiegel, 141
3687	Qu. 3687		IÄF III, 711	IÄF III, Abb. 711; Engel, Rollsiegel, 133
3688	Qu. 3688		IÄF III, 712	IÄF III, Abb. 712; Engel, Rollsiegel, 140

Frühzeit-ID	Kahl 1994	Kahl et al.	Kaplony	Bibliographie
3689	Qu. 3689		IÄF III, 713	IÄF III, Abb. 713
3690	Qu. 3690		IÄF III, 714	IÄF III, Abb. 714; Woods, Visible Language, 130; Engel, Rollsiegel, 145
3691	Qu. 3691		IÄF III, 716	IÄF III, Abb. 716; Engel, Rollsiegel, 158
3692	Qu. 3692		IÄF III, 717	IÄF III, Abb. 717
3693	Qu. 3693		IÄF III, 718bis	IÄF III, Abb. 718bis; Engel, Rollsiegel, 140
3694	Qu. 3694		IÄF III, 807	IÄF III, Abb. 807; Engel, Rollsiegel, 113
3695	Qu. 3695		IÄF III, 808	IÄF III, Abb. 808
3696	Qu. 3696		IÄF III, 810	IÄF III, Abb. 810
3697	Qu. 3697		IÄF III, 811	IÄF III, Abb. 811
3698	Qu. 3698		IÄF III, 812	IÄF III, Abb. 812
3699	Qu. 3699		IÄF III, 813	IÄF III, Abb. 813
3700	Qu. 3700		IÄF III, 814	IÄF III, Abb. 814
3701	Qu. 3701		IÄF III, 815	IÄF III, Abb. 815
3702	Qu. 3702		IÄF III, 830	IÄF III, Abb. 830
3703	Qu. 3703		IÄF III, 860	IÄF III, Abb. 860
3704	Qu. 3704		IÄF III, 861	IÄF III, Abb. 861
3705	Qu. 3705		IÄF III, 868	IÄF III, Abb. 868
3706	Qu. 3706		IÄF III, 872	IÄF III, Abb. 872
3707	Qu. 3707		IÄF III, 881	IÄF III, Abb. 881; KBIÄF, Abb. 881
3708	Qu. 3708		IÄFS 887	IÄFS, Abb. 887; Engel, Rollsiegel, 152
3709	Qu. 3709		IÄFS 888	IÄFS, Abb. 888; Engel, Rollsiegel, 155
3710	Qu. 3710		IÄFS 889	IÄFS, Abb. 889; Engel, Rollsiegel, 145
3711	Qu. 3711		IÄFS 890	IÄFS, Abb. 890
3712	Qu. 3712		IÄFS 894A–B	IÄFS, Abb. 894A–B
3713	Qu. 3713		IÄFS 896	IÄFS, Abb. 896; Engel, Rollsiegel, 120
3714	Qu. 3714		IÄFS 898	IÄFS, Abb. 898; Engel, Rollsiegel, 99
3715	Qu. 3715		IÄFS 900	IÄFS, Abb. 900; Engel, Rollsiegel, 100
3716	Qu. 3716		IÄFS 901	IÄFS, Abb. 901; Engel, Rollsiegel, 102
3717	Qu. 3717		IÄFS 902	IÄFS, Abb. 902; Engel, Rollsiegel, 115
3718	Qu. 3718		IÄFS 903	IÄFS, Abb. 903; Engel, Rollsiegel, 110
3719	Qu. 3719		IÄFS 904	IÄFS, Abb. 904; Engel, Rollsiegel, 168
3720	Qu. 3720		IÄFS 904bis	IÄFS, Abb. 904bis; Engel, Rollsiegel, 167
3721	Qu. 3721		IÄFS 905	IÄFS, Abb. 905; Engel, Rollsiegel, 125
3722	Qu. 3722		IÄFS 906	IÄFS, Abb. 906; Engel, Rollsiegel, 125
3723	Qu. 3723		IÄFS 907	IÄFS, Abb. 907; Engel, Rollsiegel, 167
3724	Qu. 3724		IÄFS 909bis	IÄFS, Abb. 909bis
3725	Qu. 3725		IÄFS 914	IÄFS, Abb. 914; Engel, Rollsiegel, 166
3726	Qu. 3726		IÄFS 915	IÄFS, Abb. 915; Engel, Rollsiegel, 118
3727	Qu. 3727		IÄFS 916	IÄFS, Abb. 916; Engel, Rollsiegel, 118
3728	Qu. 3728		IÄFS 917	IÄFS, Abb. 917; Engel, Rollsiegel, 118
3729	Qu. 3729		IÄFS 918	IÄFS, Abb. 918; Engel, Rollsiegel, 74
3730	Qu. 3730		IÄFS 919	IÄFS, Abb. 919; Engel, Rollsiegel, 60
3731	Qu. 3731		IÄFS 920	IÄFS, Abb. 920; Engel, Rollsiegel, 64
3732	Qu. 3732		IÄFS 920bis	IÄFS, Abb. 920bis
3733	Qu. 3733		IÄFS 921	IÄFS, Abb. 921; Engel, Rollsiegel, 133

Frühzeit-ID	Kahl 1994	Kahl et al.	Kaplony	Bibliographie
3734	Qu. 3734		IÄFS 922	IÄFS, Abb. 922; Engel, Rollsiegel, 90
3735	Qu. 3735		IÄFS 923	IÄFS, Abb. 923; Engel, Rollsiegel, 83
3736	Qu. 3736		IÄFS 923bis	IÄFS, Abb. 923bis; Engel, Rollsiegel, 76
3737	Qu. 3737		IÄFS 924	IÄFS, Abb. 924; Engel, Rollsiegel, 141
3738	Qu. 3738		IÄFS 925	IÄFS, Abb. 925; Engel, Rollsiegel, 117
3739	Qu. 3739		IÄFS 926	IÄFS, Abb. 926; Engel, Rollsiegel, 70
3740	Qu. 3740		IÄFS 927	IÄFS, Abb. 927; Engel, Rollsiegel, 99
3741	Qu. 3741		IÄFS 928	IÄFS, Abb. 928; Engel, Rollsiegel, 135
3742	Qu. 3742		IÄFS 930	IÄFS, Abb. 930; Engel, Rollsiegel, 89
3743	Qu. 3743		IÄFS 931	IÄFS, Abb. 931; Engel, Rollsiegel, 87
3744	Qu. 3744		IÄFS 932	IÄFS, Abb. 932; Engel, Rollsiegel, 92
3745	Qu. 3745		IÄFS 933	IÄFS, Abb. 933; Engel, Rollsiegel, 82
3746	Qu. 3746		IÄFS 934	IÄFS, Abb. 934; Engel, Rollsiegel, 161
3747	Qu. 3747		IÄFS 935	IÄFS, Abb. 935; Engel, Rollsiegel, 147
3748	Qu. 3748		IÄFS 936	IÄFS, Abb. 936; Engel, Rollsiegel, 71
3749	Qu. 3749		IÄFS 937	IÄFS, Abb. 937; Engel, Rollsiegel, 75
3750	Qu. 3750		IÄFS 939	IÄFS, Abb. 939; Engel, Rollsiegel, 77
3751	Qu. 3751		IÄFS 940	IÄFS, Abb. 940; Engel, Rollsiegel, 98
3752	Qu. 3752		IÄFS 941	IÄFS, Abb. 941; Engel, Rollsiegel, 75
3753	Qu. 3753		IÄFS 942	IÄFS, Abb. 942; Engel, Rollsiegel, 59
3754	Qu. 3754		IÄFS 943	IÄFS, Abb. 943; Engel, Rollsiegel, 63
3755	Qu. 3755		IÄFS 944	IÄFS, Abb. 944; Engel, Rollsiegel, 61
3756	Qu. 3756		IÄFS 945	IÄFS, Abb. 945; Engel, Rollsiegel, 64
3757	Qu. 3757		IÄFS 946	IÄFS, Abb. 946; Engel, Rollsiegel, 145
3758	Qu. 3758		IÄFS 947	IÄFS, Abb. 947; Engel, Rollsiegel, 112
3759	Qu. 3759		IÄFS 948	IÄFS, Abb. 948; Engel, Rollsiegel, 112
3760	Qu. 3760		IÄFS 949	IÄFS, Abb. 949; Engel, Rollsiegel, 117
3761	Qu. 3761		IÄFS 950	IÄFS, Abb. 950; Engel, Rollsiegel, 113
3762	Qu. 3762		IÄFS 951	IÄFS, Abb. 951; Engel, Rollsiegel, 87
3763	Qu. 3763		IÄFS 952	IÄFS, Abb. 952; Engel, Rollsiegel, 81
3764	Qu. 3764		IÄFS 953	IÄFS, Abb. 953; Engel, Rollsiegel, 148
3765	Qu. 3765		IÄFS 954	IÄFS, Abb. 954; Engel, Rollsiegel, 63
3766	Qu. 3766		IÄFS 955	IÄFS, Abb. 955; Engel, Rollsiegel, 133
3767	Qu. 3767		IÄFS 956	IÄFS, Abb. 956; Engel, Rollsiegel, 61
3768	Qu. 3768		IÄFS 957	IÄFS, Abb. 957; Engel, Rollsiegel, 66
3769	Qu. 3769		IÄFS 958	IÄFS, Abb. 958; Engel, Rollsiegel, 119
3770	Qu. 3770		IÄFS 960	IÄFS, Abb. 960; Engel, Rollsiegel, 137
3771	Qu. 3771		IÄFS 961	IÄFS, Abb. 961
3772	Qu. 3772		IÄFS 962	IÄFS, Abb. 962
3773	Qu. 3773		IÄFS 967	IÄFS, Abb. 967; Engel, Rollsiegel, 80
3774	Qu. 3774		IÄFS 968	IÄFS, Abb. 968; Engel, Rollsiegel, 83
3775	Qu. 3775		IÄFS 969	IÄFS, Abb. 969; Engel, Rollsiegel, 87
3776	Qu. 3776		IÄFS 970	IÄFS, Abb. 970; Engel, Rollsiegel, 72
3777	Qu. 3777		IÄFS 971	IÄFS, Abb. 971; Engel, Rollsiegel, 137
3778	Qu. 3778		IÄFS 972	IÄFS, Abb. 972; Engel, Rollsiegel, 154
3779	Qu. 3779		IÄFS 973	IÄFS, Abb. 973; Engel, Rollsiegel, 70
3780	Qu. 3780		IÄFS 974	IÄFS, Abb. 974; Engel, Rollsiegel, 150

Frühzeit-ID	Kahl 1994	Kahl et al.	Kaplony	Bibliographie
3781	Qu. 3781		IÄFS 975	IÄFS, Abb. 975; Engel, Rollsiegel, 68
3782	Qu. 3782		IÄFS 976	IÄFS, Abb. 976; Engel, Rollsiegel, 156
3783	Qu. 3783		IÄFS 977	IÄFS, Abb. 977; Engel, Rollsiegel, 125
3784	Qu. 3784		IÄFS 978	IÄFS, Abb. 978; Engel, Rollsiegel, 149
3785	Qu. 3785		IÄFS 979	IÄFS, Abb. 979; Engel, Rollsiegel, 124
3786	Qu. 3786		IÄFS 979bis	IÄFS, Abb. 979bis
3787	Qu. 3787		IÄFS 980	IÄFS, Abb. 980; Engel, Rollsiegel, 122
3788	Qu. 3788		IÄFS 981	IÄFS, Abb. 981; Engel, Rollsiegel, 66
3789	Qu. 3789		IÄFS 982	IÄFS, Abb. 982; Engel, Rollsiegel, 121
3790	Qu. 3790		IÄFS 983	IÄFS, Abb. 983; Engel, Rollsiegel, 161
3791	Qu. 3791		IÄFS 984	IÄFS, Abb. 984; Engel, Rollsiegel, 123
3792	Qu. 3792		IÄFS 985bis	IÄFS, Abb. 985bis
3793	Qu. 3793		IÄFS 986	IÄFS, Abb. 986; Engel, Rollsiegel, 169
3794	Qu. 3794		IÄFS 991	IÄFS, Abb. 991; Engel, Rollsiegel, 116
3795	Qu. 3795		IÄFS 993	IÄFS, Abb. 993; Engel, Rollsiegel, 94
3796	Qu. 3796		IÄFS 994	IÄFS, Abb. 994; Engel, Rollsiegel, 119
3797	Qu. 3797		IÄFS 995	IÄFS, Abb. 995; Engel, Rollsiegel, 115
3798	Qu. 3798		IÄFS 996	IÄFS, Abb. 996; Engel, Rollsiegel, 97
3799	Qu. 3799		IÄFS 997	IÄFS, Abb. 997
3800	Qu. 3800		IÄFS 998	IÄFS, Abb. 998; Engel, Rollsiegel, 80
3801	Qu. 3801		IÄFS 999	IÄFS, Abb. 999; Engel, Rollsiegel, 112
3802	Qu. 3802		IÄFS 1000	IÄFS, Abb. 1000; Engel, Rollsiegel, 92
3803	Qu. 3803		IÄFS 1001	IÄFS, Abb. 1001
3804	Qu. 3804		IÄFS 1002	IÄFS, Abb. 1002; Engel, Rollsiegel, 94
3805	Qu. 3805		IÄFS 1003	IÄFS, Abb. 1003; Engel, Rollsiegel, 93
3806	Qu. 3806		IÄFS 1004	IÄFS, Abb. 1004
3807	Qu. 3807		IÄFS 1005	IÄFS, Abb. 1005; Engel, Rollsiegel, 147
3808	Qu. 3808		IÄFS 1006	IÄFS, Abb. 1006
3809	Qu. 3809		IÄFS 1007	IÄFS, Abb. 1007; Engel, Rollsiegel, 155
3810	Qu. 3810		IÄFS 1008	IÄFS, Abb. 1008; Engel, Rollsiegel, 159
3811	Qu. 3811		IÄFS 1009	IÄFS, Abb. 1009; Engel, Rollsiegel, 68
3812	Qu. 3812		IÄFS 1010	IÄFS, Abb. 1010
3813	Qu. 3813		IÄFS 1011	IÄFS, Abb. 1011; Engel, Rollsiegel, 153
3814	Qu. 3814		IÄFS 1011bis	IÄFS, Abb. 1011bis; Engel, Rollsiegel, 160
3815	Qu. 3815		IÄFS 1012	IÄFS, Abb. 1012
3816	Qu. 3816		IÄFS 1013	IÄFS, Abb. 1013
3817	Qu. 3817		IÄFS 1014	IÄFS, Abb. 1014; Engel, Rollsiegel, 114
3818	Qu. 3818		IÄFS 1015	IÄFS, Abb. 1015
3819	Qu. 3819		IÄFS 1016	IÄFS, Abb. 1016; Engel, Rollsiegel, 124
3820	Qu. 3820		IÄFS 1017	IÄFS, Abb. 1017
3821	Qu. 3821		IÄFS 1019	IÄFS, Abb. 1019
3822	Qu. 3822		IÄFS 1021	IÄFS, Abb. 1021; Engel, Rollsiegel, 122
3823	Qu. 3823		IÄFS 1022	IÄFS, Abb. 1022; Engel, Rollsiegel, 170
3824	Qu. 3824		IÄFS 1023	IÄFS, Abb. 1023; Engel, Rollsiegel, 121
3825	Qu. 3825		IÄFS 1024	IÄFS, Abb. 1024; Engel, Rollsiegel, 122
3826	Qu. 3826		IÄFS 1025	IÄFS, Abb. 1025; Engel, Rollsiegel, 102
3827	Qu. 3827		IÄFS 1026	IÄFS, Abb. 1026; Engel, Rollsiegel, 96

Frühzeit-ID	Kahl 1994	Kahl et al.	Kaplony	Bibliographie
3828	Qu. 3828		IÄFS 1027	IÄFS, Abb. 1027
3829	Qu. 3829		IÄFS 1028	IÄFS, Abb. 1028
3830	Qu. 3830		IÄFS 1029	IÄFS, Abb. 1029
3831	Qu. 3831		IÄFS 1030	IÄFS, Abb. 1030
3832	Qu. 3832		IÄFS 1031	IÄFS, Abb. 1031
3833	Qu. 3833		IÄFS 1031bis	IÄFS, Abb. 1031bis
3834	Qu. 3834		IÄFS 1031ter	IÄFS, Abb. 1031ter
3835	Qu. 3835		IÄFS 1031qua-ter	IÄFS, Abb. 1031quater
3836	Qu. 3836		IÄFS 1066	IÄFS, Abb. 1066
3837	Qu. 3837		IÄFS 1071	IÄFS, Abb. 1071
3838	Qu. 3838		IÄFS 1072	IÄFS, Abb. 1072
3839	Qu. 3839		IÄFS 1078	IÄFS, Abb. 1078
3840	Qu. 3840		IÄFS 1090	IÄFS, Abb. 1090
3841	Qu. 3841		KBIÄF 1098	KBIÄF, Abb. 1098; Helwan II, 181
3842	Qu. 3842		KBIÄF 1120	KBIÄF, Abb. 1120
3843	Qu. 3843		KBIÄF 1123	KBIÄF, Abb. 1123
3844	Qu. 3844		KBIÄF 1124	KBIÄF, Abb. 1124
3845	Qu. 3845		KBIÄF 1125	KBIÄF, Abb. 1125
3846	Qu. 3846		KBIÄF 1126	KBIÄF, Abb. 1126
3847	Qu. 3847		KBIÄF 1127	KBIÄF, Abb. 1127
3848	Qu. 3848		KBIÄF 1128	KBIÄF, Abb. 1128
3849	Qu. 3849		KBIÄF 1129	KBIÄF, Abb. 1129
3850	Qu. 3850		KBIÄF 1130	KBIÄF, Abb. 1130
3851	Qu. 3851			Kaplony, Steingefässe, 53 (23)
3852	Qu. 3852			Kaplony, Steingefässe, 55 (29)
3853	Qu. 3853			Kaplony, Beschriftete Kleinfunde, Taf. 5.1; Engel, Rollsiegel, 78
3854	Qu. 3854			Kaplony, Beschriftete Kleinfunde, Taf. 5.2; Engel, Rollsiegel, 137
3855	Qu. 3855			Kaplony, Beschriftete Kleinfunde, Taf. 5.3
3856	Qu. 3856			Kaplony, Beschriftete Kleinfunde, Taf. 8.31
3857	Qu. 3857			James, Inscriptions Brooklyn, Taf. 15.19
3858	Qu. 3858			James, Inscriptions Brooklyn, Taf. 16.24; Engel, Rollsiegel, 168
3859	Qu. 3859			James, Inscriptions Brooklyn, Taf. 16.25; Engel, Rollsiegel, 76
4000				van den Brink, Proceedings, 219, Abb. 1a
4001				van den Brink, Proceedings, 219, Abb. 1b
4002				van den Brink, Nile Delta in Transi-tion, 52, Abb. 8.2
4003				van den Brink, Nile Delta in Transi-tion, 52, Abb. 8.3

Frühzeit-ID	Kahl 1994	Kahl et al.	Kaplony	Bibliographie
4004				van den Brink, Nile Delta in Transition, 52, Abb. 8.1
4005				Murnane, JNES 46 (1987), 285, Abb. 1 A–B
4006				von der Way, Untersuchungen, 100, Abb. 22.6
4007				Harvey, Studies Simpson, 364, Abb. 3
4008 = 0119				Bakr, Ezbet el-Tell, 55, Taf. 1a; Leclant & Clerc, Or 55 (1986), Taf. 11.7; van den Brink, Complete Vessels, 146, Abb. 3.21
4009				Amiran, IMN 8 (1970), Taf. I; van den Brink, Archéo-Nil 11 (2001), 93
4010				Gophna, BHM 12 (1970), 54; van den Brink, Archéo-Nil 11 (2001), 93 (5)
4011				Kroeper et al., Recent Research, 208, table 2a
4012				Kroeper et al., Recent Research, 208, table 2a
4013				Bakr et al., Tell Hassan Dawud, 277–278
4014				Amélineau, Abydos (1895–1896), Taf. 41; Vanhulle, CdE 138 (2013), 203–229
4015				Dreyer, MDAIK 55 (1999), 2, Abb. 1
4016				Hassan, EA 16 (2000), 38; Hassan et al., Origins 2, 46, Abb. 3A
4017				Köhler & van den Brink, GM 187 (2002), 76, Abb. 1.1, 2.1, Taf. 1
4018				Köhler & van den Brink, GM 187 (2002), 76, Abb. 1.2, 2.2, Taf. 1
4019				Braun & van den Brink, Ä&L VII (1998), 88, Abb. 3.A1–A2; van den Brink, Proceedings, 220, Abb. 2a
4020				Braun & van den Brink, Ä&L VII (1998), 88, Abb. 3.B1–B2; van den Brink, Proceedings, 220, Abb. 2b
4021				Saad, Helwan (1941–1945), 166, Abb. 14; Köhler, GM 168 (1999), 50; Helwan I, Taf. 48.3, 69.5
4022				Dreyer et al., MDAIK 49 (1993), 56, Abb. 12
4023				Gilroy, GM 180 (2001), 72, Abb. 3
4024				Gilroy, GM 180 (2001), 72, Abb. 4
4025				Gilroy, GM 180 (2001), 71, Abb. 2
4026				Gilroy, GM 180 (2001), 71, Abb. 1; Grimm & Schoske, Am Beginn der Zeit, 71
4027 = 4238				Umm el-Qaab I, 81, 166, Abb. 98 (247), Taf. 20p
4028a–b				Umm el-Qaab I, 139, Abb. 83b (li.)

Frühzeit-ID	Kahl 1994	Kahl et al.	Kaplony	Bibliographie
4029				Dreyer et al., MDAIK 49 (1993), 38, Abb. 5
4030				Dreyer et al., MDAIK 54 (1998), 139, Abb. 29
4031				Dreyer et al., MDAIK 54 (1998), 140, Abb. 30
4032				Lansing, BMMA 30 (1935), 42–43, Abb. 11; Alexanian, Reliefdekoration, 1–29
4033				Sayce & Clarck, ASAE 6 (1905), 239; Elkab IV, 13 (27)
4034				Grimm & Schoske, Am Beginn der Zeit, 33 (Nr. 40)
4035				Grimm & Schoske, Am Beginn der Zeit, 72 (Nr. 152)
4036				Grimm & Schoske, Am Beginn der Zeit, 73 (Nr. 154)
4037				Darnell et al., Theban Desert Road Survey I, 19; Peden, Graffiti, 1
4038				Dreyer et al., MDAIK 52 (1996), 49, Taf. 9c
4039				Dreyer et al., MDAIK 52 (1996), 76, Taf. 15d; Umm el-Qaab VII, 188–189 (Nr. 286)
4040				Dreyer et al., MDAIK 52 (1996), 76, Taf. 15e; Umm el-Qaab VII, 188–189 (Nr. 285)
4041				Dreyer et al., MDAIK 52 (1996), 75–76, Abb. 28, Taf. 15b (li.)
4042				Dreyer et al., MDAIK 52 (1996), 75–76, Taf. 15b–c
4043				Dreyer et al., MDAIK 52 (1996), 75, Taf. 14f
4044				Dreyer et al., MDAIK 52 (1996), 74–75, Taf. 14e.; Umm el-Qaab VI, 325–326, Abb. 214.1, Taf. 32a
4045				Dreyer et al., MDAIK 52 (1996), 74, Abb. 27
4046a–b				Dreyer et al., MDAIK 52 (1996), 73–74, Taf. 14d; Umm el-Qaab VI, 318–319, Abb. 211.1
4047 = 4528				Dreyer et al., MDAIK 52 (1996), 72, Abb. 25; Umm el-Qaab VI, 289, Abb. 193.1, Taf. 29f
4048 = 4527				Dreyer et al., MDAIK 52 (1996), 72, Abb. 26, Taf. 14b–c; Umm el-Qaab VI, 283–288, Abb. 190.1, Taf. 29d
4049				Faltings & Köhler, MDAIK 52 (1996), 94, Abb. 3, Taf. 19b
4050				Kempinski & Gilead, Tel Aviv 18 (1991), 188, Abb. 14

Frühzeit-ID	Kahl 1994	Kahl et al.	Kaplony	Bibliographie
4051				Kempinski & Gilead, Tel Aviv 18 (1991), 188, Abb. 15
4052				Kempinski & Gilead, Tel Aviv 18 (1991), 188, Abb. 16
4053				Kaiser et al., MDAIK 51 (1995), 182, Abb. 29c
4054				Kaiser et al., MDAIK 51 (1995), 182, Abb. 29d
4055				Kaiser et al., MDAIK 51 (1995), 182, Abb. 29e
4056				Hawass, JEA 80 (1994), 46–47, Abb. 1–2, Taf. VI–VII
4057				Leclant & Clerc, Or 61 (1992), Taf. 16, Abb. 17
4058				Dreyer et al., MDAIK 56 (2000), 127, Abb. 27a
4059				Dreyer et al., MDAIK 56 (2000), 127, Abb. 27b
4060				Dreyer et al., MDAIK 56 (2000), 127, Abb. 27c
4061				Dreyer et al., MDAIK 56 (2000), 127, Abb. 27d
4062				Dreyer et al., MDAIK 56 (2000), 127, Abb. 27e
4063				Dreyer et al., MDAIK 56 (2000), 127, Abb. 27f
4064				Dreyer et al., MDAIK 56 (2000), 127, Abb. 27g
4065				Fischer, Kunst des Alten Reiches, 87, Taf. 28d
4066				Leclant & Minault-Gout, Or 68 (1999), 333, Taf. 33, Abb. 3; el-Baghdadi, Proceedings, 493, Abb. 3g
4067				van den Brink, Proceedings, 222, Abb. 3a
4068				van den Brink, Proceedings, 222, Abb. 3c
4069				van Haarlem, BSFE 141 (1998), 16, Abb. 6
4070				Killen, Egyptian Woodworking, 23, Abb. 24
4071				Leclant & Clerc, Or 61 (1992), 261, Taf. 28, Abb. 35 (re.); Umm el-Qaab VI, 336–337, Abb. 220.1, Taf. 36a
4072				Köhler, Buto III, Taf. 66.7
4073				Jeffreys & Smith, Anubieion I, 65, Abb. 77a, Taf. 47a–b
4074				Jeffreys & Smith, Anubieion I, 65, Abb. 77b, Taf. 47a
4075				Umm el-Qaab VI, 321–322, Abb. 212.2, Taf. 31b

Frühzeit-ID	Kahl 1994	Kahl et al.	Kaplony	Bibliographie
4076				Dreyer et al., MDAIK 49 (1993), 46, Abb. 9
4077				Dreyer et al., MDAIK 49 (1993), 61, Taf. 13a; Umm el-Qaab VII, 182–183 (Nr. 274)
4078				Dreyer et al., MDAIK 46 (1990), Taf. 26c; Dreyer et al., MDAIK 49 (1993), 61, Taf. 13b; Dreyer et al., MDAIK 59 (2003), 94, Taf. 18g
4079				Dreyer et al., MDAIK 49 (1993), 61, Taf. 13a; Umm el-Qaab VII, 186–187 (Nr. 281)
4080				Dreyer et al., MDAIK 49 (1993), 61, Taf. 13a; Umm el-Qaab VII, 188–189 (Nr. 283)
4081				Dreyer et al., MDAIK 54 (1998), Taf. 5d
4082				Dreyer et al., MDAIK 54 (1998), Taf. 5e
4083				Dreyer et al., MDAIK 54 (1998), Taf. 15b
4084				Dreyer et al., MDAIK 54 (1998), 162–163, Taf. 12a; Dreyer et al., MDAIK 59 (2003), 93–94, Taf. 18f; Piquette, Early Writing, 223, Abb. 5b
4085				Dreyer et al., MDAIK 54 (1998), 163, Taf. 12b
4086				Dreyer et al., MDAIK 54 (1998), 163, Taf. 12c
4087				Dreyer et al., MDAIK 54 (1998), 163, Taf. 12f
4088				Dreyer et al., MDAIK 54 (1998), 164, Taf. 12g
4089				Dreyer et al., MDAIK 54 (1998), 164, Taf. 12h
4090				Dreyer et al., MDAIK 54 (1998), 164, Taf. 12i
4091				Dreyer et al., MDAIK 54 (1998), 161, Abb. 35h
4092				Aly, MDAIK 54 (1998), 224–225, Taf. 23c
4093				Midant-Reynes et al., BIFAO 98 (1998), 276, Abb. 13.1
4094				Midant-Reynes et al., BIFAO 98 (1998), 276, Abb. 13.2
4095				Midant-Reynes et al., BIFAO 98 (1998), 276, Abb. 13.3
4096				Midant-Reynes et al., BIFAO 98 (1998), 276, Abb. 13.4
4097				Midant-Reynes et al., BIFAO 98 (1998), 276, Abb. 13.5

Frühzeit-ID	Kahl 1994	Kahl et al.	Kaplony	Bibliographie
4098				Midant-Reynes et al., BIFAO 98 (1998), 276, Abb. 13.6
4099				Castel et al., BIFAO 98 (1998), 71, Taf. 12a–b
4100				Grimal, BIFAO 99 (1999), 451, Abb. 1
4101				Whitehouse, MDAIK 58 (2002), 427 Anm. 3 (ohne Abb.)
4102				Umm el-Qaab I, 48, Abb. 34 (j1/2), Taf. 12a
4103				Umm el-Qaab I, 48, Abb. 34 (j2/5), Taf. 21h,i
4104				Umm el-Qaab I, 48, Abb. 34 (j2/13), Taf. 12b
4105				Umm el-Qaab I, 48, Abb. 34 (j5/3), Taf. 12c
4106				Umm el-Qaab I, 48, Abb. 34 (j8/3)
4107				Umm el-Qaab I, 48, Abb. 34 (j/90)
4108				Umm el-Qaab I, 48, Abb. 34 (jS/28)
4109				Umm el-Qaab I, 48, Abb. 34 (j/6), Taf. 12d
4110				Umm el-Qaab I, 48, Abb. 34 (j/15)
4111				Umm el-Qaab I, 48, Abb. 35 (j2/3)
4112				Umm el-Qaab I, 49, Abb. 35 (j2/14), Taf. 12f
4113				Umm el-Qaab I, 49, Abb. 35 (j2/25)
4114				Umm el-Qaab I, 49, Abb. 35 (j/26)
4115				Umm el-Qaab I, 49, Abb. 35 (j/16), Taf. 12g
4116				Umm el-Qaab I, 49, Abb. 35 (j/67), Taf. 12e
4117				Umm el-Qaab I, 49, Abb. 35 (jS/9), Taf. 12h
4118				Umm el-Qaab I, 49, Abb. 36 (j2/17), Taf. 13c (11d)
4119				Umm el-Qaab I, 49, Abb. 36 (j5/9), Taf. 13a
4120				Umm el-Qaab I, 49, Abb. 36 (j/3)
4121				Umm el-Qaab I, 49, Abb. 36 (jSO/1), Taf. 13b
4122				Umm el-Qaab I, 49, Abb. 36 (j5/6), Taf. 13d
4123				Umm el-Qaab I, 49, Abb. 36 (j10/172), Taf. 13e
4124				Umm el-Qaab I, 49, Abb. 36 (q/1), Taf. 13f
4125				Umm el-Qaab I, 50, Abb. 36 (j1/1), Taf. 13g
4126				Umm el-Qaab I, 50, Abb. 36 (j2/6), Taf. 13h
4127				Umm el-Qaab I, 50, Abb. 36 (j2/18), Taf. 13i

Frühzeit-ID	Kahl 1994	Kahl et al.	Kaplony	Bibliographie
4128				Umm el-Qaab I, 50, Abb. 37 (j2/24), Taf. 14a
4129				Umm el-Qaab I, 50, Abb. 37 (j2/32), Taf. 11b
4130				Umm el-Qaab I, 50, Abb. 37 (j3/1), Taf. 14b
4131				Umm el-Qaab I, 50, Abb. 37 (j3/2), Taf. 14c–d
4132				Umm el-Qaab I, 50, Abb. 37 (j5/5), Taf. 11c
4133				Umm el-Qaab I, 50, Abb. 37 (j5/8), Taf. 14e
4134				Umm el-Qaab I, 50, Abb. 37 (j6/4), Taf. 14f
4135				Umm el-Qaab I, 50, Abb. 37 (j7/61), Taf. 14g
4136				Umm el-Qaab I, 50, Abb. 37 (j8/1)
4137				Umm el-Qaab I, 50, Abb. 37 (j8/2)
4138				Umm el-Qaab I, 50, Abb. 37 (j/11), Taf. 14i
4139				Umm el-Qaab I, 50, Abb. 37 (j/17), Taf. 14h
4140				Umm el-Qaab I, 51, Abb. 38 (j/22)
4141				Umm el-Qaab I, 51, Abb. 38 (j/23), Taf. 15a
4142				Umm el-Qaab I, 51, Abb. 38 (j/24), Taf. 15b
4143				Umm el-Qaab I, 51, Abb. 38 (j/25)
4144				Umm el-Qaab I, 51, Abb. 38 (j/37)
4145				Umm el-Qaab I, 51, Abb. 38 (j/40)
4146				Umm el-Qaab I, 51, Abb. 38 (j/42), Taf. 15c
4147				Umm el-Qaab I, 51, Abb. 38 (j/49)
4148				Umm el-Qaab I, 51, Abb. 38 (j/57), Taf. 15d
4149				Umm el-Qaab I, 51, Abb. 38 (j/58), Taf. 15e
4150				Umm el-Qaab I, 51, Abb. 38 (j/65)
4151				Umm el-Qaab I, 51, Abb. 39 (j/66), Taf. 15f
4152				Umm el-Qaab I, 51, Abb. 39 (j/69)
4153				Umm el-Qaab I, 51, Abb. 39 (j/71)
4154				Umm el-Qaab I, 51, Abb. 39 (j/99), Taf. 15g
4155				Umm el-Qaab I, 51, Abb. 39 (j/118)
4156				Umm el-Qaab I, 52, Abb. 39 (jS/17)
4157				Umm el-Qaab I, 52, Abb. 39 (jS/23), Taf. 11e
4158				Umm el-Qaab I, 52, Abb. 39 (jSO/3)
4159				Umm el-Qaab I, 52, Abb. 39 (SH/3)

Frühzeit-ID	Kahl 1994	Kahl et al.	Kaplony	Bibliographie
4160				Umm el-Qaab I, 52, Abb. 39 (SH/4)
4161				Umm el-Qaab I, 52, Abb. 39 (SH/6), Taf. 15h
4162				Umm el-Qaab I, 52, Abb. 39 (B 7/9N)
4163				Umm el-Qaab I, 61, Abb. 41 (j2/12), Taf. 16a
4164				Umm el-Qaab I, 59, Abb. 41 (j2/22)
4165				Umm el-Qaab I, 59, Abb. 41 (j2/29), Taf. 16b
4166				Umm el-Qaab I, 59, Abb. 41 (j5/13)
4167				Umm el-Qaab I, 59, Abb. 41 (j10/174)
4168				Umm el-Qaab I, 59, Abb. 41 (j10/175), Taf. 16c
4169				Umm el-Qaab I, 59, Abb. 41 (j11/4)
4170				Umm el-Qaab I, 60, Abb. 41 (j11/7), Taf. 16d
4171				Umm el-Qaab I, 60, Abb. 41 (j11/8)
4172				Umm el-Qaab I, 60, Abb. 42 (j12/153)
4173				Umm el-Qaab I, 60, Abb. 42 (j/1), Taf. 16e
4174				Umm el-Qaab I, 60, Abb. 42 (j/4), Taf. 16f
4175				Umm el-Qaab I, 60, Abb. 42 (j/12), Taf. 16g
4176				Umm el-Qaab I, 60, Abb. 42 (j/47), Taf. 16h
4177				Umm el-Qaab I, 60, Abb. 42 (j/77)
4178				Umm el-Qaab I, 60, Abb. 42 (j/87)
4179				Umm el-Qaab I, 60, Abb. 42 (j/93)
4180				Umm el-Qaab I, 60, Abb. 42 (SH/10)
4181				Umm el-Qaab I, 60, Abb. 42 (SH/17)
4182				Umm el-Qaab I, 60, Abb. 42 (kSS/7)
4183				Umm el-Qaab I, 63, Abb. 44 (j1/3), Taf. 17a
4184				Umm el-Qaab I, 63, Abb. 44 (j/2), Taf. 17b
4185				Umm el-Qaab I, 63, Abb. 44 (j/7), Taf. 17c
4186				Umm el-Qaab I, 63, Abb. 44 (j/13), Taf. 17d
4187				Umm el-Qaab I, 63, Abb. 44 (j/14), Taf. 17e
4188				Umm el-Qaab I, 63, Abb. 44 (j/27), Taf. 17f
4189				Umm el-Qaab I, 63, Abb. 44 (j/30)
4190				Umm el-Qaab I, 63, Abb. 44 (jS/27), Taf. 17g
4191				Umm el-Qaab I, 63, Abb. 44 (jSO/2), Taf. 17h

Frühzeit-ID	Kahl 1994	Kahl et al.	Kaplony	Bibliographie
4192				Umm el-Qaab I, 65, Abb. 46 (j2/1), Taf. 18a
4193				Umm el-Qaab I, 65, Abb. 46 (j2/2), Taf. 18b
4194				Umm el-Qaab I, 65, Abb. 46 (j2/16), Taf. 18g
4195				Umm el-Qaab I, 65, Abb. 46 (j2/23)
4196				Umm el-Qaab I, 65, Abb. 46 (j2/31), Taf. 18d
4197				Umm el-Qaab I, 65, Abb. 46 (j11/2), Taf. 18c
4198				Umm el-Qaab I, 65, Abb. 46 (j12/152), Taf. 18j
4199				Umm el-Qaab I, 65, Abb. 46 (j10/176)
4200				Umm el-Qaab I, 66, Abb. 46 (j/5), Taf. 18h
4201				Umm el-Qaab I, 66, Abb. 48 (j/35)
4202				Umm el-Qaab I, 66, Abb. 48 (j/52), Taf. 18e
4203				Umm el-Qaab I, 66, Abb. 48 (j/107), Taf. 18f
4204				Umm el-Qaab I, 66, Abb. 48 (jS/2), Taf. 18i
4205				Umm el-Qaab I, 66, Abb. 48 (jS/10)
4206				Umm el-Qaab I, 66, Abb. 48 (jS/11)
4207				Umm el-Qaab I, 66, Abb. 48 (j11/10), Taf. 19a
4208				Umm el-Qaab I, 66, Abb. 48 (j/10), Taf. 19b
4209				Umm el-Qaab I, 66, Abb. 48 (SH/1), Taf. 19c
4210				Umm el-Qaab I, 69, Abb. 48 (j2/4), Taf. 19e
4211				Umm el-Qaab I, 69, Abb. 48 (j/56), Taf. 19f
4212				Umm el-Qaab I, 69, Abb. 48 (j/73), Taf. 19d
4213				Umm el-Qaab I, 69, Abb. 51 (j5/19), Taf. 19g
4214				Umm el-Qaab I, 69, Abb. 51 (j11/9), Taf. 19h
4215				Umm el-Qaab I, 69, Abb. 51 (j/29), Taf. 19l
4216				Umm el-Qaab I, 69, Abb. 51 (j/103)
4217				Umm el-Qaab I, 70, Abb. 51 (jS/1), Taf. 19k
4218				Umm el-Qaab I, 70, Abb. 51 (jS/3), Taf. 19i
4219				Umm el-Qaab I, 70, Abb. 51 (jS/4), Taf. 19j

Frühzeit-ID	Kahl 1994	Kahl et al.	Kaplony	Bibliographie
4220				Umm el-Qaab I, 70, Abb. 51 (kSS/4), Taf. 19j
4221				Umm el-Qaab I, 70, Abb. 51 (jS/25), Taf. 19n
4222				Umm el-Qaab I, 72, Abb. 52 (j2/10), Taf. 20a
4223				Umm el-Qaab I, 72, Abb. 52 (j/28), Taf. 20b
4224				Umm el-Qaab I, 72, Abb. 52 (j/36), Taf. 20c
4225				Umm el-Qaab I, 72, Abb. 52 (j/54), Taf. 20e
4226				Umm el-Qaab I, 72, Abb. 52 (j/68), Taf. 20d
4227				Umm el-Qaab I, 72, Abb. 52 (jS/8), Taf. 20f
4228				Umm el-Qaab I, 81, Abb. 55 (134/5), Taf. 22f
4229				Umm el-Qaab I, 81, Abb. 55 (546/1), Taf. 22g
4230				Umm el-Qaab I, 81, Abb. 55 (546/2), Taf. 22e
4231				Umm el-Qaab I, 81, Abb. 59a, Taf. 20i
4233				Umm el-Qaab I, 81, Abb. 59c
4234				Umm el-Qaab I, 81, Abb. 59d
4235				Umm el-Qaab I, 81, Abb. 59e
4236				Umm el-Qaab I, 81, Abb. 59h
4237				Umm el-Qaab I, 81, Abb. 59g
4238 = 4027				Umm el-Qaab I, 81, 166, Abb. 98 (247), Taf. 20p
4239				Umm el-Qaab I, 83, Taf. 22a
4240				Umm el-Qaab I, 83, Taf. 22c
4241				Umm el-Qaab I, 113, Abb. 74.1, Taf. 27.1
4242				Umm el-Qaab I, 114, Abb. 74.2, Taf. 27.2
4243				Umm el-Qaab I, 114, Abb. 74.3, Taf. 27.3
4244				Umm el-Qaab I, 114, Abb. 74.4, Taf. 27.4
4245				Umm el-Qaab I, 114, Abb. 74.5, Taf. 27.5
4246				Umm el-Qaab I, 114, Abb. 74.6, Taf. 27.6
4247				Umm el-Qaab I, 114, Abb. 74.7, Taf. 27.7
4248				Umm el-Qaab I, 114, Abb. 74.8, Taf. 27.8
4249				Umm el-Qaab I, 114, Abb. 74.9, Taf. 27.9

Frühzeit-ID	Kahl 1994	Kahl et al.	Kaplony	Bibliographie
4250				Umm el-Qaab I, 114, Abb. 74.10, Taf. 27.10
4251				Umm el-Qaab I, 114, Abb. 74.11, Taf. 27.11
4252				Umm el-Qaab I, 114, Abb. 74.12, Taf. 27.12
4253				Umm el-Qaab I, 114, Abb. 74.13, Taf. 27.13
4254				Umm el-Qaab I, 114, Abb. 74.14, Taf. 27.14
4255				Umm el-Qaab I, 114, Abb. 74.15, Taf. 27.15
4256				Umm el-Qaab I, 114, Abb. 74.16, Taf. 27.16
4257				Umm el-Qaab I, 114, Abb. 74.17, Taf. 27.17
4258				Umm el-Qaab I, 114, Abb. 74.18, Taf. 27.18
4259				Umm el-Qaab I, 114, Abb. 74.19, Taf. 27.19
4260				Umm el-Qaab I, 114, Abb. 74.20, Taf. 27.20
4261				Umm el-Qaab I, 116, Abb. 74.21, Taf. 27.21
4262				Umm el-Qaab I, 116, Abb. 75.22, Taf. 28.22
4263				Umm el-Qaab I, 116, Abb. 75.23, Taf. 28.23
4264				Umm el-Qaab I, 116, Abb. 75.24, Taf. 28.24
4265				Umm el-Qaab I, 116, Abb. 75.25, Taf. 28.25
4266				Umm el-Qaab I, 116, Abb. 75.26, Taf. 28.26
4267				Umm el-Qaab I, 116, Abb. 75.27, Taf. 28.27
4268				Umm el-Qaab I, 116, Abb. 75.28, Taf. 28.28
4269				Umm el-Qaab I, 116, Abb. 75.29, Taf. 28.29
4270				Umm el-Qaab I, 116, Abb. 75.30, Taf. 28.30
4271				Umm el-Qaab I, 116, Abb. 75.31, Taf. 28.31
4272				Umm el-Qaab I, 116, Abb. 75.32, Taf. 28.32
4273				Umm el-Qaab I, 116, Abb. 75.33, Taf. 28.33
4274				Umm el-Qaab I, 116, Abb. 75.34, Taf. 28.34
4275				Umm el-Qaab I, 116, Abb. 75.35, Taf. 28.35

Frühzeit-ID	Kahl 1994	Kahl et al.	Kaplony	Bibliographie
4276				Umm el-Qaab I, 116, Abb. 75.36, Taf. 28.36
4277				Umm el-Qaab I, 116, Abb. 75.37, Taf. 28.37
4278				Umm el-Qaab I, 116, Abb. 75.38, Taf. 28.38
4279				Umm el-Qaab I, 116, 118, Abb. 75.39, Taf. 28.39
4280				Umm el-Qaab I, 118, Abb. 75.40, Taf. 28.40
4281				Umm el-Qaab I, 118, Abb. 75.41, Taf. 28.41
4282				Umm el-Qaab I, 118, Abb. 75.42, Taf. 28.42
4283				Umm el-Qaab I, 118, Abb. 75.43, Taf. 28.43
4284				Umm el-Qaab I, 118, Abb. 76.44, Taf. 29.44
4285				Umm el-Qaab I, 118, Abb. 76.45, Taf. 29.45
4286				Umm el-Qaab I, 118, Abb. 76.46, Taf. 29.46
4287				Umm el-Qaab I, 118, Abb. 76.47, Taf. 29.47
4288				Umm el-Qaab I, 118, Abb. 76.48, Taf. 29.48
4289				Umm el-Qaab I, 118, Abb. 76.49, Taf. 29.49
4290				Umm el-Qaab I, 118, Abb. 76.50, Taf. 29.50
4291				Umm el-Qaab I, 118, Abb. 76.51, Taf. 29.51
4292				Umm el-Qaab I, 118, Abb. 76.52, Taf. 29.52
4293				Umm el-Qaab I, 120, Abb. 76.53, Taf. 29.53
4294				Umm el-Qaab I, 120, Abb. 76.54, Taf. 29.54
4295				Umm el-Qaab I, 120, Abb. 76.55, Taf. 29.55
4296				Umm el-Qaab I, 120, Abb. 76.56, Taf. 29.56
4297				Umm el-Qaab I, 120, Abb. 76.57, Taf. 29.57
4298				Umm el-Qaab I, 120, Abb. 76.58, Taf. 29.58
4299				Umm el-Qaab I, 120, Abb. 76.59, Taf. 29.59
4300				Umm el-Qaab I, 120, Abb. 76.60, Taf. 29.60
4301				Umm el-Qaab I, 120, Abb. 77.61, Taf. 30.61

Frühzeit-ID	Kahl 1994	Kahl et al.	Kaplony	Bibliographie
4302				Umm el-Qaab I, 120, Abb. 77.62, Taf. 30.62
4303				Umm el-Qaab I, 120, Abb. 77.63, Taf. 30.63
4304				Umm el-Qaab I, 120–121, Abb. 77.64, Taf. 30.64
4305				Umm el-Qaab I, 121, Abb. 77.65, Taf. 30.65
4306				Umm el-Qaab I, 121, Abb. 77.66, Taf. 30.66
4307				Umm el-Qaab I, 121, Abb. 77.67, Taf. 30.67
4308				Umm el-Qaab I, 121, Abb. 77.68, Taf. 30.68
4309				Umm el-Qaab I, 121, Abb. 77.69, Taf. 30.69
4310				Umm el-Qaab I, 121, Abb. 77.70, Taf. 30.70
4311				Umm el-Qaab I, 121, Abb. 77.71, Taf. 30.71
4312				Umm el-Qaab I, 121, Abb. 77.72, Taf. 30.72
4313				Umm el-Qaab I, 121, Abb. 77.73, Taf. 30.73
4314				Umm el-Qaab I, 121, Abb. 77.74, Taf. 30.74
4315				Umm el-Qaab I, 121, Abb. 77.75, Taf. 30.75
4316				Umm el-Qaab I, 121, Abb. 77.76, Taf. 30.76
4317				Umm el-Qaab I, 123, Abb. 77.77, Taf. 30.77
4318				Umm el-Qaab I, 123, Abb. 77.78, Taf. 30.78
4319				Umm el-Qaab I, 123, Abb. 77.79, Taf. 30.79
4320				Umm el-Qaab I, 123, Abb. 77.80, Taf. 30.80
4321				Umm el-Qaab I, 123, Abb. 77.81, Taf. 30.81
4322				Umm el-Qaab I, 123.82, Abb. 78, Taf. 31.82
4323				Umm el-Qaab I, 123, Abb. 78.83, Taf. 31.83
4324				Umm el-Qaab I, 123, Abb. 78.84, Taf. 31.84
4325				Umm el-Qaab I, 123, Abb. 78.85, Taf. 31.85
4326				Umm el-Qaab I, 123, Abb. 78.86, Taf. 31.86
4327				Umm el-Qaab I, 123, Abb. 78.87, Taf. 31.87

Frühzeit-ID	Kahl 1994	Kahl et al.	Kaplony	Bibliographie
4328				Umm el-Qaab I, 123, Abb. 78.88, Taf. 31.88
4329				Umm el-Qaab I, 123, Abb. 78.89, Taf. 31.89
4330				Umm el-Qaab I, 123–124, Abb. 78.90, Taf. 31.90
4331				Umm el-Qaab I, 124, Abb. 78.91, Taf. 31.91
4332				Umm el-Qaab I, 124, Abb. 78.92, Taf. 31.92
4333				Umm el-Qaab I, 124, Abb. 78.93, Taf. 31.93
4334				Umm el-Qaab I, 124, Abb. 78.94, Taf. 31.94
4335				Umm el-Qaab I, 124, Abb. 78.95, Taf. 31.95
4336				Umm el-Qaab I, 124, Abb. 78.96, Taf. 31.96
4337				Umm el-Qaab I, 124, Abb. 78.97, Taf. 31.97
4338				Umm el-Qaab I, 124, Abb. 78.98, Taf. 31.98
4339				Umm el-Qaab I, 124, Abb. 78.99, Taf. 31.99
4340				Umm el-Qaab I, 124, Abb. 78.100, Taf. 31.100
4341				Umm el-Qaab I, 124, Abb. 78.101, Taf. 31.101
4342				Umm el-Qaab I, 124, Abb. 78.102, Taf. 31.102
4343				Umm el-Qaab I, 124, Abb. 78.103, Taf. 31.103
4344				Umm el-Qaab I, 124–126, Abb. 78.104, Taf. 31.104
4345				Umm el-Qaab I, 126, Abb. 78.105, Taf. 31.105
4346				Umm el-Qaab I, 126, Abb. 78.106, Taf. 31.106
4347				Umm el-Qaab I, 126, Abb. 79.107, Taf. 32.107
4348				Umm el-Qaab I, 126, Abb. 79.108, Taf. 32.108
4349				Umm el-Qaab I, 126, Abb. 79.109, Taf. 32.109
4350				Umm el-Qaab I, 126, Abb. 79.110, Taf. 32.110
4351				Umm el-Qaab I, 126, Abb. 79.111, Taf. 32.111
4352				Umm el-Qaab I, 126, Abb. 79.112, Taf. 32.112
4353				Umm el-Qaab I, 126, Abb. 79.113, Taf. 32.113

Frühzeit-ID	Kahl 1994	Kahl et al.	Kaplony	Bibliographie
4354				Umm el-Qaab I, 126, Abb. 79.114, Taf. 32.114
4355				Umm el-Qaab I, 126, Abb. 79.115, Taf. 32.115
4356				Umm el-Qaab I, 126, Abb. 79.116, Taf. 32.116
4357				Umm el-Qaab I, 126, Abb. 79.117, Taf. 32.117
4358				Umm el-Qaab I, 128, Abb. 79.118, Taf. 32.118
4359				Umm el-Qaab I, 128, Abb. 79.119, Taf. 32.119
4360				Umm el-Qaab I, 128, Abb. 79.120, Taf. 32.120
4361				Umm el-Qaab I, 128, Abb. 79.121, Taf. 32.121
4362				Umm el-Qaab I, 128, Abb. 79.122, Taf. 32.122
4363				Umm el-Qaab I, 128, Abb. 79.123, Taf. 32.123
4364				Umm el-Qaab I, 128, Abb. 79.124, Taf. 32.124
4365				Umm el-Qaab I, 128, Abb. 79.125, Taf. 32.125
4366				Umm el-Qaab I, 128, Abb. 79.126, Taf. 32.126
4367				Umm el-Qaab I, 128, Abb. 80.127, Taf. 33.127
4368				Umm el-Qaab I, 128, Abb. 80.128, Taf. 33.128
4369				Umm el-Qaab I, 128, Abb. 80.129, Taf. 33.129
4370				Umm el-Qaab I, 128, Abb. 80.130, Taf. 33.130
4371				Umm el-Qaab I, 129, Abb. 80.131, Taf. 33.131
4372				Umm el-Qaab I, 129, Abb. 80.132, Taf. 33.132
4373				Umm el-Qaab I, 129, Abb. 80.133, Taf. 33.133
4374				Umm el-Qaab I, 129, Abb. 80.134, Taf. 33.134
4375				Umm el-Qaab I, 129, Abb. 80.135, Taf. 33.135
4376				Umm el-Qaab I, 129, Abb. 80.136, Taf. 33.136
4377				Umm el-Qaab I, 129, Abb. 80.137, Taf. 33.137
4378				Umm el-Qaab I, 129, Abb. 80.138, Taf. 33.138
4379				Umm el-Qaab I, 129, Abb. 80.139, Taf. 33.139

Frühzeit-ID	Kahl 1994	Kahl et al.	Kaplony	Bibliographie
4380				Umm el-Qaab I, 129, Abb. 80-140, Taf. 33.140
4381				Umm el-Qaab I, 129, Abb. 80.141, Taf. 33.141
4382				Umm el-Qaab I, 129, Abb. 80.142, Taf. 33.142
4383				Umm el-Qaab I, 129, Abb. 80.143, Taf. 33.143
4384				Umm el-Qaab I, 129–131, Abb. 80.144, Taf. 33.144
4385				Umm el-Qaab I, 131, Abb. 80.145, Taf. 33.145
4386				Umm el-Qaab I, 131, Abb. 80.146, Taf. 33.146
4387				Umm el-Qaab I, 131, Abb. 80.147, Taf. 33.147
4388				Umm el-Qaab I, 131, Abb. 80.148, Taf. 33.148
4389				Umm el-Qaab I, 131, Abb. 80.149, Taf. 33.149
4390				Umm el-Qaab I, 131, Abb. 80.150, Taf. 33.150
4391				Umm el-Qaab I, 131, Abb. 81.151, Taf. 34.151
4392				Umm el-Qaab I, 131, Abb. 81.152, Taf. 34.152
4393				Umm el-Qaab I, 131, Abb. 81.153, Taf. 34.153
4394				Umm el-Qaab I, 131, Abb. 81.154, Taf. 34.154
4395				Umm el-Qaab I, 131, Abb. 81.155, Taf. 34.155
4396				Umm el-Qaab I, 131, Abb. 81.156, Taf. 34.156
4397				Umm el-Qaab I, 131, Abb. 81.157, Taf. 34.157
4398				Umm el-Qaab I, 131, Abb. 81.158, Taf. 34.158
4399				Umm el-Qaab I, 132, Abb. 81.159, Taf. 34.159
4400				Umm el-Qaab I, 132, Abb. 81.160, Taf. 34.160
4401				Umm el-Qaab I, 132, Abb. 81.161, Taf. 34.161
4402				Umm el-Qaab I, 132, Abb. 81.162, Taf. 34.162
4403				Umm el-Qaab I, 132, Abb. 81.163, Taf. 34.163
4404				Umm el-Qaab I, 132, Abb. 81.164, Taf. 34.164
4405				Umm el-Qaab I, 136, Abb. 82.191, Taf. 35.191

Frühzeit-ID	Kahl 1994	Kahl et al.	Kaplony	Bibliographie
4406				unpubliziert (Brüssel, RMAH E 4818)
4407				unpubliziert (Brüssel, RMAH E 4821)
4408				Regulski, Origins 1, 956, Abb. 6.1
4409				Regulski, Origins 1, 954, Abb. 3.1
4410				unpubliziert (Brüssel, RMAH E 4880B)
4411				unpubliziert (Brüssel, RMAH E 4880C)
4412				unpubliziert (Brüssel, RMAH E 4880D)
4413				Regulski, Origins 1, 962, Abb. 10.1
4414				Regulski, Origins 1, 956, Abb. 6.1
4415				unpubliziert (Brüssel, RMAH EA 9)
4416				unpublizlert (Brüssel, RMAH EA 512)
4417				unpubliziert (Brüssel, RMAH EA 539)
4418				Regulski, Origins 1, 954, Abb. 4.1
4419				unpubliziert (Brüssel, RMAH EA 729)
4420				Regulski, Origins 1, 952, Abb. 1.1
4421				Regulski, Origins 1, 958, Abb. 8.1
4422				Regulski, Origins 1, 952, Abb. 2.1
4423				unpubliziert (Brüssel, RMAH EA 4410)
4424				unpubliziert (Brüssel, RMAH 26-732)
4425				unpubliziert (Brüssel, RMAH 26-752)
4426				unpubliziert (Brüssel, RMAH 26-50)
4427				unpubliziert (Brüssel, RMAH 30-559)
4428				unpubliziert (Brüssel, RMAH 30-618)
4429				Regulski, Origins 1, 958, Abb. 7.1
4430				Regulski, Origins 1, 962, Abb. 9.1
4431				unpubliziert (Brüssel, RMAH 37-114)
4432				unpubliziert (Brüssel, RMAH 74-319)
4433				unpubliziert (Brüssel, RMAH 78-21)
4434 = 3023	Qu. 3023		IÄF 857	IÄF III, Abb. 857
4435				unpubliziert (Brüssel, RMAH 27-724)
4436				unpubliziert (Brüssel, RMAH 34-307)
4437				unpubliziert (Brüssel, RMAH 75-485)
4438				unpubliziert (Brüssel, RMAH 77-212)
4439				unpubliziert (Brüssel, RMAH 78-29)
4440				unpubliziert (Brüssel, RMAH 78-28)
4441				unpubliziert (Brüssel, RMAH EA 471)
4442				Umm el-Qaab VI, 317, Abb. 210.3
4443				Umm el-Qaab VI, 317–318, Abb. 210.1
4444				Umm el-Qaab VI, 319–321, Abb. 211.2
4445				Umm el-Qaab VI, 321, Abb. 212.1, Taf. 31a
4446				Dreyer, e-Forschungsberichte 3 (2014), 5, Abb. 7
4447				Umm el-Qaab VI, 322, Abb. 212.3, Taf. 31c

Frühzeit-ID	Kahl 1994	Kahl et al.	Kaplony	Bibliographie
4448				Umm el-Qaab VI, 322–324, Abb. 213.1, Taf. 31e
4449				Umm el-Qaab VI, 324–325, Abb. 213.4, Taf. 31f
4450				Umm el-Qaab VI, 326, Abb. 214.2, Taf. 32b
4451				Umm el-Qaab VI, 331–332, Abb. 216.5, Taf. 33b
4452				Umm el-Qaab VI, 328, Abb. 215.3, Taf. 33a
4453				Umm el-Qaab VI, 327–328, Abb. 215.1, Taf. 32d
4454				Umm el-Qaab VI, 328, Abb. 214.5, Taf. 32c
4455				Umm el-Qaab VI, 332, Abb. 217.1, Taf. 34a
4456				Umm el-Qaab VI, 335, Abb. 219.4, Taf. 35c
4457a–b				Umm el-Qaab VI, 332, Abb. 217.2, Taf. 34b
4458				Umm el-Qaab VI, 335, Abb. 219.3, Taf. 35b
4459				Umm el-Qaab VI, 332, Abb. 218.1, Taf. 35a
4460				Umm el-Qaab VI, 332–333, Abb. 218.2, Taf. 34c
4461				Leclant & Clerc, Or 61 (1992), 261, Taf. 28, Abb. 35; Umm el-Qaab VI, 337, Abb. 220.2, Taf. 35d
4463				Umm el-Qaab VI, 337 (o. Abb.)
4464				Umm el-Qaab VI, 337 (o. Abb.)
4465				Umm el-Qaab VI, 338 (o. Abb.)
4466				Umm el-Qaab VI, 338 (o. Abb.)
4467				Umm el-Qaab VI, 339–340, Abb. 222.1, Taf. 36d
4468				Umm el-Qaab VI, 340, Abb. 222.2, Taf. 36b
4469				Umm el-Qaab VI, 341, Abb. 222.3, Taf. 36c
4470				Umm el-Qaab VI, 343, Abb. 223.2, Taf. 36f
4471				Umm el-Qaab VI, 343, Abb. 223.1, Taf. 36e
4472				Umm el-Qaab VI, 343, Abb. 224.1, Taf. 37a
4473				Umm el-Qaab VI, 343, Abb. 224.2, Taf. 37b
4474				Umm el-Qaab VI, 343, 346, Abb. 224.3, Taf. 37c
4475				Umm el-Qaab VI, 346, Abb. 225.3, Taf. 40i

Frühzeit-ID	Kahl 1994	Kahl et al.	Kaplony	Bibliographie
4476				Umm el-Qaab VI, 346, Abb. 225.2, Taf. 38a
4477				Umm el-Qaab VI, 346, Abb. 225.1, Taf. 37d
4478				Umm el-Qaab VI, 346, Abb. 226.1, Taf. 38b
4479				Umm el-Qaab VI, 346–348, Abb. 226.2, Taf. 38c
4480				Umm el-Qaab VI, 348, Abb. 226.3, Taf. 40h
4481				Umm el-Qaab VI, 348, Abb. 226.4, Taf. 38d
4482				Umm el-Qaab VI, 348, Abb. 227.1, Taf. 38c
4483				Umm el-Qaab VI, 348–350, Abb. 227.2, Taf. 39a
4484				Umm el-Qaab VI, 350, Abb. 227.3, Taf. 39b
4485				Umm el-Qaab VI, 350, Abb. 228.1, Taf. 39c
4486				Umm el-Qaab VI, 350, Abb. 228.2, Taf. 39d
4487				Umm el-Qaab VI, 350, Abb. 228.3, Taf. 40a
4488				Umm el-Qaab VI, 350, Abb. 228.4, Taf. 40b
4489				Umm el-Qaab VI, 350, Abb. 229.1, Taf. 40c
4490				Umm el-Qaab VI, 352, Abb. 229.2, Taf. 40f
4491				Umm el-Qaab VI, 352, Abb. 229.3, Taf. 40e
4492				Umm el-Qaab VI, 352, Abb. 229.4, Taf. 40g
4493				Umm el-Qaab VI, 352, Abb. 229.5, Taf. 40d
4494				Umm el-Qaab VI, 410, Abb. 233.6, 259.2
4495				Umm el-Qaab VI, 410, Abb. 259.5
4496				Umm el-Qaab VI, 410, Abb. 259.1
4497				Umm el-Qaab VI, 410, Abb. 259.3
4498				Umm el-Qaab VI, 411, Abb. 259.4
4499				Umm el-Qaab VI, 411, Abb. 260.2, Taf. 30c
4500				Umm el-Qaab VI, 412, Abb. 260.3
4501				Umm el-Qaab VI, 412, Abb. 260.4
4502				Umm el-Qaab VI, 418, Abb. 262.2
4503				Umm el-Qaab VI, 418, Abb. 262.3
4504				Umm el-Qaab VI, 418, Abb. 262.5
4505				Umm el-Qaab VI, 418, Abb. 261.4

Frühzeit-ID	Kahl 1994	Kahl et al.	Kaplony	Bibliographie
4506				Umm el-Qaab VI, 418, Abb. 261.3, Taf. 30d
4507				Umm el-Qaab VI, 412, Abb. 260.5
4508				Umm el-Qaab VI, 418, Abb. 263.4
4509				Dreyer et al., MDAIK 59 (2003), 98–99, Taf. 19e
4510				Dreyer et al., MDAIK 59 (2003), 115, Taf. 24a
4511				Umm el-Qaab VI, 258, Abb. 167–168, Taf. 29a
4512				Umm el-Qaab VI, 261–262, Abb. 172.1, Taf. 29b
4513				Umm el-Qaab VI, 264–267, Abb. 175.1
4514				Umm el-Qaab VI, 267, Abb. 176.3
4515				Dreyer et al., MDAIK 62 (2006), 95, Abb. 6; Umm el-Qaab VI, 267–268, Abb. 177.3
4516				Umm el-Qaab VI, 268, Abb. 177.1
4517				Umm el-Qaab VI, 268–269, Abb. 178.1, Taf. 29e
4518				Umm el-Qaab VI, 269–271, Abb. 179, Taf. 29k
4519				Umm el-Qaab VI, 271–273, Abb. 181.1
4520				Umm el-Qaab VI, 275–277, Abb. 183.1
4521				Umm el-Qaab VI, 277, Abb. 185.3
4522				Umm el-Qaab VI, 277, Abb. 185.1
4523				Umm el-Qaab VI, 280, Abb. 186.5
4524				Umm el-Qaab VI, 280, Abb. 186.1
4525				Umm el-Qaab VI, 280, Abb. 186.2
4526				Umm el-Qaab VI, 280, Abb. 187.1, Taf. 29h
4527 = 4048				Dreyer et al., MDAIK 52 (1996), 72, Abb. 26, Taf. 14b–c; Umm el-Qaab VI, 283–288, Abb. 190.1, Taf. 29d
4528 = 4047				Dreyer et al., MDAIK 52 (1996), 72, Abb. 25; Umm el-Qaab VI, 289, Abb. 193.1, Taf. 29f
4529				Umm el-Qaab VI, 290, Abb. 194.1
4530				Umm el-Qaab VI, 290–294, Abb. 195.2
4531				Umm el-Qaab VI, 295, Abb. 198.1–2
4532				Umm el-Qaab VI, 295–298, Abb. 198.3–4
4533 = 4534				Umm el-Qaab VI, 298, Abb. 199.1
4534 = 4533				Umm el-Qaab VI, 298, Abb. 199.2
4535				Umm el-Qaab VI, 299, Abb. 200

Frühzeit-ID	Kahl 1994	Kahl et al.	Kaplony	Bibliographie
4536				Umm el-Qaab VI, 299–301, Abb. 201–203, Taf. 29g, 29i
4537				Umm el-Qaab VI, 299–301, Abb. 202, Taf. 29g
4538				Umm el-Qaab VI, 301–305, Abb. 204.3
4539				Umm el-Qaab VI, 305, Abb. 205.3
4540				Umm el-Qaab VI, 305, Abb. 205.6
4541				Umm el-Qaab VI, 305, Abb. 205.1
4542				Umm el-Qaab VI, 305, Abb. 205.4–5
4543				Umm el-Qaab VI, 305, Abb. 205.7–8
4544				Umm el-Qaab VI, 306–307, Abb. 206.1–2
4545				Umm el-Qaab VI, 307, Abb. 206.3–4
4546				Umm el-Qaab VI, 307, Abb. 206.5
4547				Umm el-Qaab VI, 307, Abb. 206.6
4548				Umm el-Qaab VI, 314, Abb. 209
4549				unpubliziert (Brüssel, RMAH EA 6164)
4550				unpubliziert (Brüssel, RMAH EA 6347)
4551				unpubliziert (Kairo, JdE 45179a)
4552				unpubliziert (Kairo, JdE 45179c)
4553				unpubliziert (Kairo, JdE 45179d)
4554				unpubliziert (Kairo, JdE 45179e)
4555				unpubliziert (Kairo, JdE 45179g)
4556				unpubliziert (Kairo, JdE 45179i)
4557 = 4046				Dreyer et al., MDAIK 52 (1996), 73–74, Taf. 14d; Umm el-Qaab VI, 318–319, Abb. 211.1
4561				unpubliziert (Brüssel, RMAH EA 7408)
4562				unpubliziert (Grabung Emery)
4563				unpubliziert (Grabung Emery)
4564				unpubliziert (Grabung Emery)
4565				unpubliziert (Grabung Emery)
4566				unpubliziert (Grabung Emery)
4567				unpubliziert (Grabung Emery)
4568				unpubliziert (Grabung Emery)
4569				unpubliziert (Grabung Emery)
4570				unpubliziert (Grabung Emery)
4571				unpubliziert (Grabung Emery)
4572				unpubliziert (Grabung Emery)
4573				unpubliziert (Grabung Emery)
4574				Regulski, JEA 93 (2008), 254–258
4575				Simpson, JEA 42 (1956), 45–49
4576				unpubliziert (Abydos Ab K 4178)
4577				unpubliziert (Abydos Ab K 4174)
4578				Umm el-Qaab VII, 192–193 (Nr. 301)
4579				Umm el-Qaab VII, 192–193 (Nr. 302)

Frühzeit-ID	Kahl 1994	Kahl et al.	Kaplony	Bibliographie
4580				unpubliziert (Chasechemui-Grab; Variante zu IÄF III, Abb. 781)
4581				Dreyer et al., MDAIK 62 (2006), 117, Abb. 17e
4582				unpubliziert (Chasechemui-Grab)
4583				unpubliziert (Chasechemui-Grab)
4584				Engel, MDAIK 62 (2006), 153, Abb. 1 (Kat. 6)
4585				unpubliziert (Chasechemui-Grab)
4586				unpubliziert (Chasechemui-Grab)
4587				unpubliziert (Chasechemui-Grab)
4588				unpubliziert (Chasechemui-Grab; Variante zu IÄF III, Abb. 785)
4589				unpubliziert (Chasechemui-Grab)
4590				unpubliziert (Chasechemui-Grab)
4591				unpubliziert (Chasechemui-Grab)
4592				unpubliziert (Chasechemui-Grab)
4593				unpubliziert (Chasechemui-Grab)
4594				unpubliziert (Chasechemui-Grab)
4595				Dreyer et al., MDAIK 62 (2006), 117, Abb. 17i
4596				Engel, MDAIK 62 (2006), 153, Abb. 1 (Kat. 5)
4597				unpubliziert (Chasechemui-Grab)
4598				unpubliziert (Chasechemui-Grab)
4599				unpubliziert (Chasechemui-Grab)
4600				unpubliziert (Chasechemui-Grab)
4601				unpubliziert (Chasechemui-Grab)
4602				unpubliziert (Chasechemui-Grab)
4603				unpubliziert (Chasechemui-Grab)
4604				unpubliziert (Chasechemui-Grab)
4605				unpubliziert (Chasechemui-Grab)
4606				unpubliziert (Chasechemui-Grab)
4607				unpubliziert (Chasechemui-Grab)
4608				unpubliziert (Chasechemui-Grab)
4609				unpubliziert (Chasechemui-Grab)
4610				unpubliziert (Chasechemui-Grab)
4611				unpubliziert (Chasechemui-Grab)
4612				unpubliziert (Chasechemui-Grab)
4613				Dreyer et al., MDAIK 62 (2006), 117, Abb. 17d
4614				Engel, MDAIK 62 (2006), 153, Abb. 1 (Kat. 4)
4615				unpubliziert (Chasechemui-Grab)
4616				unpubliziert (Chasechemui-Grab)
4617				Engel, MDAIK 62 (2006), 153, Abb. 1 (Kat. 1)
4618				unpubliziert (Chasechemui-Grab)
4619				unpubliziert (Chasechemui-Grab)

Frühzeit-ID	Kahl 1994	Kahl et al.	Kaplony	Bibliographie
4620				unpubliziert (Chasechemui-Grab)
4621				unpubliziert (Chasechemui-Grab)
4622				unpubliziert (Chasechemui-Grab)
4623				unpubliziert (Chasechemui-Grab)
4624				unpubliziert (Chasechemui-Grab)
4625				unpubliziert (Chasechemui-Grab)
4626				unpubliziert (Chasechemui-Grab)
4627				unpubliziert (Semerchet-Grab)
4628				unpubliziert (Semerchet-Grab)
4629				unpubliziert (Semerchet-Grab)
4630				unpubliziert (Semerchet-Grab)
4631				unpubliziert (Semerchet-Grab)
4632				unpubliziert (Semerchet-Grab)
4633				unpubliziert (Semerchet-Grab)
4634				unpubliziert (Semerchet-Grab)
4635				unpubliziert (Semerchet-Grab)
4636				unpubliziert (Semerchet-Grab)
4637				unpubliziert (Semerchet-Grab)
4638				unpubliziert (Semerchet-Grab)
4639				unpubliziert (Semerchet-Grab)
4640				unpubliziert (Semerchet-Grab)
4641				unpubliziert (Chasechemui-Grab)
4642				Dreyer et al., MDAIK 62 (2006), 117, Abb. 17b
4643				unpubliziert (Chasechemui-Grab)
4644				unpubliziert (Chasechemui-Grab)
4645				unpubliziert (Semerchet-Grab)
4646				unpubliziert (Semerchet-Grab)
4647				unpubliziert (Den-Grab)
4648				Umm el-Qaab VII, 184–185 (Nr. 278)
4649				Umm el-Qaab VII, 186–187 (Nr. 280)
4650				Umm el-Qaab VII, 188–189 (Nr. 284)
4651				Umm el-Qaab VII, 184–185 (Nr. 277)
4652				unpubliziert (Abydos Ab K 5140)
4653				Umm el-Qaab VII, 186–287 (Nr. 279)
4654				unpubliziert (Den-Grab)
4655				unpubliziert (Semerchet-Grab)
4656				unpubliziert (Den-Grab)
4657				unpubliziert (Den-Grab)
4658				von der Way, Tell el-Fara´în-Buto I, Taf. 22.8
4659				unpubliziert (Den-Grab)
4660				unpubliziert (Abydos Ab K 1408)
4661				unpubliziert (Den-Grab)
4662				unpubliziert (Abydos Ab K 1427)
4663				unpubliziert (Abydos Ab K 1420)
4664				unpubliziert (Abydos Ab K 1425)
4665				unpubliziert (Den-Grab)

Frühzeit-ID	Kahl 1994	Kahl et al.	Kaplony	Bibliographie
4666				unpubliziert (Den-Grab)
4667				unpubliziert (Den-Grab)
4668				unpubliziert (Den-Grab)
4669				unpubliziert (Den-Grab)
4670				unpubliziert (Den-Grab)
4671				unpubliziert (Den-Grab)
4672				unpubliziert (Den-Grab)
4673				unpubliziert (Den-Grab)
4674				unpubliziert (Den-Grab)
4675				unpubliziert (Semerchet-Grab)
4676				unpubliziert (Abydos Ab K 524)
4677				unpubliziert (Abydos Ab K 1654)
4678				unpubliziert (Abydos Ab K 1028)
4679				Ben-Tor, 'Atiqot ES 11 (1976), 13–15; Ben-Tor, Cylinder Seal, 123–127
4680				Lapp, BASOR 273 (1989), 9–11 (Nr. 2823)
4681				Adams, EI 21 (1990), 1
4682				Köhler, Archéo-Nil 13 (2003), 24, Abb. 8; Helwan II, 197
4683				Köhler, Archéo-Nil 13 (2003), 24, Abb. 9; Helwan II, 195
4684				Köhler, Archéo-Nil 13 (2003), 25, Abb. 10; Helwan II, 193
4685				Kaiser & Dreyer, MDAIK 38 (1982), 230
4686				Kaiser & Dreyer, MDAIK 38 (1982), 230
4687				Chłodnicki & Ciałowicz, PAM 16 (2005), 131–145
4688				Müller, Fs Junge, 479, Abb. 2; Dreyer et al., MDAIK 62 (2006), 78, Abb. 4
4689				Engel, BEM 2 (2005), Abb. 2
4690			IÄF III, 373	IÄF III, Abb. 373; van de Walle, El Kab III, 94; Engel, Rollsiegel, 106
4691			IÄF III, 360	IÄF III, Abb. 360; van de Walle, El Kab III, 95; Engel, Rollsiegel, 106
4692			IÄF III, 408	IÄF III, Abb. 408; van de Walle, El Kab III, 95; Engel, Rollsiegel, 106
4693			IÄF III, 357	IÄF III, Abb. 357; van de Walle, El Kab III, 96; Engel, Rollsiegel, 110
4695		Ni/Sa/2		Regulski & Kahl, MDAIK 66 (2010), Abb. 4
4696		Ni/Sa/4		Regulski & Kahl, MDAIK 66 (2010), Abb. 2–3
4697		Ni/Sa/3		unpubliziert
4698		Ni/Sa/1		unpubliziert
4699		Ni/Sa/5		Regulski & Kahl, MDAIK 66 (2010), Abb. 4–5

Frühzeit-ID	Kahl 1994	Kahl et al.	Kaplony	Bibliographie
4700		Ni/Sa/6		Regulski & Kahl, MDAIK 66 (2010), Abb. 7–8
4701		Ni/Sa/7		unpubliziert
4702		Ni/Sa/8		unpubliziert
4703		Ni/Sa/9		unpubliziert
4704		Ni/Sa/10		unpubliziert
4705		Ni/Sa/11		unpubliziert
4706		Ni/Sa/12		unpubliziert
4707		Ni/Sa/13		unpubliziert
4708		Ni/Sa/14		unpubliziert
4709		Ni/Sa/15		unpubliziert
4710		Ni/Sa/16		unpubliziert
4711		Ni/Sa/17		unpubliziert
4712		Ni/Sa/18		unpubliziert
4713		Ni/Sa/19		unpubliziert
4714		Ni/Sa/21		unpubliziert
4715				Dreyer et al., MDAIK 62 (2006), 97, Abb. 11
4716				Dreyer et al., MDAIK 62 (2006), 97, Abb. 12
4717				Dreyer et al., MDAIK 62 (2006), 117, Abb. 17f
4718				Dreyer et al., MDAIK 62 (2006), 117, Abb. 17a
4719				Dreyer et al., MDAIK 62 (2006), 117, Abb. 17c
4720				Dreyer et al., MDAIK 62 (2006), 117, Abb. 17h
4721				Engel, MDAIK 62 (2006), 153, Abb. 1 (Kat. 7)
4722				Engel, MDAIK 62 (2006), 153, Abb. 1 (Kat. 8)
4723				Dreyer et al., MDAIK 62 (2006), 121, Abb. 18j
4724				Dreyer et al., MDAIK 62 (2006), 121, Abb. 18m
4725				Dreyer et al., MDAIK 62 (2006), 121, Abb. 18l
4726				Regulski, Tell el-Iswid, 235, Abb. 5
4727				Regulski, Tell el-Iswid, 232–233, Abb. 2
4728				Regulski, Tell el-Iswid, 231–232, Abb. 1
4729				Regulski, Tell el-Iswid, 236, Abb. 6
4730				Regulski, Tell el-Iswid, 237, Abb. 7
4731				Darnell, Origins 3, 1181–1185, Abb. 17
4732				Darnell, Origins 3, 1181–1185, Abb. 18
4733				van de Walle, El Kab III, 92; Engel, Rollsiegel, 105
4734			IÄF III, 571	IÄF III, Abb. 571; van de Walle, El Kab III, 93; Engel, Rollsiegel, 105
4735				van de Walle, El Kab III, 96

Frühzeit-ID	Kahl 1994	Kahl et al.	Kaplony	Bibliographie
4736				van de Walle, El Kab III, 96
4737				van de Walle, El Kab III, 96
4738				van de Walle, El Kab III, 96
4739				unpubliziert (Sakkara SAK 2008-428/01)
4740				unpubliziert (Sakkara SAK 2008-448)
4741				unpubliziert (Sakkara SAK 2008-471)
4742				Raven et al., JEOL 41 (2008–2009), 21, Abb. 14
4743				el-Baghdadi, Proceedings, 492, Abb. 3f
4744				el-Baghdadi, Proceedings, 497, Abb. 5f
4745				Schneider, Leben und Tod, 27, Nr. 13
4746				Ikram & Rossi, JEA 90 (2004), 211–215
4747				Tassie et al., Origins 2, 208
4748				Tassie et al., Origins 2, 212, Abb. 4
4749				Jucha, Origins 2, 142, table 3A, Abb. 3.5
4750				Chłodnicki, Origins 2, 496, Abb. 5
4751		Ni/Sa/20		unpubliziert
4752		Ni/Sa/23		unpubliziert
4753		Ni/Sa/24		unpubliziert
4754		Ni/Sa/25		unpubliziert
4755		Ni/Sa/26		unpubliziert
4756				Köhler, ASAE 81 (2007), 212, Taf. III.b
4757				Amélineau, Abydos (1897–1898), Taf. 19.5; Aufrère, EHC 2 (1993), 139.16, 182, Taf. 16
4758				Bestock, Funerary Cult, Taf. 11
4759				Bestock, Funerary Cult, Abb. 69a
4760				Bestock, Funerary Cult, Abb. 37
4761				Bestock, Funerary Cult, Abb. 74
4762				Bestock, Funerary Cult, Taf. 16
4763				Braun & van den Brink, Origins 2, 661, Abb. 9.1
4764				Braun & van den Brink, Origins 2, 661, Abb. 9.3
4765				Braun & van den Brink, Origins 2, 661, Abb. 9.5
4766				Braun & van den Brink, Origins 2, 662, Abb. 10.1
4767				Braun & van den Brink, Origins 2, 662, Abb. 10.2
4768				Braun & van den Brink, Origins 2, 662, Abb. 10.3
4769				Braun & van den Brink, Origins 2, 662, Abb. 10.4
4770				Engel, Fs Westendorf, 14; Dreyer et al., MDAIK 67 (2011), 77, Abb. 30a
4771				Myśliwiec, PAM 13 (2011), 132–33, Abb. 3

Frühzeit-ID	Kahl 1994	Kahl et al.	Kaplony	Bibliographie
4772				Oppenheim, BES 18 (2007), 153–182
4773				Helwan II, 201
4774				Helwan II, 203
4775				Helwan II, 191
4776				Helwan II, 199
4777				unpubliziert (Philadelphia E.9437)
4778				unpubliziert (Philadelphia E.9468)
4779				Umm el-Qaab VII, 182–183 (Nr. 273)
4780				Umm el-Qaab VII, 182–183 (Nr. 272)
4781				Umm el-Qaab VII, 184–185 (Nr. 276)
4782				Amélineau, Abydos (1895–1896), Taf. 34; Umm el-Qaab VII, 126–127 (Nr. 174)
4783				Amélineau, Abydos (1895–1896), Taf. 36; Umm el-Qaab VII, 140–141 (Nr. 198)
4784				Amélineau, Abydos (1895–1896), Taf. 37; Umm el-Qaab VII, 146–147 (Nr. 206)
4785				Quibell, Archaic Objects I, 294, Taf. 60 (14616); Umm el-Qaab VII, 150–151 (Nr. 212)
4786				Umm el-Qaab VII, 186–187 (Nr. 282)
4787				Umm el-Qaab VII, 152–153 (Nr. 213)
4788				Umm el-Qaab VII, 188–189 (Nr. 287)
4789				Umm el-Qaab VII, 190–191 (Nr. 288)
4790				Umm el-Qaab VII, 190–191 (Nr. 289)
4791				Umm el-Qaab VII, 190–191 (Nr. 290)
4792				Umm el-Qaab VII, 190–192 (Nr. 297)
4793				Umm el-Qaab VII, 192–193 (Nr. 303)
4794				Umm el-Qaab VII, 194 (Nr. 304)
4795				Umm el-Qaab VII, 196 (Nr. 323)
4796				Umm el-Qaab VII, 199 (Nr. 359)
4797				Amélineau, Abydos (1895–1896), Taf. 34; Umm el-Qaab VII, 124–125 (Nr. 171)
4798				Amélineau, Abydos (1895–1896), Taf. 34; Umm el-Qaab VII, 128–129 (Nr. 177)
4799				Amélineau, Abydos (1895–1896), Taf. 35; Umm el-Qaab VII, 132–133 (Nr. 184)
4800				Amélineau, Abydos (1895–1896), Taf. 35; Umm el-Qaab VII, 132–133 (Nr. 185)
4801				Amélineau, Abydos (1895–1896), Taf. 35; Umm el-Qaab VII, 136–137 (Nr. 190)

Frühzeit-ID	Kahl 1994	Kahl et al.	Kaplony	Bibliographie
4802				Amélineau, Abydos (1895–1896), Taf. 36; Umm el-Qaab VII, 136–138 (Nr. 193)
4803				Amélineau, Abydos (1895–1896), Taf. 36; Umm el-Qaab VII, 138–139 (Nr. 195)
4804				Amélineau, Abydos (1897–1898) I, Taf. 18 (2); Umm el-Qaab VII, 152–153 (Nr. 214)
4805				IÄF I, 190; Umm el-Qaab VII, 180–181 (Nr. 268)
4806				Chłodnicki & Ciałowicz, PAM 20 (2011), 165, Abb. 15
4807				Piquette, Early Writing, 223, Abb. 5a
4808				Ibrahim & Tallet, RdE 59 (2008), 157, Abb. 1–2, Taf. 16; Ibrahim & Tallet, Archéo-Nil 19 (2009), 181
4809				Ibrahim & Tallet, RdE 59 (2008), 162, Abb. 5–6, Taf. 16; Ibrahim & Tallet, Archéo-Nil 19 (2009), 181
4810				Ibrahim & Tallet, RdE 59 (2008), 170, Abb. 11–12, Taf. 16; Ibrahim & Tallet, Archéo-Nil 19 (2009), 181
4811				Tallet & Laisney, BIFAO 112 (2012), 395, Abb. 7; Tallet, La zone II, 5–7, Taf. 1–3 (Doc. 273)
4812				Tallet & Laisney, BIFAO 112 (2012), 395, Abb. 8; Tallet, La zone II, 10–11, Taf. 7–8, 10 (Doc. 277)
4813				Tallet & Laisney, BIFAO 112 (2012), 396, Abb. 9; Tallet, La zone II, 13–15, Taf. 13–15 (Doc. 285)
4814				Tallet & Laisney, BIFAO 112 (2012), 397, Abb. 10; Tallet, La zone II, 18–20, Taf. 25–26 (Doc. 299)
4815				Tallet & Laisney, BIFAO 112 (2012), 397, Abb. 11; Tallet, La zone II, 23–27, Taf. 32–34, 36 (Doc. 306)
4816				unpubliziert (London, BM EA 58028; vgl. RT I, Taf. 50.536; Tarkhan II, Taf. 21.52)
4817				Umm el-Qaab I, 139, Abb. 83b (re.)
4818				Dreyer et al., MDAIK 56 (2000), Taf. 10h
4819				Dreyer et al., MDAIK 56 (2000), Taf. 10i
4820				Begon, Archéo-Nil 25 (2015), 13, Abb. 1
4821				Köhler, Zaki Saad's Excavation at Helwan, 12, Abb. 5.1
4822				Köhler, Zaki Saad's Excavation at Helwan, 12, Abb. 5.2

Frühzeit-ID	Kahl 1994	Kahl et al.	Kaplony	Bibliographie
4823				Köhler, Zaki Saad's Excavation at Helwan, 12, Abb. 5.3
4824			IÄF III, 365	IÄF III, Abb. 365; Müller, Origins 5, 794, Abb. 5
4825			IÄF III, 365	IÄF III, Abb. 365; Müller, Fs Dreyer, 477–93; Müller, Origins 5, 796, Abb. 6
4826			IÄF III, 365	IÄF III, Abb. 365; Dreyer et al., MDAIK 67 (2011), 64, Abb. 20; Müller, Origins 5, 796, Abb. 7
4827				Dreyer et al., MDAIK 67 (2011), 71, Abb. 24
4828				Dreyer et al., MDAIK 67 (2011), 77, Abb. 30c–d
4829				Dreyer et al., MDAIK 67 (2011), 77, Abb. 30e–f
4830				Dreyer et al., MDAIK 67 (2011), 77, Abb. 30b
4831				Dreyer et al., MDAIK 67 (2011), 84, Abb. 37
4832				Dreyer et al., MDAIK 67 (2011), 87, Abb. 42
4833				Dreyer et al., MDAIK 67 (2011), 88, Abb. 43
5001				van den Brink, Archéo-Nil 11 (2001), 47, 49, Abb. 39
5002				van den Brink, Archéo-Nil 11 (2001), 47, 50, Abb. 42
5003				van den Brink, Archéo-Nil 11 (2001), 47, 50, Abb. 43
5004				Morrow et al., Desert RATS, 114–115; Begon, GM 254 (2018), 16, Abb. 1
5005				Midant-Reynes, Nouvelle attestation, 158, 166, Abb. 4
5006				van den Brink, Archéo-Nil 11 (2001), 46–48, Abb. 29
5007				van den Brink, Archéo-Nil 11 (2001), 46–48, Abb. 31
5008				van den Brink, Archéo-Nil 11 (2001), 46–48, Abb. 32
5009				van den Brink, Archéo-Nil 11 (2001), 46–47, 51 Abb. 45
5010				Darnell et al., Theban Desert Road Survey I, Taf. 11
5011				van den Brink, Archéo-Nil 11 (2001), 78 Abb. 114
5012				van den Brink, Archéo-Nil 11 (2001), 46–47, 50 Abb. 44
5013				Torcia, Cretulae, 36–38, Abb. 18
5014				unpubliziert (Philadelphia E.9849)
5015				unpubliziert (OIM Chicago E5903)
5016				unpubliziert (Pittsburgh)

Frühzeit-ID	Kahl 1994	Kahl et al.	Kaplony	Bibliographie
5017				Köhler, Vor den Pyramiden, Abb. 102
5018				Winkler, Rock-drawing, Taf. 11.2
5019				Winkler, Rock-drawing, Taf. 11.3
5020				van den Brink, Archéo-Nil 11 (2001), 56, Abb. 53
5021				unpubliziert (Toronto 901.8.112)
5022				unpubliziert (Toronto 901.8.157)
5023				unpubliziert (Philadelphia E.9366)
5024				unpubliziert (Toronto 901.8.154)
5025				unpubliziert (Toronto 901.8.156)
5026				Adams, Locality 6, 20, Taf. 5b
5027				Hierakonpolis I, 8, Taf. 19.1, 20.1
5028				Hierakonpolis I, 7, Taf. 17.1, 33.1
5029				Hierakonpolis I, 7, Taf. 12.2, 17
5031				Hierakonpolis I, Taf. 26a; Adams, Ancient Hierakonpolis, 3, Abb. 1–2
5032			IÄFS 1085	Kaplony, Or 34 (1965), 137, Taf. 29.1
5033				Morenz et al., Binnenkolonisation, 50–75, Abb. 22
5035				van den Brink, Archéo-Nil 11 (2001), 35–36, Abb. 21
5037				Váhala & Červíček, Felsbilder, 32, 40, Abb. 149
5038				Bréand, Origins 3, 1020, Tab. 1, 10C (li.)
5039				van den Brink, Archéo-Nil 11 (2001), 45, Abb. 28
5040				Jucha, PAM 21 (2012), 629–636, Abb. 3.2, 4.2
5041				Needler, JARCE 6 (1967), Taf. 1.3
5043				Winkler, Rock-drawing, Taf. 9.5
5101		D3/?/1		Wiedemann, OLZ 1 (1898), Taf. 2; Kahl et al., Inschriften der 3. Dynastie, 220
5102		Ne/Sa/86		Lloyd et al., Saqqâra Tombs II, Taf. 28.2; Kahl et al., Inschriften der 3. Dynastie, 112
5103			IÄF III, 207	IÄF III, fig. 207
5104			IÄF III, 871	IÄF III, fig. 871
5105				Umm el-Qaab VI, 523, Abb. 321.1, Taf. 48m
5106				Umm el-Qaab VI, 525, Abb. 322.1, Taf. 48h
5107				Bárta et al., Abusir 19, 3–5, 21–23, Abb. 2.21, 2.23, Taf. 24–26
5108				Bárta et al., Abusir 19, 3-5, 18–21, Abb. 2.21–22, Taf. 10, 18–23, 31
5109				Bárta et al., Created for Eternity, 108–109

Frühzeit-ID	Kahl 1994	Kahl et al.	Kaplony	Bibliographie
5110		D3/Sa/10		Weill, Sphinx 15 (1911–12), 2; Kahl et al., Inschriften der 3. Dynastie, 192
5111		D3/Sa/13		Borchardt, Denkmäler AR II, 164; Kahl et al., Inschriften der 3. Dynastie, 198
5112		D3/Sa/15		Reisner, Tomb Development, 203; Kahl et al., Inschriften der 3. Dynastie, 198
5113		D3/Sa/16		Reisner, Tomb Development, 203; Kahl et al., Inschriften der 3. Dynastie, 198
5114		D3/Sa/25		LD Text I, 139; Kahl et al., Inschriften der 3. Dynastie, 214
5115				PD V, 41 (nr.68)
5116				Braun & van den Brink, Origins 2, 661, fig. 9.2
5117				Braun & van den Brink, Origins 2, 661, fig. 9.4
5118				Pätznick, Siegelabrollungen, Kat. 003
5119				Pätznick, Siegelabrollungen, Kat. 004
5120				Pätznick, Siegelabrollungen, Kat. 006
5121				Pätznick, Siegelabrollungen, Kat. 008
5122				Pätznick, Siegelabrollungen, Kat. 010
5123				Pätznick, Siegelabrollungen, Kat. 011
5124				Pätznick, Siegelabrollungen, Kat. 012
5125				Pätznick, Siegelabrollungen, Kat. 013
5126				Pätznick, Siegelabrollungen, Kat. 015
5127				Pätznick, Siegelabrollungen, Kat. 018
5128				Pätznick, Siegelabrollungen, Kat. 019
5129				Pätznick, Siegelabrollungen, Kat. 020
5130				Pätznick, Siegelabrollungen, Kat. 022
5131				Pätznick, Siegelabrollungen, Kat. 024
5132				Pätznick, Siegelabrollungen, Kat. 025
5133				Pätznick, Siegelabrollungen, Kat. 026
5134				Pätznick, Siegelabrollungen, Kat. 028
5135				Pätznick, Siegelabrollungen, Kat. 031
5136				Pätznick, Siegelabrollungen, Kat. 032
5137				Pätznick, Siegelabrollungen, Kat. 034
5138				Pätznick, Siegelabrollungen, Kat. 035
5139				Pätznick, Siegelabrollungen, Kat. 037
5140				Pätznick, Siegelabrollungen, Kat. 039
5141				Pätznick, Siegelabrollungen, Kat. 040
5142				Pätznick, Siegelabrollungen, Kat. 044
5143				Pätznick, Siegelabrollungen, Kat. 045
5144				Pätznick, Siegelabrollungen, Kat. 046
5145				Pätznick, Siegelabrollungen, Kat. 047
5146				Pätznick, Siegelabrollungen, Kat. 048
5147				Pätznick, Siegelabrollungen, Kat. 049

Frühzeit-ID	Kahl 1994	Kahl et al.	Kaplony	Bibliographie
5148				Pätznick, Siegelabrollungen, Kat. 050
5149				Pätznick, Siegelabrollungen, Kat. 051
5150				Pätznick, Siegelabrollungen, Kat. 052
5151				Pätznick, Siegelabrollungen, Kat. 053
5152				Pätznick, Siegelabrollungen, Kat. 054
5153				Pätznick, Siegelabrollungen, Kat. 055
5154				Pätznick, Siegelabrollungen, Kat. 059
5155				Pätznick, Siegelabrollungen, Kat. 060
5156				Pätznick, Siegelabrollungen, Kat. 061
5157				Pätznick, Siegelabrollungen, Kat. 066
5158				Pätznick, Siegelabrollungen, Kat. 067
5159				Pätznick, Siegelabrollungen, Kat. 068
5160				Pätznick, Siegelabrollungen, Kat. 072
5161				Pätznick, Siegelabrollungen, Kat. 073
5162				Pätznick, Siegelabrollungen, Kat. 077
5163				Pätznick, Siegelabrollungen, Kat. 078
5164				Pätznick, Siegelabrollungen, Kat. 079
5165				Pätznick, Siegelabrollungen, Kat. 081
5166				Pätznick, Siegelabrollungen, Kat. 082
5167				Pätznick, Siegelabrollungen, Kat. 083
5168				Pätznick, Siegelabrollungen, Kat. 085
5169				Pätznick, Siegelabrollungen, Kat. 087
5170				Pätznick, Siegelabrollungen, Kat. 088
5171				Pätznick, Siegelabrollungen, Kat. 089
5172				Pätznick, Siegelabrollungen, Kat. 090
5173				Pätznick, Siegelabrollungen, Kat. 092
5174				Pätznick, Siegelabrollungen, Kat. 093
5175				Pätznick, Siegelabrollungen, Kat. 094
5176				Pätznick, Siegelabrollungen, Kat. 095
5177				Pätznick, Siegelabrollungen, Kat. 096
5178				Pätznick, Siegelabrollungen, Kat. 097
5179				Pätznick, Siegelabrollungen, Kat. 098
5180				Pätznick, Siegelabrollungen, Kat. 099
5181				Pätznick, Siegelabrollungen, Kat. 101
5182				Pätznick, Siegelabrollungen, Kat. 102
5183				Pätznick, Siegelabrollungen, Kat. 104
5184				Pätznick, Siegelabrollungen, Kat. 105
5185				Pätznick, Siegelabrollungen, Kat. 110
5186				Pätznick, Siegelabrollungen, Kat. 111
5187				Pätznick, Siegelabrollungen, Kat. 112
5188				Pätznick, Siegelabrollungen, Kat. 113
5189				Pätznick, Siegelabrollungen, Kat. 114
5190				Pätznick, Siegelabrollungen, Kat. 115
5191				Pätznick, Siegelabrollungen, Kat. 116
5192				Pätznick, Siegelabrollungen, Kat. 117
5193				Pätznick, Siegelabrollungen, Kat. 118
5194				Pätznick, Siegelabrollungen, Kat. 119

Frühzeit-ID	Kahl 1994	Kahl et al.	Kaplony	Bibliographie
5195				Pätznick, Siegelabrollungen, Kat. 120
5196				Pätznick, Siegelabrollungen, Kat. 121
5197				Pätznick, Siegelabrollungen, Kat. 122
5198				Pätznick, Siegelabrollungen, Kat. 123
5199				Pätznick, Siegelabrollungen, Kat. 124
5200				Pätznick, Siegelabrollungen, Kat. 125
5201				Pätznick, Siegelabrollungen, Kat. 126
5202				Pätznick, Siegelabrollungen, Kat. 127
5203				Pätznick, Siegelabrollungen, Kat. 128
5204				Pätznick, Siegelabrollungen, Kat. 129
5205				Pätznick, Siegelabrollungen, Kat. 129b
5206				Pätznick, Siegelabrollungen, Kat. 131
5207				Pätznick, Siegelabrollungen, Kat. 135
5208				Pätznick, Siegelabrollungen, Kat. 137
5209				Pätznick, Siegelabrollungen, Kat. 138
5210				Pätznick, Siegelabrollungen, Kat. 139
5211				Pätznick, Siegelabrollungen, Kat. 140
5212				Pätznick, Siegelabrollungen, Kat. 141
5213				Pätznick, Siegelabrollungen, Kat. 142
5214				Pätznick, Siegelabrollungen, Kat. 143
5215				Pätznick, Siegelabrollungen, Kat. 144
5216				Pätznick, Siegelabrollungen, Kat. 145
5217				Pätznick, Siegelabrollungen, Kat. 146
5218				Pätznick, Siegelabrollungen, Kat. 148
5219				Pätznick, Siegelabrollungen, Kat. 149
5220				Pätznick, Siegelabrollungen, Kat. 150
5221				Pätznick, Siegelabrollungen, Kat. 151
5222				Pätznick, Siegelabrollungen, Kat. 152
5223				Pätznick, Siegelabrollungen, Kat. 153
5224				Pätznick, Siegelabrollungen, Kat. 154
5225				Pätznick, Siegelabrollungen, Kat. 156
5226				Pätznick, Siegelabrollungen, Kat. 158
5227				Pätznick, Siegelabrollungen, Kat. 162
5228				Pätznick, Siegelabrollungen, Kat. 163
5229				Pätznick, Siegelabrollungen, Kat. 164
5230				Pätznick, Siegelabrollungen, Kat. 172
5231				Pätznick, Siegelabrollungen, Kat. 173
5232				Pätznick, Siegelabrollungen, Kat. 178
5233				Pätznick, Siegelabrollungen, Kat. 179
5234				Pätznick, Siegelabrollungen, Kat. 181
5235				Pätznick, Siegelabrollungen, Kat. 182
5236				Pätznick, Siegelabrollungen, Kat. 183
5237				Pätznick, Siegelabrollungen, Kat. 184
5238				Pätznick, Siegelabrollungen, Kat. 185
5239				Pätznick, Siegelabrollungen, Kat. 186
5240				Pätznick, Siegelabrollungen, Kat. 188
5241				Pätznick, Siegelabrollungen, Kat. 190

Frühzeit-ID	Kahl 1994	Kahl et al.	Kaplony	Bibliographie
5242				Pätznick, Siegelabrollungen, Kat. 191
5243				Pätznick, Siegelabrollungen, Kat. 192
5244				Pätznick, Siegelabrollungen, Kat. 193
5245				Pätznick, Siegelabrollungen, Kat. 194
5246				Pätznick, Siegelabrollungen, Kat. 195
5247				Pätznick, Siegelabrollungen, Kat. 197
5248				Pätznick, Siegelabrollungen, Kat. 198
5249				Pätznick, Siegelabrollungen, Kat. 199
5250				Pätznick, Siegelabrollungen, Kat. 200
5251				Pätznick, Siegelabrollungen, Kat. 201
5252				Pätznick, Siegelabrollungen, Kat. 202
5253				Pätznick, Siegelabrollungen, Kat. 204
5254				Pätznick, Siegelabrollungen, Kat. 205
5255				Pätznick, Siegelabrollungen, Kat. 206
5256				Pätznick, Siegelabrollungen, Kat. 207
5257				Pätznick, Siegelabrollungen, Kat. 208
5258				Pätznick, Siegelabrollungen, Kat. 209
5259				Pätznick, Siegelabrollungen, Kat. 212
5260				Pätznick, Siegelabrollungen, Kat. 213
5261				Pätznick, Siegelabrollungen, Kat. 214
5262				Pätznick, Siegelabrollungen, Kat. 215
5263				Pätznick, Siegelabrollungen, Kat. 216
5264				Pätznick, Siegelabrollungen, Kat. 217
5265				Pätznick, Siegelabrollungen, Kat. 218
5266				Pätznick, Siegelabrollungen, Kat. 219
5267				Pätznick, Siegelabrollungen, Kat. 220
5268				Pätznick, Siegelabrollungen, Kat. 221
5269				Pätznick, Siegelabrollungen, Kat. 223
5270				Pätznick, Siegelabrollungen, Kat. 224
5271				Pätznick, Siegelabrollungen, Kat. 225
5272				Pätznick, Siegelabrollungen, Kat. 226
5273				Pätznick, Siegelabrollungen, Kat. 229
5274				Pätznick, Siegelabrollungen, Kat. 230
5275				Pätznick, Siegelabrollungen, Kat. 231
5276				Pätznick, Siegelabrollungen, Kat. 233
5277				Pätznick, Siegelabrollungen, Kat. 234
5278				Pätznick, Siegelabrollungen, Kat. 236
5279				Pätznick, Siegelabrollungen, Kat. 237
5280				Pätznick, Siegelabrollungen, Kat. 238
5281				Pätznick, Siegelabrollungen, Kat. 241
5282				Pätznick, Siegelabrollungen, Kat. 242
5283				Pätznick, Siegelabrollungen, Kat. 243
5284				Pätznick, Siegelabrollungen, Kat. 244
5285				Pätznick, Siegelabrollungen, Kat. 245
5286				Pätznick, Siegelabrollungen, Kat. 247
5287				Pätznick, Siegelabrollungen, Kat. 248
5288				Pätznick, Siegelabrollungen, Kat. 251

Frühzeit-ID	Kahl 1994	Kahl et al.	Kaplony	Bibliographie
5289				Pätznick, Siegelabrollungen, Kat. 252
5290				Pätznick, Siegelabrollungen, Kat. 254
5291				Pätznick, Siegelabrollungen, Kat. 255
5292				Pätznick, Siegelabrollungen, Kat. 257
5293				Pätznick, Siegelabrollungen, Kat. 259
5294				Pätznick, Siegelabrollungen, Kat. 260
5295				Pätznick, Siegelabrollungen, Kat. 261
5296				Pätznick, Siegelabrollungen, Kat. 262
5297				Pätznick, Siegelabrollungen, Kat. 263
5298				Pätznick, Siegelabrollungen, Kat. 264
5299				Pätznick, Siegelabrollungen, Kat. 267
5300				Pätznick, Siegelabrollungen, Kat. 268
5301				Pätznick, Siegelabrollungen, Kat. 270
5302				Pätznick, Siegelabrollungen, Kat. 272
5303				Pätznick, Siegelabrollungen, Kat. 275
5304				Pätznick, Siegelabrollungen, Kat. 276
5305				Pätznick, Siegelabrollungen, Kat. 277
5306				Pätznick, Siegelabrollungen, Kat. 278
5307				Pätznick, Siegelabrollungen, Kat. 279
5308				Pätznick, Siegelabrollungen, Kat. 281
5309				Pätznick, Siegelabrollungen, Kat. 283
5310				Pätznick, Siegelabrollungen, Kat. 284
5311				Pätznick, Siegelabrollungen, Kat. 285
5312				Pätznick, Siegelabrollungen, Kat. 286
5313				Pätznick, Siegelabrollungen, Kat. 287
5314				Pätznick, Siegelabrollungen, Kat. 288
5315				Pätznick, Siegelabrollungen, Kat. 289
5316				Pätznick, Siegelabrollungen, Kat. 292
5317				Pätznick, Siegelabrollungen, Kat. 295
5318				Pätznick, Siegelabrollungen, Kat. 296
5319				Pätznick, Siegelabrollungen, Kat. 297
5320				Pätznick, Siegelabrollungen, Kat. 299
5321				Pätznick, Siegelabrollungen, Kat. 301
5322				Pätznick, Siegelabrollungen, Kat. 302
5323				Pätznick, Siegelabrollungen, Kat. 303
5324				Pätznick, Siegelabrollungen, Kat. 306
5325				Pätznick, Siegelabrollungen, Kat. 307
5326				Pätznick, Siegelabrollungen, Kat. 308
5327				Pätznick, Siegelabrollungen, Kat. 309
5328				Pätznick, Siegelabrollungen, Kat. 310
5329				Pätznick, Siegelabrollungen, Kat. 311
5330				Pätznick, Siegelabrollungen, Kat. 312
5331				Pätznick, Siegelabrollungen, Kat. 313
5332				Pätznick, Siegelabrollungen, Kat. 314
5333				Pätznick, Siegelabrollungen, Kat. 315
5334				Pätznick, Siegelabrollungen, Kat. 316
5335				Pätznick, Siegelabrollungen, Kat. 317

Frühzeit-ID	Kahl 1994	Kahl et al.	Kaplony	Bibliographie
5336				Pätznick, Siegelabrollungen, Kat. 318
5337				Pätznick, Siegelabrollungen, Kat. 319
5338				Pätznick, Siegelabrollungen, Kat. 321
5339				Pätznick, Siegelabrollungen, Kat. 322
5340				Pätznick, Siegelabrollungen, Kat. 323
5341				Pätznick, Siegelabrollungen, Kat. 324
5342				Pätznick, Siegelabrollungen, Kat. 325
5343				Pätznick, Siegelabrollungen, Kat. 329
5344				Pätznick, Siegelabrollungen, Kat. 330
5345				Pätznick, Siegelabrollungen, Kat. 331
5346				Pätznick, Siegelabrollungen, Kat. 332
5347				Pätznick, Siegelabrollungen, Kat. 333
5348				Pätznick, Siegelabrollungen, Kat. 334
5349				Pätznick, Siegelabrollungen, Kat. 335
5350				Pätznick, Siegelabrollungen, Kat. 336
5351				Pätznick, Siegelabrollungen, Kat. 338
5352				Pätznick, Siegelabrollungen, Kat. 343
5353				Pätznick, Siegelabrollungen, Kat. 345
5354				Pätznick, Siegelabrollungen, Kat. 346
5355				Pätznick, Siegelabrollungen, Kat. 347
5356				Pätznick, Siegelabrollungen, Kat. 348
5357				Pätznick, Siegelabrollungen, Kat. 351
5358				Pätznick, Siegelabrollungen, Kat. 353
5359				Pätznick, Siegelabrollungen, Kat. 354
5360				Pätznick, Siegelabrollungen, Kat. 355
5361				Pätznick, Siegelabrollungen, Kat. 362
5362				Pätznick, Siegelabrollungen, Kat. 363
5363				Pätznick, Siegelabrollungen, Kat. 366
5364				Pätznick, Siegelabrollungen, Kat. 369
5365				Pätznick, Siegelabrollungen, Kat. 370
5366				Pätznick, Siegelabrollungen, Kat. 372
5367				Pätznick, Siegelabrollungen, Kat. 373
5368				Pätznick, Siegelabrollungen, Kat. 374
5369				Pätznick, Siegelabrollungen, Kat. 375
5370				Pätznick, Siegelabrollungen, Kat. 376
5371				Pätznick, Siegelabrollungen, Kat. 377
5372				Pätznick, Siegelabrollungen, Kat. 378
5373				Pätznick, Siegelabrollungen, Kat. 379
5374				Pätznick, Siegelabrollungen, Kat. 381
5375				Pätznick, Siegelabrollungen, Kat. 382
5376				Pätznick, Siegelabrollungen, Kat. 383
5377				Pätznick, Siegelabrollungen, Kat. 384
5378				Pätznick, Siegelabrollungen, Kat. 386
5379				Pätznick, Siegelabrollungen, Kat. 388
5380				Pätznick, Siegelabrollungen, Kat. 389
5381				Pätznick, Siegelabrollungen, Kat. 391
5382				Pätznick, Siegelabrollungen, Kat. 392

Frühzeit-ID	Kahl 1994	Kahl et al.	Kaplony	Bibliographie
5383				Pätznick, Siegelabrollungen, Kat. 393
5384				Pätznick, Siegelabrollungen, Kat. 394
5385				Pätznick, Siegelabrollungen, Kat. 395
5386				Pätznick, Siegelabrollungen, Kat. 396
5387				Pätznick, Siegelabrollungen, Kat. 397
5388				Pätznick, Siegelabrollungen, Kat. 398
5389				Pätznick, Siegelabrollungen, Kat. 399
5390				Pätznick, Siegelabrollungen, Kat. 400
5391				Pätznick, Siegelabrollungen, Kat. 401
5392				Pätznick, Siegelabrollungen, Kat. 402
5393				Pätznick, Siegelabrollungen, Kat. 403
5394				Pätznick, Siegelabrollungen, Kat. 404
5395				Pätznick, Siegelabrollungen, Kat. 406
5396				Pätznick, Siegelabrollungen, Kat. 407
5397				Pätznick, Siegelabrollungen, Kat. 408
5398				Pätznick, Siegelabrollungen, Kat. 409
5399				Pätznick, Siegelabrollungen, Kat. 410
5400				Pätznick, Siegelabrollungen, Kat. 411
5401				Pätznick, Siegelabrollungen, Kat. 412
5402				Pätznick, Siegelabrollungen, Kat. 413
5403				Pätznick, Siegelabrollungen, Kat. 414
5404				Pätznick, Siegelabrollungen, Kat. 415
5405				Pätznick, Siegelabrollungen, Kat. 416
5406				Pätznick, Siegelabrollungen, Kat. 417
5407				Pätznick, Siegelabrollungen, Kat. 418
5408				Pätznick, Siegelabrollungen, Kat. 420
5409				Pätznick, Siegelabrollungen, Kat. 421
5410				Pätznick, Siegelabrollungen, Kat. 422
5411				Pätznick, Siegelabrollungen, Kat. 423
5412				Pätznick, Siegelabrollungen, Kat. 426
5413				Pätznick, Siegelabrollungen, Kat. 427
5414				Pätznick, Siegelabrollungen, Kat. 428
5415				Pätznick, Siegelabrollungen, Kat. 431
5416				Pätznick, Siegelabrollungen, Kat. 432
5417				Pätznick, Siegelabrollungen, Kat. 434
5418				Pätznick, Siegelabrollungen, Kat. 435
5419				Pätznick, Siegelabrollungen, Kat. 437
5420				Pätznick, Siegelabrollungen, Kat. 438
5421				Pätznick, Siegelabrollungen, Kat. 439
5422				Pätznick, Siegelabrollungen, Kat. 440
5423				Pätznick, Siegelabrollungen, Kat. 441
5424				Pätznick, Siegelabrollungen, Kat. 442
5425				Pätznick, Siegelabrollungen, Kat. 443
5426				Pätznick, Siegelabrollungen, Kat. 444
5427				Pätznick, Siegelabrollungen, Kat. 445
5428				Pätznick, Siegelabrollungen, Kat. 446
5429				Pätznick, Siegelabrollungen, Kat. 447

Frühzeit-ID	Kahl 1994	Kahl et al.	Kaplony	Bibliographie
5430				Pätznick, Siegelabrollungen, Kat. 448
5431				Pätznick, Siegelabrollungen, Kat. 449
5432				Pätznick, Siegelabrollungen, Kat. 450
5433				Pätznick, Siegelabrollungen, Kat. 451
5434				Pätznick, Siegelabrollungen, Kat. 452
5435				Pätznick, Siegelabrollungen, Kat. 453
5436				Pätznick, Siegelabrollungen, Kat. 454
5437				Pätznick, Siegelabrollungen, Kat. 455
5438				Pätznick, Siegelabrollungen, Kat. 456
5439				Pätznick, Siegelabrollungen, Kat. 457
5440				Pätznick, Siegelabrollungen, Kat. 458
5441				Pätznick, Siegelabrollungen, Kat. 459
5442				Pätznick, Siegelabrollungen, Kat. 461
5443				Pätznick, Siegelabrollungen, Kat. 462
5444				Pätznick, Siegelabrollungen, Kat. 463
5445				Pätznick, Siegelabrollungen, Kat. 464
5446				Pätznick, Siegelabrollungen, Kat. 465
5447				Pätznick, Siegelabrollungen, Kat. 466
5448				Pätznick, Siegelabrollungen, Kat. 467
5449				Pätznick, Siegelabrollungen, Kat. 468
5450				Pätznick, Siegelabrollungen, Kat. 469
5451				Pätznick, Siegelabrollungen, Kat. 470
5452				Pätznick, Siegelabrollungen, Kat. 471
5453				Pätznick, Siegelabrollungen, Kat. 473
5454				Pätznick, Siegelabrollungen, Kat. 474
5455				Pätznick, Siegelabrollungen, Kat. 477
5456				Pätznick, Siegelabrollungen, Kat. 478
5457				Pätznick, Siegelabrollungen, Kat. 480
5458				Pätznick, Siegelabrollungen, Kat. 481
5459				Pätznick, Siegelabrollungen, Kat. 483
5460				Pätznick, Siegelabrollungen, Kat. 484
5461				Pätznick, Siegelabrollungen, Kat. 485
5462				Pätznick, Siegelabrollungen, Kat. 486
5463				Pätznick, Siegelabrollungen, Kat. 487
5464				Pätznick, Siegelabrollungen, Kat. 488
5465				Pätznick, Siegelabrollungen, Kat. 489
5466				Pätznick, Siegelabrollungen, Kat. 495
5467				Pätznick, Siegelabrollungen, Kat. 498
5468				Pätznick, Siegelabrollungen, Kat. 501
5469				Pätznick, Siegelabrollungen, Kat. 502
5470				Pätznick, Siegelabrollungen, Kat. 503
5471				Pätznick, Siegelabrollungen, Kat. 504
5472				Pätznick, Siegelabrollungen, Kat. 506
5473				Pätznick, Siegelabrollungen, Kat. 507
5474				Pätznick, Siegelabrollungen, Kat. 508
5475				Pätznick, Siegelabrollungen, Kat. 509
5476				Pätznick, Siegelabrollungen, Kat. 510

Frühzeit-ID	Kahl 1994	Kahl et al.	Kaplony	Bibliographie
5477				Pätznick, Siegelabrollungen, Kat. 511
5478				Pätznick, Siegelabrollungen, Kat. 512
5479				Pätznick, Siegelabrollungen, Kat. 513
5480				Pätznick, Siegelabrollungen, Kat. 514
5481				Pätznick, Siegelabrollungen, Kat. 516
5482				Pätznick, Siegelabrollungen, Kat. 517
5483				Pätznick, Siegelabrollungen, Kat. 518
5484				Pätznick, Siegelabrollungen, Kat. 520
5485				Pätznick, Siegelabrollungen, Kat. 521
5486				Pätznick, Siegelabrollungen, Kat. 523
5487				Pätznick, Siegelabrollungen, Kat. 526
5488				Pätznick, Siegelabrollungen, Kat. 527
5489				Pätznick, Siegelabrollungen, Kat. 529
5490				Pätznick, Siegelabrollungen, Kat. 530
5491				Pätznick, Siegelabrollungen, Kat. 531
5492				Pätznick, Siegelabrollungen, Kat. 532
5493				Pätznick, Siegelabrollungen, Kat. 534
5494				Pätznick, Siegelabrollungen, Kat. 535
5495				Pätznick, Siegelabrollungen, Kat. 536
5496				Pätznick, Siegelabrollungen, Kat. 538
5497				Pätznick, Siegelabrollungen, Kat. 539
5498				Pätznick, Siegelabrollungen, Kat. 540
5499				Pätznick, Siegelabrollungen, Kat. 541
5500				Pätznick, Siegelabrollungen, Kat. 542
5501				Pätznick, Siegelabrollungen, Kat. 544
5502				Pätznick, Siegelabrollungen, Kat. 545
5503				Pätznick, Siegelabrollungen, Kat. 546
5504				Pätznick, Siegelabrollungen, Kat. 547
5505				Pätznick, Siegelabrollungen, Kat. 549
5506				Pätznick, Siegelabrollungen, Kat. 550
5507				Pätznick, Siegelabrollungen, Kat. 551
5508				Pätznick, Siegelabrollungen, Kat. 552
5509				Pätznick, Siegelabrollungen, Kat. 553
5510				Pätznick, Siegelabrollungen, Kat. 554
5511				Pätznick, Siegelabrollungen, Kat. 555
5512				Pätznick, Siegelabrollungen, Kat. 556
5513				Pätznick, Siegelabrollungen, Kat. 557
5514				Pätznick, Siegelabrollungen, Kat. 558
5515				Pätznick, Siegelabrollungen, Kat. 559
5516				Pätznick, Siegelabrollungen, Kat. 560
5517				Pätznick, Siegelabrollungen, Kat. 561
5518				Pätznick, Siegelabrollungen, Kat. 562
5519				Pätznick, Siegelabrollungen, Kat. 570
5520				Pätznick, Siegelabrollungen, Kat. 573
5521				Pätznick, Siegelabrollungen, Kat. 574
5522				Pätznick, Siegelabrollungen, Kat. 575
5523				Pätznick, Siegelabrollungen, Kat. 576

Frühzeit-ID	Kahl 1994	Kahl et al.	Kaplony	Bibliographie
5524				Pätznick, Siegelabrollungen, Kat. 577
5525				Pätznick, Siegelabrollungen, Kat. 578
5526				Pätznick, Siegelabrollungen, Kat. 579
5527				Pätznick, Siegelabrollungen, Kat. 580
5528				Pätznick, Siegelabrollungen, Kat. 581
5529				Pätznick, Siegelabrollungen, Kat. 583
5530				Pätznick, Siegelabrollungen, Kat. 584
5531				Pätznick, Siegelabrollungen, Kat. 585
5532				Pätznick, Siegelabrollungen, Kat. 586
5533				Pätznick, Siegelabrollungen, Kat. 587
5534				Pätznick, Siegelabrollungen, Kat. 588
5535				Pätznick, Siegelabrollungen, Kat. 589
5536				Pätznick, Siegelabrollungen, Kat. 590
5537				Pätznick, Siegelabrollungen, Kat. 591
5538				Pätznick, Siegelabrollungen, Kat. 592
5539				Pätznick, Siegelabrollungen, Kat. 593
5540				Pätznick, Siegelabrollungen, Kat. 594
5541				Pätznick, Siegelabrollungen, Kat. 595
5542				Pätznick, Siegelabrollungen, Kat. 596
5543				Pätznick, Siegelabrollungen, Kat. 597
5544				Pätznick, Siegelabrollungen, Kat. 598
5545				Pätznick, Siegelabrollungen, Kat. 599
5546				Pätznick, Siegelabrollungen, Kat. 600
5547				Pätznick, Siegelabrollungen, Kat. 601
5548				Pätznick, Siegelabrollungen, Kat. 604
5549				Pätznick, Siegelabrollungen, Kat. 605
5550				Pätznick, Siegelabrollungen, Kat. 606
5551				Pätznick, Siegelabrollungen, Kat. 607
5552				Pätznick, Siegelabrollungen, Kat. 608
5553				Pätznick, Siegelabrollungen, Kat. 609
5554				Pätznick, Siegelabrollungen, Kat. 610
5555				Pätznick, Siegelabrollungen, Kat. 611
5556				Pätznick, Siegelabrollungen, Kat. 612
5557				Pätznick, Siegelabrollungen, Kat. 614
5558				Pätznick, Siegelabrollungen, Kat. 615
5559				Pätznick, Siegelabrollungen, Kat. 617
5560				Pätznick, Siegelabrollungen, Kat. 618
5561				Pätznick, Siegelabrollungen, Kat. 619
5562				Pätznick, Siegelabrollungen, Kat. 620
5563				Pätznick, Siegelabrollungen, Kat. 621
5564				Pätznick, Siegelabrollungen, Kat. 622
5565				Pätznick, Siegelabrollungen, Kat. 623
5566				Pätznick, Siegelabrollungen, Kat. 625
5567				Pätznick, Siegelabrollungen, Kat. 626
5568				Pätznick, Siegelabrollungen, Kat. 627
5569				Pätznick, Siegelabrollungen, Kat. 628
5570				Pätznick, Siegelabrollungen, Kat. 630

Frühzeit-ID	Kahl 1994	Kahl et al.	Kaplony	Bibliographie
5571				Pätznick, Siegelabrollungen, Kat. 631
5572				Pätznick, Siegelabrollungen, Kat. 632
5573				Pätznick, Siegelabrollungen, Kat. 633
5574				Pätznick, Siegelabrollungen, Kat. 634
5575				Pätznick, Siegelabrollungen, Kat. 635
5576				Pätznick, Siegelabrollungen, Kat. 636
5577				Pätznick, Siegelabrollungen, Kat. 637
5578				Pätznick, Siegelabrollungen, Kat. 638
5579				Pätznick, Siegelabrollungen, Kat. 639
5580				Pätznick, Siegelabrollungen, Kat. 640
5581				Pätznick, Siegelabrollungen, Kat. 641
5582				Pätznick, Siegelabrollungen, Kat. 642
5583				Pätznick, Siegelabrollungen, Kat. 643
5584				Pätznick, Siegelabrollungen, Kat. 646
5585				Pätznick, Siegelabrollungen, Kat. 647
5586				Pätznick, Siegelabrollungen, Kat. 648
5587				Pätznick, Siegelabrollungen, Kat. 650
5588				Pätznick, Siegelabrollungen, Kat. 651
5589				Pätznick, Siegelabrollungen, Kat. 652
5590				Pätznick, Siegelabrollungen, Kat. 653
5591				Pätznick, Siegelabrollungen, Kat. 654
5592				Pätznick, Siegelabrollungen, Kat. 655
5593				Pätznick, Siegelabrollungen, Kat. 656
5594				Pätznick, Siegelabrollungen, Kat. 657
5595				Pätznick, Siegelabrollungen, Kat. 658
5596				Pätznick, Siegelabrollungen, Kat. 659
5597				Pätznick, Siegelabrollungen, Kat. 660
5598				Pätznick, Siegelabrollungen, Kat. 661
5599				Pätznick, Siegelabrollungen, Kat. 662
5600				Pätznick, Siegelabrollungen, Kat. 663
5601				Pätznick, Siegelabrollungen, Kat. 664
5602				unpubliziert (Brüssel, RMAH E 135)
5603				RT II, Taf. 32.30
5604				RT II, Taf. 5A.8
5605				RT II, Taf. 5A.12
5606				unpubliziert (Berlin, ÄMP 15463)
5607				RT I, Taf. 11.8, 14.8
5608				Dreyer et al., MDAIK 54 (1998), 162–163, Taf. 12d
5609				Dreyer et al., MDAIK 54 (1998), 162–163, Taf. 12e
5610				unpubliziert (New York MMA 09.182.17)
5611				unpubliziert (New York MMA 09.182.18)
5612				unpubliziert (Bolton 76.09.15/1)
5613				unpubliziert (Bolton 76.09.15/2)
5614				Umm el-Qaab VI, 338, Abb. 221.1

Frühzeit-ID	Kahl 1994	Kahl et al.	Kaplony	Bibliographie
5615				Umm el-Qaab VI, 330, Abb. 216.3, Taf. 33c
5616				Umm el-Qaab VI, 322, Abb. 212.4, Taf. 31d
5617				Umm el-Qaab VI, 330, Abb. 216.4, Taf. 33d
5618				Umm el-Qaab VI, 324, Abb. 213.2, Taf. 31g
5619				Umm el-Qaab VI, 328, Abb. 215.2, Taf. 32f
5620				Umm el-Qaab VI, 330, Abb. 216.2, Taf. 33e
5621				Umm el-Qaab VI, 328–330, Abb. 215.5, Taf. 32e
5622				Umm el-Qaab VI, 339, Abb. 221.2
5623				Umm el-Qaab VI, 112, Abb. 76.2
5624				Umm el-Qaab VI, 112, Abb. 76.4
5625				Umm el-Qaab VI, 121, Abb. 82.5
5626				Umm el-Qaab VI, 128, Abb. 85.1
5627				Umm el-Qaab VI, 128, Abb. 85.2
5628				Umm el-Qaab VI, 128, Abb. 85.3
5629				Umm el-Qaab VI, 128, Abb. 85.5
5630				Umm el-Qaab VI, 188, Abb. 125.4
5631				Umm el-Qaab VI, 191, Abb. 127.12
5632				Amélineau, Abydos (1897–1898), Taf. 20.6; Umm el-Qaab VI, 414
5633				Tallet, La zone II, 7, Taf. 1, 4 (Doc. 274)
5634				Tallet, La zone II, 8, Taf. 1, 4 (Doc. 275)
5635				Tallet, La zone II, 8, Taf. 5–6 (Doc. 276)
5636				Tallet, La zone II, 12, Taf. 9 (Doc. 278)
5637				Tallet, La zone II, 12, Taf. 10 (Doc. 279)
5638				Tallet, La zone II, 12, Taf. 11 (Doc. 280)
5639				Tallet, La zone II, 12, Taf. 11 (Doc. 281)
5640				Tallet, La zone II, 12, Taf. 11 (Doc. 282)
5641				Tallet, La zone II, 13, Taf. 12 (Doc. 283)
5642				Tallet, La zone II, 13, Taf. 11 (Doc. 284)
5643				Tallet, La zone II, 15, Taf. 16 (Doc. 286)
5644				Tallet, La zone II, 15, Taf. 16 (Doc. 287)
5645				Tallet, La zone II, 15, Taf. 16 (Doc. 288)
5646				Tallet, La zone II, 16, Taf. 17 (Doc. 289)
5647				Tallet, La zone II, 17, Taf. 18 (Doc. 290)
5648				Tallet, La zone II, 17, Taf. 19 (Doc. 291)
5649				Tallet, La zone II, 17, Taf. 20–21 (Doc. 292)
5650				Tallet, La zone II, 17, Taf. 22 (Doc. 293)
5651				Tallet, La zone II, 17, Taf. 22 (Doc. 294)
5652				Tallet, La zone II, 18, Taf. 23 (Doc. 295)
5653				Tallet, La zone II, 18, Taf. 24 (Doc. 296)

Frühzeit-ID	Kahl 1994	Kahl et al.	Kaplony	Bibliographie
5654				Tallet, La zone II, 18, Taf. 24 (Doc. 297)
5655				Tallet, La zone II, 18, Taf. 24 (Doc. 298)
5656				Tallet, La zone II, 20–21, Taf. 27–29 (Doc. 300)
5657				Tallet, La zone II, 21, Taf. 27–29 (Doc. 301)
5658				Tallet, La zone II, 21, Taf. 27–29 (Doc. 302)
5659				Tallet, La zone II, 21, Taf. 27–30 (Doc. 303)
5660				Tallet, La zone II, 21, Taf. 30 (Doc. 304)
5661				Tallet, La zone II, 22, Taf. 31 (Doc. 305)
5662				Gehad et al., Tomb S 3537, 122, Abb. 21
5663				Gehad et al., Tomb S 3537, 139–140, Abb. 30
5664				Gehad et al., Tomb S 3537, 140–141, Abb. 31
5665				Gehad et al., Tomb S 3537, 142–143, Abb. 32
5666				Gehad et al., Tomb S 3537, 143–145, Abb. 33
5667				Regulski, Tell el-Iswid, 233, Abb. 3
5668				Regulski, Tell el-Iswid, 234, Abb. 4
5669				Regulski, Tell el-Iswid, 237, Abb. 8
5670				Regulski, Tell el-Iswid, 238, Abb. 9
5671				Regulski, Tell el-Iswid, 238–239, Abb. 10
5672				Regulski, Tell el-Iswid, 240, Abb. 11
5673				Regulski, Tell el-Iswid, 240, Abb. 12
5674			IÄF III, 330	IÄF III, Abb. 330; Engel, Rollsiegel, 112
5675			IÄF III, 361	IÄF III, Abb. 361; Engel, Rollsiegel, 111
5676			IÄF III, 380	IÄF III, Abb. 380; Engel, Rollsiegel, 101
5677			IÄF III, 381	IÄF III, Abb. 381; Engel, Rollsiegel, 167
5678			IÄF III, 386	IÄF III, Abb. 386; Engel, Rollsiegel, 121
5679			IÄF III, 390	IÄF III, Abb. 390; Engel, Rollsiegel, 102
5680			IÄF III, 393	IÄF III, Abb. 393; Engel, Rollsiegel, 103
5681			IÄF III, 409	IÄF III, Abb. 409; Engel, Rollsiegel, 167
5682			IÄF III, 430	IÄF III, Abb. 430; Engel, Rollsiegel, 110
5683			IÄF III, 446	IÄF III, Abb. 446; Engel, Rollsiegel, 74
5684			IÄF III, 464	IÄF III, Abb. 464; Engel, Rollsiegel, 117
5685			IÄF III, 631	IÄF III, Abb. 631; Engel, Rollsiegel, 60
5686			IÄF III, 668	IÄF III, Abb. 668; Engel, Rollsiegel, 95
5687				Dreyer et al., MDAIK 62 (2006), 114–115, Taf. 27b
5688				Elephantine XXIV, 103, Nr. 122
5689				Elephantine XXIV, 128, Nr. 248
5690				Elephantine XXIV, 130, Nr. 260
5691				Elephantine XXIV, 132, Nr. 264

Frühzeit-ID	Kahl 1994	Kahl et al.	Kaplony	Bibliographie
5692				Elephantine XXIV, 132, Nr. 265
5693				Elephantine XXIV, 132, Nr. 266
5694				Elephantine XXIV, 132, Nr. 267
5695				Elephantine XXIV, 132, Nr. 268
5696				Elephantine XXIV, 133, Nr. 269
5697				Elephantine XXIV, 133, Nr. 270
5698				Elephantine XXIV, 133, Nr. 271
5699				Elephantine XXIV, 133, Nr. 272
5700				Elephantine XXIV, 133, Nr. 274
5701				Elephantine XXIV, 133, Nr. 275
5702				Elephantine XXIV, 133–134, Nr. 276
5703				Elephantine XXIV, 134, Nr. 277
5704				Elephantine XXIV, 134, Nr. 278
5705				Elephantine XXIV, 134, Nr. 279
5706				Elephantine XXIV, 134, Nr. 280
5707				Elephantine XXIV, 134, Nr. 281
5708				Elephantine XXIV, 134, Nr. 282
5709				Elephantine XXIV, 135, Nr. 283a
5710				Elephantine XXIV, 135, Nr. 283b
5711				Elephantine XXIV, 136, Nr. 284
5712				Elephantine XXIV, 136, Nr. 285
5713				Elephantine XXIV, 136, Nr. 286
5714				Elephantine XXIV, 136, Nr. 287
5715				Elephantine XXIV, 136, Nr. 288
5716				Elephantine XXIV, 136, Nr. 289
5717				Elephantine XXIV, 136–137, Nr. 290
5718				Elephantine XXIV, 138, Nr. 291
5719				Elephantine XXIV, 138, Nr. 292
5720				Elephantine XXIV, 138, Nr. 293
5721				Elephantine XXIV, 138, Nr. 294
5722				Elephantine XXIV, 138, Nr. 295
5723				Elephantine XXIV, 138, Nr. 296
5724				Elephantine XXIV, 140, Nr. 297
5725				Elephantine XXIV, 140, Nr. 298
5726				Elephantine XXIV, 140, Nr. 299
5727				Elephantine XXIV, 140, Nr. 300
5728				Elephantine XXIV, 140, Nr. 301
5729				Elephantine XXIV, 140, Nr. 302
5730				Elephantine XXIV, 140, Nr. 303
5731				Elephantine XXIV, 140, Nr. 304
5732				Elephantine XXIV, 140, Nr. 305
5733				Elephantine XXIV, 141, Nr. 306
5734				Elephantine XXIV, 142, Nr. 307
5735				Elephantine XXIV, 142, Nr. 308
5736				Elephantine XXIV, 142, Nr. 309
5737				Elephantine XXIV, 142, Nr. 310
5738				Elephantine XXIV, 142, Nr. 311

Frühzeit-ID	Kahl 1994	Kahl et al.	Kaplony	Bibliographie
5739				Elephantine XXIV, 93, Nr. 33 = 144, Nr. 323, Taf. 8g
5740				Elephantine XXIV, 93, Nr. 34 = 144, Nr. 322, Taf. 8h
5741				Elephantine XXIV, 93, Nr. 35 = 144, Nr. 321, Taf. 8i
5742				Darnell, Origins 3, 1181, Abb. 16
5743				Dreyer et al., MDAIK 69 (2013), 26, Abb. 10
5744				Dreyer et al., MDAIK 69 (2013), 27, Abb. 12
5745				Dreyer et al., MDAIK 69 (2013), 35, Abb. 21
5746				Dreyer et al., MDAIK 69 (2013), 40–42, Abb. 30–31
5747				Dreyer et al., MDAIK 69 (2013), 42–43, Abb. 32
5748				Dreyer et al., MDAIK 69 (2013), 46, Abb. 34
5749				Dreyer et al., MDAIK 73 (2017), 44, Abb. 26a–b
5750				Dreyer et al., MDAIK 73 (2017), 63, Abb. 59
5751				Dreyer et al., MDAIK 73 (2017), 67–68, Abb. 67a–b
5752				Dreyer et al., MDAIK 73 (2017), 68, Abb. 68
5753				Dreyer et al., MDAIK 73 (2017), 68–69, Abb. 69
5754				Dreyer et al., MDAIK 73 (2017), 70, Abb. 71a
5755				Dreyer et al., MDAIK 73 (2017), 70, Abb. 71b
5756				Dreyer et al., MDAIK 73 (2017), 72, Abb. 73
5757				Dreyer et al., MDAIK 73 (2017), 72, Abb. 75
5758				Dreyer et al., MDAIK 73 (2017), 77, Abb. 78
5759				Dreyer et al., MDAIK 73 (2017), 78, Abb. 79
5760				Dreyer et al., MDAIK 73 (2017), 78, Abb. 80
5761				Dreyer et al., MDAIK 73 (2017), 82, Abb. 83a–b
5762				Dreyer et al., MDAIK 73 (2017), 86, Abb. 94
5763				Dreyer et al., MDAIK 73 (2017), 89, Abb. 89
5764				Dreyer et al., MDAIK 73 (2017), 93, Abb. 106

Frühzeit-ID	Kahl 1994	Kahl et al.	Kaplony	Bibliographie
5765				Dreyer et al., MDAIK 73 (2017), 94–95, Abb. 108a–b
5766				Dreyer et al., MDAIK 73 (2017), 97–98, Abb. 110a–b
5767				Dreyer et al., MDAIK 73 (2017), 100–102, Abb. 119
6001				Dreyer et al., MDAIK 73 (2017), 99–100, Abb. 113a–b
6002				Dębowska-Ludwin, Cemetery, 63–64, Abb. 4.1
6003				unpubliziert (Manchester Museum 10777)
6004				Darnell et al., Theban Desert Road Survey I, 20 Anm. 90
6005				Winkler, Rock-drawings, Taf. 11.1 (re.)
6006				van den Brink, Archéo-Nil 11 (2001), 37–38, Abb. 22
6007				van den Brink, Archéo-Nil 11 (2001), 69–71, Abb. 92
6008				Abydos II, Taf. 10.216
6009				de Miroschedji & Sadeq, The Frontier, 163–164, Abb. 19.9.2a–b
6010				van den Brink, Archéo-Nil 11 (2001), 37–39, Abb. 24
6011				van den Brink, Archéo-Nil 11 (2001), 69–71, Abb. 93
6012				unpubliziert (Abydos Ab K 2595)
6013				van den Brink & Braun, Archéo-Nil 13 (2003), 80, Abb. 2b1–b2
6014				Hendrickx et al., Archéo-Nil 19 (2009), 169–173, Abb. 1–2
6016				Amiran & van den Brink, Egyptian Pottery, 37–39, Abb. 3.4, Taf. 3.6b
6017				unpubliziert (University College London UC 17291)
6018				Dreyer et al., MDAIK 73 (2017), 78–79, Abb. 81
6019				unpubliziert (National Museum of Scotland A.1972.227)
6020				Jucha, PAM 21 (2012), 630–631, Abb. 3.1, 4.1
6021				Yekutieli, Origins 2, 826–832, Abb. 13, 15
6022				van den Brink, Archéo-Nil 11 (2001), 68–69, Abb. 81
6025				unpubliziert (Abydos AB K 2626 Av.)
6101				Dreyer, MDAIK 70/71 (2014/15), 91–104, Abb. 1, 4a–b
6102				Dreyer, MDAIK 70/71 (2014/15), 100–101, Abb. 7a–b

Frühzeit-ID	Kahl 1994	Kahl et al.	Kaplony	Bibliographie
6103				Dreyer, MDAIK 70/71 (2014/15), 91–104, Abb. 8

2. Konkordanz nach Kahl, Kloth & Zimmermann (1995)

Kahl et al.	Frühzeit-ID	Kahl 1994	Kaplony	Bibliographie
Ra/Ab/1	2097	Qu. 2097		RT II, Taf. 8.12
Ra?/Ar/1	2085	Qu. 2085		Winkler, Rock-drawings, Taf. 11.4
Ra/Gi/1	2095	Qu. 2095		Reisner, Mycerinus, Taf. 70c
Ra/MitRa/1	2094	Qu. 2094		Fischer, Artibus Asiae 24.1 (1964), 55, Abb. 10
Ra/Sa/1	2087	Qu. 2087	IÄF III, 264	IÄF III, Abb. 264; Maspero, ASAE 3 (1902), 189; Engel, Timelines II, 28, Abb. 6
Ra/Sa/2	2090	Qu. 2090	IÄF III, 296	IÄF III, Abb. 296; Maspero, ASAE 3 (1902), 188 (mi.); Engel, Timelines II, 28, Abb. 7
Ra/Sa/3	2088	Qu. 2088	IÄF III, 294	IÄF III, Abb. 294; Maspero, ASAE 3 (1902), 188 (u.); Engel, Timelines II, 29, Abb. 8
Ra/Sa/4	2089	Qu. 2089	IÄF III, 295	IÄF III, Abb. 295; Maspero, ASAE 3 (1902), 189 (o.); Engel, Timelines II, 29, Abb. 9
Ra/Sa/5	2093	Qu. 2093		PD IV.1, Taf. 11.58
Ra/Sa/6	2850	Qu. 2850		PD IV.1, Taf. 20.101
Ra/Sa/7	2851	Qu. 2851		PD IV.1, Taf. 20.102
Ra/Sa/8	2852	Qu. 2852		PD IV.1, Taf. 20.103
Ra/Sa/9	2849	Qu. 2849		PD IV.1, Taf. V.4
Ra/Sa/10	2853	Qu. 2853		PD IV.1, Taf. 19.105
Ra/Sa/11	2854	Qu. 2854		PD IV.1, Taf. 20.106
Ra/Sa/12	2855	Qu. 2855		PD IV.1, Taf. 20.107
Ra/Sa/13	2856	Qu. 2856		PD IV.2, 53, Abb. 5a
Ra/Sa/14	2857	Qu. 2857		PD IV.2, 53, Abb. 5b
Ra/Sa/15	2858	Qu. 2858		PD IV.2, 53, Abb. 5c
Ra/?/1	2096	Qu. 2096		Kaplony, Steingefässe, 35 (16)
Ra/?/2	2862	Qu. 2862		Kaplony, Beschriftete Kleinfunde, Taf. 7.27
Ni/Sa/1	4698			unpubliziert
Ni/Sa/2	4695			Regulski & Kahl, MDAIK 66 (2010), Abb. 4
Ni/Sa/3	4697			unpubliziert
Ni/Sa/4	4696			Regulski & Kahl, MDAIK 66 (2010), Abb. 2–3
Ni/Sa/5	4699			Regulski & Kahl, MDAIK 66 (2010), Abb. 4–5
Ni/Sa/6	4700			Regulski & Kahl, MDAIK 66 (2010), Abb. 7–8
Ni/Sa/7	4701			unpubliziert
Ni/Sa/8	4702			unpubliziert
Ni/Sa/9	4703			unpubliziert
Ni/Sa/10	4704			unpubliziert
Ni/Sa/11	4705			unpubliziert
Ni/Sa/12	4706			unpubliziert
Ni/Sa/13	4707			unpubliziert

Kahl et al.	Frühzeit-ID	Kahl 1994	Kaplony	Bibliographie
Ni/Sa/14	4708			unpubliziert
Ni/Sa/15	4709			unpubliziert
Ni/Sa/16	4710			unpubliziert
Ni/Sa/17	4711			unpubliziert
Ni/Sa/18	4712			unpubliziert
Ni/Sa/19	4713			unpubliziert
Ni/Sa/20	4751			unpubliziert
Ni/Sa/21	4714			unpubliziert
Ni/Sa/23	4752			unpubliziert
Ni/Sa/24	4753			unpubliziert
Ni/Sa/25	4754			unpubliziert
Ni/Sa/26	4755			unpubliziert
Ne/Ab/1	3141	Qu. 3141		Newberry, LAAA 2 (1909), Taf. 23.8; Kahl et al., Inschriften der 3. Dynastie, 8
Ne/Ab/2	3052	Qu. 3052	IÄF III, 346	IÄF III, Abb. 346; Abydos III, Taf. 9, 14; Newberry, LAAA 2 (1909), Taf. 24.12; Kahl et al., Inschriften der 3. Dynastie, 10; Engel, Rollsiegel, 101
Ne/Ab/3	3142	Qu. 3142		Newberry, LAAA 2 (1909), Taf. 23.9; Kahl et al., Inschriften der 3. Dynastie, 10
Ne/Ab/4	3143	Qu. 3143		Newberry, LAAA 2 (1909), Taf. 23.10; Kahl et al., Inschriften der 3. Dynastie, 10
Ne/Ab/5	3144	Qu. 3144	IÄF III, 800	IÄF III, Abb. 800; Newberry, LAAA 2 (1909), Taf. 23.5–6; Kahl et al., Inschriften der 3. Dynastie, 10
Ne/Ab/6	3145	Qu. 3145	IÄF III, 801	IÄF III, Abb. 801 (o.); Newberry, LAAA 2 (1909), Taf. 23.7; Kahl et al., Inschriften der 3. Dynastie, 12
Ne/Be/1	3146	Qu. 3146		Mahâsna and Bêt Khallâf, Taf. 10.10; Kahl et al., Inschriften der 3. Dynastie, 12
Ne/Be/2	3147	Qu. 3147		Mahâsna and Bêt Khallâf, Taf. 10.15; Kahl et al., Inschriften der 3. Dynastie, 12
Ne/Be/3	3148	Qu. 3148		Mahâsna and Bêt Khallâf, Taf. 28.1; Kahl et al., Inschriften der 3. Dynastie, 12
Ne/Be/4	3149	Qu. 3149		Mahâsna and Bêt Khallâf, Taf. 28.2; Kahl et al., Inschriften der 3. Dynastie, 14
Ne/Be/5	3150	Qu. 3150		Mahâsna and Bêt Khallâf, Taf. 28.3; Kahl et al., Inschriften der 3. Dynastie, 14
Ne/Be/6	3151	Qu. 3151		Mahâsna and Bêt Khallâf, Taf. 28.4; Kahl et al., Inschriften der 3. Dynastie, 14

Kahl et al.	Frühzeit-ID	Kahl 1994	Kaplony	Bibliographie
Ne/Be/7	3152	Qu. 3152		Mahâsna and Bêt Khallâf, Taf. 28.5; Kahl et al., Inschriften der 3. Dynastie, 14
Ne/Be/8	3153	Qu. 3153		Mahâsna and Bêt Khallâf, Taf. 28.6; Kahl et al., Inschriften der 3. Dynastie, 16
Ne/Be/9	3154	Qu. 3154		Mahâsna and Bêt Khallâf, Taf. 28.7; Kahl et al., Inschriften der 3. Dynastie, 16
Ne/Be/10	3155	Qu. 3155	IÄF III, 272	IÄF III, Abb. 272; Mahâsna and Bêt Khallâf, Taf. 10.12; Kahl et al., Inschriften der 3. Dynastie, 16
Ne/Be/11	3156	Qu. 3156	IÄF III, 293	IÄF III, Abb. 293; Mahâsna and Bêt Khallâf, Taf. 10.14; Kahl et al., Inschriften der 3. Dynastie, 18
Ne/Be/12	3157	Qu. 3157	IÄF III, 304	IÄF III, Abb. 304; Mahâsna and Bêt Khallâf, Taf. 9.4; Kahl et al., Inschriften der 3. Dynastie, 18
Ne/Be/13	3158	Qu. 3158	IÄF III, 315	IÄF III, Abb. 315; Mahâsna and Bêt Khallâf, Taf. 8.2; Kahl et al., Inschriften der 3. Dynastie, 18
Ne/Be/14	3159	Qu. 3159	IÄF III, 316	IÄF III, Abb. 316; Mahâsna and Bêt Khallâf, Taf. 9.5a; Kahl et al., Inschriften der 3. Dynastie, 20
Ne/Be/15	3160	Qu. 3160	IÄF III, 317	IÄF III, Abb. 317; Mahâsna and Bêt Khallâf, Taf. 9.5b; Kahl et al., Inschriften der 3. Dynastie, 20
Ne/Be/16	3161	Qu. 3161	IÄF III, 318	IÄF III, Abb. 318; Mahâsna and Bêt Khallâf, Taf. 9.6; Kahl et al., Inschriften der 3. Dynastie, 20
Ne/Be/17	3162	Qu. 3162	IÄF III, 326	IÄF III, Abb. 326; Mahâsna and Bêt Khallâf, Taf. 10.7; Kahl et al., Inschriften der 3. Dynastie, 22
Ne/Be/18	3163	Qu. 3163	IÄF III, 327	IÄF III, Abb. 327; Mahâsna and Bêt Khallâf, Taf. 10.11; Kahl et al., Inschriften der 3. Dynastie, 22; Engel, Rollsiegel, 126
Ne/Be/19	3164	Qu. 3164	IÄF III, 340	IÄF III, Abb. 340; Mahâsna and Bêt Khallâf, Taf. 10.13; Kahl et al., Inschriften der 3. Dynastie, 22; Engel, Rollsiegel, 129
Ne/Be/20	3165	Qu. 3165	IÄF III, 351	IÄF III, Abb. 351; Mahâsna and Bêt Khallâf, Taf. 10.9; Kahl et al., Inschriften der 3. Dynastie, 24; Engel, Rollsiegel, 128
Ne/Be/21	3166	Qu. 3166	IÄF III, 352	IÄF III, Abb. 352; Mahâsna and Bêt Khallâf, Taf. 8.3b; Kahl et al., Inschriften der 3. Dynastie, 24; Engel, Rollsiegel, 129
Ne/Be/22	3167	Qu. 3167	IÄF III, 369	IÄF III, Abb. 369; Mahâsna and Bêt Khallâf, Taf. 8.1; Kahl et al., Inschriften der 3. Dynastie, 24

Kahl et al.	Frühzeit-ID	Kahl 1994	Kaplony	Bibliographie
Ne/Be/23	3168	Qu. 3168	IÄF III, 379	IÄF III, Abb. 379; Mahâsna and Bêt Khallâf, Taf. 8.3a; Kahl et al., Inschriften der 3. Dynastie, 26; Engel, Rollsiegel, 127
Ne/Be/24	3169	Qu. 3169		Mahâsna and Bêt Khallâf, Taf. 19.21; Kahl et al., Inschriften der 3. Dynastie, 26
Ne/Be/25	3170	Qu. 3170		Mahâsna and Bêt Khallâf, Taf. 26.1 (K3); Kahl et al., Inschriften der 3. Dynastie, 26
Ne/Be/26	3171	Qu. 3171		Mahâsna and Bêt Khallâf, Taf. 26.2 (K3); Kahl et al., Inschriften der 3. Dynastie, 26
Ne/Be/27	3172	Qu. 3172		Mahâsna and Bêt Khallâf, Taf. 26.3 (K3); Kahl et al., Inschriften der 3. Dynastie, 28
Ne/Be/28	3173	Qu. 3173		Mahâsna and Bêt Khallâf, Taf. 28.9; Kahl et al., Inschriften der 3. Dynastie, 28
Ne/Be/29	3174	Qu. 3174		Mahâsna and Bêt Khallâf, Taf. 28.10; Kahl et al., Inschriften der 3. Dynastie, 28
Ne/Be/30	3175	Qu. 3175		Mahâsna and Bêt Khallâf, Taf. 28.11; Kahl et al., Inschriften der 3. Dynastie, 28
Ne/Be/31	3176	Qu. 3176		Mahâsna and Bêt Khallâf, Taf. 28.12; Kahl et al., Inschriften der 3. Dynastie, 30
Ne/Be/32	3177	Qu. 3177		Mahâsna and Bêt Khallâf, Taf. 28.13; Kahl et al., Inschriften der 3. Dynastie, 30
Ne/Be/33	3178	Qu. 3178		Mahâsna and Bêt Khallâf, Taf. 28.14; Kahl et al., Inschriften der 3. Dynastie, 30
Ne/Be/34	3179	Qu. 3179		Mahâsna and Bêt Khallâf, Taf. 28.15; Kahl et al., Inschriften der 3. Dynastie, 30
Ne/Be/35	3180	Qu. 3180		Mahâsna and Bêt Khallâf, Taf. 26.1 (K4); Kahl et al., Inschriften der 3. Dynastie, 32
Ne/Be/36	3181	Qu. 3181		Mahâsna and Bêt Khallâf, Taf. 26.1 (K5); Kahl et al., Inschriften der 3. Dynastie, 32
Ne/Be/37	3182	Qu. 3182		Mahâsna and Bêt Khallâf, Taf. 26.2 (K5); Kahl et al., Inschriften der 3. Dynastie, 32
Ne/Be/38	3183	Qu. 3183		Mahâsna and Bêt Khallâf, Taf. 26.3 (K5); Kahl et al., Inschriften der 3. Dynastie, 32
Ne/Be/39	3184	Qu. 3184		Mahâsna and Bêt Khallâf, Taf. 26.4 (K5); Kahl et al., Inschriften der 3. Dynastie, 34

Kahl et al.	Frühzeit-ID	Kahl 1994	Kaplony	Bibliographie
Ne/Be/40	3185	Qu. 3185		Mahâsna and Bêt Khallâf, Taf. 26.5 (K5); Kahl et al., Inschriften der 3. Dynastie, 34
Ne/Be/41	3186	Qu. 3186		Mahâsna and Bêt Khallâf, Taf. 28.16; Kahl et al., Inschriften der 3. Dynastie, 34
Ne/Be/42	3187	Qu. 3187	IÄF III, 319	IÄF III, Abb. 319; Mahâsna and Bêt Khallâf, Taf. 26.8 (K5); Kahl et al., Inschriften der 3. Dynastie, 36
Ne/Be/43	3188	Qu. 3188	IÄF III, 324	IÄF III, Abb. 324; Mahâsna and Bêt Khallâf, Taf. 26.7 (K5); Kahl et al., Inschriften der 3. Dynastie, 36; Engel, Rollsiegel, 104
Ne/Be/44	3189	Qu. 3189	IÄF III, 349	IÄF III, Abb. 349; Mahâsna and Bêt Khallâf, Taf. 26.6 (K5); Kahl et al., Inschriften der 3. Dynastie, 36; Engel, Rollsiegel, 129
Ne/By/1	3284	Qu. 3284		Montet, Kêmi 1 (1928), 84, Abb. 2; Kahl et al., Inschriften der 3. Dynastie, 122
Ne/El/1	3139	Qu. 3139		Kaiser et al., MDAIK 43 (1987), 109, Abb. 13c, Taf. 15c; Kahl et al., Inschriften der 3. Dynastie, 8
Ne/He/1	3276	Qu. 3276		Smith, Sculpture and Painting, 133, Abb. 48 (li.); Kahl et al., Inschriften der 3. Dynastie, 114
Ne/He/2	3277	Qu. 3277		Smith, Sculpture and Painting, 133, Abb. 48 (re.); Kahl et al., Inschriften der 3. Dynastie, 114
Ne/He/3	3278	Qu. 3278		Smith, Sculpture and Painting, 134, Abb. 49; Kahl et al., Inschriften der 3. Dynastie, 114
Ne/He/4	3279	Qu. 3279		Smith, Sculpture and Painting, 135, Abb. 50; Urk. I, 153.12–154.9; Kahl et al., Inschriften der 3. Dynastie, 116
Ne/He/5	3280	Qu. 3280		Smith, Sculpture and Painting, 136, Abb. 51; Kahl et al., Inschriften der 3. Dynastie, 118
Ne/He/6	3281	Qu. 3281		Smith, Sculpture and Painting, 136, Abb. 52; Kahl et al., Inschriften der 3. Dynastie, 118
Ne/He/7	3282	Qu. 3282		Smith, Sculpture and Painting, 137, Abb. 53; Kahl et al., Inschriften der 3. Dynastie, 118
Ne/Hi/1	3140	Qu. 3140	IÄF III, 803	IÄF III, Abb. 803; Hierakonpolis II, Taf. 70.3; Bußmann, Provinztempel, 437; Kahl et al., Inschriften der 3. Dynastie, 8
Ne/Ma/1	3283	Qu. 3283		Inscr. Sinai I, Taf. 1.2; Kahl et al., Inschriften der 3. Dynastie, 120

Kahl et al.	Frühzeit-ID	Kahl 1994	Kaplony	Bibliographie
Ne/Sa/1	3205	Qu. 3205		Gunn, ASAE 35 (1935), 63, Abb. 1, Taf. 1.1; Firth & Quibell, Step Pyramid II, Taf. 11.3; Kahl et al., Inschriften der 3. Dynastie, 38
Ne/Sa/2	3206	Qu. 3206		Gunn, ASAE 35 (1935), 63, Abb. 1, Taf. 1.2; Firth & Quibell, Step Pyramid II, Taf. 11.3; Kahl et al., Inschriften der 3. Dynastie, 38
Ne/Sa/3	3207	Qu. 3207		Gunn, ASAE 35 (1935), 63, Abb. 1, Taf. 1.3; Firth & Quibell, Step Pyramid II, Taf. 11.3; Kahl et al., Inschriften der 3. Dynastie, 38
Ne/Sa/4	3208	Qu. 3208		Gunn, ASAE 35 (1935), 63, Abb. 1, Taf. 1.4; Firth & Quibell, Step Pyramid II, Taf. 11.3; Kahl et al., Inschriften der 3. Dynastie, 40
Ne/Sa/5	3209	Qu. 3209		Gunn, ASAE 35 (1935), 63, Abb. 1, Taf. 1.5; Firth & Quibell, Step Pyramid II, Taf. 11.3; Kahl et al., Inschriften der 3. Dynastie, 40
Ne/Sa/6	3210	Qu. 3210		Gunn, ASAE 35 (1935), 63, Abb. 1, Taf. 2.6; Firth & Quibell, Step Pyramid II, Taf. 11.3; Kahl et al., Inschriften der 3. Dynastie, 40
Ne/Sa/7	3211	Qu. 3211		Gunn, ASAE 35 (1935), 63, Abb. 1, Taf. 2.7; Firth & Quibell, Step Pyramid II, Taf. 11.3; Kahl et al., Inschriften der 3. Dynastie, 42
Ne/Sa/8	3212	Qu. 3212		Gunn, ASAE 35 (1935), 63, Abb. 1, Taf. 2.8; Firth & Quibell, Step Pyramid II, Taf. 11.3; Kahl et al., Inschriften der 3. Dynastie, 42
Ne/Sa/9	3213	Qu. 3213		Gunn, ASAE 35 (1935), 63, Abb. 1, Taf. 2.9; Firth & Quibell, Step Pyramid II, Taf. 11.3; Kahl et al., Inschriften der 3. Dynastie, 42
Ne/Sa/10	3214	Qu. 3214		Gunn, ASAE 35 (1935), 63, Abb. 1, Taf. 2.10; Firth & Quibell, Step Pyramid II, Taf. 11.3; Kahl et al., Inschriften der 3. Dynastie, 44
Ne/Sa/11	3215	Qu. 3215		Gunn, ASAE 35 (1935), 63, Abb. 1, Taf. 2.11; Firth & Quibell, Step Pyramid II, Taf. 11.3; Kahl et al., Inschriften der 3. Dynastie, 44
Ne/Sa/12	3216	Qu. 3216		Gunn, ASAE 35 (1935), 63, Abb. 1, Taf. 3.12; Firth & Quibell, Step Pyramid II, Taf. 11.3; Kahl et al., Inschriften der 3. Dynastie, 44
Ne/Sa/13	3217	Qu. 3217		Gunn, ASAE 35 (1935), 63, Abb. 1, Taf. 3.13; Firth & Quibell, Step Pyramid II, Taf. 11.3; Kahl et al., Inschriften der 3. Dynastie, 46

Kahl et al.	Frühzeit-ID	Kahl 1994	Kaplony	Bibliographie
Ne/Sa/14	3218	Qu. 3218		Gunn, ASAE 35 (1935), 63, Abb. 1, Taf. 3.14; Firth & Quibell, Step Pyramid II, Taf. 11.3; Kahl et al., Inschriften der 3. Dynastie, 46
Ne/Sa/15	3219	Qu. 3219		Gunn, ASAE 35 (1935), 63, Abb. 1, Taf. 3.15; Firth & Quibell, Step Pyramid II, Taf. 11.3; Kahl et al., Inschriften der 3. Dynastie, 46
Ne/Sa/16	3220	Qu. 3220		Gunn, ASAE 35 (1935), 63, Abb. 1, Taf. 3.16; Firth & Quibell, Step Pyramid II, Taf. 11.3; Kahl et al., Inschriften der 3. Dynastie, 48
Ne/Sa/17	3251	Qu. 3251		Aegyptische Inschriften I, 1; Schäfer, MDAIK 4 (1933), Taf. 1; Kahl et al., Inschriften der 3. Dynastie, 48
Ne/Sa/18	3224	Qu. 3224		Firth & Quibell, Step Pyramid II, Taf. 15; Lauer, MonPiot 49 (1957), Taf. 1.2; Kahl et al., Inschriften der 3. Dynastie, 50; Friedman, JARCE 32 (1995), 28
Ne/Sa/19	3224bis			Lauer, MonPiot 49 (1957), 10, Abb. 8; Kahl et al., Inschriften der 3. Dynastie, 50
Ne/Sa/20	3225	Qu. 3225		Firth & Quibell, Step Pyramid II, Taf. 16; Lauer, MonPiot 49 (1957), Taf. 2.2; Spencer, Early Egypt, 100, Abb. 76; Kahl et al., Inschriften der 3. Dynastie, 50; Friedman, JARCE 32 (1995), 23
Ne/Sa/21	3225bis			Lauer, MonPiot 49 (1957), 7, Abb. 5; Kahl et al., Inschriften der 3. Dynastie, 52
Ne/Sa/22	3250	Qu. 3250		Gardiner, JEA 30 (1944), Taf. 3.4; Firth & Quibell, Step Pyramid II, Taf. 17; Lauer, MonPiot 49 (1957), 4, Abb. 2; Kahl et al., Inschriften der 3. Dynastie, 52; Friedman, JARCE 32 (1995), 19
Ne/Sa/23	3248bis			Lauer, MonPiot 49 (1957), 8, Abb. 6; Kahl et al., Inschriften der 3. Dynastie, 52
Ne/Sa/24	3260	Qu. 3260		Aly, JACF 3 (1989/90), 27; Kahl et al., Inschriften der 3, Dynastie, 54
Ne/Sa/25	3248	Qu. 3248		Firth & Quibell, Step Pyramid II, Taf. 109.1; Kahl et al., Inschriften der 3. Dynastie, 54
Ne/Sa/26	3259	Qu. 3259	IÄF III, 292	IÄF III, Abb. 292; Lauer, ASAE 33 (1933), 159, Taf. 1.1; Firth & Quibell, Step Pyramid II, Taf. 18.3; Kahl et al., Inschriften der 3. Dynastie, 54

Kahl et al.	Frühzeit-ID	Kahl 1994	Kaplony	Bibliographie
Ne/Sa/27	3241	Qu. 3241		Firth & Quibell, Step Pyramid II, Taf. 89.13; Gunn, ASAE 28 (1928), Taf. 2.11; Kahl et al., Inschriften der 3. Dynastie, 56
Ne/Sa/28	3204	Qu. 3204		Gunn, ASAE 28 (1928), Taf. 3.1; Firth & Quibell, Step Pyramid II, Taf. 90.1; Kahl et al., Inschriften der 3. Dynastie, 56
Ne/Sa/29	3242	Qu. 3242		Firth & Quibell, Step Pyramid II, Taf. 90.2; Gunn, ASAE 28 (1928), Taf. 3.2; Kahl et al., Inschriften der 3. Dynastie, 56
Ne/Sa/30	3243	Qu. 3243		Firth & Quibell, Step Pyramid II, Taf. 90.7; Kahl et al., Inschriften der 3. Dynastie, 58
Ne/Sa/31	3244	Qu. 3244		Firth & Quibell, Step Pyramid II, Taf. 90.8; Gunn, ASAE 28 (1928), Taf. 3.6; Kahl et al., Inschriften der 3. Dynastie, 58
Ne/Sa/32	3191	Qu. 3191		Gunn, ASAE 28 (1928), 164, Abb. 5, Taf. 3.7; Firth & Quibell, Step Pyramid, Taf. 90.9; Kahl et al., Inschriften der 3. Dynastie, 58
Ne/Sa/33	3245	Qu. 3245		Firth & Quibell, Step Pyramid II, Taf. 91.5; Kahl et al., Inschriften der 3. Dynastie, 60
Ne/Sa/34	3247	Qu. 3247		Firth & Quibell, Step Pyramid II, Taf. 91.11; Kahl et al., Inschriften der 3. Dynastie, 60
Ne/Sa/35	3192	Qu. 3192		Gunn, ASAE 28 (1928), 171, Abb. 24; Kahl et al., Inschriften der 3. Dynastie, 60
Ne/Sa/36	3193	Qu. 3193		Gunn, ASAE 28 (1928), 171, Abb. 25; Kahl et al., Inschriften der 3. Dynastie, 62
Ne/Sa/37	3194	Qu. 3194		Gunn, ASAE 28 (1928), 171, Abb. 26; Kahl et al., Inschriften der 3. Dynastie, 62
Ne/Sa/38	3195	Qu. 3195		Gunn, ASAE 28 (1928), 171, Abb. 27; Kahl et al., Inschriften der 3. Dynastie, 62
Ne/Sa/39	3196	Qu. 3196		Gunn, ASAE 28 (1928), 171, Abb. 28; Kahl et al., Inschriften der 3. Dynastie, 64
Ne/Sa/40	3197	Qu. 3197		Gunn, ASAE 28 (1928), 171, Abb. 29; Kahl et al., Inschriften der 3. Dynastie, 64
Ne/Sa/41	3198	Qu. 3198		Gunn, ASAE 28 (1928), 171, Abb. 30; Kahl et al., Inschriften der 3. Dynastie, 64

Kahl et al.	Frühzeit-ID	Kahl 1994	Kaplony	Bibliographie
Ne/Sa/42	3199	Qu. 3199		Gunn, ASAE 28 (1928), 171, Abb. 31; Kahl et al., Inschriften der 3. Dynastie, 66
Ne/Sa/43	3200	Qu. 3200		Gunn, ASAE 28 (1928), 171, Abb. 32; Kahl et al., Inschriften der 3. Dynastie, 66
Ne/Sa/44	3201	Qu. 3201		Gunn, ASAE 28 (1928), 171, Abb. 33; Kahl et al., Inschriften der 3. Dynastie, 66
Ne/Sa/45	3202	Qu. 3202		Gunn, ASAE 28 (1928), 171, Abb. 34; Kahl et al., Inschriften der 3. Dynastie, 66
Ne/Sa/46	3203	Qu. 3203		Gunn, ASAE 28 (1928), 171, Abb. 35; Kahl et al., Inschriften der 3. Dynastie, 68
Ne/Sa/47	3252	Qu. 3252		PD III, 74, Abb. 91; Kahl et al., Inschriften der 3. Dynastie, 68
Ne/Sa/48	3253	Qu. 3253		PD III, 77, Abb. 92; Kahl et al., Inschriften der 3. Dynastie, 68
Ne/Sa/49	3254	Qu. 3254		PD III, 77, Abb. 93; Kahl et al., Inschriften der 3. Dynastie, 70
Ne/Sa/50	3228	Qu. 3228		Firth & Quibell, Step Pyramid II, Taf. 58; Weill, REA 2 (1928/29), 104, Abb. 1; Urk. I, 153, 4–10; Gunn, ASAE 26 (1926), Taf. 1; Kahl et al., Inschriften der 3. Dynastie, 70
Ne/Sa/51	3235	Qu. 3235		Firth & Quibell, Step Pyramid II, Taf. 87.1; Kahl et al., Inschriften der 3. Dynastie, 72
Ne/Sa/52	3236	Qu. 3236		Firth & Quibell, Step Pyramid II, Taf. 87.2; Kahl et al., Inschriften der 3. Dynastie, 72
Ne/Sa/53	3237	Qu. 3237		Firth & Quibell, Step Pyramid II, Taf. 87.3; Kahl et al., Inschriften der 3. Dynastie, 72
Ne/Sa/54	3238	Qu. 3238		Firth & Quibell, Step Pyramid II, Taf. 87.4; Kahl et al., Inschriften der 3. Dynastie, 74
Ne/Sa/55	3239	Qu. 3239		Firth & Quibell, Step Pyramid II, Taf. 87.5; Kahl et al., Inschriften der 3. Dynastie, 74
Ne/Sa/56	3240	Qu. 3240		Firth & Quibell, Step Pyramid II, Taf. 87.6; Kahl et al., Inschriften der 3. Dynastie, 74
Ne/Sa/57	3257	Qu. 3257		Lauer, Hist. Mon., Taf. 25 (u.); Firth & Quibell, Step Pyramid II, Taf. 40; Lauer, MonPiot 49 (1957), 5, Abb. 3; Kahl et al., Inschriften der 3. Dynastie, 76; Friedman, JARCE 32 (1995), 39

Kahl et al.	Frühzeit-ID	Kahl 1994	Kaplony	Bibliographie
Ne/Sa/58	3249	Qu. 3249		Gardiner, JEA 30 (1944), Taf. 3.3; Firth & Quibell, Step Pyramid II, Taf. 41; Lauer, MonPiot 49 (1957), Taf. 2.1; Kahl et al., Inschriften der 3. Dynastie, 76; Friedman, JARCE 32 (1995), 38
Ne/Sa/59	3227	Qu. 3227		Firth & Quibell, Step Pyramid II, Taf. 42; Lauer, MonPiot 49 (1957), Taf. 1.1; Kahl et al., Inschriften der 3. Dynastie, 78; Friedman, JARCE 32 (1995), 30
Ne/Sa/60	3258	Qu. 3258		Lauer, Hist. Mon., Taf. 27 (mi.); Firth & Quibell, Step Pyramid II, Taf. 43; Lauer, MonPiot 49 (1957), 11, Abb. 9; Kahl et al., Inschriften der 3. Dynastie, 78
Ne/Sa/61	3255	Qu. 3255		PD III, 77, Abb. 94; Kahl et al., Inschriften der 3. Dynastie, 78
Ne/Sa/62	3190	Qu. 3190		Gunn, ASAE 26 (1926), 198, Abb. 1–2, Taf. 26; Kahl et al., Inschriften der 3. Dynastie, 80
Ne/Sa/63	3226	Qu. 3226		Firth & Quibell, Step Pyramid II, Taf. 29.1–2; Kahl et al., Inschriften der 3. Dynastie, 80
Ne/Sa/64	3229	Qu. 3229		Firth & Quibell, Step Pyramid II, Taf. 86.1; Kahl et al., Inschriften der 3. Dynastie, 82
Ne/Sa/65	3230	Qu. 3230		Firth & Quibell, Step Pyramid II, Taf. 86.2; Kahl et al., Inschriften der 3. Dynastie, 82
Ne/Sa/66	3231	Qu. 3231		Firth & Quibell, Step Pyramid II, Taf. 86.3; Kahl et al., Inschriften der 3. Dynastie, 82
Ne/Sa/67	3232	Qu. 3232		Firth & Quibell, Step Pyramid II, Taf. 86.4; Kahl et al., Inschriften der 3. Dynastie, 84
Ne/Sa/68	3233	Qu. 3233		Firth & Quibell, Step Pyramid II, Taf. 86.5; Kahl et al., Inschriften der 3. Dynastie, 84
Ne/Sa/69	3234	Qu. 3234		Firth & Quibell, Step Pyramid II, Taf. 86.6; Kahl et al., Inschriften der 3. Dynastie, 84
Ne/Sa/70	3221	Qu. 3221		Firth & Quibell, Step Pyramid I, 141, Abb. 19; Kahl et al., Inschriften der 3. Dynastie, 86
Ne/Sa/71	3222	Qu. 3222		Firth & Quibell, Step Pyramid I, 141, Abb. 20; Kahl et al., Inschriften der 3. Dynastie, 86
Ne/Sa/72	3223	Qu. 3223		Firth & Quibell, Step Pyramid I, 141, Abb. 21; Kahl et al., Inschriften der 3. Dynastie, 86

Kahl et al.	Frühzeit-ID	Kahl 1994	Kaplony	Bibliographie
Ne/Sa/73	3261	Qu. 3261		Goneim, Horus Sekhem-khet, 10, Abb. 26; Kahl et al., Inschriften der 3. Dynastie, 88
Ne/Sa/74	3262	Qu. 3262		Quibell, Archaic Mastabas, 30; Kahl et al., Inschriften der 3. Dynastie, 88
Ne/Sa/75	3263	Qu. 3263		Quibell, Hesy, Taf. 7.3; Kahl et al., Inschriften der 3. Dynastie, 88
Ne/Sa/76	3264	Qu. 3264		Quibell, Hesy, Taf. 15–22; Kahl et al., Inschriften der 3. Dynastie, 90–101
Ne/Sa/77	3265	Qu. 3265		Quibell, Hesy, Taf. 28.8–9; Kahl et al., Inschriften der 3. Dynastie, 102
Ne/Sa/78	3266	Qu. 3266		Quibell, Hesy, Taf. 28.12; Kahl et al., Inschriften der 3. Dynastie, 102
Ne/Sa/79	3267	Qu. 3267		Quibell, Hesy, Taf. 28.23; Kahl et al., Inschriften der 3. Dynastie, 102
Ne/Sa/80	3269	Qu. 3269		Quibell, Hesy, Taf. 29.1; Mariette, Mastabas, 82; Kahl et al., Inschriften der 3. Dynastie, 104
Ne/Sa/81	3270	Qu. 3270		Quibell, Hesy, Taf. 29.2; Mariette, Mastabas, 81; Kahl et al., Inschriften der 3. Dynastie, 106
Ne/Sa/82	3271	Qu. 3271		Quibell, Hesy, Taf. 30.3; Kahl et al., Inschriften der 3. Dynastie, 108
Ne/Sa/83	3272	Qu. 3272		Quibell, Hesy, Taf. 30.4; Kahl et al., Inschriften der 3. Dynastie, 108
Ne/Sa/84	3273	Qu. 3273		Quibell, Hesy, Taf. 31.5; Mariette, Mastabas, 80; Kahl et al., Inschriften der 3. Dynastie, 110
Ne/Sa/85	3274	Qu. 3274		Martin, Hetepka, Taf. 19.5; Emery, JEA 56 (1970), Taf. 17.1; Kahl et al., Inschriften der 3. Dynastie, 112
Ne/Sa/86	5102			Lloyd et al., Saqqâra Tombs II, Taf. 28.2; Kahl et al., Inschriften der 3. Dynastie, 112
Ne/Sa/87	3275	Qu. 3275	IÄFS 1044	IÄFS, Abb. 1044; Kahl et al., Inschriften der 3. Dynastie, 112
Ne/?/1	3285	Qu. 3285		Weill, La IIe et la IIIe dynasties, 181; Wiedemann, OLZ 1 (1898), Taf. 1; Keimer, ASAE 31 (1931), 176, Abb. 24a; Kahl et al., Inschriften der 3. Dynastie, 122
Ne/?/2	3286	Qu. 3286		Weill, La IIe et la IIIe dynasties, 181–184, Taf. 2; Keimer, ASAE 31 (1931), 176, Abb. 24b; Kahl et al., Inschriften der 3. Dynastie, 122
Ne/?/3	3287	Qu. 3287		Weill, La IIe et la IIIe dynasties, 258, Taf. 5; Kahl et al., Inschriften der 3. Dynastie, 124
Ne/?/4	3288	Qu. 3288		Weill, La IIe et la IIIe dynasties, 258, Taf. 5; Kahl et al., Inschriften der 3. Dynastie, 124

Kahl et al.	Frühzeit-ID	Kahl 1994	Kaplony	Bibliographie
Ne/?/5	3289	Qu. 3289		Kaplony, Steingefässe, 52–53 (21); Kahl et al., Inschriften der 3. Dynastie, 124
Ne/?/6	3359	Qu. 3359		Kahl et al., Inschriften der 3. Dynastie, 126; Weill, La IIe et la IIIe dynasties, 259, Taf. 5
Se/Ma/1	3297	Qu. 3297		Kahl et al., Inschriften der 3. Dynastie, 136; Inscr. Sinai I, Taf. 1.1a; Goneim, Horus Sekhem-khet, Taf. 73
Se/Ma/1	3298	Qu. 3298		Kahl et al., Inschriften der 3. Dynastie, 136; Inscr. Sinai I, Taf. 1.1b; Gon eim, Horus Sekhem-khet, Taf. 73
Se/Ma/2	3299	Qu. 3299		Kahl et al., Inschriften der 3. Dynastie, 136; Giveon, BASOR 216 (1974), 18, Abb. 1, 19, Abb. 2
Se/Sa/1	3290	Qu. 3290		Kahl et al., Inschriften der 3. Dynastie, 130; Goneim, Horus Sekhem-khet, 14, Abb. 28
Se/Sa/2	3291	Qu. 3291		Kahl et al., Inschriften der 3. Dynastie, 130; Goneim, Horus Sekhem-khet, 15, Abb. 29
Se/Sa/3	3292	Qu. 3292		Kahl et al., Inschriften der 3. Dynastie, 130; Goneim, Horus Sekhem-khet, 15, Abb. 30
Se/Sa/4	3293	Qu. 3293		Kahl et al., Inschriften der 3. Dynastie, 132; Goneim, Horus Sekhem-khet, 15, Abb. 31
Se/Sa/5	3294	Qu. 3294		Kahl et al., Inschriften der 3. Dynastie, 132; Goneim, Horus Sekhem-khet, Taf. 13
Se/Sa/6	3295	Qu. 3295		Kahl et al., Inschriften der 3. Dynastie, 134; Goneim, Horus Sekhem-khet, Taf. 37 B.2
Se/Sa/7	3296	Qu. 3296		Kahl et al., Inschriften der 3. Dynastie, 134; Goneim, Horus Sekhem-khet, Taf. 65 B.66
Sa/Be/1	3301	Qu. 3301		Kahl et al., Inschriften der 3. Dynastie, 140; Mahâsna and Bêt Khallâf, Taf. 19.1–5
Sa/Be/2	3302	Qu. 3302		Kahl et al., Inschriften der 3. Dynastie, 140; Mahâsna and Bêt Khallâf, Taf. 19.6
Sa/Be/3	3303	Qu. 3303		Kahl et al., Inschriften der 3. Dynastie, 142; Mahâsna and Bêt Khallâf, Taf. 19.7
Sa/Be/4	3304	Qu. 3304		Kahl et al., Inschriften der 3. Dynastie, 142; Mahâsna and Bêt Khallâf, Taf. 19.8
Sa/Be/5	3305	Qu. 3305		Kahl et al., Inschriften der 3. Dynastie, 142; Mahâsna and Bêt Khallâf, Taf. 19.9

Kahl et al.	Frühzeit-ID	Kahl 1994	Kaplony	Bibliographie
Sa/Be/6	3306	Qu. 3306		Kahl et al., Inschriften der 3. Dynastie, 142; Mahâsna and Bêt Khallâf, Taf. 19.10
Sa/Be/7	3307	Qu. 3307		Kahl et al., Inschriften der 3. Dynastie, 144; Mahâsna and Bêt Khallâf, Taf. 19.11–16, 18–19
Sa/Be/8	3308	Qu. 3308		Kahl et al., Inschriften der 3. Dynastie, 144; Mahâsna and Bêt Khallâf, Taf. 19.17
Sa/Be/9	3309	Qu. 3309		Kahl et al., Inschriften der 3. Dynastie, 144; Mahâsna and Bêt Khallâf, Taf. 19.20
Sa/Be/10	3310	Qu. 3310		Kahl et al., Inschriften der 3. Dynastie, 146; Mahâsna and Bêt Khallâf, Taf. 19.22
Sa/Be/11	3311	Qu. 3311		Kahl et al., Inschriften der 3. Dynastie, 146; Mahâsna and Bêt Khallâf, Taf. 19.23
Sa/Be/12	3312	Qu. 3312		Kahl et al., Inschriften der 3. Dynastie, 146; Mahâsna and Bêt Khallâf, Taf. 19.24
Sa/Be/13	3313	Qu. 3313		Kahl et al., Inschriften der 3. Dynastie, 148; Mahâsna and Bêt Khallâf, Taf. 19.25
Sa/Be/14	3314	Qu. 3314		Kahl et al., Inschriften der 3. Dynastie, 148, Mahâsna and Bêt Khallâf, Taf. 28.8
Sa/El/1	3300	Qu. 3300		Kahl et al., Inschriften der 3. Dynastie, 140; Kaiser et al., MDAIK 38 (1982), 304, Abb. 15, Taf. 65b
Sa/Ma/1	3317	Qu. 3317		Kahl et al., Inschriften der 3. Dynastie, 150; Inscr. Sinai I, Taf. 1.4; Spencer, Early Egypt, 101, Abb. 77
Sa/Ma/2	3318	Qu. 3318		Kahl et al., Inschriften der 3. Dynastie, 150; Inscr. Sinai I, Taf. 4.3
Sa/Sa/1	3315	Qu. 3315		Kahl et al., Inschriften der 3. Dynastie, 148; Firth & Quibell, Step Pyramid I, 141, Abb. 18 (li.)
Sa/Sa/2	3316	Qu. 3316		Kahl et al., Inschriften der 3. Dynastie, 150; Firth & Quibell, Step Pyramid I, 141, Abb. 18 (re.)
Ch/?/1	3327	Qu. 3327		Kahl et al., Inschriften der 3. Dynastie, 158; Arkell, JEA 42 (1956), 116, Abb. a
Ch/?/2	3328	Qu. 3328		Kahl et al., Inschriften der 3. Dynastie, 158; Arkell, JEA 44 (1958), 120
Ch/?/3	3329	Qu. 3329	IÄF III, 805	IÄF III, Abb. 805; Kahl et al., Inschriften der 3. Dynastie, 160; Petrie, Scarabs, Taf. 8.2
Ch/As/1	3321	Qu. 3321		Kahl et al., Inschriften der 3. Dynastie, 154; Borchardt, Sahure I, 114

Kahl et al.	Frühzeit-ID	Kahl 1994	Kaplony	Bibliographie
Ch/El/1	3319	Qu. 3319		Kahl et al., Inschriften der 3. Dynastie, 154; Kaiser et al., MDAIK 43 (1987), 109, Abb. 13b, Taf. 15b
Ch/Hi/1	3320	Qu. 3320		Kahl et al., Inschriften der 3. Dynastie, 154; Hierakonpolis II, Taf. 70.1
Ch/Za/1	3322	Qu. 3322		Kahl et al., Inschriften der 3. Dynastie, 156; Dunham, Zawiyet el-Aryan, 34
Ch/Za/2	3323	Qu. 3323		Kahl et al., Inschriften der 3. Dynastie, 156; Dunham, Zawiyet el-Aryan, 34
Ch/Za/3	3324	Qu. 3324		Kahl et al., Inschriften der 3. Dynastie, 156; Dunham, Zawiyet el-Aryan, 34
Ch/Za/4	3325	Qu. 3325		Kahl et al., Inschriften der 3. Dynastie, 156; Dunham, Zawiyet el-Aryan, 34
Ch/Za/5	3326	Qu. 3326		Kahl et al., Inschriften der 3. Dynastie, 158; Dunham, Zawiyet el-Aryan, 34
Ḳa/?/1	3330	Qu. 3330		Ziegler, Catalogue des Stèles, 56; Kahl et al., Inschriften der 3. Dynastie, 164
Hu/El/1	3331	Qu. 3331		Kahl et al., Inschriften der 3. Dynastie, 164; Dreyer & Kaiser, MDAIK 36 (1980), Taf. 71c–d
Ba/Sa/1	3332	Qu. 3332		Kahl et al., Inschriften der 3. Dynastie, 164; Swelim, Third Dynasty, 182, 185, Abb. 3
D3/El/1	3365	Qu. 3365		Kahl et al., Inschriften der 3. Dynastie, 168; Dreyer, Fs Fecht, 99, Abb. 1b
D3/El/2	3366	Qu. 3366		Kahl et al., Inschriften der 3. Dynastie, 168; Dreyer, Fs Fecht, 99, Abb. 1a
D3/El/3	3367	Qu. 3367		Kahl et al., Inschriften der 3. Dynastie, 170; Dreyer, Fs Fecht, 100, Abb. 2
D3/Hl/1	3368	Qu. 3368		Saad, Ceiling Stelae, Taf. 30; IÄF I, 232 (Sp 25); Kahl et al., Inschriften der 3. Dynastie, 172; Helwan II, 161
D3/Hl/2	3369	Qu. 3369		Saad, Ceiling Stelae, Taf. 29; IÄF I, 232 (Sp 24); Kahl et al., Inschriften der 3. Dynastie, 176; Helwan II, 187
D3/Hl/3	3370	Qu. 3370		Saad, Ceiling Stelae, Taf. 27; IÄF I, 231 (Sp 23); Kahl et al., Inschriften der 3. Dynastie, 178; Helwan II, 185
D3/Ra/1	3333	Qu. 3333		Kahl et al., Inschriften der 3. Dynastie, 172; Weill, La IIe et la IIIe dynasties, 211
D3/Sa/1	3334	Qu. 3334		Kahl et al., Inschriften der 3. Dynastie, 180; Quibell, Archaic Mastabas, 38
D3/Sa/2	3335	Qu. 3335		Kahl et al., Inschriften der 3. Dynastie, 180; Quibell, Archaic Mastabas, 39

Kahl et al.	Frühzeit-ID	Kahl 1994	Kaplony	Bibliographie
D3/Sa/3	3336	Qu. 3336	IÄFS 1081	IÄFS, Abb. 1081; Kahl et al., Inschriften der 3. Dynastie, 180; Quibell, Archaic Mastabas, 39
D3/Sa/4	3337	Qu. 3337	IÄF III, 833	IÄF III, Abb. 833; KBIÄF, Abb. 833; IÄF I, 232 (Sp 30); Kahl et al., Inschriften der 3. Dynastie, 182
D3/Sa/5	3338	Qu. 3338	IÄF III, 834	IÄF I, 232 (Sp 31), III, Abb. 834; Kahl et al., Inschriften der 3. Dynastie, 184
D3/Sa/6	3339	Qu. 3339		Kahl et al., Inschriften der 3. Dynastie, 184; Martin, Hetepka, Taf. 20.10
D3/Sa/7	3340	Qu. 3340		Kahl et al., Inschriften der 3. Dynastie, 184; Martin, Hetepka, Taf. 20.11
D3/Sa/8	3341	Qu. 3341		Kahl et al., Inschriften der 3. Dynastie, 186; Martin, Hetepka, Taf. 20.12
D3/Sa/9	3371	Qu. 3371		Kahl et al., Inschriften der 3. Dynastie, 186; Murray, Saqqara Mastabas I, Taf. 1, 2 (o.)
D3/Sa/10	5110			Weill, Sphinx 15 (1911–12), 2; Kahl et al., Inschriften der 3. Dynastie, 192
D3/Sa/11	3372	Qu. 3372		Kahl et al., Inschriften der 3. Dynastie, 194; Murray, Saqqara Mastabas I, Taf. 2
D3/Sa/12	3373	Qu. 3373		Kahl et al., Inschriften der 3. Dynastie, 198; Martin, Hetepka, Taf. 19.6
D3/Sa/13	5111			Borchardt, Denkmäler AR II, 164; Kahl et al., Inschriften der 3. Dynastie, 198
D3/Sa/14	3374	Qu. 3374		Kahl et al., Inschriften der 3. Dynastie, 198; Martin, Hetepka, Taf. 19.8
D3/Sa/15	5112			Reisner, Tomb Development, 203; Kahl et al., Inschriften der 3. Dynastie, 198
D3/Sa/16	5113			Reisner, Tomb Development, 203; Kahl et al., Inschriften der 3. Dynastie, 198
D3/Sa/17	3342	Qu. 3342		Kahl et al., Inschriften der 3. Dynastie, 200; Martin, Hetepka, Taf. 19.7
D3/Sa/18	3343	Qu. 3343	IÄF III, 835	IÄF I, 232 (Sp 32), III, Abb. 835; KBIÄF, Taf. III (835); Kahl et al., Inschriften der 3. Dynastie, 200
D3/Sa/19	3345	Qu. 3345		Kahl et al., Inschriften der 3. Dynastie, 202; Weill, La IIe et la IIIe dynasties, Taf. 7
D3/Sa/19	3346	Qu. 3346		Kahl et al., Inschriften der 3. Dynastie, 202; Weill, La IIe et la IIIe dynasties, Taf. 7
D3/Sa/20	3347	Qu. 3347		Kahl et al., Inschriften der 3. Dynastie, 206; Ziegler, Catalogue des stèles, 97 (li.), 99 (li.)

Kahl et al.	Frühzeit-ID	Kahl 1994	Kaplony	Bibliographie
D3/Sa/21	3348	Qu. 3348		Kahl et al., Inschriften der 3. Dynastie, 208; Ziegler, Catalogue des stèles, 97 (re.), 99 (re.)
D3/Sa/22	3349	Qu. 3349		Kahl et al., Inschriften der 3. Dynastie, 210; Ziegler, Catalogue des stèles, 102 (re.), 103 (re.)
D3/Sa/23	3350	Qu. 3350		Kahl et al., Inschriften der 3. Dynastie, 212; Ziegler, Catalogue des stèles, 102 (li.), 103 (li.)
D3/Sa/24	3351	Qu. 3351		Kahl et al., Inschriften der 3. Dynastie, 214; Weill, La IIe et la IIIe dynasties, 272, Taf. 6 (u.); Aegyptische Inschriften I, 68
D3/Sa/25	5114			LD Text I, 139; Kahl et al., Inschriften der 3. Dynastie, 214
D3/Sa/26	3352	Qu. 3352		Kahl et al., Inschriften der 3. Dynastie, 214; Martin, Hetepka, Taf. 19.9; EDO, 14, Abb. 2, Taf. 2.2
D3/Sa/27	3353	Qu. 3353	IÄF III, 836	IÄF I, 232 (Sp 33), III, Abb. 836; Kahl et al., Inschriften der 3. Dynastie, 216
D3/Sa/28	3354	Qu. 3354		Kahl et al., Inschriften der 3. Dynastie, 216; Drenkhahn, Ägyptische Reliefs, 22, Abb. 3
D3/Sa/29	3355	Qu. 3355		Kahl et al., Inschriften der 3. Dynastie, 218; Drenkhahn, Ägyptische Reliefs, 23, Abb. 4
D3/Sa/30	3356	Qu. 3356		Kahl et al., Inschriften der 3. Dynastie, 218; Drenkhahn, Ägyptische Reliefs, 23, Abb. 5
D3/Sa/31	3357	Qu. 3357		Weill, La IIe et la IIIe dynasties, 220; Boesner, Leiden I, Taf. 23; Kahl et al., Inschriften der 3. Dynastie, 218
D3/Sa/32	3358	Qu. 3358		Kahl et al., Inschriften der 3. Dynastie, 218; Fischer, JNES 18 (1959), 262, Abb. 24, Taf. 11
D3/?/1	5101			Wiedemann, OLZ 1 (1898), Taf. 2; Kahl et al., Inschriften der 3. Dynastie, 220
D3/?/2	3360	Qu. 3360		Kahl et al., Inschriften der 3. Dynastie, 220; Weill, La IIe et la IIIe dynasties, 260
D3/?/3	3361	Qu. 3361		Kahl et al., Inschriften der 3. Dynastie, 222; EDO 13.1, Abb. 1, Taf. 1
D3/?/4	3362	Qu. 3362	IÄF III, 838	IÄF III, Abb. 838; KBIÄF, Abb. 838; James, Inscriptions Brooklyn, Taf. 17.31; Kahl et al., Inschriften der 3. Dynastie, 222–224
D3/?/5	3363	Qu. 3363	IÄFS 1043	IÄFS, Abb. 1043; Kahl et al., Inschriften der 3. Dynastie, 224

3. Konkordanz nach Peter Kaplony

Kaplony	Frühzeit-ID	Kahl 1994	Kahl et al.	Bibliographie
IÄF III, 5	0079	Qu. 79		Hierakonpolis I, Taf. 15.7; IÄF III, Abb. 5; Whitehouse, MDAIK 58 (2002), 425–446
IÄF III, 7	0523	Qu. 523		IÄF III, Abb. 7; Emery, Hor-Aha, Abb. 29
IÄF III, 8	0218	Qu. 218		IÄF III, Abb. 8; el-Mahasna, Taf. 27,1; Umm el-Qaab I, 111
IÄF III, 9	2025	Qu. 2025		IÄF III, Abb. 9; Petrie, Scarabs, Taf. 11,56; El Amrah and Abydos, Taf. 6,6; Engel, Rollsiegel, 71
IÄF III, 10	0210	Qu. 210		IÄF III, Abb. 10; Petrie, Scarabs, Taf. 3.76; Engel, Rollsiegel, 160
IÄF III, 11	0211	Qu. 211		IÄF III, Abb. 11; Engel, Rollsiegel, 152
IÄF III, 12	0783	Qu. 783		IÄF III, Abb. 12; Amélineau, Abydos (1897–1898), Taf. 25,3; Engel, Roll-siegel, 145
IÄF III, 13	0015	Qu. 15		IÄF III, Abb. 13; RT II, Taf. 13.96
IÄF III, 14	0244	Qu. 244		IÄF III, Abb. 14; Engel, Rollsiegel, 62
IÄF III, 15	0245	Qu. 245		IÄF III, Abb. 15; Engel, Rollsiegel, 62
IÄF III, 16	1070	Qu. 1070		IÄF III, Abb. 16
IÄF III, 17	0660	Qu. 660		IÄF III, Abb. 17; RT II, Taf. 15.113; En-gel, Rollsiegel, 136
IÄF III, 18	0156	Qu. 156		IÄF III, Abb. 18; Tarkhan I and Mem-phis V, Taf. II, 4
IÄF III, 19	0878ter	Qu. 878ter		IÄF III, Abb. 19
IÄF III, 20	0524	Qu. 524		IÄF III, Abb. 20; Emery, Hor-Aha, Abb. 20
IÄF III, 21	0661	Qu. 661		IÄF III, Abb. 21; RT II, Taf. 16.121
IÄF III, 22	0662	Qu. 662		IÄF III, Abb. 22; RT II, Taf. 16.124
IÄF III, 23	0207	Qu. 207		IÄF III, Abb. 23
IÄF III, 24	0088	Qu. 88		IÄF III, Abb. 24; RT II, Taf. 13.94
IÄF III, 25	0104	Qu. 104		IÄF III, Abb. 25; Tarkhan I and Mem-phis V, Taf. II, 2
IÄF III, 26A	0090	Qu. 90		IÄF III, Abb. 26A; RT II, Taf. 13.91; EDO, Taf. 27(360); Bourriau, JEA 77 (1991), 157–158; Woods, Visible Language, 131
IÄF III, 26B	0089	Qu. 89		IÄF III, Abb. 26B; RT II, Taf. 13.92
IÄF III, 27A	0525	Qu. 525		IÄF III, Abb. 27A; Emery, Hor-Aha, Abb. 15
IÄF III, 27B	0293	Qu. 293		IÄF III, Abb. 27B; RT II, Taf. 14.98
IÄF III, 27C	0526	Qu. 526		IÄF III, Abb. 27C; Emery, Hor-Aha, Abb. 14
IÄF III, 27D	0527	Qu. 527		IÄF III, Abb. 27D; Emery, Hor-Aha, Abb. 16
IÄF III, 27E	0246	Qu. 246		IÄF III, Abb. 27E; de Morgan, Recher-ches, 168, Abb. 557
IÄF III, 27F	0294	Qu. 294		IÄF III, Abb. 27F; RT II, Taf. 14.97
IÄF III, 27G	0295	Qu. 295		IÄF III, Abb. 27G

Kaplony	Frühzeit-ID	Kahl 1994	Kahl et al.	Bibliographie
IÄF III, 27H	0528	Qu. 528		IÄF III, Abb. 27H; Emery, Hor-Aha, Abb. 17
IÄF III, 28	0296	Qu. 296		IÄF III, Abb. 28; Quibell, Archaic Objects, Taf. 15
IÄF III, 29A	0663	Qu. 663		IÄF III, Abb. 29A; RT II, Taf. 15.106
IÄF III, 29B	0848	Qu. 848		IÄF III, Abb. 29B
IÄF III, 29C	0852	Qu. 852		IÄF III, Abb. 29C
IÄF III, 29D	0664	Qu. 664		IÄF III, Abb. 29D; RT II, Taf. 15.105
IÄF III, 29E	0665	Qu. 665		IÄF III, Abb. 29E; RT II, Taf. 15.107(?)
IÄF III, 29F	0849	Qu. 849		IÄF III, Abb. 29F
IÄF III, 29G	0844	Qu. 844		IÄF III, Abb. 29G; Quibell, Archaic Mastabas, Taf. 9 (o. re.)
IÄF III, 29H	0845	Qu. 845		IÄF III, Abb. 29H; Quibell, Archaic Mastabas, Taf. 9 (o. mi.)
IÄF III, 29I	0821	Qu. 821		IÄF III, Abb. 029I; Leclant, Or 21 (1952), 243, Taf. 14,19
IÄF III, 30A	0784	Qu. 784		IÄF III, Abb. 30A; RT II, Taf. 15.107
IÄF III, 30B	0785	Qu. 785		IÄF III, Abb. 30B
IÄF III, 31	0786	Qu. 786		IÄF III, Abb. 31
IÄF III, 32A	1071	Qu. 1071		IÄF III, Abb. 32A
IÄF III, 32B	0929	Qu. 929		IÄF III, Abb. 32B; RT I, Taf. 18.1; Vassilika, JEA 78 (1992), 267
IÄF III, 32C	1072	Qu. 1072		IÄF III, Abb. 32C
IÄF III, 32D	1073	Qu. 1073		IÄF III, Abb. 32D
IÄF III, 32E	1074	Qu. 1074		IÄF III, Abb. 32E
IÄF III, 32F	1075	Qu. 1075		IÄF III, Abb. 32F
IÄF III, 32G	0930	Qu. 930		IÄF III, Abb. 32G; RT II, Taf. 17.125
IÄF III, 32H	0964	Qu. 964		IÄF III, Abb. 32H
IÄF III, 33A	1435	Qu. 1435		IÄF III, Abb. 33A
IÄF III, 33B	1436	Qu. 1436		IÄF III, Abb. 33B
IÄF III, 33C	1459	Qu. 1459		IÄF III, Abb. 33C
IÄF III, 34	0105	Qu. 105		IÄF III, Abb. 34; Tarkhan I and Memphis V, Taf. II, 3
IÄF III, 35A	0106	Qu. 106		IÄF III, Abb. 35A
IÄF III, 35B	0107	Qu. 107		IÄF III, Abb. 35B; Tarkhan I and Memphis V, Taf. II, 1
IÄF III, 36	0529	Qu. 529		IÄF III, Abb. 36; Emery, Hor-Aha, Abb. 13
IÄF III, 39	0279	Qu. 279		IÄF III, Abb. 39; RT II, Taf. 13.95; Engel, Rollsiegel, 56
IÄF III, 40	0666	Qu. 666		IÄF III, Abb. 40; Engel, Rollsiegel, 142
IÄF III, 41	1460	Qu. 1460		IÄF III, Abb. 41
IÄF III, 42	1156	Qu. 1156		IÄF III, Abb. 42
IÄF III, 43	0667	Qu. 667		IÄF III, Abb. 43; RT II, Taf. 16.123
IÄF III, 44	0931	Qu. 931		IÄF III, Abb. 44; RT I, Taf. 19.10
IÄF III, 45A	0932	Qu. 932		IÄF III, Abb. 45A; RT I, Taf. 19.8
IÄF III, 45B	1076	Qu. 1076		IÄF III, Abb. 45B; RT I, Taf. 19.9; RT II, Taf. 17.128
IÄF III, 46A	1077	Qu. 1077		IÄF III, Abb. 46A

Kaplony	Frühzeit-ID	Kahl 1994	Kahl et al.	Bibliographie
IÄF III, 46B	0933	Qu. 933		IÄF III, Abb. 46B; RT II, Taf. 17.128
IÄF III, 47	0668	Qu. 668		IÄF III, Abb. 47; RT II, Taf. 15.112
IÄF III, 48	0887	Qu. 887		IÄF III, Abb. 48; RT I, Taf. 32.40; Engel, Rollsiegel, 64
IÄF III, 49	1234	Qu. 1234		IÄF III, Abb. 49; RT I, Taf. 32.41; Engel, Rollsiegel, 81
IÄF III, 50A	1157	Qu. 1157		IÄF III, Abb. 50A
IÄF III, 50B	1158	Qu. 1158		IÄF III, Abb. 50B
IÄF III, 51	3416	Qu. 3416		IÄF III, Abb. 51
IÄF III, 72	0530	Qu. 530		IÄF III, Abb. 72; Emery, Hor-Aha, Abb. 35
IÄF III, 73	1197	Qu. 1197		IÄF III, Abb. 73; RT I, Taf. 23.41
IÄF III, 74	0669	Qu. 669		IÄF III, Abb. 74; RT II, Taf. 16.120; Engel, Rollsiegel, 57
IÄF III, 75	0247	Qu. 247		IÄF III, Abb. 75; Engel, Rollsiegel, 144
IÄF III, 76	0878quater	Qu. 878quater		IÄF III, Abb. 76
IÄF III, 77	0097	Qu. 97		IÄF III, Abb. 77; RT II, Taf. 13.93
IÄF III, 78A	0297	Qu. 297		IÄF III, Abb. 78A
IÄF III, 78B	0531	Qu. 531		IÄF III, Abb. 78B; Hor-Aha, Abb. 19
IÄF III, 78C	0248	Qu. 248		IÄF III, Abb. 78C; RT II, Taf. 14.99; Bourriau, JEA 77 (1991), 157; Dreyer et al., MDAIK 56 (2000), 94 Anm. 122
IÄF III, 78D	0298	Qu. 298		IÄF III, Abb. 78D
IÄF III, 79	0249	Qu. 249		IÄF III, Abb. 79; de Morgan, Recherches, 168, Abb. 558
IÄF III, 80	0532	Qu. 532		IÄF III, Abb. 80; Emery, Hor-Aha, Abb. 18
IÄF III, 81	0886	Qu. 886		IÄF III, Abb. 81; RT I, Taf. 18.2, 18.3
IÄF III, 82	1381	Qu. 1381		IÄF III, Abb. 82; RT I, Taf. 21.26
IÄF III, 83	1324	Qu. 1324		IÄF III, Abb. 83
IÄF III, 84	0934	Qu. 934		IÄF III, Abb. 84; RT II, Taf. 17.127
IÄF III, 85	0935	Qu. 935		IÄF III, Abb. 85; RT II, Taf. 17.126
IÄF III, 86	1437	Qu. 1437		IÄF III, Abb. 86
IÄF III, 87	1438	Qu. 1438		IÄF III, Abb. 87
IÄF III, 88	1439	Qu. 1439		IÄF III, Abb. 88
IÄF III, 89A	1325	Qu. 1325		IÄF III, Abb. 89A; RT II, Taf. 19.155
IÄF III, 89B	1326	Qu. 1326		IÄF III, Abb. 89B; RT II, Taf. 18.143
IÄF III, 90A	1327	Qu. 1327		IÄF III, Abb. 90A; RT II, Taf. 18.142
IÄF III, 90B	1328	Qu. 1328		IÄF III, Abb. 90B; RT II, Taf. 18.143
IÄF III, 91A	1461	Qu. 1461		IÄF III, Abb. 91A
IÄF III, 91B	1329	Qu. 1329		IÄF III, Abb. 91B; RT II, Taf. 20.156
IÄF III, 92	1330	Qu. 1330		IÄF III, Abb. 92; RT II, Taf. 19.148
IÄF III, 93	1382	Qu. 1382		IÄF III, Abb. 93; RT I, Taf. 21.23
IÄF III, 94	1605	Qu. 1605		IÄF III, Abb. 94; RT I, Taf. 27.70
IÄF III, 95	1606	Qu. 1606		IÄF III, Abb. 95; RT I, Taf. 27.69
IÄF III, 96	0670	Qu. 670		IÄF III, Abb. 96; RT II, Taf.16.122
IÄF III, 97	1462	Qu. 1462		IÄF III, Abb. 97
IÄF III, 98	0936	Qu. 936		IÄF III, Abb. 98; RT II, Taf. 17.129

Kaplony	Frühzeit-ID	Kahl 1994	Kahl et al.	Bibliographie
IÄF III, 99A	1078	Qu. 1078		IÄF III, Abb. 99A
IÄF III, 99B	0937	Qu. 937		IÄF III, Abb. 99B; RT I, Taf. 18.5
IÄF III, 100	1515	Qu. 1515		IÄF III, Abb. 100
IÄF III, 101	0878	Qu. 878		IÄF III, Abb. 101
IÄF III, 102	1198	Qu. 1198		IÄF III, Abb. 102; RT I, Taf. 20.16
IÄF III, 103	1199	Qu. 1199		IÄF III, Abb. 103; RT I, Taf. 20.17
IÄF III, 104	1215	Qu. 1215		IÄF III, Abb. 104; RT I, Taf. 21.28
IÄF III, 105	1200	Qu. 1200		IÄF III, Abb. 105; RT I, Taf. 22.32
IÄF III, 106	1201	Qu. 1201		IÄF III, Abb. 106; RT I, Taf. 23.40
IÄF III, 107	0787	Qu. 787		IÄF III, Abb. 107; Amélineau, Abydos (1897–1898), Taf. 25.2
IÄF III, 108A	1084	Qu. 1084		IÄF III, Abb. 108A
IÄF III, 108B	0979	Qu. 979		IÄF III, Abb. 108B; Tarkhan I and Memphis V, Taf. 30.1
IÄF III, 109	1202	Qu. 1202		IÄF III, Abb. 109; RT II, Taf. 17.133
IÄF III, 110	1203	Qu. 1203		IÄF III, Abb. 110; RT I, Taf. 22.33
IÄF III, 111	0815	Qu. 815		IÄF III, Abb. 111; Petrie, Tombs of the Courtiers, Taf. 2.3, 3.14
IÄF III, 112	3417	Qu. 3417		IÄF III, Abb. 112
IÄF III, 113	1159	Qu. 1159		IÄF III, Abb. 113
IÄF III, 114	1160	Qu. 1160		IÄF III, Abb. 114
IÄF III, 115	1204	Qu. 1204		IÄF III, Abb. 115; RT I, Taf. 22.31
IÄF III, 116	1205	Qu. 1205		IÄF III, Abb. 116; RT I, Taf. 20.18–19; RT II, Taf. 17.132
IÄF III, 117	3418	Qu. 3418		IÄF III, Abb. 117
IÄF III, 118	1235	Qu. 1235		IÄF III, Abb. 118; RT I, Taf. 20.15
IÄF III, 119	1206	Qu. 1206		IÄF III, Abb. 119; RT II, Taf. 17.134
IÄF III, 120	1518	Qu. 1518		IÄF III, Abb. 120; Engel, Rollsiegel, 115
IÄF III, 121	1383	Qu. 1383		IÄF III, Abb. 121; RT I, Taf. 22.36
IÄF III, 122	3419	Qu. 3419		IÄF III, Abb. 122; Engel, Rollsiegel, 90
IÄF III, 123	1207	Qu. 1207		IÄF III, Abb. 123; RT I, Taf. 20.12
IÄF III, 124	0877	Qu. 877		IÄF III, Abb. 124; RT II, Taf. 16.119; Engel, Rollsiegel, 85
IÄF III, 125	0788	Qu. 788		IÄF III, Abb. 125
IÄF III, 126	0789	Qu. 789		IÄF III, Abb. 126
IÄF III, 127	1208	Qu. 1208		IÄF III, Abb. 127; RT I, Taf. 20.14
IÄF III, 128	0790	Qu. 790		IÄF III, Abb. 128
IÄF III, 129	1209	Qu. 1209		IÄF III, Abb. 129
IÄF III, 130	1214	Qu. 1214		IÄF III, Abb. 130; RT I, Taf. 23.42; Engel, Rollsiegel, 103
IÄF III, 131	3420	Qu. 3420		IÄF III, Abb. 131
IÄF III, 132	3421	Qu. 3421		IÄF III, Abb. 132; Engel, Rollsiegel, 73
IÄF III, 133	0816	Qu. 816		IÄF III, Abb. 133; Petrie, Tombs of the Courtiers, Taf. 2.4, 3.11
IÄF III, 134	1161	Qu. 1161		IÄF III, Abb. 134; Engel, Rollsiegel, 138
IÄF III, 135	0208	Qu. 208		IÄF III, Abb. 135; RT II, Taf. 14.100; Dreyer et al., MDAIK 56 (2000), 91, Nr. 114; Engel, Rollsiegel, 59
IÄF III, 136	1162	Qu. 1162		IÄF III, Abb. 136; Engel, Rollsiegel, 61

Kaplony	Frühzeit-ID	Kahl 1994	Kahl et al.	Bibliographie
IÄF III, 137	0098	Qu. 98		IÄF III, Abb. 137; Bourriau, JEA 77 (1991), 157–158
IÄF III, 138	0250	Qu. 250		IÄF III, Abb. 138; Emery, Hor-Aha, Abb. 28; Bourriau, JEA 77 (1991), 157
IÄF III, 139	0534	Qu. 534		IÄF III, Abb. 139; Emery, Hor-Aha, Abb. 22
IÄF III, 140	0535	Qu. 535		IÄF III, Abb. 140; Emery, Hor-Aha, Abb. 27
IÄF III, 141	0878quinquies	Qu. 878quin-quies		IÄF III, Abb. 141
IÄF III, 142	0817	Qu. 817		IÄF III, Abb. 142; Petrie, Tombs of the Courtiers, Taf. 2.2, 3.13
IÄF III, 143	1163	Qu. 1163		IÄF III, Abb. 143
IÄF III, 144	0536	Qu. 536		IÄF III, Abb. 144; Emery, Hor-Aha, Abb. 26
IÄF III, 145	0537	Qu. 537		IÄF III, Abb. 145; Emery, Hor-Aha, Abb. 21
IÄF III, 146	0538	Qu. 538		IÄF III, Abb. 146; Emery, Hor-Aha, Abb. 23
IÄF III, 147	1164	Qu. 1164		IÄF III, Abb. 147
IÄF III, 148	0671	Qu. 671		IÄF III, Abb. 148; RT II, Taf. 16.116
IÄF III, 149	0818	Qu. 818		IÄF III, Abb. 149; Petrie, Tombs of the Courtiers, Taf. 2.1, 3.10
IÄF III, 150	1996	Qu. 1996		IÄF III, Abb. 150; Godron, RdE 8 (1951), 97, Abb.26
IÄF III, 151	1463	Qu. 1463		IÄF III, Abb. 151
IÄF III, 152	0212	Qu. 212		IÄF III, Abb. 152
IÄF III, 153	0213	Qu. 213		IÄF III, Abb. 153
IÄF III, 154	1165	Qu. 1165		IÄF III, Abb. 154
IÄF III, 155	0672	Qu. 672		IÄF III, Abb. 155; RT II, Taf. 16.114
IÄF III, 156	0673	Qu. 673		IÄF III, Abb. 156; RT II, Taf. 16.115
IÄF III, 157	0674	Qu. 674		IÄF III, Abb. 157; RT II, Taf. 16.117
IÄF III, 158	1987	Qu. 1987		IÄF III, Abb. 158; Petrie, Tombs of the Courtiers, Taf. 3.12
IÄF III, 159	1989	Qu. 1989		IÄF III, Abb. 159; Petrie, Tombs of the Courtiers, Taf. 3.16
IÄF III, 160	0539	Qu. 539		IÄF III, Abb. 160; Emery, Hor-Aha, Abb. 24
IÄF III, 161	0540	Qu. 540		IÄF III, Abb. 161; Emery, Hor-Aha, Abb. 25
IÄF III, 162	0878sexies	Qu. 878sexies		IÄF III, Abb. 162
IÄF III, 163	1166	Qu. 1166		IÄF III, Abb. 163
IÄF III, 164	1167	Qu. 1167		IÄF III, Abb. 164
IÄF III, 165	1168	Qu. 1168		IÄF III, Abb. 165
IÄF III, 166	1169	Qu. 1169		IÄF III, Abb. 166
IÄF III, 167	1464	Qu. 1464		IÄF III, Abb. 167
IÄF III, 168	0199	Qu. 199		IÄF III, Abb. 168
IÄF III, 169	0200	Qu. 200		IÄF III, Abb. 169
IÄF III, 170	0201	Qu. 201		IÄF III, Abb. 170

Kaplony	Frühzeit-ID	Kahl 1994	Kahl et al.	Bibliographie
IÄF III, 171	0202	Qu. 202		IÄF III, Abb. 171
IÄF III, 172	0203	Qu. 203		IÄF III, Abb. 172
IÄF III, 173	0204	Qu. 204		IÄF III, Abb. 173
IÄF III, 174	0251	Qu. 251		IÄF III, Abb. 174
IÄF III, 175A	0675	Qu. 675		IÄF III, Abb. 175A; RT II, Taf. 15.109
IÄF III, 175B	0860	Qu. 860		IÄF III, Abb. 175B
IÄF III, 176	0910	Qu. 910		IÄF III, Abb. 176; RT I, Taf. 18.4
IÄF III, 177	1331	Qu. 1331		IÄF III, Abb. 177; RT II, Taf. 18.145
IÄF III, 178	1465	Qu. 1465		IÄF III, Abb. 178
IÄF III, 179	1185	Qu. 1185		IÄF III, Abb. 179; RT I, Taf. 21.29
IÄF III, 180	1466	Qu. 1466		IÄF III, Abb. 180
IÄF III, 181	0676	Qu. 676		IÄF III, Abb. 181; RT II, Taf. 15.111
IÄF III, 182	1467	Qu. 1467		IÄF III, Abb. 182
IÄF III, 183	1468	Qu. 1468		IÄF III, Abb. 183
IÄF III, 184	1469	Qu. 1469		IÄF III, Abb. 184
IÄF III, 185	1470	Qu. 1470		IÄF III, Abb. 185
IÄF III, 186	1384	Qu. 1384		IÄF III, Abb. 186; RT II, Taf. 17.135; Hall, Catalogue, 288
IÄF III, 187	0541	Qu. 541		IÄF III, Abb. 187; Emery, Hor-Aha, Abb. 31
IÄF III, 188	1537	Qu. 1537		IÄF III, Abb. 188; Montet, Kêmi 8 (1946), 203
IÄF III, 189	0938	Qu. 938		IÄF III, Abb. 189; RT I, Taf. 18.6
IÄF III, 190	1236	Qu. 1236		IÄF III, Abb. 190; RT I, Taf. 22.30
IÄF III, 191	1516	Qu. 1516		IÄF III, Abb. 191
IÄF III, 192	1079	Qu. 1079		IÄF III, Abb. 192
IÄF III, 193	0939	Qu. 939		IÄF III, Abb. 193; RT I, Taf. 12.7
IÄF III, 194	1216	Qu. 1216		IÄF III, Abb. 194; RT I, Taf. 22.35
IÄF III, 195	1538	Qu. 1538		IÄF III, Abb. 195; Montet, Kêmi 8 (1946), 205
IÄF III, 196	1471	Qu. 1471		IÄF III, Abb. 196
IÄF III, 197	1080	Qu. 1080		IÄF III, Abb. 197
IÄF III, 198	1385	Qu. 1385		IÄF III, Abb. 198; RT I, Taf. 21.27
IÄF III, 199	1386	Qu. 1386		IÄF III, Abb. 199; RT I, Taf. 21.22
IÄF III, 200	1332	Qu. 1332		IÄF III, Abb. 200; RT I, Taf. 21.21; RT II, Taf. 17.131, Taf. 19.146
IÄF III, 201	0252	Qu. 252		IÄF III, Abb. 201; Newberry, Menes, 43, Abb. 2
IÄF III, 202A	1472	Qu. 1472		IÄF III, Abb. 202A
IÄF III, 202B	1434	Qu. 1434		IÄF III, Abb. 202B; RT I, Taf. 24.44
IÄF III, 202C	1473	Qu. 1473		IÄF III, Abb. 202C
IÄF III, 202C	1539	Qu. 1539		IÄF III, Abb. 202C
IÄF III, 202D	1333	Qu. 1333		IÄF III, Abb. 202D; RT I, Taf. 24.44
IÄF III, 202E	1474	Qu. 1474		IÄF III, Abb. 202E
IÄF III, 203A	1475	Qu. 1475		IÄF III, Abb. 203A; RT II, Taf. 18.136
IÄF III, 203B	1334	Qu. 1334		IÄF III, Abb. 203B; RT II, Taf. 18.136
IÄF III, 204	1335	Qu. 1335		IÄF III, Abb. 204; RT II, Taf. 18.137
IÄF III, 205	1607	Qu. 1607		IÄF III, Abb. 205; RT I, Taf. 26.61–62

Kaplony	Frühzeit-ID	Kahl 1994	Kahl et al.	Bibliographie
IÄF III, 206	1517	Qu. 1517		IÄF III, Abb. 206
IÄF III, 207	5103			IÄF III, Abb. 207
IÄF III, 208	0791	Qu. 791		IÄF III, Abb. 208
IÄF III, 209	1878	Qu. 1878		IÄF III, Abb. 209; Umm el-Qaab VI, 260–261, Abb. 186.3
IÄF III, 210	1753	Qu. 1753		IÄF III, Abb. 210; RT I, Taf. 28.73
IÄF III, 211	1424	Qu. 1424		IÄF III, Abb. 211; Emery, Hemaka, Abb. 26
IÄF III, 212	1644	Qu. 1644		IÄF III, Abb. 212; Engel, Rollsiegel, 139
IÄF III, 213	1608	Qu. 1608		IÄF III, Abb. 213; RT I, Taf. 27.68
IÄF III, 214	2950	Qu. 2950		IÄF III, Abb. 214; RT II, Taf. 23.201; Hall, Catalogue, 289
IÄF III, 215	1336	Qu. 1336		IÄF III, Abb. 215; RT II, Taf. 20.161
IÄF III, 216	1337	Qu. 1337		IÄF III, Abb. 216; RT II, Taf. 20.162
IÄF III, 217	1476	Qu. 1476		IÄF III, Abb. 217
IÄF III, 218	1338	Qu. 1338		IÄF III, Abb. 218; RT I, Taf. 25.54; RT II, Taf. 20.163
IÄF III, 219	1339	Qu. 1339		IÄF III, Abb. 219; RT II, Taf. 20.158
IÄF III, 220A	1340	Qu. 1340		IÄF III, Abb. 220A; RT II, Taf. 19.153
IÄF III, 220B	1477	Qu. 1477		IÄF III, Abb. 220B
IÄF III, 221A	1478	Qu. 1478		IÄF III, Abb. 221A
IÄF III, 221B	1479	Qu. 1479		IÄF III, Abb. 221B
IÄF III, 222	1341	Qu. 1341		IÄF III, Abb. 222; RT I, Taf. 25.52
IÄF III, 223	1342	Qu. 1342		IÄF III, Abb. 223; RT II, Taf. 19.147
IÄF III, 224	1343	Qu. 1343		IÄF III, Abb. 224; RT I, Taf. 25.51
IÄF III, 225A	1344	Qu. 1344		IÄF III, Abb. 225A; RT I, Taf. 24.45
IÄF III, 225B	1480	Qu. 1480		IÄF III, Abb. 225B
IÄF III, 226	0542	Qu. 542		IÄF III, Abb. 226; Hor-Aha, Abb. 20
IÄF III, 227	1345	Qu. 1345		IÄF III, Abb. 227; RT I, Taf. 24.46
IÄF III, 228	1879	Qu. 1879		IÄF III, Abb. 228; RT I, Taf. 29.84; Umm el-Qaab VI, 244, Abb. 163.1
IÄF III, 229	1754	Qu. 1754		IÄF III, Abb. 229; RT I, Taf. 28.72; Hall, Catalogue, 288
IÄF III, 230	1481	Qu. 1481		IÄF III, Abb. 230
IÄF III, 231	1346	Qu. 1346		IÄF III, Abb. 231; RT II, Taf. 20.159
IÄF III, 232	1347	Qu. 1347		IÄF III, Abb. 232; RT I, Taf. 24.49
IÄF III, 233	1348	Qu. 1348		IÄF III, Abb. 233; RT I, Taf. 25.53
IÄF III, 234	1425	Qu. 1425		IÄF III, Abb. 234; RT II, Taf. 19.153
IÄF III, 235	1482	Qu. 1482		IÄF III, Abb. 235
IÄF III, 236	1755	Qu. 1755		IÄF III, Abb. 236; RT I, Taf. 28.74
IÄF III, 237	0677	Qu. 677		IÄF III, Abb. 237; RT II, Taf. 15.108; Hall, Catalogue, 287
IÄF III, 238	1387	Qu. 1387		IÄF III, Abb. 238; RT I, Taf. 23.37
IÄF III, 239	1388	Qu. 1388		IÄF III, Abb. 239; RT I, Taf. 23.38
IÄF III, 240	1380	Qu. 1380		IÄF III, Abb. 240; RT I, Taf. 23.39
IÄF III, 241	1093	Qu. 1093		IÄF III, Abb. 241; RT I, Taf. 22.34; RT II, Taf. 17.130
IÄF III, 242	1525	Qu. 1525		IÄF III, Abb. 242
IÄF III, 243	1756	Qu. 1756		IÄF III, Abb. 243; RT I, Taf. 28.77

Kaplony	Frühzeit-ID	Kahl 1994	Kahl et al.	Bibliographie
IÄF III, 244	1948	Qu. 1948		IÄF III, Abb. 244
IÄF III, 245	1568	Qu. 1568		IÄF III, Abb. 245; RT I, Taf. 26.57; Hall, Catalogue, 288
IÄF III, 246	1609	Qu. 1609		IÄF III, Abb. 246; RT I, Taf. 26.60
IÄF III, 247	1349	Qu. 1349		IÄF III, Abb. 247; RT II, Taf. 18.140
IÄF III, 248	1426	Qu. 1426		IÄF III, Abb. 248; Emery, Hemaka, Abb. 22
IÄF III, 249	1350	Qu. 1350		IÄF III, Abb. 249; RT II, Taf. 18.144
IÄF III, 250A	1610	Qu. 1610		IÄF III, Abb. 250A; RT I, Taf. 26.58
IÄF III, 250B	1611	Qu. 1611		IÄF III, Abb. 250B; RT I, Taf. 26.59
IÄF III, 251	1645	Qu. 1645		IÄF III, Abb. 251
IÄF III, 252	1757	Qu. 1757		IÄF III, Abb. 252; RT I, Taf. 28.75
IÄF III, 253	1758	Qu. 1758		IÄF III, Abb. 253; RT I, Taf. 28.76
IÄF III, 254A	1880	Qu. 1880		IÄF III, Abb. 254A; RT I, Taf. 29.78
IÄF III, 254B	1929	Qu. 1929		IÄF III, Abb. 254B; Umm el-Qaab VI, 258–260, Abb. 169.1, Taf. 29e
IÄF III, 255	1925	Qu. 1925		IÄF III, Abb. 255
IÄF III, 256	1881	Qu. 1881		IÄF III, Abb. 256; Umm el-Qaab VI, 250–254, Abb. 173.1
IÄF III, 257A	1882	Qu. 1882		IÄF III, Abb. 257A; RT I, Taf. 29.81; Umm el-Qaab VI, 254–258, Abb. 168.2
IÄF III, 257B	1930	Qu. 1930		IÄF III, Abb. 257B
IÄF III, 258	1883	Qu. 1883		IÄF III, Abb. 258; RT II, Taf. 12.5
IÄF III, 259A	1884	Qu. 1884		IÄF III, Abb. 259A; RT I, Taf. 29.79
IÄF III, 259B	1885	Qu. 1885		IÄF III, Abb. 259B; RT I, Taf. 29.80; Umm el-Qaab VI, 273–275, Abb. 182.2
IÄF III, 260	1949	Qu. 1949		IÄF III, Abb. 260
IÄF III, 261	1950	Qu. 1950		IÄF III, Abb. 261
IÄF III, 262	2074	Qu. 2074		IÄF III, Abb. 262; Maspero, ASAE 3 (1902), 188; Engel, Timelines II, 26, Abb. 1
IÄF III, 263	2075	Qu. 2075		IÄF III, Abb. 263; Maspero, ASAE 3 (1902), 188; Engel, Timelines II, 27, Abb. 4
IÄF III, 264	2087	Qu. 2087	Ra/Sa/1	IÄF III, Abb. 264; Maspero, ASAE 3 (1902), 189; Engel, Timelines II, 28, Abb. 6
IÄF III, 265	2830	Qu. 2830		IÄF III, Abb. 265
IÄF III, 266	2864	Qu. 2864		IÄF III, Abb. 266; RT II, Taf. 21.164, Taf. 8A.7
IÄF III, 267	2865	Qu. 2865		IÄF III, Abb. 267; RT II, Taf. 21.165; Woods, Visible Language, 134
IÄF III, 268	2866	Qu. 2866		IÄF III, Abb. 268; RT II, Taf. 21.166
IÄF III, 269	2951	Qu. 2951		IÄF III, Abb. 269; Abydos III, Taf. 9.9
IÄF III, 270	3006	Qu. 3006		IÄF III, Abb. 270; Newberry, LAAA 2 (1909), Taf. 22, 1
IÄF III, 271	3007	Qu. 3007		IÄF III, Abb. 271; Newberry, LAAA 2 (1909), Taf. 22, 2

Kaplony	Frühzeit-ID	Kahl 1994	Kahl et al.	Bibliographie
IÄF III, 272	3155	Qu. 3155	Ne/Be/10	IÄF III, Abb. 272; Mahâsna and Bêt Khallâf, Taf. 10.12; Kahl et al., Inschriften der 3. Dynastie, 16
IÄF III, 273	1351	Qu. 1351		IÄF III, Abb. 273; RT II, Taf. 19.154
IÄF III, 274	1612	Qu. 1612		IÄF III, Abb. 274; RT I, Taf. 27.66
IÄF III, 275	1613	Qu. 1613		IÄF III, Abb. 275; RT I, Taf. 27.67
IÄF III, 276A	1483	Qu. 1483		IÄF III, Abb. 276A; RT II, Taf. 18.141
IÄF III, 276B	1352	Qu. 1352		IÄF III, Abb. 276B; RT II, Taf. 18.141
IÄF III, 277	1353	Qu. 1353		IÄF III, Abb. 277; RT I, Taf. 25.50
IÄF III, 278	1614	Qu. 1614		IÄF III, Abb. 278; RT I, Taf. 26.63; Woods, Visible Language, 133
IÄF III, 279	1886	Qu. 1886		IÄF III, Abb. 279; RT I, Taf. 29.83; Umm el-Qaab VI, 244–250, Abb. 164.1
IÄF III, 280	1951	Qu. 1951		IÄF III, Abb. 280
IÄF III, 281	2076	Qu. 2076		IÄF III, Abb. 281; Maspero, ASAE 3 (1902), 187 (mi.); Engel, Timelines II, 27, Abb. 3
IÄF III, 282	2077	Qu. 2077		IÄF III, Abb. 282; Maspero, ASAE 3 (1902), 187 (o.); Engel, Timelines II, 27, Abb. 5
IÄF III, 283	2893	Qu. 2893		IÄF III, Abb. 283; RT II, Taf. 22.178; Amélineau, Abydos (1897–1898), Taf. 20.1, 4; Engel, Fs Junge, 185, Abb. 4
IÄF III, 284	2894	Qu. 2894		IÄF III, Abb. 284; RT II, Taf. 21.173; Amélineau, Abydos (1897–1898), Taf. 20,1, 4; Engel, Fs Junge, 182, Abb. 2
IÄF III, 285	2895	Qu. 2895		IÄF III, Abb. 285; RT II, Taf. 22.180; Engel, Fs Junge, 181, Abb. 1
IÄF III, 286	2896	Qu. 2896		IÄF III, Abb. 286; RT II, Taf. 22.179; Engel, Fs Junge, 186, Abb. 5
IÄF III, 287	2897	Qu. 2897		IÄF III, Abb. 287; RT II, Taf. 22.181; Engel, Fs Junge, 183, Abb. 3
IÄF III, 288	2898	Qu. 2898		IÄF III, Abb. 288; RT II, Taf. 21.177
IÄF III, 289	2899	Qu. 2899		IÄF III, Abb. 289; RT II, Taf. 22.184
IÄF III, 290	2900	Qu. 2900		IÄF III, Abb. 290; RT II, Taf. 22.185
IÄF III, 291	2952	Qu. 2952		IÄF III, Abb. 291; RT II, Taf. 23.200
IÄF III, 292	3259	Qu. 3259	Ne/Sa/26	IÄF III, Abb. 292; Lauer, ASAE 33 (1933), 159, Taf. 1.1; Firth & Quibell, Step Pyramid II, Taf. 18.3; Kahl et al., Inschriften der 3. Dynastie, 54
IÄF III, 293	3156	Qu. 3156	Ne/Be/11	IÄF III, Abb. 293; Mahâsna and Bêt Khallâf, Taf. 10.14; Kahl et al., Inschriften der 3. Dynastie, 18
IÄF III, 294	2088	Qu. 2088	Ra/Sa/3	IÄF III, Abb. 294; Maspero, ASAE 3 (1902), 188 (u.); Engel, Timelines II, 29, Abb. 8

Kaplony	Frühzeit-ID	Kahl 1994	Kahl et al.	Bibliographie
IÄF III, 295	2089	Qu. 2089	Ra/Sa/4	IÄF III, Abb. 295; Maspero, ASAE 3 (1902), 189 (o.); Engel, Timelines II, 29, Abb. 9
IÄF III, 296	2090	Qu. 2090	Ra/Sa/2	IÄF III, Abb. 296; Maspero, ASAE 3 (1902), 188 (mi.); Engel, Timelines II, 28, Abb. 7
IÄF III, 297	3008	Qu. 3008		IÄF III, Abb. 297; Newberry, LAAA 2 (1909), Taf. 22, 3
IÄF III, 298	1484	Qu. 1484		IÄF III, Abb. 298
IÄF III, 299	1354	Qu. 1354		IÄF III, Abb. 299; RT II, Taf. 20.157; Engel, Rollsiegel, 90
IÄF III, 300A	1615	Qu. 1615		IÄF III, Abb. 300A; RT I, Taf. 27.64; Woods, Visible Language, 133
IÄF III, 300B	1616	Qu. 1616		IÄF III, Abb. 300B; RT I, Taf. 27.65
IÄF III, 301	1952	Qu. 1952		IÄF III, Abb. 301
IÄF III, 302	2901	Qu. 2901		IÄF III, Abb. 302; RT II, Taf. 21.176
IÄF III, 303	2953	Qu. 2953		IÄF III, Abb. 303; RT II, Taf. 23.199
IÄF III, 304	3157	Qu. 3157	Ne/Be/12	IÄF III, Abb. 304; Mahâsna and Bêt Khallâf, Taf. 9.4; Kahl et al., Inschriften der 3. Dynastie, 18
IÄF III, 305A	1355	Qu. 1355		IÄF III, Abb. 305A; RT I, Taf. 25.55
IÄF III, 305B	1356	Qu. 1356		IÄF III, Abb. 305B
IÄF III, 306B	1357	Qu. 1357		IÄF III, Abb. 306B
IÄF III, 307	2078	Qu. 2078		IÄF III, Abb. 307; Maspero, ASAE 3 (1902), 187 (u.); Engel, Timelines II, 26, Abb. 2
IÄF III, 308	2873	Qu. 2873		IÄF III, Abb. 308; Abydos III, Taf. 9.3
IÄF III, 309	2954	Qu. 2954		IÄF III, Abb. 309; RT II, Taf. 23.192
IÄF III, 310	2955	Qu. 2955		IÄF III, Abb. 310; RT II, Taf. 23.193
IÄF III, 311	2956	Qu. 2956		IÄF III, Abb. 311; RT II, Taf. 24.202
IÄF III, 312	2957	Qu. 2957		IÄF III, Abb. 312; RT II, Taf. 24.204
IÄF III, 313	2958	Qu. 2958		IÄF III, Abb. 313; RT II, Taf. 23.197
IÄF III, 314	2959	Qu. 2959		IÄF III, Abb. 314; RT II, Taf. 23.198
IÄF III, 315	3158	Qu. 3158	Ne/Be/13	IÄF III, Abb. 315; Mahâsna and Bêt Khallâf, Taf. 8.2; Kahl et al., Inschriften der 3. Dynastie, 18
IÄF III, 316	3159	Qu. 3159	Ne/Be/14	IÄF III, Abb. 316; Mahâsna and Bêt Khallâf, Taf. 9.5a; Kahl et al., Inschriften der 3. Dynastie, 20
IÄF III, 317	3160	Qu. 3160	Ne/Be/15	IÄF III, Abb. 317; Mahâsna and Bêt Khallâf, Taf. 9.5b; Kahl et al., Inschriften der 3. Dynastie, 20
IÄF III, 318	3161	Qu. 3161	Ne/Be/16	IÄF III, Abb. 318; Mahâsna and Bêt Khallâf, Taf. 9.6; Kahl et al., Inschriften der 3. Dynastie, 20
IÄF III, 319	3187	Qu. 3187	Ne/Be/42	IÄF III, Abb. 319; Mahâsna and Bêt Khallâf, Taf. 26.8 (K5); Kahl et al., Inschriften der 3. Dynastie, 36
IÄF III, 320	1210	Qu. 1210		IÄF III, Abb. 320; RT I, Taf. 21.24
IÄF III, 321	1218	Qu. 1218		IÄF III, Abb. 321; RT I, Taf. 21.25

Kaplony	Frühzeit-ID	Kahl 1994	Kahl et al.	Bibliographie
IÄF III, 322	1953	Qu. 1953		IÄF III, Abb. 322
IÄF III, 323	1954	Qu. 1954		IÄF III, Abb. 323
IÄF III, 324	3188	Qu. 3188	Ne/Be/43	IÄF III, Abb. 324; Mahâsna and Bêt Khallâf, Taf. 26.7 (K5); Kahl et al., Inschriften der 3. Dynastie, 36; Engel, Rollsiegel, 104
IÄF III, 325	2960	Qu. 2960		IÄF III, Abb. 325, RT II, Taf. 24.210
IÄF III, 326	3162	Qu. 3162	Ne/Be/17	IÄF III, Abb. 326; Mahâsna and Bêt Khallâf, Taf. 10.7; Kahl et al., Inschriften der 3. Dynastie, 22
IÄF III, 327	3163	Qu. 3163	Ne/Be/18	IÄF III, Abb. 327; Mahâsna and Bêt Khallâf, Taf. 10.11; Kahl et al., Inschriften der 3. Dynastie, 22; Engel, Rollsiegel, 126
IÄF III, 328	3422	Qu. 3422		IÄF III, Abb. 328; Engel, Rollsiegel, 101
IÄF III, 329	3423	Qu. 3423		IÄF III, Abb. 329; Engel, Rollsiegel, 117
IÄF III, 330	5674			IÄF III, Abb. 330; Engel, Rollsiegel, 112
IÄF III, 331	1955	Qu. 1955		IÄF III, Abb. 331; Engel, Rollsiegel, 96
IÄF III, 332	2934	Qu. 2934		IÄF III, Abb. 332; RT II, Taf. 22.188; Engel, Rollsiegel, 98
IÄF III, 333	2961	Qu. 2961		IÄF III, Abb. 333; RT II, Taf. 24.207; Engel, Rollsiegel, 110
IÄF III, 334	1358	Qu. 1358		IÄF III, Abb. 334; RT II, Taf. 20.160; Engel, Rollsiegel, 136
IÄF III, 335	1887	Qu. 1887		IÄF III, Abb. 335; RT I, Taf. 29.86; Umm el-Qaab VI, 295, Abb. 197; Engel, Rollsiegel, 120
IÄF III, 336	1956	Qu. 1956		IÄF III, Abb. 336; Engel, Rollsiegel, 111
IÄF III, 337	1170	Qu. 1170		IÄF III, Abb. 337; Engel, Rollsiegel, 80
IÄF III, 338	2962	Qu. 2962		IÄF III, Abb. 338; Weill, La IIe et la IIIe dynasties, 109 (mi.)
IÄF III, 340	3164	Qu. 3164	Ne/Be/19	IÄF III, Abb. 340; Mahâsna and Bêt Khallâf, Taf. 10.13; Kahl et al., Inschriften der 3. Dynastie, 22; Engel, Rollsiegel, 129
IÄF III, 341	3424	Qu. 3424		IÄF III, Abb. 341; Engel, Rollsiegel, 109
IÄF III, 342	3425	Qu. 3425		IÄF III, Abb. 342; Engel, Rollsiegel, 107
IÄF III, 343	2922	Qu. 2922		IÄF III, Abb. 343; Abydos III, Taf. 9.13; Engel, Rollsiegel, 107
IÄF III, 344	3426	Qu. 3426		IÄF III, Abb. 344; Engel, Rollsiegel, 139
IÄF III, 344bis	3427	Qu. 3427		IÄF III, Abb. 344bis; Engel, Rollsiegel, 165
IÄF III, 345A	3050	Qu. 3050		IÄF III, Abb. 345A; Newberry, LAAA 2 (1909), Taf. 24.11; Engel, Rollsiegel, 158
IÄF III, 345B–L	3051	Qu. 3051		IÄF III, Abb. 345B–L; Newberry, LAAA 2 (1909), Taf. 25.23; Engel, Rollsiegel, 158

Kaplony	Frühzeit-ID	Kahl 1994	Kahl et al.	Bibliographie
IÄF III, 346	3052	Qu. 3052	Ne/Ab/2	IÄF III, Abb. 346; Abydos III, Taf. 9, 14; Newberry, LAAA 2 (1909), Taf. 24.12; Kahl et al., Inschriften der 3. Dynastie, 10; Engel, Rollsiegel, 101
IÄF III, 346bis	2923	Qu. 2923		IÄF III, Abb. 346bis; Abydos III, Taf. 10.17; Engel, Rollsiegel, 94
IÄF III, 347A–B	3053	Qu. 3053		IÄF III, Abb. 347A–B; Newberry, LAAA 2 (1909), Taf. 25.17; Engel, Rollsiegel, 128
IÄF III, 349	3189	Qu. 3189	Ne/Be/44	IÄF III, Abb. 349; Mahâsna and Bêt Khallâf, Taf. 26.6 (K5); Kahl et al., Inschriften der 3. Dynastie, 36; Engel, Rollsiegel, 129
IÄF III, 350	2963	Qu. 2963		IÄF III, Abb. 350; RT II, Taf. 24.216; Engel, Rollsiegel, 101
IÄF III, 351	3165	Qu. 3165	Ne/Be/20	IÄF III, Abb. 351; Mahâsna and Bêt Khallâf, Taf. 10.9; Kahl et al., Inschriften der 3. Dynastie, 24; Engel, Rollsiegel, 128
IÄF III, 352	3166	Qu. 3166	Ne/Be/21	IÄF III, Abb. 352; Mahâsna and Bêt Khallâf, Taf. 8.3b; Kahl et al., Inschriften der 3. Dynastie, 24; Engel, Rollsiegel, 129
IÄF III, 353	3054	Qu. 3054		IÄF III, Abb. 353; Newberry, LAAA 2 (1909), Taf. 25.16; Engel, Rollsiegel, 109
IÄF III, 354	2964	Qu. 2964		IÄF III, Abb. 354; RT II, Taf. 24.208
IÄF III, 355	2965	Qu. 2965		IÄF III, Abb. 355; RT II, Taf. 24.215
IÄF III, 356	3055	Qu. 3055		IÄF III, Abb. 356; Abydos III, Taf. 9.10; Engel, Rollsiegel, 129
IÄF III, 357	4693			IÄF III, Abb. 357; van de Walle, El Kab III, 96; Engel, Rollsiegel, 110
IÄF III, 358	2966	Qu. 2966		IÄF III, Abb. 358; Engel, Rollsiegel, 108
IÄF III, 359	3428	Qu. 3428		IÄF III, Abb. 359
IÄF III, 360	4691			IÄF III, Abb. 360; van de Walle, El Kab III, 95; Engel, Rollsiegel, 106
IÄF III, 361	5675			IÄF III, Abb. 361; Engel, Rollsiegel, 111
IÄF III, 362	1485	Qu. 1485		IÄF III, Abb. 362; Engel, Rollsiegel, 119
IÄF III, 363	1171	Qu. 1171		IÄF III, Abb. 363; Engel, Rollsiegel, 121
IÄF III, 364	1359	Qu. 1359		IÄF III, Abb. 364
IÄF III, 365	1360	Qu. 1360		IÄF III, Abb. 365; Müller, Origins 5, 793, Abb. 4
IÄF III, 365	4824			IÄF III, Abb. 365; Müller, Origins 5, 794, Abb. 5
IÄF III, 365	4825			IÄF III, Abb. 365; Müller, Fs Dreyer, 477–93; Müller, Origins 5, 796, Abb. 6
IÄF III, 365	4826			IÄF III, Abb. 365; Dreyer et al., MDAIK 67 (2011), 64, Abb. 20; Müller, Origins 5, 796, Abb. 7
IÄF III, 366	1957	Qu. 1957		IÄF III, Abb. 366

Kaplony	Frühzeit-ID	Kahl 1994	Kahl et al.	Bibliographie
IÄF III, 367	2084	Qu. 2084		IÄF III, Abb. 367; Maspero, ASAE 3 (1902), 189 (u.); Engel, Timelines II, 30, Abb. 10; Engel, Rollsiegel, 125
IÄF III, 368	2902	Qu. 2902		IÄF III, Abb. 368; RT II, Taf. 22.190; Hall, Catalogue, 289
IÄF III, 369	3167	Qu. 3167	Ne/Be/22	IÄF III, Abb. 369; Mahâsna and Bêt Khallâf, Taf. 8.1; Kahl et al., Inschriften der 3. Dynastie, 24
IÄF III, 370	3429	Qu. 3429		IÄF III, Abb. 370; Engel, Rollsiegel, 132
IÄF III, 371	3430	Qu. 3430		IÄF III, Abb. 371; Engel, Rollsiegel, 104
IÄF III, 373	4690			IÄF III, Abb. 373; van de Walle, El Kab III, 94; Engel, Rollsiegel, 106
IÄF III, 374	2967	Qu. 2967		IÄF III, Abb. 374; RT II, Taf. 24.213; Engel, Rollsiegel, 109
IÄF III, 375	3431	Qu. 3431		IÄF III, Abb. 375; Engel, Rollsiegel, 119
IÄF III, 376	3432	Qu. 3432		IÄF III, Abb. 376; Engel, Rollsiegel, 110
IÄF III, 377	2924	Qu. 2924		IÄF III, Abb. 377; Abydos III, Taf. 9.16; Engel, Rollsiegel, 108
IÄF III, 378	3433	Qu. 3433		IÄF III, Abb. 378; Engel, Rollsiegel, 100
IÄF III, 379	3168	Qu. 3168	Ne/Be/23	IÄF III, Abb. 379; Mahâsna and Bêt Khallâf, Taf. 8.3a; Kahl et al., Inschriften der 3. Dynastie, 26; Engel, Rollsiegel, 127
IÄF III, 380	5676			IÄF III, Abb. 380; Engel, Rollsiegel, 101
IÄF III, 381	5677			IÄF III, Abb. 381; Engel, Rollsiegel, 167
IÄF III, 382	3434	Qu. 3434		IÄF III, Abb. 382; Engel, Rollsiegel, 135
IÄF III, 384	3056	Qu. 3056		IÄF III, Abb. 384; Newberry, LAAA 2 (1909), Taf. 24.14; Engel, Rollsiegel, 108
IÄF III, 386	5678			IÄF III, Abb. 386; Engel, Rollsiegel, 121
IÄF III, 387	2925	Qu. 2925		IÄF III, Abb. 387; Abydos III, Taf. 10.18; Engel, Rollsiegel, 105
IÄF III, 388	2926	Qu. 2926		IÄF III, Abb. 388; Abydos III, Taf. 10.24; Engel, Rollsiegel, 95
IÄF III, 389	1958	Qu. 1958		IÄF III, Abb. 389; Engel, Rollsiegel, 95
IÄF III, 390	5679			IÄF III, Abb. 390; Engel, Rollsiegel, 102
IÄF III, 391	1959	Qu. 1959		IÄF III, Abb. 391; Engel, Rollsiegel, 95
IÄF III, 392	3435	Qu. 3435		IÄF III, Abb. 392
IÄF III, 393	5680			IÄF III, Abb. 393; Engel, Rollsiegel, 103
IÄF III, 394	2927	Qu. 2927		IÄF III, Abb. 394; Abydos III, Taf. 9.8; Engel, Rollsiegel, 107
IÄF III, 395	2928	Qu. 2928		IÄF III, Abb. 395; Abydos III, Taf. 10.20; Engel, Rollsiegel, 163
IÄF III, 396	2929	Qu. 2929		IÄF III, Abb. 396; Abydos III, Taf. 10.27; Engel, Rollsiegel, 107
IÄF III, 399	3436	Qu. 3436		IÄF III, Abb. 399; Engel, Rollsiegel, 96
IÄF III, 401	3437	Qu. 3437		IÄF III, Abb. 401; Engel, Rollsiegel, 111
IÄF III, 405	3438	Qu. 3438		IÄF III, Abb. 405; Engel, Rollsiegel, 128
IÄF III, 406	1960	Qu. 1960		IÄF III, Abb. 406; Engel, Rollsiegel, 113
IÄF III, 407	1961	Qu. 1961		IÄF III, Abb. 407; Engel, Rollsiegel, 96

Kaplony	Frühzeit-ID	Kahl 1994	Kahl et al.	Bibliographie
IÄF III, 408	4692			IÄF III, Abb. 408; van de Walle, El Kab III, 95; Engel, Rollsiegel, 106
IÄF III, 408bis	3439	Qu. 3439		IÄF III, Abb. 408bis; Engel, Rollsiegel, 58
IÄF III, 409	5681			IÄF III, Abb. 409; Engel, Rollsiegel, 167
IÄF III, 410	3440	Qu. 3440		IÄF III, Abb. 410; Engel, Rollsiegel, 146
IÄF III, 411	3441	Qu. 3441		IÄF III, Abb. 411; Sayce, PSBA 22 (1900), 279, t(2); Engel, Rollsiegel, 159
IÄF III, 412	3442	Qu. 3442		IÄF III, Abb. 412; Engel, Rollsiegel, 66
IÄF III, 414	3443	Qu. 3443		IÄF III, Abb. 414; Engel, Rollsiegel, 68
IÄF III, 415	3444	Qu. 3444		IÄF III, Abb. 415; Engel, Rollsiegel, 145
IÄF III, 416	3445	Qu. 3445		IÄF III, Abb. 416; Engel, Rollsiegel, 57
IÄF III, 417	3446	Qu. 3446		IÄF III, Abb. 417; Engel, Rollsiegel, 143
IÄF III, 418	3447	Qu. 3447		IÄF III, Abb. 418; Engel, Rollsiegel, 165
IÄF III, 421	3448	Qu. 3448		IÄF III, Abb. 421; Sayce, PSBA 22 (1900), 280, t(3); Engel, Rollsiegel, 67
IÄF III, 421bis	3449	Qu. 3449		IÄF III, Abb. 421bis; Engel, Rollsiegel, 166
IÄF III, 422	2930	Qu. 2930		IÄF III, Abb. 422; Abydos III, Taf. 10.19; Engel, Rollsiegel, 163
IÄF III, 423	1172	Qu. 1172		IÄF III, Abb. 423; Engel, Rollsiegel, 141
IÄF III, 424	1486	Qu. 1486		IÄF III, Abb. 424; Engel, Rollsiegel, 164
IÄF III, 428	3450	Qu. 3450		IÄF III, Abb. 428; Engel, Rollsiegel, 165
IÄF III, 429	3451	Qu. 3451		IÄF III, Abb. 429; Engel, Rollsiegel, 165
IÄF III, 430	5682			IÄF III, Abb. 430; Engel, Rollsiegel, 110
IÄF III, 431	3452	Qu. 3452		IÄF III, Abb. 431; Engel, Rollsiegel, 127
IÄF III, 433	3453	Qu. 3453		IÄF III, Abb. 433; Engel, Rollsiegel, 164
IÄF III, 434	3454	Qu. 3454		IÄF III, Abb. 434; Engel, Rollsiegel, 149
IÄF III, 435	1487	Qu. 1487		IÄF III, Abb. 435; Engel, Rollsiegel, 81
IÄF III, 436	3455	Qu. 3455		IÄF III, Abb. 436; Engel, Rollsiegel, 117
IÄF III, 437	3456	Qu. 3456		IÄF III, Abb. 437; Engel, Rollsiegel, 114
IÄF III, 438	3457	Qu. 3457		IÄF III, Abb. 438; Engel, Rollsiegel, 98
IÄF III, 440	3458	Qu. 3458		IÄF III, Abb. 440; Engel, Rollsiegel, 78
IÄF III, 441	3035	Qu. 3035		IÄF III, Abb. 441; Engel, Rollsiegel, 86
IÄF III, 442	3459	Qu. 3459		IÄF III, Abb. 442; Sayce, PSBA 20 (1898), 98, t(11); Engel, Rollsiegel, 79
IÄF III, 443	3460	Qu. 3460		IÄF III, Abb. 443; Engel, Rollsiegel, 91
IÄF III, 444	3461	Qu. 3461		IÄF III, Abb. 444; Engel, Rollsiegel, 78
IÄF III, 445	3462	Qu. 3462		IÄF III, Abb. 445; Engel, Rollsiegel, 92
IÄF III, 446	5683			IÄF III, Abb. 446; Engel, Rollsiegel, 74
IÄF III, 447	3463	Qu. 3463		IÄF III, Abb. 447; Engel, Rollsiegel, 68
IÄF III, 448	3464	Qu. 3464		IÄF III, Abb. 448; Engel, Rollsiegel, 70
IÄF III, 449	3465	Qu. 3465		IÄF III, Abb. 449; Engel, Rollsiegel, 56
IÄF III, 450	3466	Qu. 3466		IÄF III, Abb. 450; Engel, Rollsiegel, 108
IÄF III, 451	3467	Qu. 3467		IÄF III, Abb. 451; Engel, Rollsiegel, 67
IÄF III, 452	3468	Qu. 3468		IÄF III, Abb. 452; Engel, Rollsiegel, 60
IÄF III, 453	3469	Qu. 3469		IÄF III, Abb. 453; Engel, Rollsiegel, 57
IÄF III, 454	3470	Qu. 3470		IÄF III, Abb. 454; Engel, Rollsiegel, 114

Kaplony	Frühzeit-ID	Kahl 1994	Kahl et al.	Bibliographie
IÄF III, 455	3471	Qu. 3471		IÄF III, Abb. 455; Engel, Rollsiegel, 63
IÄF III, 456	2020	Qu. 2020		IÄF III, Abb. 456; Engel, Rollsiegel, 59
IÄF III, 457	1488	Qu. 1488		IÄF III, Abb. 457; Engel, Rollsiegel, 58
IÄF III, 458	2931	Qu. 2931		IÄF III, Abb. 458; Abydos III, Taf. 9.7; Engel, Rollsiegel, 63
IÄF III, 459	1173	Qu. 1173		IÄF III, Abb. 459; Engel, Rollsiegel, 103
IÄF III, 460	1962	Qu. 1962		IÄF III, Abb. 460; Engel, Rollsiegel, 118
IÄF III, 461	3472	Qu. 3472		IÄF III, Abb. 461; Engel, Rollsiegel, 77
IÄF III, 462	3473	Qu. 3473		IÄF III, Abb. 462; Engel, Rollsiegel, 80
IÄF III, 463	3474	Qu. 3474		IÄF III, Abb. 463; Newberry, PSBA 28 (1906), 74, Taf. (2); Engel, Rollsiegel, 120
IÄF III, 464	5684			IÄF III, Abb. 464; Engel, Rollsiegel, 117
IÄF III, 464bis	3475	Qu. 3475		IÄF III, Abb. 464bis; Engel, Rollsiegel, 133
IÄF III, 465	3476	Qu. 3476		IÄF III, Abb. 465; Engel, Rollsiegel, 84
IÄF III, 466	3477	Qu. 3477		IÄF III, Abb. 466; Engel, Rollsiegel, 150
IÄF III, 467	3478	Qu. 3478		IÄF III, Abb. 467; Engel, Rollsiegel, 75
IÄF III, 468	3479	Qu. 3479		IÄF III, Abb. 468; Engel, Rollsiegel, 122
IÄF III, 469	3480	Qu. 3480		IÄF III, Abb. 469; Engel, Rollsiegel, 76
IÄF III, 470	3481	Qu. 3481		IÄF III, Abb. 470; Engel, Rollsiegel, 124
IÄF III, 471	3482	Qu. 3482		IÄF III, Abb. 471; Müller, Sammlung von Bissing, Nr. 3; Engel, Rollsiegel, 143
IÄF III, 472	3483	Qu. 3483		IÄF III, Abb. 472; Müller, Sammlung von Bissing, Nr. 7; Engel, Rollsiegel, 144
IÄF III, 473	3484	Qu. 3484		IÄF III, Abb. 473; Engel, Rollsiegel, 162
IÄF III, 474	3485	Qu. 3485		IÄF III, Abb. 474; Engel, Rollsiegel, 59
IÄF III, 475	3486	Qu. 3486		IÄF III, Abb. 475; Engel, Rollsiegel, 65
IÄF III, 476	3487	Qu. 3487		IÄF III, Abb. 476; Müller, Sammlung von Bissing, Nr. 5; Engel, Rollsiegel, 62
IÄF III, 477	3488	Qu. 3488		IÄF III, Abb. 477; Engel, Rollsiegel, 120
IÄF III, 478	3489	Qu. 3489		IÄF III, Abb. 478; Engel, Rollsiegel, 90
IÄF III, 479	3490	Qu. 3490		IÄF III, Abb. 479; Engel, Rollsiegel, 86
IÄF III, 480	3491	Qu. 3491		IÄF III, Abb. 480; Engel, Rollsiegel, 149
IÄF III, 481	3492	Qu. 3492		IÄF III, Abb. 481; Engel, Rollsiegel, 88
IÄF III, 482	3493	Qu. 3493		IÄF III, Abb. 482; Engel, Rollsiegel, 113
IÄF III, 483	3494	Qu. 3494		IÄF III, Abb. 483; Engel, Rollsiegel, 91
IÄF III, 484	3495	Qu. 3495		IÄF III, Abb. 484; Engel, Rollsiegel, 120
IÄF III, 485	3496	Qu. 3496		IÄF III, Abb. 485; Engel, Rollsiegel, 98
IÄF III, 486	3497	Qu. 3497		IÄF III, Abb. 486; Engel, Rollsiegel, 88
IÄF III, 487	3032	Qu. 3032		IÄF III, Abb. 487; Engel, Rollsiegel, 86
IÄF III, 488	3036	Qu. 3036		IÄF III, Abb. 488; Engel, Rollsiegel, 89
IÄF III, 489	3498	Qu. 3498		IÄF III, Abb. 489; Müller, Sammlung von Bissing, Nr. 4; Engel, Rollsiegel, 83
IÄF III, 490	3499	Qu. 3499		IÄF III, Abb. 490; Engel, Rollsiegel, 79

Kaplony	Frühzeit-ID	Kahl 1994	Kahl et al.	Bibliographie
IÄF III, 491	3500	Qu. 3500		IÄF III, Abb. 491; Engel, Rollsiegel, 83
IÄF III, 492	3501	Qu. 3501		IÄF III, Abb. 492; Engel, Rollsiegel, 81
IÄF III, 493	3502	Qu. 3502		IÄF III, Abb. 493; Engel, Rollsiegel, 85
IÄF III, 494	3503	Qu. 3503		IÄF III, Abb. 494; Engel, Rollsiegel, 86
IÄF III, 495	3504	Qu. 3504		IÄF III, Abb. 495; Engel, Rollsiegel, 85
IÄF III, 496	3409	Qu. 3409		Saad, Helwan (1945–1947), 44, Abb. 15, Taf. 54c; IÄF III, Abb. 496; Engel, Rollsiegel, 124
IÄF III, 496bis	3505	Qu. 3505		IÄF III, Abb. 496bis; Engel, Rollsiegel, 82
IÄF III, 496ter	3506	Qu. 3506		IÄF III, Abb. 496ter; Engel, Rollsiegel, 83
IÄF III, 496quater	3507	Qu. 3507		IÄF III, Abb. 496quater; Engel, Rollsiegel, 82
IÄF III, 497	3508	Qu. 3508		IÄF III, Abb. 497; Engel, Rollsiegel, 93
IÄF III, 498	3509	Qu. 3509		IÄF III, Abb. 498; Engel, Rollsiegel, 93
IÄF III, 499	3510	Qu. 3510		IÄF III, Abb. 499; Engel, Rollsiegel, 84
IÄF III, 500	3511	Qu. 3511		IÄF III, Abb. 500; Engel, Rollsiegel, 72
IÄF III, 501	3512	Qu. 3512		IÄF III, Abb. 501; Engel, Rollsiegel, 158
IÄF III, 502	3513	Qu. 3513		IÄF III, Abb. 502; Engel, Rollsiegel, 157
IÄF III, 503	3514	Qu. 3514		IÄF III, Abb. 503; Engel, Rollsiegel, 159
IÄF III, 504	3515	Qu. 3515		IÄF III, Abb. 504; Engel, Rollsiegel, 152
IÄF III, 505	3516	Qu. 3516		IÄF III, Abb. 505; Engel, Rollsiegel, 104
IÄF III, 506	3517	Qu. 3517		IÄF III, Abb. 506; Engel, Rollsiegel, 71
IÄF III, 507	3029	Qu. 3029		IÄF III, Abb. 507; Engel, Rollsiegel, 131
IÄF III, 508	3030	Qu. 3030		IÄF III, Abb. 508; Engel, Rollsiegel, 132
IÄF III, 509	3394	Qu. 3394		IÄF III, Abb. 509; Abydos II, Taf. 12.275; Engel, Rollsiegel, 153
IÄF III, 510	3518	Qu. 3518		IÄF III, Abb. 510; Engel, Rollsiegel, 154
IÄF III, 511	3519	Qu. 3519		IÄF III, Abb. 511; Engel, Rollsiegel, 158
IÄF III, 512	3520	Qu. 3520		IÄF III, Abb. 512; Engel, Rollsiegel, 149
IÄF III, 513	3521	Qu. 3521		IÄF III, Abb. 513; Engel, Rollsiegel, 152
IÄF III, 514	3522	Qu. 3522		IÄF III, Abb. 514; Sayce, PSBA 22 (1900), 279, t(1); Engel, Rollsiegel, 155
IÄF III, 515	3523	Qu. 3523		IÄF III, Abb. 515; Engel, Rollsiegel, 153
IÄF III, 516	3524	Qu. 3524		IÄF III, Abb. 516; Engel, Rollsiegel, 73
IÄF III, 517	3525	Qu. 3525		IÄF III, Abb. 517; AVF II, 147; Engel, Rollsiegel, 73
IÄF III, 518	3526	Qu. 3526		IÄF III, Abb. 518; Engel, Rollsiegel, 73
IÄF III, 519	3527	Qu. 3527		IÄF III, Abb. 519; Newberry, PSBA 28 (1906), Taf. 1.1; Engel, Rollsiegel, 156
IÄF III, 520	3395	Qu. 3395		IÄF III, Abb. 520; Müller, Sammlung von Bissing, Nr. 1; Engel, Rollsiegel, 153
IÄF III, 521	3528	Qu. 3528		IÄF III, Abb. 521; Engel, Rollsiegel, 148
IÄF III, 522	3529	Qu. 3529		IÄF III, Abb. 522; Engel, Rollsiegel, 150
IÄF III, 523	3026	Qu. 3026		IÄF III, Abb. 523; Engel, Rollsiegel, 131
IÄF III, 524	1998	Qu. 1998		IÄF III, Abb. 524; Engel, Rollsiegel, 74
IÄF III, 525	3530	Qu. 3530		IÄF III, Abb. 525; Engel, Rollsiegel, 134

Kaplony	Frühzeit-ID	Kahl 1994	Kahl et al.	Bibliographie
IÄF III, 526	3531	Qu. 3531		IÄF III, Abb. 526; Engel, Rollsiegel, 59
IÄF III, 527	3033	Qu. 3033		IÄF III, Abb. 527; Engel, Rollsiegel, 67
IÄF III, 528	3532	Qu. 3532		IÄF III, Abb. 528; Engel, Rollsiegel, 122
IÄF III, 529	3533	Qu. 3533		IÄF III, Abb. 529; Engel, Rollsiegel, 66
IÄF III, 530	3534	Qu. 3534		IÄF III, Abb. 530; Engel, Rollsiegel, 142
IÄF III, 531	3535	Qu. 3535		IÄF III, Abb. 531; Engel, Rollsiegel, 161
IÄF III, 532	3536	Qu. 3536		IÄF III, Abb. 532; Engel, Rollsiegel, 89
IÄF III, 533	3537	Qu. 3537		IÄF III, Abb. 533; Engel, Rollsiegel, 61
IÄF III, 534	3538	Qu. 3538		IÄF III, Abb. 534; Engel, Rollsiegel, 62
IÄF III, 535	3539	Qu. 3539		IÄF III, Abb. 535; Engel, Rollsiegel, 61
IÄF III, 536	3540	Qu. 3540		IÄF III, Abb. 536; Engel, Rollsiegel, 146
IÄF III, 537	3541	Qu. 3541		IÄF III, Abb. 537; Engel, Rollsiegel, 65
IÄF III, 538	3413	Qu. 3413		IÄF III, Abb. 538; Bonnet, Gräberfeld, 47, Abb. 17; Engel, Rollsiegel, 143
IÄF III, 539	3385	Qu. 3385		IÄF III, Abb. 539; Engel, Rollsiegel, 58
IÄF III, 540	3542	Qu. 3542		IÄF III, Abb. 540; Engel, Rollsiegel, 60
IÄF III, 541	3543	Qu. 3543		IÄF III, Abb. 541; Engel, Rollsiegel, 124
IÄF III, 542bis	3544	Qu. 3544		IÄF III, Abb. 542bis; Engel, Rollsiegel, 63
IÄF III, 542ter	3545	Qu. 3545		IÄF III, Abb. 542ter; Engel, Rollsiegel, 146
IÄF III, 542quater	3546	Qu. 3546		IÄF III, Abb. 542quater; Engel, Roll-siegel, 60
IÄF III, 543	3547	Qu. 3547		IÄF III, Abb. 543; Engel, Rollsiegel, 118
IÄF III, 544	2016	Qu. 2016		IÄF III, Abb. 544; Rowe, Catalogue of Egyptian Scarabs, Taf. 26; Engel, Rollsiegel, 91
IÄF III, 545	3548	Qu. 3548		IÄF III, Abb. 545; Engel, Rollsiegel, 123
IÄF III, 546	3549	Qu. 3549		IÄF III, Abb. 546; Engel, Rollsiegel, 84
IÄF III, 547	3550	Qu. 3550		IÄF III, Abb. 547; Engel, Rollsiegel, 84
IÄF III, 548	3551	Qu. 3551		IÄF III, Abb. 548; Engel, Rollsiegel, 81
IÄF III, 549	3552	Qu. 3552		IÄF III, Abb. 549; Engel, Rollsiegel, 82
IÄF III, 550	3553	Qu. 3553		IÄF III, Abb. 550; Engel, Rollsiegel, 87
IÄF III, 551	3554	Qu. 3554		IÄF III, Abb. 551; Engel, Rollsiegel, 80
IÄF III, 552	3555	Qu. 3555		IÄF III, Abb. 552; Engel, Rollsiegel, 79
IÄF III, 553	3556	Qu. 3556		IÄF III, Abb. 553; Engel, Rollsiegel, 146
IÄF III, 554	3557	Qu. 3557		IÄF III, Abb. 554; Engel, Rollsiegel, 70
IÄF III, 554bis	3558	Qu. 3558		IÄF III, Abb. 554bis; Engel, Rollsiegel, 75
IÄF III, 555	3559	Qu. 3559		IÄF III, Abb. 555; Engel, Rollsiegel, 138
IÄF III, 556	3560	Qu. 3560		IÄF III, Abb. 556; Engel, Rollsiegel, 72
IÄF III, 557	3561	Qu. 3561		IÄF III, Abb. 557; Sayce, PSBA 20 (1898), 98, t(5); Engel, Rollsiegel, 156
IÄF III, 558	3562	Qu. 3562		IÄF III, Abb. 558; Engel, Rollsiegel, 75
IÄF III, 558bis	3563	Qu. 3563		IÄF III, Abb. 558bis; Engel, Rollsiegel, 73
IÄF III, 559	3027	Qu. 3027		IÄF III, Abb. 559; Engel, Rollsiegel, 65
IÄF III, 560	3564	Qu. 3564		IÄF III, Abb. 560; Engel, Rollsiegel, 65
IÄF III, 561	3565	Qu. 3565		IÄF III, Abb. 561; Engel, Rollsiegel, 78

Kaplony	Frühzeit-ID	Kahl 1994	Kahl et al.	Bibliographie
IÄF III, 562	3566	Qu. 3566		IÄF III, Abb. 562; Engel, Rollsiegel, 144
IÄF III, 563	1999	Qu. 1999		IÄF III, Abb. 563; Engel, Rollsiegel, 68
IÄF III, 564	3567	Qu. 3567		IÄF III, Abb. 564; Engel, Rollsiegel, 58
IÄF III, 565	3568	Qu. 3568		IÄF III, Abb. 565; Engel, Rollsiegel, 70
IÄF III, 566	3569	Qu. 3569		IÄF III, Abb. 566; Engel, Rollsiegel, 64
IÄF III, 567	2932	Qu. 2932		IÄF III, Abb. 567; Abydos III, Taf. 9.4; Engel, Rollsiegel, 138
IÄF III, 568	3570	Qu. 3570		IÄF III, Abb. 568; Müller, Sammlung von Bissing, Nr. 11; Engel, Rollsiegel, 126
IÄF III, 570	1963	Qu. 1963		IÄF III, Abb. 570; Engel, Rollsiegel, 96
IÄF III, 571	4734			IÄF III, Abb. 571; van de Walle, El Kab III, 93; Engel, Rollsiegel, 105
IÄF III, 583	3405	Qu. 3405		IÄF III, Abb. 583; Saad, Helwan (1945–1947), 31, Abb. 12, Taf. 31b; Engel, Rollsiegel, 136
IÄF III, 584	3571	Qu. 3571		IÄF III, Abb. 584; Müller, Sammlung von Bissing, Nr. 6; Engel, Rollsiegel, 79
IÄF III, 585	3572	Qu. 3572		IÄF III, Abb. 585; Engel, Rollsiegel, 90
IÄF III, 586	3573	Qu. 3573		IÄF III, Abb. 586; Engel, Rollsiegel, 89
IÄF III, 587	3574	Qu. 3574		IÄF III, Abb. 587; Engel, Rollsiegel, 84
IÄF III, 588	1994	Qu. 1994		IÄF III, Abb. 588; Abydos II, Taf. 12.274; Engel, Rollsiegel, 123
IÄF III, 588bis	3575	Qu. 3575		IÄF III, Abb. 588bis; Engel, Rollsiegel, 123
IÄF III, 589	3576	Qu. 3576		IÄF III, Abb. 589; Engel, Rollsiegel, 88
IÄF III, 590	3577	Qu. 3577		IÄF III, Abb. 590; Engel, Rollsiegel, 83
IÄF III, 591	3578	Qu. 3578		IÄF III, Abb. 591; Engel, Rollsiegel, 88
IÄF III, 592	3579	Qu. 3579		IÄF III, Abb. 592; Engel, Rollsiegel, 87
IÄF III, 593	3580	Qu. 3580		IÄF III, Abb. 593; Engel, Rollsiegel, 89
IÄF III, 594	3581	Qu. 3581		IÄF III, Abb. 594; Engel, Rollsiegel, 123
IÄF III, 594bis	3582	Qu. 3582		IÄF III, Abb. 594bis; Engel, Rollsiegel, 79
IÄF III, 595	3583	Qu. 3583		IÄF III, Abb. 595; Engel, Rollsiegel, 93
IÄF III, 596	3584	Qu. 3584		IÄF III, Abb. 596; Engel, Rollsiegel, 150
IÄF III, 597	3585	Qu. 3585		IÄF III, Abb. 597; Engel, Rollsiegel, 151
IÄF III, 598	3586	Qu. 3586		IÄF III, Abb. 598; Engel, Rollsiegel, 151
IÄF III, 599	3587	Qu. 3587		IÄF III, Abb. 599; Engel, Rollsiegel, 154
IÄF III, 599bis	3588	Qu. 3588		IÄF III, Abb. 599bis; Fairman, ASAE 43 (1943), 293, Abb. 56; Engel, Roll-siegel, 154
IÄF III, 600	3031	Qu. 3031		IÄF III, Abb. 600; Engel, Rollsiegel, 132
IÄF III, 601	3589	Qu. 3589		IÄF III, Abb. 601; Engel, Rollsiegel, 149
IÄF III, 602	3590	Qu. 3590		IÄF III, Abb. 602; Engel, Rollsiegel, 152
IÄF III, 603	1997	Qu. 1997		IÄF III, Abb. 603; Engel, Rollsiegel, 150
IÄF III, 604	3591	Qu. 3591		IÄF III, Abb. 604; Engel, Rollsiegel, 147
IÄF III, 605	3592	Qu. 3592		IÄF III, Abb. 605; Engel, Rollsiegel, 70
IÄF III, 606	3593	Qu. 3593		IÄF III, Abb. 606; Engel, Rollsiegel, 157

Kaplony	Frühzeit-ID	Kahl 1994	Kahl et al.	Bibliographie
IÄF III, 607	3594	Qu. 3594		IÄF III, Abb. 607; Engel, Rollsiegel, 157
IÄF III, 608	3595	Qu. 3595		IÄF III, Abb. 608; Engel, Rollsiegel, 146
IÄF III, 609	3596	Qu. 3596		IÄF III, Abb. 609; Engel, Rollsiegel, 138
IÄF III, 610	3597	Qu. 3597		IÄF III, Abb. 610
IÄF III, 611	3598	Qu. 3598		IÄF III, Abb. 611; Engel, Rollsiegel, 147
IÄF III, 612	3599	Qu. 3599		IÄF III, Abb. 612; Engel, Rollsiegel, 157
IÄF III, 613	3600	Qu. 3600		IÄF III, Abb. 613; Engel, Rollsiegel, 148
IÄF III, 614	3601	Qu. 3601		IÄF III, Abb. 614; Engel, Rollsiegel, 72
IÄF III, 615	3602	Qu. 3602		IÄF III, Abb. 615; Engel, Rollsiegel, 156
IÄF III, 616	3603	Qu. 3603		IÄF III, Abb. 616; Engel, Rollsiegel, 159
IÄF III, 617	3604	Qu. 3604		IÄF III, Abb. 617; Engel, Rollsiegel, 157
IÄF III, 618	3605	Qu. 3605		IÄF III, Abb. 618; Engel, Rollsiegel, 148
IÄF III, 619	3606	Qu. 3606		IÄF III, Abb. 619; Engel, Rollsiegel, 163
IÄF III, 620	3380	Qu. 3380		IÄF III, Abb. 620; Engel, Rollsiegel, 142
IÄF III, 621	3034	Qu. 3034		IÄF III, Abb. 621; Engel, Rollsiegel, 67
IÄF III, 622	3607	Qu. 3607		IÄF III, Abb. 622; Engel, Rollsiegel, 143
IÄF III, 623	3608	Qu. 3608		IÄF III, Abb. 623; Engel, Rollsiegel, 95
IÄF III, 624	3609	Qu. 3609		IÄF III, Abb. 624; Engel, Rollsiegel, 137
IÄF III, 625	3610	Qu. 3610		IÄF III, Abb. 625; Engel, Rollsiegel, 161
IÄF III, 626	3611	Qu. 3611		IÄF III, Abb. 626; Engel, Rollsiegel, 167
IÄF III, 626bis	3612	Qu. 3612		IÄF III, Abb. 626bis; Engel, Rollsiegel, 64
IÄF III, 626ter	3613	Qu. 3613		IÄF III, Abb. 626ter; Engel, Rollsiegel, 162
IÄF III, 631	5685			IÄF III, Abb. 631; Engel, Rollsiegel, 60
IÄF III, 636	3614	Qu. 3614		IÄF III, Abb. 636; Engel, Rollsiegel, 127
IÄF III, 637	3615	Qu. 3615		IÄF III, Abb. 637; Engel, Rollsiegel, 99
IÄF III, 638	3616	Qu. 3616		IÄF III, Abb. 638; Engel, Rollsiegel, 135
IÄF III, 638bis	3617	Qu. 3617		IÄF III, Abb. 638bis; Engel, Rollsiegel, 116
IÄF III, 639	3618	Qu. 3618		IÄF III, Abb. 639; Engel, Rollsiegel, 91
IÄF III, 640	3619	Qu. 3619		IÄF III, Abb. 640; Engel, Rollsiegel, 85
IÄF III, 641	3620	Qu. 3620		IÄF III, Abb. 641; Engel, Rollsiegel, 85
IÄF III, 642	3621	Qu. 3621		IÄF III, Abb. 642; Engel, Rollsiegel, 91
IÄF III, 643	3622	Qu. 3622		IÄF III, Abb. 643; Engel, Rollsiegel, 92
IÄF III, 644	3623	Qu. 3623		IÄF III, Abb. 644; Engel, Rollsiegel, 92
IÄF III, 645	3624	Qu. 3624		IÄF III, Abb. 645; Engel, Rollsiegel, 77
IÄF III, 646	3625	Qu. 3625		IÄF III, Abb. 646; Engel, Rollsiegel, 82
IÄF III, 647	3626	Qu. 3626		IÄF III, Abb. 647; KBIÄF, Abb. 647; Engel, Rollsiegel, 78
IÄF III, 648	3627	Qu. 3627		IÄF III, Abb. 648
IÄF III, 649	3628	Qu. 3628		IÄF III, Abb. 649; Engel, Rollsiegel, 87
IÄF III, 650	3629	Qu. 3629		IÄF III, Abb. 650; Engel, Rollsiegel, 88
IÄF III, 650bis	3630	Qu. 3630		IÄF III, Abb. 650bis; Engel, Rollsiegel, 86
IÄF III, 650ter	3631	Qu. 3631		IÄF III, Abb. 650ter
IÄF III, 651	3632	Qu. 3632		IÄF III, Abb. 651; Engel, Rollsiegel, 94
IÄF III, 652	3633	Qu. 3633		IÄF III, Abb. 652; Engel, Rollsiegel, 93

Kaplony	Frühzeit-ID	Kahl 1994	Kahl et al.	Bibliographie
IÄF III, 653	3634	Qu. 3634		IÄF III, Abb. 653; Engel, Rollsiegel, 151
IÄF III, 654	3381	Qu. 3381		IÄF III, Abb. 654; Engel, Rollsiegel, 161
IÄF III, 655	3635	Qu. 3635		IÄF III, Abb. 655; Engel, Rollsiegel, 160
IÄF III, 656	3636	Qu. 3636		IÄF III, Abb. 656; Engel, Rollsiegel, 158
IÄF III, 657	3637	Qu. 3637		IÄF III, Abb. 657; Engel, Rollsiegel, 74
IÄF III, 658	3028	Qu. 3028		IÄF III, Abb. 658; Engel, Rollsiegel, 68
IÄF III, 659	3638	Qu. 3638		IÄF III, Abb. 659; Engel, Rollsiegel, 155
IÄF III, 660	3639	Qu. 3639		IÄF III, Abb. 660; Engel, Rollsiegel, 71
IÄF III, 661	3640	Qu. 3640		IÄF III, Abb. 661; Engel, Rollsiegel, 76
IÄF III, 662	3641	Qu. 3641		IÄF III, Abb. 662; Engel, Rollsiegel, 75
IÄF III, 663	3642	Qu. 3642		IÄF III, Abb. 663; Engel, Rollsiegel, 151
IÄF III, 664	3643	Qu. 3643		IÄF III, Abb. 664
IÄF III, 665	3644	Qu. 3644		IÄF III, Abb. 665; Engel, Rollsiegel, 155
IÄF III, 666	3645	Qu. 3645		IÄF III, Abb. 666; Engel, Rollsiegel, 156
IÄF III, 667	3646	Qu. 3646		IÄF III, Abb. 667; Engel, Rollsiegel, 74
IÄF III, 668	5686			IÄF III, Abb. 668; Engel, Rollsiegel, 95
IÄF III, 669	3647	Qu. 3647		IÄF III, Abb. 669; Engel, Rollsiegel, 76
IÄF III, 670	3648	Qu. 3648		IÄF III, Abb. 670; Engel, Rollsiegel, 151
IÄF III, 671	3649	Qu. 3649		IÄF III, Abb. 671; Engel, Rollsiegel, 72
IÄF III, 672	3650	Qu. 3650		IÄF III, Abb. 672; Engel, Rollsiegel, 147
IÄF III, 673	3651	Qu. 3651		IÄF III, Abb. 673; Engel, Rollsiegel, 77
IÄF III, 674	3652	Qu. 3652		IÄF III, Abb. 674; Engel, Rollsiegel, 148
IÄF III, 675	3653	Qu. 3653		IÄF III, Abb. 675; Engel, Rollsiegel, 154
IÄF III, 676	3654	Qu. 3654		IÄF III, Abb. 676; Engel, Rollsiegel, 160
IÄF III, 677	3655	Qu. 3655		IÄF III, Abb. 677; Engel, Rollsiegel, 104
IÄF III, 678	3656	Qu. 3656		IÄF III, Abb. 678; Engel, Rollsiegel, 68
IÄF III, 679	3657	Qu. 3657		IÄF III, Abb. 679
IÄF III, 680	3383	Qu. 3383		IÄF III, Abb. 680; Engel, Rollsiegel, 160
IÄF III, 681	3658	Qu. 3658		IÄF III, Abb. 681; Engel, Rollsiegel, 71
IÄF III, 682	3659	Qu. 3659		IÄF III, Abb. 682; Engel, Rollsiegel, 159
IÄF III, 683	3660	Qu. 3660		IÄF III, Abb. 683; Engel, Rollsiegel, 58
IÄF III, 684	3661	Qu. 3661		IÄF III, Abb. 684; Engel, Rollsiegel, 162
IÄF III, 685	3662	Qu. 3662		IÄF III, Abb. 685; Engel, Rollsiegel, 142
IÄF III, 686	3663	Qu. 3663		IÄF III, Abb. 686; Engel, Rollsiegel, 140
IÄF III, 687	0148	Qu. 148		IÄF III, Abb. 687; Engel, Rollsiegel, 66
IÄF III, 688	3664	Qu. 3664		IÄF III, Abb. 688; Engel, Rollsiegel, 143
IÄF III, 689	3665	Qu. 3665		IÄF III, Abb. 689
IÄF III, 690	3666	Qu. 3666		IÄF III, Abb. 690; Engel, Rollsiegel, 127
IÄF III, 691	3667	Qu. 3667		IÄF III, Abb. 691; Engel, Rollsiegel, 67
IÄF III, 692	3668	Qu. 3668		IÄF III, Abb. 692; Engel, Rollsiegel, 97
IÄF III, 693	3669	Qu. 3669		IÄF III, Abb. 693; Engel, Rollsiegel, 68
IÄF III, 694	3670	Qu. 3670		IÄF III, Abb. 694; Engel, Rollsiegel, 168
IÄF III, 695	3671	Qu. 3671		IÄF III, Abb. 695; Engel, Rollsiegel, 131
IÄF III, 696	3672	Qu. 3672		IÄF III, Abb. 696; Engel, Rollsiegel, 140
IÄF III, 697	3673	Qu. 3673		IÄF III, Abb. 697
IÄF III, 698	3674	Qu. 3674		IÄF III, Abb. 698; Engel, Rollsiegel, 68
IÄF III, 699	3675	Qu. 3675		IÄF III, Abb. 699

Kaplony	Frühzeit-ID	Kahl 1994	Kahl et al.	Bibliographie
IÄF III, 700	3676	Qu. 3676		IÄF III, Abb. 700; Engel, Rollsiegel, 65
IÄF III, 701	3677	Qu. 3677		IÄF III, Abb. 701; Engel, Rollsiegel, 163
IÄF III, 702	3678	Qu. 3678		IÄF III, Abb. 702
IÄF III, 703	3679	Qu. 3679		IÄF III, Abb. 703; Engel, Rollsiegel, 134
IÄF III, 704	3680	Qu. 3680		IÄF III, Abb. 704
IÄF III, 705	3681	Qu. 3681		IÄF III, Abb. 705; Engel, Rollsiegel, 139
IÄF III, 706	3682	Qu. 3682		IÄF III, Abb. 706; Engel, Rollsiegel, 138
IÄF III, 707	3683	Qu. 3683		IÄF III, Abb. 707; Engel, Rollsiegel, 103
IÄF III, 708	3684	Qu. 3684		IÄF III, Abb. 708; James, Inscriptions Brooklyn, Taf. 15.20
IÄF III, 709	3685	Qu. 3685		IÄF III, Abb. 709
IÄF III, 710	3686	Qu. 3686		IÄF III, Abb. 710; Engel, Rollsiegel, 141
IÄF III, 711	3687	Qu. 3687		IÄF III, Abb. 711; Engel, Rollsiegel, 133
IÄF III, 712	3688	Qu. 3688		IÄF III, Abb. 712; Engel, Rollsiegel, 140
IÄF III, 713	3689	Qu. 3689		IÄF III, Abb. 713
IÄF III, 714	3690	Qu. 3690		IÄF III, Abb. 714; Woods, Visible Language, 130; Engel, Rollsiegel, 145
IÄF III, 716	3691	Qu. 3691		IÄF III, Abb. 716; Engel, Rollsiegel, 158
IÄF III, 717	3692	Qu. 3692		IÄF III, Abb. 717
IÄF III, 718	2933	Qu. 2933		IÄF III, Abb. 718; Abydos III, Taf. 10.21; Engel, Rollsiegel, 139
IÄF III, 718bis	3693	Qu. 3693		IÄF III, Abb. 718bis; Engel, Rollsiegel, 140
IÄF III, 721	0118	Qu. 118		IÄF III, Abb. 721; Dunham, Zawiyet el-Aryan, 26, Taf. 16A
IÄF III, 722	0299	Qu. 299		IÄF III, Abb. 722
IÄF III, 723	0678	Qu. 678		IÄF III, Abb. 723
IÄF III, 724	0792	Qu. 792		IÄF III, Abb. 724
IÄF III, 725	0793	Qu. 793		IÄF III, Abb. 725
IÄF III, 726	0861	Qu. 861		IÄF III, Abb. 726
IÄF III, 727	0862	Qu. 862		IÄF III, Abb. 727
IÄF III, 728	0863	Qu. 863		IÄF III, Abb. 728
IÄF III, 729	0794	Qu. 794		IÄF III, Abb. 729
IÄF III, 730	0851	Qu. 851		IÄF III, Abb. 730; Emery, Tombs of the First Dynasty II
IÄF III, 731	1361	Qu. 1361		IÄF III, Abb. 731; RT II, Taf. 18.142
IÄF III, 732	1362	Qu. 1362		IÄF III, Abb. 732; Amélineau, Abydos (1895–1896), Taf. 21
IÄF III, 733	1363	Qu. 1363		IÄF III, Abb. 733
IÄF III, 734	1364	Qu. 1364		IÄF III, Abb. 734
IÄF III, 735	1617	Qu. 1617		IÄF III, Abb. 735; RT I, Taf. 26.59(?)
IÄF III, 736	1618	Qu. 1618		IÄF III, Abb. 736
IÄF III, 737	1888	Qu. 1888		IÄF III, Abb. 737; Umm el-Qaab VI, 261, Abb. 171.2
IÄF III, 738	1889	Qu. 1889		IÄF III, Abb. 738; RT I, Taf. 29.85; Umm el-Qaab VI, 254, Abb. 165.3
IÄF III, 739	1890	Qu. 1900		IÄF III, Abb. 739; RT I, Taf. 29.82
IÄF III, 739	1964	Qu. 1964		IÄF III, Abb. 739; RT I, Taf. 29.82
IÄF III, 740	1891	Qu. 1891		IÄF III, Abb. 740

Kaplony	Frühzeit-ID	Kahl 1994	Kahl et al.	Bibliographie
IÄF III, 741	1831	Qu. 1831		IÄF III, Abb. 741
IÄF III, 742	1975	Qu. 1975		IÄF III, Abb. 742
IÄF III, 743	2838	Qu. 2838		IÄF III, Abb. 743; Gizeh and Rifeh, Taf. Ve
IÄF III, 744	2839	Qu. 2839		IÄF III, Abb. 744
IÄF III, 745	2840	Qu. 2840		IÄF III, Abb. 745
IÄF III, 746	2841	Qu. 2841		IÄF III, Abb. 746; Gizeh and Rifeh, Taf. Ve
IÄF III, 747	2842	Qu. 2842		IÄF III, Abb. 747; Gizeh and Rifeh, Taf. Ve
IÄF III, 748	2824	Qu. 2824		IÄF III, Abb. 748
IÄF III, 749	2831	Qu. 2831		IÄF III, Abb. 749
IÄF III, 750	2903	Qu. 2903		IÄF III, Abb. 750
IÄF III, 751	2867	Qu. 2867		IÄF III, Abb. 751; RT II, Taf. 21.167(?)
IÄF III, 752	2868	Qu. 2868		IÄF III, Abb. 752; RT II, Taf. 21.168
IÄF III, 753	2869	Qu. 2869		IÄF III, Abb. 753; RT II, Taf. 21.169
IÄF III, 754	2870	Qu. 2870		IÄF III, Abb. 754; RT II, Taf. 21.170
IÄF III, 755	2871	Qu. 2871		IÄF III, Abb. 755; RT II, Taf. 21.171
IÄF III, 756	2872	Qu. 2872		IÄF III, Abb. 756; RT II, Taf. 21.172
IÄF III, 757	2904	Qu. 2904		IÄF III, Abb. 757; RT II, Taf. 21.174
IÄF III, 758	2905	Qu. 2905		IÄF III, Abb. 758; RT II, Taf. 21.175
IÄF III, 759	2906	Qu. 2906		IÄF III, Abb. 759; RT II, Taf. 22.182
IÄF III, 760	2907	Qu. 2907		IÄF III, Abb. 760; RT II, Taf. 22.183
IÄF III, 761	2908	Qu. 2908		IÄF III, Abb. 761; RT II, Taf. 22.186
IÄF III, 762	2909	Qu. 2909		IÄF III, Abb. 762; Cemeteries of Abydos I, Taf. 9
IÄF III, 763	2910	Qu. 2910		IÄF III, Abb. 763; RT II, Taf. 22.189; Dreyer et al., MDAIK 62 (2006), 121, Abb. 18k; Engel, Rollsiegel, 130
IÄF III, 764	2968	Qu. 2968		RT II, Taf. 23.191; IÄF III, Abb. 764
IÄF III, 765	2969	Qu. 2969		IÄF III, Abb. 765; RT II, Taf. 23.196
IÄF III, 766	2970	Qu. 2970		IÄF III, Abb. 766; RT II, Taf. 23.194
IÄF III, 767	2971	Qu. 2971		IÄF III, Abb. 767
IÄF III, 768	2099	Qu. 2099		IÄF III, Abb. 768
IÄF III, 769	2972	Qu. 2972		IÄF III, Abb. 769; RT II, Taf. 23.195
IÄF III, 770	2973	Qu. 2973		IÄF III, Abb. 770; RT II, Taf. 24.203
IÄF III, 771	2974	Qu. 2974		IÄF III, Abb. 771
IÄF III, 772	2975	Qu. 2975		IÄF III, Abb. 772
IÄF III, 773	2976	Qu. 2976		IÄF III, Abb. 773
IÄF III, 774	2977	Qu. 2977		IÄF III, Abb. 774
IÄF III, 775	2978	Qu. 2978		IÄF III, Abb. 775
IÄF III, 776	2979	Qu. 2979		IÄF III, Abb. 776
IÄF III, 777	2980	Qu. 2980		IÄF III, Abb. 777
IÄF III, 778	2981	Qu. 2981		IÄF III, Abb. 778
IÄF III, 779	2982	Qu. 2982		IÄF III, Abb. 779
IÄF III, 780	2983	Qu. 2983		IÄF III, Abb. 780
IÄF III, 781	2984	Qu. 2984		IÄF III, Abb. 781; Engel, MDAIK 62 (2006), 153, Abb. 1 (Kat. 2)

Kaplony	Frühzeit-ID	Kahl 1994	Kahl et al.	Bibliographie
IÄF III, 782	2985	Qu. 2985		IÄF III, Abb. 782
IÄF III, 783	2986	Qu. 2986		IÄF III, Abb. 783
IÄF III, 784	2987	Qu. 2987		IÄF III, Abb. 784
IÄF III, 785	2988	Qu. 2988		IÄF III, Abb. 785
IÄF III, 786	2989	Qu. 2989		IÄF III, Abb. 786
IÄF III, 787	2990	Qu. 2990		IÄF III, Abb. 787
IÄF III, 788	2991	Qu. 2991		IÄF III, Abb. 788
IÄF III, 789	2992	Qu. 2992		IÄF III, Abb. 789
IÄF III, 790	2993	Qu. 2993		IÄF III, Abb. 790
IÄF III, 791	2994	Qu. 2994		IÄF III, Abb. 791; RT II, Taf. 24.209
IÄF III, 792	2995	Qu. 2995		IÄF III, Abb. 792; RT II, Taf. 24.212
IÄF III, 793	2996	Qu. 2996		IÄF III, Abb. 793; RT II, Taf. 25.217(?)
IÄF III, 794	2997	Qu. 2997		IÄF III, Abb. 794; RT II, Taf. 25.218(?)
IÄF III, 795	2998	Qu. 2998		IÄF III, Abb. 795
IÄF III, 796	2999	Qu. 2999		IÄF III, Abb. 796
IÄF III, 797	3000	Qu. 3000		IÄF III, Abb. 797
IÄF III, 798	3001	Qu. 3001		IÄF III, Abb. 798
IÄF III, 799	3002	Qu. 3002		IÄF III, Abb. 799
IÄF III, 800	3144	Qu. 3144	Ne/Ab/5	IÄF III, Abb. 800; Newberry, LAAA 2 (1909), Taf. 23.5–6; Kahl et al., Inschriften der 3. Dynastie, 10
IÄF III, 801	3145	Qu. 3145	Ne/Ab/6	IÄF III, Abb. 801 (o.); Newberry, LAAA 2 (1909), Taf. 23.7; Kahl et al., Inschriften der 3. Dynastie, 12
IÄF III, 802	3017	Qu. 3017		IÄF III, Abb. 802; PD V, Abb. 177a–b
IÄF III, 803	3140	Qu. 3140	Ne/Hi/1	IÄF III, Abb. 803; Hierakonpolis II, Taf. 70.3; Bußmann, Provinztempel, 437; Kahl et al., Inschriften der 3. Dynastie, 8
IÄF III, 804	2883	Qu. 2883		IÄF III, Abb. 804
IÄF III, 805	3329	Qu. 3329	Ch/?/3	IÄF III, Abb. 805; Kahl et al., Inschriften der 3. Dynastie, 160; Petrie, Scarabs, Taf. 8.2
IÄF III, 807	3694	Qu. 3694		IÄF III, Abb. 807; Engel, Rollsiegel, 113
IÄF III, 808	3695	Qu. 3695		IÄF III, Abb. 808
IÄF III, 809	1553	Qu. 1553		Dreyer, MDAIK 43 (1987), 36, Abb. 3; IÄF III, Abb. 809
IÄF III, 810	3696	Qu. 3696		IÄF III, Abb. 810
IÄF III, 811	3697	Qu. 3697		IÄF III, Abb. 811
IÄF III, 812	3698	Qu. 3698		IÄF III, Abb. 812
IÄF III, 813	3699	Qu. 3699		IÄF III, Abb. 813
IÄF III, 814	3700	Qu. 3700		IÄF III, Abb. 814
IÄF III, 815	3701	Qu. 3701		IÄF III, Abb. 815
IÄF III, 816	1977	Qu. 1977		IÄF III, Abb. 816; Umm el-Qaab VII, 170–171 (Nr. 241)
IÄF III, 817	1978	Qu. 1978		IÄF III, Abb. 817; Umm el-Qaab VII, 172–173 (Nr. 242)
IÄF III, 818	1979	Qu. 1979		IÄF III, Abb. 818; Umm el-Qaab VII, 172–173 (Nr. 243)

Kaplony	Frühzeit-ID	Kahl 1994	Kahl et al.	Bibliographie
IÄF III, 819	1980	Qu. 1980		IÄF III, Abb. 819; Umm el-Qaab VII, 172–173 (Nr. 244)
IÄF III, 820	1981	Qu. 1981		IÄF III, Abb. 820
IÄF III, 821	1982	Qu. 1982		IÄF III, Abb. 821; Umm el-Qaab VII, 172–173 (Nr. 246)
IÄF III, 822	0795	Qu. 795		IÄF III, Abb. 822
IÄF III, 823	0948	Qu. 948		IÄF III, Abb. 823; Umm el-Qaab VII, 172–173 (Nr. 248)
IÄF III, 824	1212	Qu. 1212		IÄF III, Abb. 824; Umm el-Qaab VII, 172–173 (Nr. 249)
IÄF III, 825	1983	Qu. 1983		IÄF III, Abb. 825; Umm el-Qaab VII, 174–175 (Nr. 250)
IÄF III, 826	0151	Qu. 151		IÄF III, Abb. 826
IÄF III, 827	0567	Qu. 567		IÄF III, Abb. 827; Amélineau, Abydos (1895–1896), Taf. 31
IÄF III, 828	1984	Qu. 1984		IÄF III, Abb. 828
IÄF III, 829	0796	Qu. 796		IÄF III, Abb. 829; Amélineau, Abydos (1895–1896), Taf. 22
IÄF III, 830	3702	Qu. 3702		IÄF III, Abb. 830
IÄF III, 831	1985	Qu. 1985		IÄF III, Abb. 831
IÄF III, 832	1365	Qu. 1365		IÄF III, Abb. 832
IÄF III, 833	3337	Qu. 3337	D3/Sa/4	IÄF III, Abb. 833; KBIÄF, Abb. 833; IÄF I, 232 (Sp 30); Kahl et al., Inschriften der 3. Dynastie, 182
IÄF III, 834	3338	Qu. 3338	D3/Sa/5	IÄF I, 232 (Sp 31), III, Abb. 834; Kahl et al., Inschriften der 3. Dynastie, 184
IÄF III, 835	3343	Qu. 3343	D3/Sa/18	IÄF I, 232 (Sp 32), III, Abb. 835; KBIÄF, Taf. III (835); Kahl et al., Inschriften der 3. Dynastie, 200
IÄF III, 836	3353	Qu. 3353	D3/Sa/27	IÄF I, 232 (Sp 33), III, Abb. 836; Kahl et al., Inschriften der 3. Dynastie, 216
IÄF III, 837	3130	Qu. 3130		IÄF I, 233 (Sp 36), III, Abb. 837
IÄF III, 838	3362	Qu. 3362	D3/?/4	IÄF III, Abb. 838; KBIÄF, Abb. 838; James, Inscriptions Brooklyn, Taf. 17.31; Kahl et al., Inschriften der 3. Dynastie, 222–224
IÄF III, 844	0209 + 0282	Qu. 209		IÄF III, Abb. 844, RT II, Taf. 11.1
IÄF III, 844	0282 + 0209	Qu. 282		RT II, Taf. 11.1; IÄF III, Abb. 844
IÄF III, 845	1601	Qu. 1601		RT II, Taf. 42.41; IÄF III, Abb. 845
IÄF III, 846	2021	Qu. 2021		IÄF III, Abb. 846
IÄF III, 847B	1654	Qu. 1654		IÄF III, Abb. 847B; RT I, Taf. 17.28; Umm el-Qaab VI, 322, Abb. 212.5
IÄF III, 847B	1677	Qu. 1677		IÄF III, Abb. 847B; RT I, Taf. 17.26
IÄF III, 847B	1752	Qu. 1752		IÄF III, Abb. 847B; Abydos I, Taf. 11.9; RT II, Taf. 8.5; Umm el-Qaab VI, 317, Abb. 210.2
IÄF III, 847B	1868	Qu. 1868		IÄF III, Abb. 847B; RT II, Taf. 8.1; Abydos I, Taf. 11.10; Umm el-Qaab VI, 335, Abb. 219.2

Kaplony	Frühzeit-ID	Kahl 1994	Kahl et al.	Bibliographie
IÄF III, 847B	1869a–b	Qu. 1869a–b		IÄF III, Abb. 847B; RT II, Taf. 8.2; Abydos I, Taf. 11.11; Woods, Visible Language, 127
IÄF III, 847B	1870a–b	Qu. 1870a–b		IÄF III, Abb. 847B; RT II, Taf. 8.3; 12.6
IÄF III, 847B	1871a–b	Qu. 1871		IÄF III, Abb. 847B; RT II, Taf. 8.4
IÄF III, 848	0075	Qu. 75		IÄF III, Abb. 848
IÄF III, 849	0550	Qu. 550		IÄF III, Abb. 849
IÄF III, 852	0205	Qu. 205		IÄF III, Abb. 852; KBIÄF, Abb. 852; Umm el-Qaab I, 135, Abb. 82.X190
IÄF III, 854	1400	Qu. 1400		IÄF III, Abb. 854
IÄF III, 855	0263	Qu. 263		RT II, Taf. 3A.12; IÄF III, Abb. 855
IÄF III, 856	0551	Qu. 551		IÄF III, Abb. 856
IÄF III, 857	3023 = 4434	Qu. 3023		IÄF III, Abb. 857
IÄF III, 858	3024	Qu. 3024		IÄF III, Abb. 858
IÄF III, 859	0864	Qu. 864		IÄF III, Abb. 859
IÄF III, 860	3703	Qu. 3703		IÄF III, Abb. 860
IÄF III, 861	3704	Qu. 3704		IÄF III, Abb. 861
IÄF III, 862	2843	Qu. 2843		IÄF III, Abb. 862
IÄF III, 863	1220	Qu. 1220		IÄF III, Abb. 863
IÄF III, 864	1229	Qu. 1229		IÄF III, Abb. 864
IÄF III, 867	2022	Qu. 2022		IÄF III, Abb. 867
IÄF III, 868	3705	Qu. 3705		IÄF III, Abb. 868
IÄF III, 869	0253	Qu. 253		IÄF III, Abb. 869
IÄF III, 870	0254	Qu. 254		IÄF III, Abb. 870
IÄF III, 871	5104			IÄF III, Abb. 871
IÄF III, 872	3706	Qu. 3706		IÄF III, Abb. 872
IÄF III, 873	0865	Qu. 865		IÄF III, Abb. 873
IÄF III, 874	0267	Qu. 267		RT II, Taf. 2.10; IÄF III, Abb. 874 (li.)
IÄF III, 874	0797	Qu. 797		IÄF III, Abb. 874 (re.)
IÄF III, 874B	1863	Qu. 1863		IÄF III, Abb. 874B; RT I, Taf. 17.29; Umm el-Qaab VI, 324, Abb. 213.3
IÄF III, 875	0581	Qu. 581		IÄF III, Abb. 875
IÄF III, 876	0802	Qu. 802		IÄF III, Abb. 876; Speleers, Rec. des Inscriptions, 3.26
IÄF III, 877	1845	Qu. 1845		IÄF III, Abb. 877; Speleers, Rec. des Inscriptions, 3.18
IÄF III, 880	0583	Qu. 583		IÄF III, Abb. 880
IÄF III, 881	3707	Qu. 3707		IÄF III, Abb. 881; KBIÄF, Abb. 881
IÄF III, 882	0552	Qu. 552		IÄF III, Abb. 882
IÄF III, 883	0553	Qu. 553		IÄF III, Abb. 883
IÄFS 885	0217	Qu. 217		IÄFS, Abb. 885; Williams, Cemetery L, 169–171, Taf. 34
IÄFS 887	3708	Qu. 3708		IÄFS, Abb. 887; Engel, Rollsiegel, 152
IÄFS 888	3709	Qu. 3709		IÄFS, Abb. 888; Engel, Rollsiegel, 155
IÄFS 889	3710	Qu. 3710		IÄFS, Abb. 889; Engel, Rollsiegel, 145
IÄFS 890	3711	Qu. 3711		IÄFS, Abb. 890
IÄFS 891	0206	Qu. 206		IÄFS, Abb. 891
IÄFS 892	1489	Qu. 1489		IÄFS, Abb. 892

Kaplony	Frühzeit-ID	Kahl 1994	Kahl et al.	Bibliographie
IÄFS 893	3399	Qu. 3399		IÄFS, Abb. 893
IÄFS 894A–B	3712	Qu. 3712		IÄFS, Abb. 894A–B
IÄFS 895	1427	Qu. 1427		IÄFS, Abb. 895
IÄFS 896	3713	Qu. 3713		IÄFS, Abb. 896; Engel, Rollsiegel, 120
IÄFS 897	3410	Qu. 3410		IÄFS, Abb. 897; Saad, Helwan, Taf. 96; Engel, Rollsiegel, 99
IÄFS 898	3714	Qu. 3714		IÄFS, Abb. 898; Engel, Rollsiegel, 99
IÄFS 900	3715	Qu. 3715		IÄFS, Abb. 900; Engel, Rollsiegel, 100
IÄFS 901	3716	Qu. 3716		IÄFS, Abb. 901; Engel, Rollsiegel, 102
IÄFS 902	3717	Qu. 3717		IÄFS, Abb. 902; Engel, Rollsiegel, 115
IÄFS 903	3718	Qu. 3718		IÄFS, Abb. 903; Engel, Rollsiegel, 110
IÄFS 904	3719	Qu. 3719		IÄFS, Abb. 904; Engel, Rollsiegel, 168
IÄFS 904bis	3720	Qu. 3720		IÄFS, Abb. 904bis; Engel, Rollsiegel, 167
IÄFS 905	3721	Qu. 3721		IÄFS, Abb. 905; Engel, Rollsiegel, 125
IÄFS 906	3722	Qu. 3722		IÄFS, Abb. 906; Engel, Rollsiegel, 125
IÄFS 907	3723	Qu. 3723		IÄFS, Abb. 907; Engel, Rollsiegel, 167
IÄFS 909bis	3724	Qu. 3724		IÄFS, Abb. 909bis
IÄFS 914	3725	Qu. 3725		IÄFS, Abb. 914; Engel, Rollsiegel, 166
IÄFS 915	3726	Qu. 3726		IÄFS, Abb. 915; Engel, Rollsiegel, 118
IÄFS 916	3727	Qu. 3727		IÄFS, Abb. 916; Engel, Rollsiegel, 118
IÄFS 917	3728	Qu. 3728		IÄFS, Abb. 917; Engel, Rollsiegel, 118
IÄFS 917bis	3377	Qu. 3377		IÄFS, Abb. 917bis; Engel, Rollsiegel, 136
IÄFS 918	3729	Qu. 3729		IÄFS, Abb. 918; Engel, Rollsiegel, 74
IÄFS 919	3730	Qu. 3730		IÄFS, Abb. 919; Engel, Rollsiegel, 60
IÄFS 920	3731	Qu. 3731		IÄFS, Abb. 920; Engel, Rollsiegel, 64
IÄFS 920bis	3732	Qu. 3732		IÄFS, Abb. 920bis
IÄFS 921	3733	Qu. 3733		IÄFS, Abb. 921; Engel, Rollsiegel, 133
IÄFS 922	3734	Qu. 3734		IÄFS, Abb. 922; Engel, Rollsiegel, 90
IÄFS 923	3735	Qu. 3735		IÄFS, Abb. 923; Engel, Rollsiegel, 83
IÄFS 923bis	3736	Qu. 3736		IÄFS, Abb. 923bis; Engel, Rollsiegel, 76
IÄFS 924	3737	Qu. 3737		IÄFS, Abb. 924; Engel, Rollsiegel, 141
IÄFS 925	3738	Qu. 3738		IÄFS, Abb. 925; Engel, Rollsiegel, 117
IÄFS 926	3739	Qu. 3739		IÄFS, Abb. 926; Engel, Rollsiegel, 70
IÄFS 927	3740	Qu. 3740		IÄFS, Abb. 927; Engel, Rollsiegel, 99
IÄFS 928	3741	Qu. 3741		IÄFS, Abb. 928; Engel, Rollsiegel, 135
IÄFS 929	3414	Qu. 3414		IÄFS, Abb. 929; Engel, Rollsiegel, 137
IÄFS 930	3742	Qu. 3742		IÄFS, Abb. 930; Engel, Rollsiegel, 89
IÄFS 931	3743	Qu. 3743		IÄFS, Abb. 931; Engel, Rollsiegel, 87
IÄFS 932	3744	Qu. 3744		IÄFS, Abb. 932; Engel, Rollsiegel, 92
IÄFS 933	3745	Qu. 3745		IÄFS, Abb. 933; Engel, Rollsiegel, 82
IÄFS 934	3746	Qu. 3746		IÄFS, Abb. 934; Engel, Rollsiegel, 161
IÄFS 935	3747	Qu. 3747		IÄFS, Abb. 935; Engel, Rollsiegel, 147
IÄFS 936	3748	Qu. 3748		IÄFS, Abb. 936; Engel, Rollsiegel, 71
IÄFS 937	3749	Qu. 3749		IÄFS, Abb. 937; Engel, Rollsiegel, 75
IÄFS 938	3376	Qu. 3376		IÄFS, Abb. 938; Engel, Rollsiegel, 153

Kaplony	Frühzeit-ID	Kahl 1994	Kahl et al.	Bibliographie
IÄFS 939	3750	Qu. 3750		IÄFS, Abb. 939; Engel, Rollsiegel, 77
IÄFS 940	3751	Qu. 3751		IÄFS, Abb. 940; Engel, Rollsiegel, 98
IÄFS 941	3752	Qu. 3752		IÄFS, Abb. 941; Engel, Rollsiegel, 75
IÄFS 942	3753	Qu. 3753		IÄFS, Abb. 942; Engel, Rollsiegel, 59
IÄFS 943	3754	Qu. 3754		IÄFS, Abb. 943; Engel, Rollsiegel, 63
IÄFS 944	3755	Qu. 3755		IÄFS, Abb. 944; Engel, Rollsiegel, 61
IÄFS 945	3756	Qu. 3756		IÄFS, Abb. 945; Engel, Rollsiegel, 64
IÄFS 946	3757	Qu. 3757		IÄFS, Abb. 946; Engel, Rollsiegel, 145
IÄFS 947	3758	Qu. 3758		IÄFS, Abb. 947; Engel, Rollsiegel, 112
IÄFS 948	3759	Qu. 3759		IÄFS, Abb. 948; Engel, Rollsiegel, 112
IÄFS 949	3760	Qu. 3760		IÄFS, Abb. 949; Engel, Rollsiegel, 117
IÄFS 950	3761	Qu. 3761		IÄFS, Abb. 950; Engel, Rollsiegel, 113
IÄFS 951	3762	Qu. 3762		IÄFS, Abb. 951; Engel, Rollsiegel, 87
IÄFS 952	3763	Qu. 3763		IÄFS, Abb. 952; Engel, Rollsiegel, 81
IÄFS 953	3764	Qu. 3764		IÄFS, Abb. 953; Engel, Rollsiegel, 148
IÄFS 954	3765	Qu. 3765		IÄFS, Abb. 954; Engel, Rollsiegel, 63
IÄFS 955	3766	Qu. 3766		IÄFS, Abb. 955; Engel, Rollsiegel, 133
IÄFS 956	3767	Qu. 3767		IÄFS, Abb. 956; Engel, Rollsiegel, 61
IÄFS 957	3768	Qu. 3768		IÄFS, Abb. 957; Engel, Rollsiegel, 66
IÄFS 958	3769	Qu. 3769		IÄFS, Abb. 958; Engel, Rollsiegel, 119
IÄFS 960	3770	Qu. 3770		IÄFS, Abb. 960; Engel, Rollsiegel, 137
IÄFS 961	3771	Qu. 3771		IÄFS, Abb. 961
IÄFS 962	3772	Qu. 3772		IÄFS, Abb. 962
IÄFS 967	3773	Qu. 3773		IÄFS, Abb. 967; Engel, Rollsiegel, 80
IÄFS 968	3774	Qu. 3774		IÄFS, Abb. 968; Engel, Rollsiegel, 83
IÄFS 969	3775	Qu. 3775		IÄFS, Abb. 969; Engel, Rollsiegel, 87
IÄFS 970	3776	Qu. 3776		IÄFS, Abb. 970; Engel, Rollsiegel, 72
IÄFS 971	3777	Qu. 3777		IÄFS, Abb. 971; Engel, Rollsiegel, 137
IÄFS 972	3778	Qu. 3778		IÄFS, Abb. 972; Engel, Rollsiegel, 154
IÄFS 973	3779	Qu. 3779		IÄFS, Abb. 973; Engel, Rollsiegel, 70
IÄFS 974	3780	Qu. 3780		IÄFS, Abb. 974; Engel, Rollsiegel, 150
IÄFS 975	3781	Qu. 3781		IÄFS, Abb. 975; Engel, Rollsiegel, 68
IÄFS 976	3782	Qu. 3782		IÄFS, Abb. 976; Engel, Rollsiegel, 156
IÄFS 977	3783	Qu. 3783		IÄFS, Abb. 977; Engel, Rollsiegel, 125
IÄFS 978	3784	Qu. 3784		IÄFS, Abb. 978; Engel, Rollsiegel, 149
IÄFS 979	3785	Qu. 3785		IÄFS, Abb. 979; Engel, Rollsiegel, 124
IÄFS 979bis	3786	Qu. 3786		IÄFS, Abb. 979bis
IÄFS 980	3787	Qu. 3787		IÄFS, Abb. 980; Engel, Rollsiegel, 122
IÄFS 981	3788	Qu. 3788		IÄFS, Abb. 981; Engel, Rollsiegel, 66
IÄFS 982	3789	Qu. 3789		IÄFS, Abb. 982; Engel, Rollsiegel, 121
IÄFS 983	3790	Qu. 3790		IÄFS, Abb. 983; Engel, Rollsiegel, 161
IÄFS 984	3791	Qu. 3791		IÄFS, Abb. 984; Engel, Rollsiegel, 123
IÄFS 985	3397	Qu. 3397		IÄFS, Abb. 985; Engel, Rollsiegel, 68
IÄFS 985bis	3792	Qu. 3792		IÄFS, Abb. 985bis
IÄFS 986	3793	Qu. 3793		IÄFS, Abb. 986; Engel, Rollsiegel, 169
IÄFS 991	3794	Qu. 3794		IÄFS, Abb. 991; Engel, Rollsiegel, 116
IÄFS 992	3412	Qu. 3412		IÄFS, Abb. 992

Kaplony	Frühzeit-ID	Kahl 1994	Kahl et al.	Bibliographie
IÄFS 993	3795	Qu. 3795		IÄFS, Abb. 993; Engel, Rollsiegel, 94
IÄFS 994	3796	Qu. 3796		IÄFS, Abb. 994; Engel, Rollsiegel, 119
IÄFS 995	3797	Qu. 3797		IÄFS, Abb. 995; Engel, Rollsiegel, 115
IÄFS 996	3798	Qu. 3798		IÄFS, Abb. 996; Engel, Rollsiegel, 97
IÄFS 996bis	3375	Qu. 3375		IÄFS, Abb. 996bis; Engel, Rollsiegel, 116
IÄFS 997	3799	Qu. 3799		IÄFS, Abb. 997
IÄFS 998	3800	Qu. 3800		IÄFS, Abb. 998; Engel, Rollsiegel, 80
IÄFS 999	3801	Qu. 3801		IÄFS, Abb. 999; Engel, Rollsiegel, 112
IÄFS 1000	3802	Qu. 3802		IÄFS, Abb. 1000; Engel, Rollsiegel, 92
IÄFS 1001	3803	Qu. 3803		IÄFS, Abb. 1001
IÄFS 1002	3804	Qu. 3804		IÄFS, Abb. 1002; Engel, Rollsiegel, 94
IÄFS 1003	3805	Qu. 3805		IÄFS, Abb. 1003; Engel, Rollsiegel, 93
IÄFS 1004	3806	Qu. 3806		IÄFS, Abb. 1004
IÄFS 1005	3807	Qu. 3807		IÄFS, Abb. 1005; Engel, Rollsiegel, 147
IÄFS 1006	3808	Qu. 3808		IÄFS, Abb. 1006
IÄFS 1007	3809	Qu. 3809		IÄFS, Abb. 1007; Engel, Rollsiegel, 155
IÄFS 1008	3810	Qu. 3810		IÄFS, Abb. 1008; Engel, Rollsiegel, 159
IÄFS 1009	3811	Qu. 3811		IÄFS, Abb. 1009; Engel, Rollsiegel, 68
IÄFS 1010	3812	Qu. 3812		IÄFS, Abb. 1010
IÄFS 1011	3813	Qu. 3813		IÄFS, Abb. 1011; Engel, Rollsiegel, 153
IÄFS 1011bis	3814	Qu. 3814		IÄFS, Abb. 1011bis; Engel, Rollsiegel, 160
IÄFS 1012	3815	Qu. 3815		IÄFS, Abb. 1012
IÄFS 1013	3816	Qu. 3816		IÄFS, Abb. 1013
IÄFS 1014	3817	Qu. 3817		IÄFS, Abb. 1014; Engel, Rollsiegel, 114
IÄFS 1015	3818	Qu. 3818		IÄFS, Abb. 1015
IÄFS 1016	3819	Qu. 3819		IÄFS, Abb. 1016; Engel, Rollsiegel, 124
IÄFS 1017	3820	Qu. 3820		IÄFS, Abb. 1017
IÄFS 1019	3821	Qu. 3821		IÄFS, Abb. 1019
IÄFS 1021	3822	Qu. 3822		IÄFS, Abb. 1021; Engel, Rollsiegel, 122
IÄFS 1022	3823	Qu. 3823		IÄFS, Abb. 1022; Engel, Rollsiegel, 170
IÄFS 1023	3824	Qu. 3824		IÄFS, Abb. 1023; Engel, Rollsiegel, 121
IÄFS 1024	3825	Qu. 3825		IÄFS, Abb. 1024; Engel, Rollsiegel, 122
IÄFS 1025	3826	Qu. 3826		IÄFS, Abb. 1025; Engel, Rollsiegel, 102
IÄFS 1026	3827	Qu. 3827		IÄFS, Abb. 1026; Engel, Rollsiegel, 96
IÄFS 1027	3828	Qu. 3828		IÄFS, Abb. 1027
IÄFS 1028	3829	Qu. 3829		IÄFS, Abb. 1028
IÄFS 1029	3830	Qu. 3830		IÄFS, Abb. 1029
IÄFS 1030	3831	Qu. 3831		IÄFS, Abb. 1030
IÄFS 1031	3832	Qu. 3832		IÄFS, Abb. 1031
IÄFS 1031bis	3833	Qu. 3833		IÄFS, Abb. 1031bis
IÄFS 1031ter	3834	Qu. 3834		IÄFS, Abb. 1031ter
IÄFS 1031quater	3835	Qu. 3835		IÄFS, Abb. 1031quater
IÄFS 1032	0798	Qu. 798		IÄFS, Abb. 1032
IÄFS 1033	0846	Qu. 846		IÄFS, Abb. 1033
IÄFS 1034	0879	Qu. 879		IÄFS, Abb. 1034

Kaplony	Frühzeit-ID	Kahl 1994	Kahl et al.	Bibliographie
IÄFS 1035A–B	1490	Qu. 1490		IÄFS, Abb. 1035A–B
IÄFS 1035bis	3392	Qu. 3392		IÄFS, Abb. 1035bis
IÄFS 1036	1428	Qu. 1428		IÄFS, Abb. 1036
IÄFS 1037	2006	Qu. 2006		IÄFS, Abb. 1037
IÄFS 1038	2007	Qu. 2007		IÄFS, Abb. 1038
IÄFS 1039	2008	Qu. 2008		IÄFS, Abb. 1039
IÄFS 1041	1647	Qu. 1647		IÄFS, Abb. 1041
IÄFS 1042	3038	Qu. 3038		IÄFS, Abb. 1042; Engel, Timelines II, 31, Abb. 2
IÄFS 1043	3363	Qu. 3363	D3/?/5	IÄFS, Abb. 1043; Kahl et al., Inschriften der 3. Dynastie, 224
IÄFS 1044	3275	Qu. 3275	Ne/Sa/87	IÄFS, Abb. 1044; Kahl et al., Inschriften der 3. Dynastie, 112
IÄFS 1045	3396	Qu. 3396		IÄFS, Abb. 1045
IÄFS 1046	3378	Qu. 3378		IÄFS, Abb. 1046
IÄFS 1048	1986	Qu. 1986		IÄFS, Abb. 1048
IÄFS 1049	3393	Qu. 3393		IÄFS, Abb. 1049
IÄFS 1050	1087	Qu. 1087		IÄFS, Abb. 1050
IÄFS 1050A	0557	Qu. 557		IÄFS, Abb. 1050A
IÄFS 1050B	0558	Qu. 558		IÄFS, Abb. 1050B
IÄFS 1050C	0559	Qu. 559		IÄFS, Abb. 1050C
IÄFS 1051A	0866	Qu. 866		IÄFS, Abb. 1051A
IÄFS 1051B	0867	Qu. 867		IÄFS, Abb. 1051B
IÄFS 1052	1086	Qu. 1086		IÄFS, Abb. 1052
IÄFS 1053	0127	Qu. 127		IÄFS, Abb. 1053; Grimm & Schoske, Am Beginn der Zeit, 73, (Nr. 156)
IÄFS 1054	3132	Qu. 3132		IÄFS, Abb. 1054; Grimm & Schoske, Am Beginn der Zeit, 77, (Nr. 165)
IÄFS 1055	3092	Qu. 3092		IÄFS, Abb. 1055; KBIÄF, Abb. 1055; Klasens, OMRO 46 (1965), 3, Abb. 1, Taf. 1
IÄFS 1056	3093	Qu. 3093		IÄFS, Abb. 1056; KBIÄF, Abb. 1056
IÄFS 1059	3401	Qu. 3401		IÄFS, Abb. 1059
IÄFS 1060	3402	Qu. 3402		IÄFS, Abb. 1060
IÄFS 1061	0112	Qu. 112		IÄFS, Abb. 1061
IÄFS 1062	0113	Qu. 113		IÄFS, Abb. 1062
IÄFS 1063	0543	Qu. 543		IÄFS, Abb. 1063
IÄFS 1064	0834	Qu. 834		Quibell, Archaic Mastabas, Taf. 11.5; IÄFS, Abb. 1064
IÄFS 1065	3384	Qu. 3384		IÄFS, Abb. 1065
IÄFS 1066	3836	Qu. 3836		IÄFS, Abb. 1066
IÄFS 1068	0554	Qu. 554		IÄFS, Abb. 1068
IÄFS 1069	1429	Qu. 1429		IÄFS, Abb. 1069
IÄFS 1070	0803	Qu. 803		IÄFS, Abb. 1070; RT I, Taf. 32.32
IÄFS 1071	3837	Qu. 3837		IÄFS, Abb. 1071
IÄFS 1072	3838	Qu. 3838		IÄFS, Abb. 1072
IÄFS 1073	3403	Qu. 3403		IÄFS, Abb. 1073; KBIÄF, Abb. 1073
IÄFS 1074	2847	Qu. 2847		IÄFS, Abb. 1074

Kaplony	Frühzeit-ID	Kahl 1994	Kahl et al.	Bibliographie
IÄFS 1075	1230	Qu. 1230		IÄFS, Abb. 1075; Roth, Fs Gundlach, 253–257
IÄFS 1076	2832	Qu. 2832		IÄFS, Abb. 1076
IÄFS 1077	3246	Qu. 3246		IÄFS, Abb. 1077; Firth & Quibell, Step Pyramid II, Taf. 91.9
IÄFS 1078	3839	Qu. 3839		IÄFS, Abb. 1078
IÄFS 1079	1430	Qu. 1430		IÄFS, Abb. 1079
IÄFS 1080	1547	Qu. 1547		Kaplony, Steingefässe, 54 (26); IÄFS, Abb. 1080
IÄFS 1081	3336	Qu. 3336	D3/Sa/3	IÄFS, Abb. 1081; Kahl et al., Inschriften der 3. Dynastie, 180; Quibell, Archaic Mastabas, 39
IÄFS 1082	0582	Qu. 582		IÄFS, Abb. 1082
IÄFS 1085	5032			Kaplony, Or 34 (1965), 137, Taf. 29.1
IÄFS 1089	2820	Qu. 2820		IÄFS, Abb. 1089
IÄFS 1090	3840	Qu. 3840		IÄFS, Abb. 1090
KBIÄF 1091	3080	Qu. 3080		KBIÄF, Abb. 1091; Helwan II, 177
KBIÄF 1092	3076	Qu. 3076		KBIÄF, Abb. 1092; Helwan II, 133
KBIÄF 1093	3077	Qu. 3077		KBIÄF, Abb. 1093; Helwan II, 147
KBIÄF 1094	3079	Qu. 3079		KBIÄF, Abb. 1094; Helwan II, 163
KBIÄF 1095	3083	Qu. 3083		KBIÄF, Abb. 1095; Helwan II, 155
KBIÄF 1096	3086	Qu. 3086		KBIÄF, Abb. 1096; Jones, Origins 2, 124, Abb. 10; Helwan II, 151
KBIÄF 1097	3094	Qu. 3094		KBIÄF, Abb. 1097; Helwan II, 149
KBIÄF 1098	3841	Qu. 3841		KBIÄF, Abb. 1098; Helwan II, 181
KBIÄF 1110	2030	Qu. 2030		KBIÄF, Abb. 1110
KBIÄF 1112	0854	Qu. 854		Kaiser, ZÄS 91 (1964), 102–103, Abb. 3; Junker, Turah, 5, Abb. 4; KBIÄF, Abb. 1112
KBIÄF 1120	3842	Qu. 3842		KBIÄF, Abb. 1120
KBIÄF 1123	3843	Qu. 3843		KBIÄF, Abb. 1123
KBIÄF 1124	3844	Qu. 3844		KBIÄF, Abb. 1124
KBIÄF 1125	3845	Qu. 3845		KBIÄF, Abb. 1125
KBIÄF 1126	3846	Qu. 3846		KBIÄF, Abb. 1126
KBIÄF 1127	3847	Qu. 3847		KBIÄF, Abb. 1127
KBIÄF 1128	3848	Qu. 3848		KBIÄF, Abb. 1128
KBIÄF 1129	3849	Qu. 3849		KBIÄF, Abb. 1129
KBIÄF 1130	3850	Qu. 3850		KBIÄF, Abb. 1130
KBIÄF 1131	0880	Qu. 880		KBIÄF, Abb. 1131
KBIÄF 1132	0181	Qu. 181		KBIÄF, Abb. 1132
KBIÄF 1133	1231	Qu. 1231		KBIÄF, Abb. 1133
KBIÄF 1134	1232	Qu. 1232		KBIÄF, Abb. 1134
KBIÄF 1137	2848	Qu. 2848		KBIÄF, Abb. 1137
KBIÄF 1138	0128	Qu. 128		KBIÄF, Abb. 1138
KBIÄF 1141	3364	Qu. 3364		KBIÄF, Abb. 1141

Abkürzungsverzeichnis

Ä&L = Ägypten und Levante
ÄA = Ägyptologische Abhandlungen
AA = Artibus Asiae
ÄAT = Ägypten und Altes Testament
AHS = Archaeological and Historical Studies
AMG = Annales du Musée Guimet
AR = Archaeological Report
ASAE = Annales du Service des Antiquités de l'Egypte
ASE = Archaeological Survey of Egypt
AV = Archäologische Veröffentlichungen des DAI Kairo
BAR Int. Ser. = British Archaeological Reports, International Series
BASOR = Bulletin of the American Schools of Oriental Research
BdE = Bibliothèque d'Étude
BEM = Bulletin of the Egyptian Museum
BES = Bulletin of the Egyptological Seminar
BHM = Bulletin Haaretz Museum
BIE = Bulletin de l'Institut d'Égypte
BIFAO = Bulletin de l'Institut français d'archéologie orientale
BiOr = Bibliotheca Orientalis
BMMA = Bulletin of the Metropolitan Museum of Art
BSAE = British School of Archaeology in Egypt and Egyptian Research Account
BSFE = Bulletin de la Société français d'égyptologie
CAJ = Cambridge Archaeological Journal
CCE = Cahiers caribéens d'égyptologie
CdE = Chronique d'Égypte
CdO = Cahiers d'Orientalisme
CG = Catalogue général des antiquités égyptiennes du Musée du Caire
DAWW = Denkschriften der Kaiserlichen Akademie der Wissenschaften in Wien
EA = Egyptian Archaeology
EES/EM = Egypt Exploration Society, Excavation Memoir
EHC = Égyptes. Histoires & cultures
EI = Eretz-Israel
ELEB = Editions de la Librairie encyclopédique Bruxelles
ERA = Egyptian Research Account
FF = Forschungen und Fortschritte
GM = Göttinger Miszellen
GM.B = Göttinger Miszellen, Beihefte
GOF = Göttinger Orientforschungen
HÄB = Hildesheimer Ägyptologische Beiträge
Hist. Mon. = Histoire monumentale des pyramides d'Égypte
IEJ = Israel Exploration Journal
IMN = The Israel Museum News
JACF = The Journal of the Ancient Chronology Forum
JARCE = Journal of the American Research Center in Egypt
JEA = Journal of Egyptian Archaeology
JEOL = Jaarbericht van het Vooraziatisch-Egyptisch Genootschap Ex Oriente Lux
JNES = Journal of Near Eastern Studies
LAAA = Annals of Archaeology and Anthropology
LingAeg = Lingua Aegyptia

MAMK lecture = Museum of Antiquities Maurice Kelly lecture
MÄS = Münchner Ägyptologische Studien
MÄSB = Mitteilungen aus der Ägyptischen Sammlung / Staatliche Museen zu Berlin
MDAIK = Mitteilungen des Deutschen Archäologischen Instituts, Abteilung Kairo
MEEF = Memoir of the Egypt Exploration Fund
MENES = MENES: Studien zur Kultur und Sprache der ägyptischen Frühzeit und des alten Reiches
MIFAO = Mémoires publiés par les membres de l'Institut français d'archéologie orientale
MonAeg = Monumenta Aegyptiaca
MonPiot = Monuments et mémoires de la fondation Eugène Piot
OINE = Oriental Institute Nubian Expedition
OIP = Oriental Institute Publications
OJA = Oxford Journal of Archaeology
OLA = Orientalia Lovaniensia Analecta
OLP = Orientalia Lovaniensia Periodica
OLZ = Orientalistische Literaturzeitung
OMRO = Oudheidkundige mededelingen uit het Rijksmuseum van Oudheden
Or = Orientalia
PAM = Polish Archaeology in the Mediterranean
PdÄ = Probleme der Ägyptologie
PGNC = Publications de la Glyptothèque Ny Carlsberg
PHA = The Pelican History of Art
PSBA = Proceedings of the Society of Biblical Archaeology
RA = Recherches archéologiques
RdE = Revue d'égyptologie
REA = Revue de l'Égypte ancienne
SAA = Studies in African Archaeology
SAGA = Studien zur Archäologie und Geschichte Altägyptens
SAK = Studien zur Altägyptischen Kultur
SAOC = Studies in Ancient Oriental Civilization
SAS = Schriften aus der Ägyptischen Sammlung
SE = Shire Egyptology
SKMH = Sammlungskataloge des Kestner-Museums Hannover
Uitgaven = Uitgaven van het Nederlands Historisch-Archaeologisch Instituut te Istanbul
VESE = Veröffentlichungen der Ernst von Sieglin Expedition in Ägypten
WVDOG = Wissenschaftliche Veröffentlichungen der Deutschen Orientgesellschaft
ZÄS = Zeitschrift für ägyptische Sprache und Altertumskunde
ZDPV = Zeitschrift des Deutschen Palästina-Vereins

Bibliographie

Abydos I = W. M. F. Petrie, *Abydos I*, MEEF 22, London 1902

Abydos II = W. M. F. Petrie, *Abydos II*, MEEF 24, London 1903

Abydos III = E. R. Ayrton, C. T. Currelly & A. E. P. Weigall, *Abydos III*, MEEF 25, London 1904

Adams, Ancient Hierakonpolis = B. Adams, *Ancient Hierakonpolis*, Warminster 1974

Adams, EI 21 (1990) = B. Adams, An Enigmatic Sealing from Abydos, *EI* 21, 1990, 1–9

Adams, JEA 76 (1990) = B. Adams, A Fragment from the Cairo Statue of Khasekhemwy, *JEA* 76, 1990, 161–163

Adams, Locality 6 = B. Adams, *Excavations in the Locality 6 cemetery at Hierakonpolis 1979–1985*, BAR Int. Ser. 903, Oxford, 2000

Aegyptische Inschriften I = G. Roeder, *Aegyptische Inschriften aus den Königlichen Museen zu Berlin. Bd. 1. Inschriften von der ältesten Zeit bis zum Ende der Hyksoszeit*, Leipzig 1913

Alexanian, Reliefdekoration = N. Alexanian, Die Reliefdekoration des Chasechemui aus dem sogenannten Fort in Hierakonpolis, in: N. Grimal (Hrsg.), *Les critères de datation stylistiques à l'ancien empire*, BdE 120, Kairo 1998, 1–29

Aly, JACF 3 (1989/90) = M. I. Aly, Once more Netjerikhet and his Family. A Limestone Stela from Sakkara, *JACF* 3, 1989/90, 27–28

Aly, MDAIK 54 (1998) = M. I. Aly, Unpublished Blocks from Saqqara, *MDAIK* 54, 1998, 219–226

Amélineau, Abydos (1895–1896) = É. Amélineau, *Les nouvelles fouilles d'Abydos 1895–1896*, Paris 1899

Amélineau, Abydos (1896–1897) = É. Amélineau, *Les nouvelles fouilles d'Abydos. Seconde campagne 1896–1897*, Paris 1902

Amélineau, Abydos (1897–1898) = É. Amélineau, *Les nouvelles fouilles d'Abydos 1897–1898*, Paris 1905

Amiran & van den Brink, Egyptian Pottery = R. Amiran & E. C. M. van den Brink, The Egyptian Pottery from Tel Ma'ahaz, Stratum I, in: S. E. Wolff (Hrsg.), *Studies in the Archaeology of Israel and Neighboring Lands in Memory of Douglas L. Esse*, SAOC 59, Chicago 2001, 29–58

Amiran, IEJ 24 (1974) = R. Amiran, An Egyptian Jar Fragment with the Name of Narmer from Arad, *IEJ* 24, 1974, 4–12

Amiran, IMN 8 (1970) = R. Amiran, A New Acquisition. An Egyptian First Dynasty Jar, *IMN* 8, 1970, 88–94

Arkell, JEA 42 (1956) = A. J. Arkell, Stone Bowls of Kha'ba (Third Dynasty), *JEA* 42, 1956, 116

Arkell, JEA 44 (1958) = A. J. Arkell, Stone Bowls of Kha'ba (Third Dynasty), *JEA* 44, 1958, 120

Aufrère, EHC 2 (1993) = S. H. Aufrère, Portes pour l'au-delà. L'Égypte, le Nil et le "Champ des Offrandes", *EHC* 2, 1993, 18–20

AVF = A. Scharff, *Die Altertümer der Vor- und Frühzeit Ägyptens. Teil 1–2*, MÄSB, Berlin 1929–1931

Bakr et al., Tell Hassan Dawud = M. I. Bakr, M. A. M. A. el-Moneim & M. O. M. Selim, Protodynastic Excavations at Tell Hassan Dawud (Eastern Delta), in: L. Krzyżaniak, K. Kroeper & M. Kobusiewicz (Hrsg.), *Interregional Contacts in the Later Prehistory of Northeastern Africa*, Posen 1996, 277–278

Bakr, Ezbet el-Tell = M. I. Bakr, The New Excavations at Ezbet el-Tell, Kufur Nigm. The First Season 1984, in: E. C. M. van den Brink (Hrsg.), *The Archaeology of the Nile Delta, Egypt. Problems and Priorities. Proceedings of the Seminar held in Cairo, 19–22 October 1986, on the Occasion of the Fifteenth Anniversary of the Netherlands Institute of Archaeology and Arabic Studies in Cairo*, Amsterdam 1988, 49–62

Barta, ZÄS 92 (1965) = W. Barta, Eine verworfene Stele der 1. Dynastie, *ZÄS* 92, 1965, 1–4

Bárta et al., Abusir 19 = M. Bárta, F. Coppens, H. Vymazalová et al. (Hrsg.), *Tomb of Hetepi (AS 20), Tombs AS 33–35 and AS 50–53*, Abusir 19, Prag 2010

Bárta et al., Created for Eternity = M. Bárta et al. (Hrsg.), *Created for Eternity: The Greatest Discoveries of Czech Egyptology*, Prag 2019

Begon, Archéo-Nil 25 (2015) = M. Begon, La ville de Bouto (Pé) sous la Ire dynastie. Étude d'une mention inédite inscrite sur une étiquette méconnue découverte à Abou Rawach, *Archéo-Nil* 25, 2015, 11–18

Begon, GM 254 (2018) = M. Begon, King Iry-Hor in the Southern Eastern Desert, *GM* 254, 15–23

Ben-Tor, 'Atiqot ES 11 (1976) = A. Ben-Tor, A Cylinder Seal from 'En Besor, *'Atiqot* 11, 1976, 13–15

Ben-Tor, Cylinder Seal = A. Ben-Tor, A Cylinder Seal from 'En Besor, in: R. Gophna, D. Gazit & A. Ben-Tor (Hrsg.), *Excavations at 'En Besor*, Tel Aviv 1995, 123–127

Bestock, Funerary Cult = L. Bestock, *The Development of Royal Funerary Cult at Abydos. Two Funerary Enclosures from the Reign of Aha*, MENES 6, Wiesbaden 2009

Boeser, Leiden I = A. E. J. Holwerda, P. A. A. Boeser & J. H. Holwerda, *Beschreibung der Aegyptischen Sammlung des Niederländischen Reichsmuseums der Altertümer in Leiden. Die Denkmäler des Alten Reiches*, Leiden 1905

Boghdady, ASAE 32 (1932) = F. Boghdady, An Archaic Tomb at Old Cairo, *ASAE* 32, 1932, 153–160

Bonnet, Gräberfeld, 19 = H. Bonnet, *Ein frühgeschichtliches Gräberfeld bei Abusir,* VESE 4, Leipzig 1928

Borchardt, Annalen, 31 = L. Borchardt, *Die Annalen und die zeitliche Festlegung des Alten Reiches der ägyptischen Geschichte*, Berlin 1917

Borchardt, Denkmäler AR = L. Borchardt, *Denkmäler des Alten Reiches (außer Statuen) im Museum zu Kairo*, CG 1295–1808, 2Bde., Berlin 1937

Borchardt, Sahure I = L. Borchardt, *Das Grabdenkmal des Königs S'aꜣḥu-reʿ, Bd. 1: Der Bau*, WVDOG 14, Leipzig 1910

Borchardt, Statuen = L. Borchardt, *Statuen und Statuetten von Königen und Privatleuten im Museum von Kairo*, CG 1–1294, Berlin 1911

Bourriau, JEA 77 (1991) = J. Bourriau, Museum Acquisitions, 1989. Egyptian Antiquities Acquired in 1989 by Museums in the United Kingdom, *JEA* 77, 1991, 157–164

Braun & van den Brink, Ä&L VII (1998) = E. Braun & E. C. M. van den Brink, Some Comments on the Late EB I Sequence of Canaan and the Relative Dating of Tomb Uj at Umm el Ga'ab and Graves 313 and 787 from Minshat Abu Omar with Imported Ware. Views from Egypt and Canaan, *Ä&L* 7, 1998, 71–94

Braun & van den Brink, Origins 2 = E. Braun & E. C. M. van den Brink, Appraising South Levantine-Egyptian Interaction. Recent Discoveries from Israel and Egypt, in: B. Midant-Reynes & Y. Tristant (Hrsg.), *Egypt at its Origins 2. Proceedings of the International Conference "Origin of the State. Predynastic and Early Dynastic Egypt", Toulouse (France), 5th–8th September 2005*, OLA 172, Leuven u.a. 2008, 643–688

Bréand, Origins 3 = G. Bréand, The Corpus of Pre-firing Potmarks from Adaïma (Upper Egypt), in: R. F. Friedman & P. N. Fiske (Hrsg.), *Egypt at its Origins 3. Proceedings of the Third international Conference "Origin of the State. Predynastic and Early Dynastic Egypt", London, 27th July – 1st August 2008*, OLA 205, Leuven u. a. 2011, 1015–1041

Bußmann, Provinztempel = R. Bußmann, *Die Provinztempel Ägyptens von der 0. bis zur 11. Dynastie*, PdÄ 30, Leiden 2010

Capart, Primitive Art = J. Capart, *Primitive Art in Egypt. Translated from the Revised and Augmented Original Edition by A. S. Griffith*, London 1905

Castel et al., BIFAO 98 (1998) = G. E. Castel, C. Köhler, B. Mathieu & G. Pouit, Les mines du ouadi Um Balad (désert oriental), *BIFAO* 98, 1998, 57–87

Cemeteries of Abydos I = E. Naville, *The Cemeteries of Abydos 1. 1909 – 1910. The Mixed Cemetery and Umm El-Gaʿab,* MEEF 33, London 1914

Chłodnicki & Ciałowicz, PAM 16 (2005) = M. Chłodnicki & K. M. Ciałowicz, Tell el-Farkha (Ghazala). Season 2004, *PAM* 16, 2005, 131–145

Chłodnicki & Ciałowicz, PAM 20 (2011) = M. Chłodnicki & K. M. Ciałowicz, Tell el-Farkha (Ghazala). Season 2008, *PAM* 20, 2011, 153–170

Chłodnicki, Origins 2 = M. Chłodnicki, Trade and Exchange in the Predynastic and Early Dynastic Period in the Eastern Nile Delta, in: B. Midant-Reynes & Y. Tristant (Hrsg.), *Egypt at its Origins 2. Proceedings of the International Conference "Origin of the State. Predynastic and Early Dynastic Egypt", Toulouse (France), 5th–8th September 2005*, OLA 172, Leuven u.a. 2008, 489–500

Ciałowicz, Les têtes des massues = K. M. Ciałowicz, Les têtes de massues des périodes prédynastique et archaïque dans la vallée du Nil, *RA de 1985*, 1987, 105–106

Clédat, ASAE 13 (1914) = J. Clédat, Les vases de el-Béda, *ASAE* 13, 1914, 115–121

Darnell et al., Theban Desert Road Survey I = J. C. Darnell, D. Darnell, R. Friedman & S. Hendrickx, *Theban Desert Road Survey in the Egyptian Western Desert I. Gebel Tjauti Rock Inscriptions 1–45 and Wadi el-Hôl Rock Inscriptions 1–45*, OIP 119, Chicago 2002

Darnell, Origins 3 = J. C. Darnell, The Wadi of the Horus Qa-a. A Tableau of Royal Ritual Power in the Theban Western Desert, in: R. F. Friedman & P. N. Fiske (Hrsg.), *Egypt at its Origins 3. Proceedings of the Third international Conference "Origin of the State. Predynastic and Early Dynastic Egypt", London, 27th July – 1st August 2008*, OLA 205, Leuven u. a. 2011, 1151–1193

de Miroschedji & Sadeq, The Frontier = P. de Miroschedji & M. Sadeq, The Frontier of Egypt in the Early Bronze Age. Preliminary Soundings at Tell es-Sakan (Gaza Strip), in: J. Clarke (Hrsg.), *Archaeological Perspectives on the Transmission and Transformation of Culture in the Eastern Mediterranean*, Oxford 2005, 155–169

de Morgan, Recherches = J. de Morgan, *Recherches sur les origines de l'Égypte. Ethnographie préhistorique et tombeau royal de Négadah*, Paris 1897

Dębowska-Ludwin, Cemetery = J. Dębowska-Ludwin, The Cemetery, in: M. Chłodnicki, K. M. Ciałowicz & A. Mączyńska (Hrsg.), *Tell el-Farkha I: Excavations 1998–2011*, Posen/Krakau 2012, 53–75

Drenkhahn, Ägyptische Reliefs = R. Drenkhahn, *Ägyptische Reliefs im Kestner-Museum Hannover. 100 Jahre, Kestner-Museum Hannover, 1889–1989*, SKMH 5, Hannover 1989

Dreyer & Kaiser, MDAIK 36 (1980) = G. Dreyer & W. Kaiser, Zu den kleinen Stufenpyramiden Ober- und Mittelägyptens, *MDAIK* 36, 1980, 43–59

Dreyer et al., MDAIK 46 (1990) = G. Dreyer, J. Boessneck, A. von den Driesch & S. Klug, Umm el-Qaab. Nachuntersuchungen im frühzeitlichen Königsfriedhof, 3./4. Vorbericht, *MDAIK* 46, 1990, 53–90

Dreyer et al., MDAIK 49 (1993) = G. Dreyer, U. Hartung & F. Pumpenmeier, Umm el-Qaab. Nachuntersuchungen im frühzeitlichen Königsfriedhof, 5./6. Vorbericht, *MDAIK* 49, 1993, 23–62

Dreyer et al., MDAIK 52 (1996) = G. Dreyer, E.-M. Engel, U. Hartung, T. Hikade, E. C. Köhler & F. Pumpenmeier, Umm el-Qaab. Nachuntersuchungen im frühzeitlichen Königsfriedhof, 7./8. Vorbericht, *MDAIK* 52, 1996, 11–81

Dreyer et al., MDAIK 54 (1998) = G. Dreyer, U. Hartung, T. Hikade, E. C. Köhler, V. Müller & F. Pumpenmeier, Umm el-Qaab. Nachuntersuchungen im frühzeitlichen Königsfriedhof, 9./10. Vorbericht, *MDAIK* 54, 1998, 77–167

Dreyer et al., MDAIK 56 (2000) = G. Dreyer, A. von den Driesch, E.-M. Engel, R. Hartmann, U. Hartung, T. Hikade, V. Müller & J. Peters, Umm el-Qaab. Nachuntersuchungen im frühzeitlichen Königsfriedhof, 11./12. Vorbericht, *MDAIK* 56, 2000, 43–129

Dreyer et al., MDAIK 59 (2003) = G. Dreyer, R. Hartmann, U. Hartung, T. Hikade, H. Köpp, C. Lacher, V. Müller, A. Nerlich & A. Zink, Umm el-Qaab. Nachuntersuchungen im frühzeitlichen Königsfriedhof, 13./14./15. Vorbericht, *MDAIK* 59, 2003, 67–138

Dreyer et al., MDAIK 62 (2006) = G. Dreyer, A. Effland, U. Effland, E.-M. Engel, R. Hartmann, U. Hartung, C. Lacher, V. Müller & A. Pokorny, Umm el-Qaab. Nachuntersuchungen im frühzeitlichen Königsfriedhof, 16./17./18. Vorbericht, *MDAIK* 62, 2006, 67–129

Dreyer et al., MDAIK 67 (2011) = G. Dreyer, A. I. Blöbaum, E.-M. Engel, H. Köpp & V. Müller, Umm el-Qaab. Nachuntersuchungen im frühzeitlichen Königsfriedhof, 19./20./21. Vorbericht, *MDAIK* 67, 2011, 53–92

Dreyer et al., MDAIK 69 (2013) = G. Dreyer, E.-M. Engel, R. Hartmann, H. Köpp-Junk, P. Meyrat, V. Müller & I. Regulski, Umm el-Qaab. Nachuntersuchungen im frühzeitlichen Königsfriedhof, 22./23./24. Vorbericht, *MDAIK* 69, 2013, 17–71

Dreyer et al., MDAIK 73 (2017) = G. Dreyer, E.-M. Engel, R. Hartmann, C. Knoblauch, E. C. Köhler, H. Köpp-Junk, R. Kuhn, M. Mahn, P. Meyrat, V. Müller, I. Regulski & M. Sählhof, Umm el-Qaab. Nachuntersuchungen im frühzeitlichen Königsfriedhof, 25./26./27. Vorbericht, *MDAIK* 73, 2017, 15–104

Dreyer, e-Forschungsberichte 3 (2014) = G. Dreyer, Die Arbeiten der Jahre 2012 und 2013, *e-Forschungsberichte 2014 des Deutschen Archäologischen Instituts* 3, 2014, 2–5

Dreyer, Fs Fecht = G. Dreyer, Drei archaisch-hieratische Gefäßaufschriften mit Jahresnamen aus Elephantine, in: J. Osing & G. Dreyer (Hrsg.), *Form und Maß. Beiträge zur Literatur, Sprache und Kunst des alten Ägypten. Festschrift für Gerhard Fecht zum 65. Geburtstag am 6. Februar 1987*, ÄAT 12, Wiesbaden 1987, 98–109

Dreyer, Kunst des Alten Reiches = G. Dreyer, Die Datierung der Min-Statuen aus Koptos, in: *Kunst des Alten Reiches. Symposium im Deutschen Archäologischen Institut Kairo am 29. und 30. Oktober 1991*, Mainz 1995, 49–56

Dreyer, MDAIK 37 (1981) = G. Dreyer, Ein frühdynastisches Königsfigürchen aus Elephantine*, MDAIK* 37, 1981, 123–124

Dreyer, MDAIK 43 (1987) = G. Dreyer, Ein Siegel der frühzeitlichen Nekropole von Abydos, *MDAIK* 43, 1987, 33–43

Dreyer, MDAIK 55 (1999) = G. Dreyer, Ein Gefäß mit Ritzmarke des Narmer, *MDAIK* 55, 1999, 1–6

Dreyer, MDAIK 70/71 (2014/15) = G. Dreyer, Dekorierte Kisten aus dem Grab des Narmer, *MDAIK* 70/71, 2014/2015, 91–104

Dreyer, Studies Hoffman = G. Dreyer, Horus Krokodil, ein Gegenkönig der Dynastie 0, in: R. Friedman & B. Adams (Hrsg.), *The Followers of Horus. Studies Dedicated to Michael Allen Hoffman*, Oxford 1992, 259–264

Dunham, Zawiyet el-Aryan = D. Dunham, *Zawiyet el-Aryan. The Cemeteries Adjacent to the Layer Pyramid*, Boston 1978

Eaton-Krauss, Fs Graefe = M. Eaton-Krauss, The Stela of King Djet. A Masterpiece of Ancient Egyptian Art, in: A. I. Blöbaum, M. Eaton-Krauss & A. Wüthrich (Hrsg.), *Pérégrinations avec Erhart Graefe. Festschrift zu seinem 75. Geburtstag*, ÄAT 87, Münster 2018, 119–131

EDO = A. J. Spencer, *Catalogue of Egyptian Antiquities in the British Museum V: Early Dynastic Objects*, London 1980

El Amrah and Abydos = D. Randall-MacIver, *El Amrah and Abydos 1899–1901*, London 1902

El Mahasna = E. R. Ayrton & L. Loat, *Pre-dynastic Cemetery at El Mahasna*, MEEF 31, London 1911

el-Baghdadi, Proceedings = S. G. el-Baghdadi, Proto-Dynastic and Early-Dynastic Necropolis of Minshaat Ezzat and El-Samarah (El-Dakahlia Province "North-East Delta"), in: J.–Cl. Goyon & C. Cardin (Hrsg.), *Proceedings of the Ninth International Congress of Egyptologists, Grenoble, 6th–12th September 2004,* OLA 150, Leuven u.a. 2007, 487–499

el-Banna, GM 117/118 (1990) = E. Banna, Une nécropole inédite d'époque archaïque découverte près de Hélouan, au sud du Caire, *GM* 117–118, 1990, 7–53

Elephantine XXIV = P. Kopp, *Elephantine XXIV. Funde und Befunde aus der Umgebung des Satettempels. Grabungen 2006–2009*, AV 104, Wiesbaden 2018

Elkab IV = S. Hendrickx & D. Huyge, *Elkab IV. Topographie. Fascicule 2. Inventaire des sites archéologiques*, Brüssel 1989

el-Sadeek & Murphy, MDAIK 39 (1983) = W. T. el-Sadeek & J. M. Murphy, A Mud Sealing with Seth Vanquished (?), *MDAIK* 39, 1983, 159–175

Emery, Hemaka = W. B. Emery, *The Tomb of Hemaka*, Kairo 1938

Emery, Hor-Aha = W. B. Emery, *Ḥor-Aḥa*, Kairo 1939

Emery, JEA 56 (1970) = W. B. Emery, Preliminary Report on the Excavations at North Saqqara, 1968–1969, *JEA* 56, 1970, 5–11

Emery, Tombs of the First Dynasty I = W. B. Emery, *Great Tombs of the First Dynasty I*, Kairo 1949

Emery, Tombs of the First Dynasty II = W. B. Emery, *Great Tombs of the First Dynasty II*, MEEF 46, Oxford 1954

Emery, Tombs of the First Dynasty III = W. B. Emery, *Great Tombs of the First Dynasty III*, MEEF 47, London, 1958

Engel, BEM 2 (2005) = E.-M. Engel, Ein weiterer Beleg für den Doppelfalken auf einem Serech, *BEM* 2, 2005, 65–70

Engel, Fs Junge = E.-M. Engel, Neue Funde aus alten Grabungen. Gefäßverschlüsse aus Grab P in Umm el-Qa'ab im Ägyptischen Museum Kairo, in: G. Moers, H. Behlmer, K. Demuß, & K. Widmaier (Hrsg.), *jn.t ḏr.w. Festschrift für Friedrich Junge*, Bd. 1, Göttingen 2006, 179–188

Engel, Fs Westendorf = E.-M. Engel, Das Sedfest des Semerchet, in: C. Peust, (Hrsg.), *Miscellanea in honorem Wolfhart Westendorf*, GM.B 3, Göttingen 2008, 11–14

Engel, MDAIK 62 (2006) = E.-M. Engel, Die Entwicklung des Systems der ägyptischen Nomoi in der Frühzeit, *MDAIK* 62, 2006, 151–160

Engel, Rollsiegel = E.-M. Engel, *Private Rollsiegel der Frühzeit und des frühen Alten Reiches. Versuch einer Einordnung*, MENES 8, Wiesbaden 2021

Engel, Timelines II = E.-M. Engel, Die Siegelabrollungen von Hetepsechemui und Raneb aus Saqqara, in: E. Czerny, I. Hein, H. Hunger, D. Melman, & A. Schwab (Hrsg.), *Timelines, Studies in honour of Manfred Bietak*, Bd. 2, OLA 149, Leuven u.a. 2006, 25–33

Engelbach, JEA 20 (1934) = R. Engelbach, A Foundation Scene of the Second Dynasty, *JEA* 20, 1934, 183–184

Engelbach, ZÄS 65 (1930) = R. Engelbach, An Alleged Winged Sun-Disk of the First Dynasty, *ZÄS* 65, 1930, 115–116

Fairman, ASAE 43 (1943) = H. W. Fairman, Notes on the Alphabetic Signs Employed in the Hieroglyphic Inscriptions of the Temple of Edfu, *ASAE* 43, 1943, 193–318

Faltings & Köhler, MDAIK 52 (1996) = D. Faltings & E. C. Köhler, Vorbericht über die Ausgrabungen des DAI in Tell el-Fara'in/Buto 1993 bis 1995, *MDAIK* 52, 1996, 87–114

Farag, MDAIK 36 (1980) = R. A. Farag, A Stela of Khasekhemui from Abydos, *MDAIK* 36, 1980, 77–79

Firth & Quibell, Step Pyramid = C. M. Firth & J. E. Quibell, *The Step Pyramid*, 2 Bde., Kairo 1935

Fischer, Artibus Asiae 21 (1958) = H. G. Fischer, A Fragment of Late Predynastic Egyptian Relief from the Eastern Delta, *AA* 21, 1958, 64–88

Fischer, Artibus Asiae 24 (1961) = H. G. Fischer, An Egyptian Royal Stela of the Second Dynasty, *AA* 24, 1961, 45–56

Fischer, CdE 36 (1961) = H. G. Fischer, A First Dynasty Bowl inscribed with the Group Ht, *CdE* 36 (71), 1961, 19–22

Fischer, JARCE 2 (1963) = H. G. Fischer, Varia aegyptiaca, *JARCE* 2, 1963, 17–51

Fischer, JNES 18 (1959) = H. G. Fischer, A Scribe of the Army in a Saqqara Mastaba of the Early Fifth Dynasty, *JNES* 18, 1959, 233–272

Fischer, Kunst des Alten Reiches = H. G. Fischer, The Protodynastic Period and Old Kingdom in the Metropolitan Museum of Art, in: *Kunst des Alten Reiches. Symposium im Deutschen Archäologischen Institut Kairo am 29. und 30. Oktober 1991*, Mainz 1995, 81–90

Friedman, JARCE 32 (1995) = F. D. Friedman, The Underground Relief Panels of King Djoser at the Step Pyramid Complex, *JARCE* 32, 1995, 1–42

Gardiner, JEA 30 (1944) = A. H. Gardiner, Horus the Beḥdetite, *JEA* 30, 1944, 23–60

Gardiner, JEA 4 (1917) = A. H. Gardiner, An Archaic Funerary Stele, *JEA* 4, 1917, 256–260

Gardiner, JEA 44 (1958) = A. H. Gardiner, The Personal Name of King Serpent, *JEA* 44, 1958, 38–39

Garstang, ASAE 8 (1907) = J. Garstang, Excavations at Hierakonpolis, at Esna, and in Nubia, *ASAE* 8, 1907

Garstang, ZÄS 42 (1905) = J. Garstang, The Tablet of Mena, *ZÄS* 42, 1905, 61–64

Gehad et al., Tomb S 3537 = B. Gehad, M. Hussein, E.-M. Engel, A. Hammad, A. Gabr, M. Gamal, D. Jeřábek, M. M. Hares, M. Ali, M. Atef, S. Ahmed, A. Abd El-Reheem, G. Hagras, R. Nasr & A. Sarhan, Archaeological Work at the Archaic Necropolis of North Saqqara. The Excavation of Tomb S 3537 (with an Appendix on Tombs at North Saqqara), in: E.-M. Engel, A. I. Blöbaum & F. Kammerzell (Hrsg.), *Keep out! Early Dynastic and Old Kingdom Cylinder Seals and Sealings in Context*, MENES 7, Wiesbaden 2021, 99–154

Gilroy, GM 180 (2001) = T. Gilroy, "Forgotten" Serekhs in the Royal Ontario Museum, *GM* 180, 2001, 67–76

Giveon, BASOR 216 (1974) = R. Giveon, A Second Relief of Sekhemkhet in Sinai, *BASOR* 216, 1974, 17–20

Gizeh and Rifeh = W. M. F. Petrie, *Gizeh and Rifeh*, BSAE 13, London 1907

Godron, BIFAO 57 (1958) = G. Godron, Études sur l'époque archaïque, *BIFAO* 57, 1958, 143–155

Godron, CdE 43 (1968) = G. Godron, À propos d'une inscription de l'Horus Khâsékhem, *CdE* 43 (85), 1968, 34–35

Godron, Horus Den = G. Godron, *Études sur l'Horus Den et quelques problèmes de l'Égypte archaïque*, CdO 19, Genf 1990

Godron, RdE 8 (1951) = G. Godron, Deux notes d'épigraphie thinite, *RdE* 8, 1951, 91–100

Goneim, Horus Sekhem-khet = M. Z. Goneim, *Horus Sekhem-khet. The Unfinished Step Pyramid at Saqqara. Volume I*, Kairo 1957

Gophna, BHM 12 (1970) = R. Gophna, A Protodynastic Egyptian Jar from Rafia, *BHM* 12, 1970, 53–54

Grimal, BIFAO 99 (1999) = N. Grimal, Travaux de l'Institut français d'archéologie orientale en 1998–1999, *BIFAO* 99, 1999, 447–566

Grimm & Schoske, Am Beginn der Zeit = A. Grimm & S. Schoske, *Am Beginn der Zeit. Ägypten in der Vor- und Frühzeit*, SAS 9, München 2000

Gunn, ASAE 26 (1926) = B. Gunn, Inscriptions from the Step Pyramid Site, *ASAE* 26, 1926, 177–202

Gunn, ASAE 28 (1928) = B. Gunn, Inscriptions from the Step Pyramid Site, *ASAE* 28, 1928, 153–174

Hall, Catalogue = H. R. Hall, *Catalogue of Egyptian Scarabs, etc., in the British Museum*, London 1913

Harvey, Studies Simpson = S. P. Harvey, A Decorated Protodynastic Cult Stand from Abydos, in: P. D. Manuelian (Hrsg.), *Studies in Honor of William Kelly Simpson*, Bd. 1, Boston 1996, 361–378

Hassan et al., Origins 2 = F. Hassan, G. J. Tassie, A. el-Senussi, J. van Wetering, D. Sharp & B. Calcoen, A Preliminary Report on the Pottery from the Protodynastic to Early Dynastic Cemetery at Kafr Hassan Dawood, Wadi

Tumilat, East Delta, Egypt, in: B. Midant-Reynes & Y. Tristant (Hrsg.), *Egypt at its Origins 2. Proceedings of the International Conference "Origin of the State. Predynastic and Early Dynastic Egypt", Toulouse (France), 5th–8th September 2005*, *OLA* 172, Leuven u.a. 2008, 41–59

Hassan, EA 16 (2000) = F. Hassan, Kafr Hassan Dawood, *EA* 16, 2000, 37–39

Hawass, JEA 80 (1994) = Z. Hawass, A Fragmentary Monument of Djoser from Saqqara, *JEA* 80, 1994, 45–56

Helck, ZÄS 106 (1979) = W. Helck, Die Datierung der Gefäßaufschriften aus der Djoserpyramide, *ZÄS* 106, 1979, 120–132

Helck, ZÄS 83 (1958) = W. Helck, Drei Stücke aus einer Privatsammlung, *ZÄS* 83, 1958, 92–96

Helwan I = E. C. Köhler, *Helwan I. Excavations in the Early Dynastic Cemetery. Season 1997/98*, SAGA 24, Heidelberg 2005

Helwan II = E. C. Köhler & J. Jones, *Helwan II. The Early Dynastic and Old Kingdom Funerary Relief Slabs*, SAGA 25, Rahden/Westf. 2009

Hendrickx et al., Archéo-Nil 19 (2009) = S. Hendrickx, N. Swelim, F. Raffaele, M. Eyckerman & R. Friedman, A lost Late Predynastic-Early Dynastic Royal Scene from Gharb Aswan, *Archéo-Nil* 19, 2009, 169–178

Hierakonpolis I / II = J. E. Quibell & F. W. Green, *Hierakonpolis*, 2 Bde., BSAE 4–5, London 1900–1902

Huyge, OLP 15 (1984) = D. Huyge, Horus Qa-a in the Elkab Area, Upper Egypt, *OLP* 15, 1984, 5–9

IÄF I–III = P. Kaplony, *Die Inschriften der ägyptischen Frühzeit*, 3 Bde., ÄA 8, Wiesbaden 1963

IÄFS = P. Kaplony, *Die Inschriften der ägyptischen Frühzeit. Supplement*, ÄA 9, Wiesbaden 1964

Ibrahim & Tallet, Archéo-Nil 19 (2009) = M. R. Ibrahim & P. Tallet, King Den in South-Sinai. The Earliest Monumental Rock Inscriptions of the Pharaonic Period, *Archéo-Nil* 19, 2009, 179–184

Ibrahim & Tallet, RdE 59 (2008) = M. R. Ibrahim & P. Tallet, Trois bas-reliefs de l'époque thinite au Ouadi el-Humur. Aux origines de l'exploitation du Sud-Sinaï par les Égyptiens, *RdE* 59, 2008, 155–180

Ikram & Rossi, JEA 90 (2004) = S. Ikram & C. Rossi, An Early Dynastic Serekh from the Kharga Oasis, *JEA* 90, 2004, 211–214

Inscr. Sinai I = A. H. Gardiner & T. E. Peet, *The Inscriptions of Sinai. Part I. Introduction and Plates*, MEEF 36, London 1917

James, Inscriptions Brooklyn = T. G. H. James, *Corpus of Hieroglyphic Inscriptions in The Brooklyn Museum. I. From Dynasty I to the End of Dynasty XVIII*, Brooklyn NY 1974

Jeffreys & Smith, Anubieion I = D. G. Jeffreys & H. S. Smith, *The Anubieion at Saqqara I. The Settlement and the Temple Precinct*, EES/EM 54, London 1988

Jones, Origins 2 = J. Jones, Pre- and Early Dynastic Textiles. Technology, Specialisation and Administration during the Process of State Formation, in: B. Midant-Reynes & Y. Tristant (Hrsg.), *Egypt at its Origins 2. Proceedings of the International Conference "Origin of the State. Predynastic and Early Dynastic Egypt", Toulouse (France), 5th–8th September 2005*, *OLA* 172, Leuven u.a. 2008, 99–132

Jucha, Origins 2 = M. A. Jucha, The Corpus of "Potmarks" from the Graves at Tell el-Farkha, in: B. Midant-Reynes & Y. Tristant (Hrsg.), *Egypt at its Origins 2. Proceedings of the International Conference "Origin of the State. Predynastic and Early Dynastic Egypt", Toulouse (France), 5th–8th September 2005*, *OLA* 172, Leuven u.a. 2008, 133–149

Jucha, PAM 21 (2012) = M. A. Jucha, New Protodynastic serekhs from the Nile Delta. The Case of Finds from Tell el-Farkha, *PAM* 21, 2012, 625–641

Junker, Turah = H. Junker, *Bericht über die Grabungen der Kaiserl. Akademie der Wissenschaften in Wien auf dem Friedhof in Turah. Winter 1909–1910*, DAWW 56 (1), Wien 1912

Kahl et al., Inschriften der 3. Dynastie = J. Kahl, N. Kloth & U. Zimmermann, *Die Inschriften der 3. Dynastie. Eine Bestandsaufnahme*, ÄA 56, Wiesbaden 1995

Kahl, Menesgrab = J. Kahl, *Vergraben, verbrannt, verkannt und vergessen: Funde aus dem „Menesgrab"*, Münster 2001

Kaiser & Dreyer, MDAIK 38 (1982) = W. Kaiser & G. Dreyer, Umm el-Qaab. Nachuntersuchungen im frühzeitlichen Königsfriedhof, 2. Vorbericht, *MDAIK* 38, 1982, 211–269

Kaiser et al., MDAIK 38 (1982) = W. Kaiser, R. Avila, G. Dreyer, H. Jaritz, F. W. Rösing & S. Seidlmayer, Stadt und Tempel von Elephantine: Neunter/Zehnter Grabungsbericht, *MDAIK* 38, 1982, 271–345

Kaiser et al., MDAIK 43 (1987) = W. Kaiser, G. Dreyer, H. Jaritz, A. Krekeler, T. Schläger & M. Ziermann, Stadt und Tempel von Elephantine, 13./14. Grabungsbericht, *MDAIK* 43, 1987, 75–114

Kaiser et al., MDAIK 51 (1995) = W. Kaiser, P. Becker, M. Bommas, F. Hoffmann, H. Jaritz, S. Müntel, J. Pätznick & M. Ziermann, Stadt und Tempel von Elephantine, 21./22. Grabungsbericht, *MDAIK* 51, 1995, 99–187

Kaiser, ZÄS 91 (1964) = W. Kaiser, Einige Bemerkungen zur ägyptischen Frühzeit III. Die Reichseinigung, *ZÄS* 91, 1964, 86–125

Kaplony, Beschriftete Kleinfunde = P. Kaplony, *Beschriftete Kleinfunde in der Sammlung Georges Michailidis. Ergebnisse einer Bestandsaufnahme im Sommer 1968*, Uitgaven 32, Istanbul 1973

Kaplony, BiOr 28 (1971) = P. Kaplony, Rezension zu: Z. Y. Saad, The Excavations at Helwan. Art and Civilization in the First and Second Egyptian Dynasties, 1969, *BiOr* 28, 1971, 42–49

Kaplony, Fs Westendorf = P. Kaplony, Ein „Senior der Jungmannschaft" der Frühzeit und seine Opferliste, in: F. Junge (Hrsg.), *Studien zu Sprache and Religion Ägyptens. Zu Ehren von Wolfhart Westendorf, überreicht von seinen Freunden and Schülern*, Bd. 1, Göttingen 1984, 521–546

Kaplony, MDAIK 20 (1965) = P. Kaplony, Bemerkungen zu einigen Steingefäßen mit archaischen Königsnamen, *MDAIK* 20, 1965, 1–46

Kaplony, Or 34 (1965) = P. Kaplony, Eine Schminkpalette von König Skorpion aus Abu 'Umûri (Untersuchung zur ältesten Horustitulatur), *Or* 34, 1965, 132–167

Kaplony, Steingefässe = P. Kaplony, *Steingefässe mit Inschriften der Frühzeit und des Alten Reichs*, MonAeg 1, Brüssel 1968

KBIÄF = P. Kaplony, *Kleine Beiträge zu den Inschriften der ägyptischen Frühzeit*, ÄA 15, Wiesbaden 1966

Keimer, ASAE 31 (1931) = L. Keimer, Pendeloques en forme d'insectes faisant partie de colliers égyptiens, *ASAE* 31, 1931, 145–186

Kemp, CAJ 10 (2000) = B. Kemp, The Colossi from the Early Shrine at Coptos in Egypt, *CAJ* 10, 2000, 211–242

Kempinski & Gilead, Tel Aviv 18 (1991) = A. Kempinski & I. Gilead, New Excavations at Tel 'Erani. A Preliminary Report of the 1985–1988 Seasons, *Tel Aviv* 18, 1991, 164–191

Kikugawa & Bianchi, KMT 20.2 = T. Kikugawa & R. S. Bianchi, The Ancient Egyptian Museum, Shibuya, Tokyo, *KMT* 20.2, 2009, 61–69

Killen, Egyptian Woodworking = G. Killen, *Egyptian Woodworking and Furniture*, SE 21, Risborough 1994

Klasens, OMRO 37 (1956) = A. Klasens, Een grafsteen uit de eerste dynastie, *OMRO* 37, 1956, 12–34

Klasens, OMRO 40 (1959) = A. Klasens, The Excavations of the Leiden Museum of Antiquities at Abu-Roash. Report of the Second Season. 1958, Part II, *OMRO* 40, 1959, 41–61

Klasens, OMRO 42 (1961) = A. Klasens, The Excavations of the Leiden Museum of Antiquities at Abu-Roash. Report of the Third Season. 1959. Part II. Cemetery M, *OMRO* 42, 1961, 108–128

Klasens, OMRO 46 (1965) = A. Klasens, A Stela of the Second Dynasty in the Leiden Museum of Antiquities, *OMRO* 46, 1965, 1–9

Klasens, Phoenix 5 (1959) = A. Klasens, De Nederlandse opgravingen bij Aboe-Roash. Derde campagne, *Phoenix* 5 (2), 1959, 120–132

Koefoed-Petersen, Stèles égyptiennes = O. Koefoed-Petersen, *Les stèles égyptiennes,* PGNC 1, Kopenhagen 1948

Köhler & van den Brink, GM 187 (2002) = E. van den Brink & E. C. Köhler, Four Jars with Incised Serekh-Signs from Helwan recently retrieved from the Cairo Museum, *GM* 187, 2002, 59–81

Köhler, Archéo-Nil 13 (2003) = E. C. Köhler, The New Excavations in the Early Dynastic Necropolis at Helwan, *Archéo-Nil* 13, 2003, 17–28

Köhler, ASAE 81 (2007) = E. C. Köhler, Final Report on the 9th Season Excavations in the Early Dynastic Cemetery at Helwan/Ezbet el-Walda, *ASAE* 81, 2007, 191–215

Köhler, Buto III = E. C. Köhler, *Tell el-Fara'în-Buto III. Die Keramik von der späten Naqada-Kultur bis zum frühen Alten Reich (Schichten III bis VI)*, AV 94, Mainz 1998

Köhler, GM 168 (1999) = E. C. Köhler, Re-Assessment of a Cylinder Seal from Helwan, *GM* 168, 1999, 49–56

Köhler, Vor den Pyramiden = E. C. Köhler, *Vor den Pyramiden. Die ägyptische Vor- und Frühzeit*, Darmstadt, 2018

Köhler, Zaki Saad's Excavation at Helwan = E. C. Köhler, *The Cairo Museum Collection of Artefacts from Zaki Saad's Excavations at Helwan*, MAMK lecture 8, Armidale 2004

Krauss, MDAIK 50 (1994) = R. Krauss, Bemerkungen zum Narmer-Pavian (Berlin 22607) und seiner Inschrift, *MDAIK* 50, 1994, 223–230

Kroeper et al., Recent Research = K. Kroeper, L. Krzyżaniak, M. Kobusiewicz (Hrsg.), *Recent Research into the Stone Age of Northeastern Africa*, SAA 7, Posen 2000

Kroeper, Minshat Abu Omar = K. Kroeper, The Excavations of the Munich East-Delta Expedition in Minshat Abu Omar, in: E. C. M. van den Brink (Hrsg.), *The Archaeology of the Nile Delta, Egypt. Problems and Priorities. Proceedings of the Seminar held in Cairo, 19–22 October 1986*, Amsterdam 1988

Lansing, BMMA 30 (1935) = A. Lansing, The Egyptian Expedition 1934–1935. The Museum's Excavations at Hierakonpolis, *BMMA* 30 (11.2), 1935, 37–45

Lapp, BASOR 273 (1989) = N. L. Lapp, Cylinder Seals and Impressions of the Third Millennium BC from the Dead Sea Plain, *BASOR* 273, 1989, 1–15

Lauer, Hist. Mon. = J. Lauer, *Histoire monumentale des pyramides d'Égypte. Tome I. Les pyramides à degrés (IIIe Dynastie)*, BdE 39, Kairo 1962

Lauer, MonPiot 49 (1957) = J. Lauer, Remarques sur les stèles fausses-portes de l'Horus Neteri-khet (Zoser) à Saqqarah, *MonPiot* 49, 1957, 1–15

LD Text I = C. R. Lepsius, *Denkmäler aus Aegypten und Aethiopien. Text I: Unteraegypten und Memphis*, Leipzig, 1897

Leclant & Clerc, Or 55 (1986) = J. Leclant & G. Clerc, Fouilles et travaux en Égypte et au Soudan, 1984–1985, *Or* 55, 1986, 236–319

Leclant & Clerc, Or 61 (1992) = J. Leclant & G. Clerc, Fouilles et travaux en Égypte et au Soudan, 1990–1991, *Or* 61, 1992, 214–322

Leclant & Minault-Gout, Or 68 (1999) = J. Leclant & A. Minault-Gout, Fouilles et travaux en Égypte et au Soudan, 1997–1998. Première partie, *Or* 68, 1999, 313–424

Leclant, Or 21 (1952) = J. Leclant, Fouilles et travaux en Égypte, 1950–1951. 2, *Or* 21, 1952, 233–249

Leclant, Or 22 (1953) = J. Leclant, Fouilles et travaux en Égypte, 1951–1952, *Or* 22, 1953, 82–105

Lloyd et al., Saqqâra Tombs II = A. B. Lloyd, A. J. Spencer, A. El-Khouli, *Saqqâra Tombs II: The Mastabas of Meru, Semdenti, Khui and Others*, ASE 40, London 1990

MacArthur, CCE 13/14 (2010) = E. V. MacArthur, The Pots and People of Tarkhan, *CCE* 13/14, 2010, 73–98

Macramallah, Cimetière Archaique = R. Macramallah, *Un cimetière archaique de la classe moyenne du peuple à Saqqarah*, Kairo 1940

Mahâsna and Bêt Khallâf = J. Garstang, *Mahâsna and Bêt Khallâf*, BSAE 7, London 1903

Mariette, Mastabas = A. Mariette, *Les mastabas de l'Ancien Empire*, Paris 1889

Martin, Fs Berlev = G. T. Martin, An Early Dynastic Stela from Abydos. Private or Royal?, in: S. Quirke (Hrsg.), *Discovering Egypt from the Neva. The Egyptological Legacy of Oleg D. Berlev*, Berlin 2003, 79–84

Martin, Hetepka = G. T. Martin, *The Tomb of Ḥetepka and other Reliefs and Inscriptions from the Sacred Animal Necropolis, North Saqqara, 1964–1973*, London 1979

Martin, Stelae = G. T. Martin, *Stelae from Egypt and Nubia in the Fitzwilliam Museum, Cambridge, c. 3000 BC – AD 1150*, Cambridge 2005

Maspero, ASAE 3 (1902) = G. Maspero & A. Barsanti, Fouilles autour de la pyramide d'Ounas (1900–1901 / 1901–1902), *ASAE* 3, 1902, 1–6, 182–190

Mawdsley, Aha = L. Mawdsley, It really is Aha. Re-Examining an Early Dynastic Ink Inscription from Tarkhan, in: C. M. Knoblauch, & J. C. Gill (Hrsg.), *Egyptology in Australia and New Zealand 2009. Proceedings of the Conference held in Melbourne, September 4th–6th*, Oxford 2012, 115–123

Midant-Reynes et al., BIFAO 98 (1998) = B. Midant-Reynes, L. Bavay, N. Buchez & N. Baduel, Le site prédynastique d'Adaïma – le secteur d'habitat. Rapport de la neuvième campagne de fouille, *BIFAO* 98, 1998, 263–290

Midant-Reynes, Nouvelle attestation = B. Midant-Reynes, Une nouvelle attestation d'Iry-Hor dans le Delta: Tell el-Iswid, in: S. Vuilleumier & P. Meyrat (Hrsg.), *Sur les pistes du désert. Mélanges offerts à Michel Valloggia*, Gollion 2019, 157–169

Mittmann, EI 15 (1981) = S. Mittmann, Frühägyptische Siegelinschriften und ein *sr*ḫ-Emblem des Horus-*ꜥḥꜣ* aus dem nördlichen Negeb, *EI* 15, 1981, 1–9, 417

Montet, Kêmi 1 (1928) = P. Montet, Notes et documents pour servir à l'histoire des relations entre l'ancienne Égypte et la Syrie, *Kêmi* 1, 1928, 19–28, 83–93

Montet, Kêmi 7 (1938) = P. Montet, Tombeaux de la Ière et de la IVe dynasties à Abou-Roach, *Kêmi* 7, 1938, 11–69

Montet, Kêmi 8 (1946) = P. Montet, Tombeaux de la Ière et de la IVe dynasties à Abou-Roach. Deuxième partie, inventaire des objets, *Kêmi* 8, 1946, 157–227

Morenz et al., Binnenkolonisation = L. D. Morenz, A. Said & M. Abdelhay, *Binnenkolonisation am Beginn des ägyptischen Staates. Eine Fallstudie zur* Domäne des Königs SKORPION *im späten Vierten Jahrtausend v. Chr.*, KATARAKT 1, Berlin 2020

Morenz, Dekoration der frühzeitlichen Tempel = L. D. Morenz, Zur Dekoration der frühzeitlichen Tempel am Beispiel zweier Fragmente des archaischen Tempels von Gebelein, in: R. Gundlach & M. Rochholz (Hrsg.), *Ägyptische Tempel. Struktur, Funktion und Programm, Akten der Ägyptologischen Tempeltagungen in Gosen 1990 und in Mainz 1992*, HÄB 37, Hildesheim 1994, 217–238

Morrow et al., Desert RATS = M. Morrow, M. Morrow, T. Judd & G. Phillipson, *Desert RATS. Rock Art Topographical Survey in Egypt's Eastern Desert*, BAR Int. Ser. 2166, Oxford 2010

Müller, Fs Dreyer = V. Müller, Nilpferdjagd und geköpfte Feinde. Zu zwei Ikonen des Feindvernichtungsrituals, in: E.-M. Engel, V. Müller & U. Hartung (Hrsg.), *Zeichen aus dem Sand. Streiflichter aus Ägyptens Geschichte zu Ehren von Günter Dreyer*, MENES 5, Wiesbaden 2008, 477–493

Müller, Fs Junge = V. Müller, Eine frühdynastische Namensliste, in: G. Moers, H. Behlmer, K. Demuß & K. Widmaier (Hrsg.), *jn.t ḏr.w. Festschrift für Friedrich Junge*, Bd. 2, Göttingen 2006, 467–479

Müller, Kleinfunde und Glas = H. W. Müller, *Ägyptische Kunstwerke. Kleinfunde und Glas in der Sammlung E. und M. Kofler-Truniger, Luzern*, MÄS 5, Berlin 1964

Müller, Origins 5 = V. Müller, Seal Impressions from Den's Tomb at Abydos. New Evidence and New Interpretations, in: B. Midant-Reynes & Y. Tristant (Hrsg.), *Egypt at its Origins 5. Proceedings of the Fifth International Conference "Origin of the State. Predynastic and Early Dynastic Egypt", Cairo, 13th–18th April 2014*, OLA 260, Leuven u.a. 2017, 791–804

Müller, Sammlung von Bissing = H. W. Müller, Stuttgarter Kunstkabinett, in: R. N. Ketterer (Hrsg.), *Skarabäen-Sammlung des Freiherrn Friedrich Wilhelm von Bissing. Skarabäen und andere Siegel, Perlen mit Inschriften und ägyptische Siegelzylinder, 20. Kunstauktion, Dritter Teil*, Wiesbaden 1954

Munro, SAK 10 (1983) = P. Munro, Einige Bemerkungen zum Unas-Friedhof in Saqqara. 3. Vorbericht über die Arbeiten der Gruppe Hannover im Herbst 1978 und im Frühjahr 1980, *SAK* 10, 1983, 277–295

Murnane, JNES 46 (1987) = W. J. Murnane, Appendix C. The Gebel Sheikh Suleiman Monument. Epigraphic Remarks, *JNES* 46, 1987, 282–285

Murray, Saqqara Mastabas I = M. A. Murray, *Saqqara Mastabas I*, ERA 10, London 1905

Myśliwiec, PAM 13 (2011) = K. Myśliwiec, West Saqqara. Excavations, 2001, *PAM* 13, 2002, 127–142

Needler, JARCE 6 (1967) = W. Needler, A Rock-Drawing on Gebel Sheikh Suliman (near Wadi Halfa) showing a Scorpion and Human Figures, *JARCE* 6, 1967, 87–91

Needler, JEA 42 (1956) = W. Needler, A Flint Knife of King Djer, *JEA* 42, 1956, 41–44

Newberry, LAAA 2 (1909) = P. E. Newberry, Impressions of Seals from Abydos, *LAAA* 2, 1909, 49–51

Newberry, Menes = P. E. Newberry, Menes. The Founder of the Egyptian Monarchy (circa 3400 B.C.), in: W. Brunton (Hrsg.), *Great Ones of Ancient Egypt*, London 1929, 35–53

Newberry, PSBA 27 (1905) = P. E. Newberry, Extracts from my Notebooks (VIII), *PSBA* 27, 1905, 101–105

Newberry, PSBA 28 (1906) = P. E. Newberry, To what Race did the Founders of Sais belong? *PSBA* 28, 1906, 68–75

Newberry, PSBA 34 (1912) = P. E. Newberry, The Wooden and Ivory Labels of the First Dynasty, *PSBA* 34, 1912, 279–289

Newberry, PSBA 36 (1914) = P. E. Newberry, Egyptian Historical Notes II, *PSBA* 36, 1914, 35–39

Oppenheim, BES 18 (2007) = A. Oppenheim, A New Boundary Stela of the Pharaoh Netjerikhet (Djoser) found in the Pyramid Complex of Senwosret III, Dahshur, *BES* 18, 2007, 153–182

Patch, Reflections of Greatness = D. C. Patch, *Reflections of Greatness. Ancient Egypt at the Carnegie Museum of Natural History*, Pittsburgh 1990

Pätznick, Siegelabrollungen = J.-P. Pätznick, *Die Siegelabrollungen und Rollsiegel der Stadt Elephantine im 3. Jahrtausend v. Chr. Spurensicherung eines archäologischen Artefaktes*, BAR Int. Ser. 1339, Oxford 2005

PD III = J. Lauer, *La pyramide à degrés III. Compléments. Fouilles à Saqqarah*, Kairo 1939

PD IV = P. Lacau & J. Lauer, *La pyramide à degrés IV. Inscriptions gravées sur les vases. Fouilles à Saqqarah*, Kairo 1959–1961

PD V = P. Lacau & J. Lauer, *La pyramide à degrés V. Inscriptions à l'encre sur les vases. Fouilles à Saqqarah*, Kairo 1965

Peden, Graffiti = A. J. Peden, *The Graffiti of Pharaonic Egypt. Scope and Roles of Informal Writings (c. 3100–332 B.C.)*, PdÄ 17, Leiden, Boston 2001

Petrie, Funeral Furniture = W. M. F. Petrie, *The Funeral Furniture of Egypt*, BSAE 59, London 1937

Petrie, Koptos = W. M. F. Petrie, *Koptos*, London 1896

Petrie, Prehistoric Egypt = W. M. F. Petrie, *Prehistoric Egypt*, Nature 58 (1489), 1898, 31

Petrie, Scarabs = W. M. F. Petrie, *Scarabs and Cylinders with Names*, BSAE 29, London 1917

Petrie, Tombs of the Courtiers = W. M. F. Petrie, *Tombs of the Courtiers and Oxyrhynkhos*, BSAE 37, London 1925

Piquette, Early Writing = K. E. Piquette, "It is written"? Making, Remaking and Unmaking Early "Writing" in the Lower Nile Valley, in: K. E. Piquette & R. D. Whitehouse (Hrsg.), *Writing as Material Practice. Substance, Surface and Medium*, London 2013, 213–238

PM III = B. Porter & R. L. B. Moss, *Topographical Bibliography of Ancient Egyptian Hieroglyphic Texts, Reliefs, and Paintings III. Memphis (Abû Rawâsh to Dashûr)*, Oxford 1931

Qau and Badari I = G. Brunton, *Qau and Badari I*, BSAE 44, London 1927

Quack, ZDPV 105 (1989) = J. F. Quack, Die Datierung der Siegelabdrücke von Tēl 'Ēn Bəśōr, *ZDPV* 105, 1089, 18–26

Quibell, Archaic Mastabas = J. E. Quibell, *Archaic Mastabas*, Kairo 1923

Quibell, Archaic Objects = J. E. Quibell, *Archaic Objects*, CG 11001–12000 u. 14001–14754, 2 Bde., Kairo 1904–1905

Quibell, ASAE 34 (1934) = J. E. Quibell, Stone Vessels from the Step Pyramid, *ASAE* 34, 1934, 70–75

Quibell, Hesy = J. E. Quibell, *The Tomb of Hesy*, Kairo 1913

Raven et al., JEOL 41 (2008–2009) = M. J. Raven, H. M. Hays, C. Lacher, K. Duistermaat, I. Regulski, B. G. Aston, L. Horáčková & N. Warner, Preliminary Report on the Leiden Excavations at Saqqara. Season 2008. The Tomb of Ptahemwia, *JEOL* 41, 2009, 5–30

Regulski & Kahl, MDAIK 66 (2010) = I. Regulski & J. Kahl, Gesiegelte Objektverschlüsse aus dem Grab des Ninetjer in Saqqara, *MDAIK* 66, 2010, 225–233

Regulski, JEA 93 (2007) = I. Regulski, An Early Dynastic Rock Inscription at el-Hosh, *JEA* 93, 2007, 254–258

Regulski, Origins 1 = I. Regulski, Second Dynasty Ink Inscriptions from Saqqara Paralleled in the Abydos Material from the Royal Museums of Art and History (RMAH) in Brussels, in: S. Hendrickx, R. F. Friedman, K. M. Ciałowicz, & M. Chłodnicki (Hrsg.), *Egypt at its Origins 1. Studies in Memory of Barbara Adams, Proceedings of the International Conference "Origin of the State. Predynastic and Early Dynastic Egypt", Kraków, 28th August – 1st September 2002*, OLA 138, Leuven u.a. 2004, 949–970

Regulski, Tell el-Iswid = I. Regulski, Seal Impressions from Tell el-Iswid, in: B. Midant-Reynes & N. Buchez (Hrsg.), *Tell el-Iswid: 2006–2009*, FIFAO 73, Kairo 2014, 230-242

Reisner, Mycerinus = G. A. Reisner, *Mycerinus. The Temples of the Third Pyramid at Giza*, Cambridge, MA 1931

Reisner, Naga ed-Dêr I = G. A. Reisner, Work of the Expedition of the University of California at Naga-ed-Dêr, *ASAE* 5, 1904, 105–109

Reisner, Tomb Development = G. A. Reisner, *The Development of the Egyptian Tomb down to the Accession of Cheops*, Cambridge 1936

Roth, Fs Gundlach = S. Roth, Verloren – Gefunden. Zu einem Alabastergefäss der Meritneith in Hildesheim, in: M. Schade-Busch (Hrsg.), *Wege öffnen. Festschrift für Rolf Gundlach zum 65. Geburtstag*, Wiesbaden 1996, 253–257

Rowe, Catalogue of Egyptian Scarabs = A. Rowe, *A Catalogue of Egyptian Scarabs, Scaraboids, Seals and Amulets in the Palestine Archaeological Museum*, Kairo 1936

RT I = W. M. F. Petrie, *The Royal Tombs of the First Dynasties I*, MEEF 18, London 1900

RT II = W. M. F. Petrie, *The Royal Tombs of the First Dynasties II*, MEEF 21, London 1901

Saad, Ceiling Stelae = Z. Y. Saad, *Ceiling Stelae in Second Dynasty Tombs from the Excavations at Helwan*, Supplément aux ASAE 21, Kairo 1957

Saad, Helwan (1941–1945) = Z. Y. Saad, *Royal Excavations at Saqqara and Helwan (1941–1945)*, Supplément aux ASAE 3, Kairo 1947

Saad, Helwan (1945–1947) = Z. Y. Saad, *Royal Excavations at Helwan (1945–1947)*, Supplément aux ASAE 14, Kairo 1951

Saad, Helwan = Z. Y. Saad, *El hafâir el malikija bi Helwân*, Kairo 1952

Sabbahy, GM 135 (1993) = L. K. Sabbahy, Evidence for the Titulary of the Queens from Dynasty One, *GM* 135, 1993, 81–87

Sayce & Clarke, ASAE 6 (1905) = A. H. Sayce & S. Clarke, Report on Certain Excavations made at el-Kab during the Years 1901, 1902, 1903, 1904, *ASAE* 6, 1905, 239–272

Sayce, PSBA 20 (1898) = A. H. Sayce, The Beginnings of the Egyptian Monarchy, *PSBA* 20, 1898, 96–101

Sayce, PSBA 22 (1900) = A. H. Sayce, Objects from the Tomb of a Prae-Dynastic Egyptian King. (II) Some Early Egyptian Seal-Cylinders, *PSBA* 22, 1900, 278–280

Scamuzzi, Museo Egizio di Torino = E. Scamuzzi, *Museo Egizio di Torino*, 2. Aufl., Turin 1964

Schäfer, MDAIK 4 (1933) = H. Schäfer, Der Reliefschmuck der Berliner Tür aus der Stufenpyramide und der Königstitel *Ḥr-nb* , *MDAIK* 4, 1933, 1–17

Scharff, Abusir el-Meleq = A. Scharff, Die Ausgrabung des vorgeschichtlichen Friedhofs von Abusir el-Meleq, *FF* 2 (20), 1926, 165–166

Scharff, Studies Griffith = A. Scharff, Eine archaische Grabplatte des Berliner Museums und die Entwicklung der Grabplatten im frühen Alten Reich, in: S. R. K. Glanville (Hrsg.), *Studies Presented to F. Ll. Griffith*, London 1932, 346–357

Schneider, Leben und Tod = H. D. Schneider, *Leben und Tod im Alten Ägypten. Meisterwerke aus dem Reichsmuseum für Altertümer in Leiden, Gustav-Lübcke-Museum, Hamm, 13. Juni – 17. Oktober 1999*, Hamm 1999

Schott, RdE 21 (1969) = E. Schott, Die Sockelinschrift des Narmeraffen, *RdE* 21, 1969, 77–83

Schulman & Gophna, IEJ 31 (1981) = A. R. Schulman & R. Gophna, An Archaic Egyptian Serekh from Tel Ma'aḥaz, *IEJ* 31, 1981, 165–167

Schulman, 'Atiqot ES 11 (1976) = A. R. Schulman, The Egyptian Seal Impressions from 'En Besor, *'Atiqot* 11, 1976, 16–26

Schulman, 'Atiqot ES 14 (1980) = A. R. Schulman, More Egyptian Seal Impressions from 'En Besor, *'Atiqot* 14, 1980, 17–33

Sedment I = W. M. F. Petrie & G. Brunton, *Sedment I*, BSAE 34, London 1924

Sethe, ZÄS 35 (1897) = K. Sethe, Die ältesten geschichtlichen Denkmäler der Ägypter, *ZÄS* 35, 1897, 1–6

Seton-Williams, JEA 53 (1967) = M. V. Seton-Williams, The Tell el-Farâ'în Expedition, 1967, *JEA* 53, 1967, 146–155

Simpson, JEA 42 (1956) = W. K. Simpson, A Statuette of King Nyneter, *JEA* 42, 1956, 45–49

Simpson, Or 26 (1957) = W. K. Simpson, A Running of the Apis in the Reign of 'Aḥa and Passages in Manetho and Aelian, *Or* 26, 1957, 139–142

Smith, Art and Architecture = W. S. Smith, *The Art and Architecture of Ancient Egypt*, PHA 14, Harmondsworth 1958

Smith, Sculpture and Painting = W. S. Smith, *A History of Egyptian Sculpture and Painting in the Old Kingdom*, 2. Aufl., Oxford, 1949

Speleers, Rec. des Inscriptions = L. Speleers, *Recueil des inscriptions égyptiennes des Musées Royaux du Cinquantenaire à Bruxelles*, Brüssel 1923

Spencer, Early Egypt = A. J. Spencer, *Early Egypt. The Rise of Civilisation in the Nile Valley*, London 1993

Steindorff, Fundstücke = G. Steindorff, Die übrigen Fundstücke, in: U. Hölscher, *Das Grabdenkmal des Königs Chephren*, Leipzig 1912, 104–115

Stewart, Egyptian Stelae II = H. M. Stewart, *Egyptian Stelae, Reliefs and Paintings from the Petrie Collection. Part Two. Archaic Period to Second Intermediate Period*, Warminster 1979

Swelim, Third Dynasty = N. M. A. Swelim, *Some Problems on the History of the Third Dynasty*, AHS 7, Alexandria 1987

Tallet & Laisney, BIFAO 112 (2012) = P. Tallet & D. Laisney, Iry-Hor et Narmer au Sud-Sinaï (Ouadi 'Ameyra). Un complément à la chronologie des expéditions minières égyptiennes, *BIFAO* 112, 2012, 381–398

Tallet, La zone II = P. Tallet, *La zone minière pharaonique du Sud-Sinaï II. Les inscriptions pré- et protodynastiques du Ouadi 'Ameyra (CCIS n°s 273–335)*, MIFAO 132, Kairo 2015

Tarkhan I and Memphis V = W. M. F. Petrie, G. A. Wainwright & A. H. Gardiner, *Tarkhan I and Memphis V*, BSAE 23, London 1913

Tarkhan II = W. M. F. Petrie, *Tarkhan II*, BSAE 26, London 1914

Tassie et al., Origins 2 = G. J. Tassie, F. A. Hassan, J. van Wetering & B. Calcoen, Corpus of Potmarks from the Protodynastic to Early Dynastic Cemetery at Kafr Hassan Dawood, Wadi Tumilat, East Delta, Egypt, in: B. Midant-Reynes & Y. Tristant (Hrsg.), *Egypt at its Origins 2. Proceedings of the International Conference "Origin of the State. Predynastic and Early Dynastic Egypt", Toulouse (France), 5th–8th September 2005*, OLA 172, Leuven u.a. 2008, 203–235

Torcia, Cretulae = M. Torcia, *Cretulae. A Basic Class of Objects in the Archaeological Research (Pre-Early-Dynastic/Old Kingdom Periods)*, Beau Bassin 2020

Umm el-Qaab I = G. Dreyer, *Umm el-Qaab I. Das prädynastische Königsgrab U-j und seine frühen Schriftzeugnisse*, AV 86, Mainz 1998

Umm el-Qaab VI = E.-M. Engel, *Umm el-Qaab VI. Das Grab des Qa'a. Architektur und Inventar*, AV 100, Wiesbaden 2017

Umm el-Qaab VII = G. T. Martin, *Umm el-Qaab VII. Private Stelae of the Early Dynastic Period from the Royal Cemetery at Abydos*, AV 123, Wiesbaden 2011

Urk. I = K. Sethe, *Urkunden des Alten Reichs,* Leipzig 1933

Váhala & Červíček, Felsbilder = F. Váhala & P. Červíček, *Katalog der Felsbilder aus der tschechoslowakischen Konzession in Nubien*, 2 Bde., Prag 1999

van de Walle, El Kab III = B. van de Walle, Empreintes de sceaux archaïques, in: *Fouilles de El Kab. Documents, Livraison III*, Brüssel 1954, 91–98

van den Brink & Braun, Archéo-Nil 13 (2003) = E. C. M. van den Brink & E. Braun, Egyptian Elements and Influence on the Early Bronze Age 1 of the Southern Levant. Recent Excavations, Research and Publications, *Archéo-Nil* 13, 2003, 77–93

van den Brink, Archaeology of the Nile Delta = E. C. M. van den Brink, The Archaeology of the Nile Delta, Egypt. Problems and Priorities, Proceedings of the Seminar held in Cairo, 19 – 22 Oct. 1986, in: E. C. M. van den Brink (Hrsg.), *Nederlandse Stichting voor Archeologisch Onderzoek in Egypte*, Amsterdam 1988

van den Brink, Archéo-Nil 11 (2001) = E. C. M. van den Brink, The Pottery-Incised Serekh-Signs of Dynasties 0–1. Part II. Fragments and Additional Complete Vessels, *Archéo-Nil* 11, 2001, 23–100

van den Brink, Complete Vessels = E. C. M. van den Brink, The Incised Serekh-Signs of Dynasties 0–1, Part I. Complete Vessels, in: A. J. Spencer (Hrsg.), *Aspects of Early Egypt*, London 1996, 140–158

van den Brink, Fs Dreyer = E. C. M. van den Brink, Two Pottery Jars Incised with the Name of Iry-Hor from Tomb B1 at Umm el-Ga'ab, Abydos, in: E.-M. Engel, V. Müller & U. Hartung (Hrsg.), *Zeichen aus dem Sand. Streiflichter aus Ägyptens Geschichte zu Ehren von Günter Dreyer*, MENES 5, Wiesbaden 2008, 655–660

van den Brink, Nile Delta in Transition = E. C. M. van den Brink, The Nile Delta in Transition. 4th – 3rd Millenium B.C., in: E. C. M. van den Brink (Hrsg.), *Proceedings of the Seminar held in Cairo, 21. – 24. October 1990, at the Netherlands Institute of Archaeology and Arabic Studies*, Tel Aviv 1992

van den Brink, Proceedings = E. C. M. van den Brink, Late Protodynastic–Early First Dynasty Egyptian Finds in Late Early Bronze Age I Canaan: An Update, in: C. J. Eyre (Hrsg.), *Proceedings of the Seventh International Congress of Egyptologists, Cambridge, 3–9 September 1995*, OLA 82, Leuven 1998, 215–225

van Haarlem, BSFE 141 (1998) = W. M. van Haarlem, Les fouilles à Tell Ibrahim Awad (delta oriental du Nil). Résultats récents, *BSFE* 141, 1998, 8–19

Vanhulle, CdE 138 (2013) = D. Vanhulle, Les stèles funéraires royales des deux premières dynasties à Abydos. À propos de la "stele" de Den des Musées royaux d'Art et d'Histoire de Buxelles, *CdE* 88, 2013, 203–229

Vassilika, JEA 78 (1992) = E. Vassilika, Museum Acquisitions, 1990. Egyptian Antiquities accessioned in 1990 by Museums in the United Kingdom, *JEA* 78, 1992, 267–272

Vikentiev, BIE 32 (1949–1950) = V. Vikentiev, Les monuments archaïques, IV–V. Deux rites du jubilé royal à l'époque protodynastique, *BIE* 32, 1949–1950, 171–228

von der Way, MDAIK 44 (1988) = T. von der Way, Tell el-Fara'in-Buto, 3. Bericht, *MDAIK* 44, 1988, 283–306

von der Way, Tell el-Fara'în-Buto I = T. von der Way, *Tell el-Fara'în-Buto I. Ergebnisse zum frühen Kontext. Kampagnen der Jahre 1983–1989*, AV 83, Mainz 1997

von der Way, Untersuchungen = T. von der Way, *Untersuchungen zur Spätvor- und Frühgeschichte Unterägyptens*, SAGA 8, Heidelberg 1993

Weeks, JARCE 9 (1971/72) = K. R. Weeks, Preliminary Report on the First Two Seasons at Hierakonpolis. Part II. The Early Dynastic Palace, *JARCE* 9, 1971–1972, 29–33

Weill, La IIe et la IIIe dynasties = R. Weill, *Les origines de l'Égypte pharaonique. Première partie. La IIe et la IIIe dynasties, Annales du Musée Guimet*, BdE 25, Paris 1908

Weill, REA 2 (1928/29) = R. Weill, Le roi Neterkhet-Zeser et l'officier Imhotep à la pyramide à degrès de Saqqarah, *REA* 2, 1929, 99–120

Weill, Sphinx 15 (1911–12) = R. Weill, Monuments nouveaux des premières dynasties, *Sphinx* 15, 1911–12, 1–35

Whitehouse, MDAIK 58 (2002) = H. Whitehouse, A Decorated Knife Handle from the "Main Deposit" at Hierakonpolis, *MDAIK* 58, 2002, 425–446

Whitehouse, OJA 6 (2) (1987) = H. Whitehouse, King Den in Oxford, *OJA* 6, 1987, 257–267

Wiedemann, OLZ 1 (1898) = A. Wiedemann, Zwei ägyptische Statuen des Museums zu Leiden, *OLZ* 1, 1898, 269–273

Wildung, Ägypten vor den Pyramiden = D. Wildung, *Ägypten vor den Pyramiden. Münchner Ausgrabungen in Ägypten. Sonderausstellung der Prähistorischen Staatssammlung und der Staatlichen Sammlung Ägyptischer Kunst München in der Burg Grünwald, 15. März – 30. November 1981*, Mainz 1981

Williams, Cemetery L = B. Williams, *The A-Group Royal Cemetery at Qustul. Cemetery L. Excavations between Abu Simbel and the Sudan Frontier 1*, OINE 3, Chicago 1986

Williams, JARCE 25 (1988) = B. Williams, Narmer and the Coptos Colossi, *JARCE* 25, 1988, 35–59

Winkler, Rock-Drawings = H. A. Winkler, *Rock-Drawings of Southern Upper Egypt, 2 vols*, ASE 26–27, London 1938–1939

Woods, Visible Language = C. Woods (Hrsg.), *Visible Language. Inventions of Writing in the Ancient Middle East and Beyond*, Chicago 2010

Yeivin, IEJ 10 (1960) = S. Yeivin, Early Contacts between Canaan and Egypt, *IEJ* 10, 1960, 193–203

Yekutieli, Origins 2 = Y. Yekutieli, Symbols in Action. The Megiddo Graffitti Reassessed, in: B. Midant-Reynes & Y. Tristant (Hrsg.), *Egypt at its Origins 2. Proceedings of the International Conference "Origin of the State. Predynastic and Early Dynastic Egypt", Toulouse (France), 5th–8th September 2005*, OLA 172, Leuven u.a. 2008, 807–837

Žába, Rock Inscriptions = Z. Žába, *The Rock Inscriptions of Lower Nubia (Czechoslovak Concession)*, Prag 1979

Zaky & Iskander, ASAE 41 (1942) = A. Zaky & Z. Iskander, Ancient Egyptian Cheese, *ASAE* 41, 1942, 295–313

Ziegler, Catalogue des stèles = C. Ziegler, *Catalogue des stèles, peintures et reliefs égyptiens de l'Ancien Empire et de la Première Période Intermédiaire vers 2686–2040 avant J.–C*, Paris 1990